香味世界

The World of Fragrance

第二版

林翔云 ◎ 著

U0229108

化学工业出版社

·北京·

本书以讲故事的形式为所有爱"香"人士介绍世界天然香料、合成香料、香精、香水与加工香产品的历史和调香、评香、芳香疗法、芳香养生知识、气味与环境的关系、气味学展望等，透露了香料界许多不为人知的奇闻轶事，融知识性、趣味性、艺术性、实用性、前瞻性于一体，让读者看完后对"香味世界"有全新的认识。本书适合从事与香味有关的如日用品、食品、药品、精细化工、香料香精制造与贸易等领域及美容美发香熏按摩业者、芳香保健师、调香师、烹调师、品酒师、品茶师、评香人员、感官分析工作者、环境气味嗅辨员、香料香精以及有关的轻工、化工专业的师生阅读。对香料、香精、香水、香味产品感兴趣，具有中等以上文化程度者看完本书都会对"香""刮目相看"并影响一生；对已经或者将要与"香味"长期"打交道"的人们，本书带来是更多的灵感、更好的"点子"和更加广阔的想象空间。

图书在版编目（CIP）数据

香味世界 / 林翔云著 . —2 版 . —北京：化学工业出版社，2018.1（2021.3重印）
ISBN 978-7-122-31101-6

Ⅰ . ①香… Ⅱ . ①林… Ⅲ . ①香料－基本知识 ②香水－基本知识 Ⅳ . ①TQ65

中国版本图书馆 CIP 数据核字（2017）第 293359 号

责任编辑：夏叶清　　　　　　　文字编辑：汲永臻
责任校对：王　静　　　　　　　装帧设计：史利平

出版发行：化学工业出版社（北京市东城区青年湖南街 13 号　邮政编码 100011）
印　　装：北京宝隆世纪印刷有限公司
710mm×1000mm　1/16　印张 21¼　字数 424 千字　2021 年 3 月北京第 2 版第 2 次印刷

购书咨询：010-64518888　　　　　　售后服务：010-64518899
网　　址：http://www.cip.com.cn
凡购买本书，如有缺损质量问题，本社销售中心负责调换。

定　　价：98.00 元　　　　　　　　　　　　版权所有　违者必究

引 子

　　余喜游山玩水。每与友人结伴而行，常自告奋勇，乐当导游。对那奇峰怪石、山花野果、飞禽走兽，极尽赞美之能事。今有幸带诸位同游此"香味世界"，自当竭尽全力，一一道来，令君乐而忘返，岂不快哉！

（图）花的世界

目 录

Contents

Contents

目 录

Contents

目 录

第一章

21 世纪是
"香味世纪"

走进大自然，人类只是一种"普普通通的"动物而已，与其他动物一样，为了生存，必须觅食，也必须避敌，还必须生殖繁衍。人的"五官"（眼睛、耳朵、鼻子、舌头和皮肤）一开始都扮演着同等重要的角色，但在长期的实践中，眼睛和耳朵成为人类获取信息最重要的器官。现代科学对于光、声的研究，几乎可以满意地解释一切现象，光学、声学也早已独立成了两门极其重要的学科。利用现代科学对光、声研究的成果大量地呈现在现代人的面前，成为人们生活、工作、业余享受的工具，例如电影、电视、电脑、彩色画面、立体声像等，让人们的眼睛和耳朵得到至高无上的享受。可是对于气味，人们则知之甚少，至今尚未有什么"气味学"，在调香师的眼里，99.99％的人都是"香盲"。你也许突然闻到一股非常好的气味，但却不能对别人讲解你闻到的香气是怎么样的，无论你怎样努力、搜肠刮肚也无济于事。一首美妙的歌曲，你可以唱给别人听，也可以记录下来寄给远方的朋友分享；一幅优美的图画，你可以详细讲解，可以对它评头品足，别人清清楚楚地知道你表达的意思，可以参加你的讨论。可对于气味，人们都束手无策，你会觉得在形容香味方面，我们掌握的词汇实在是太少了。

图1　鼻子只是呼吸的工具吗？

有人担心，人类文明的进程，"每况愈下"的是"世风"（所谓"人心不古"），还有恐怕就是"嗅觉的退化"了。也许有一天，我们的鼻子会完全失去嗅觉的功能，纯粹成为呼吸的工具（见图1）、"美"的象征。在我们"现代"的"文化"中，嗅觉好像是可有可无的一种功能，我们经常看到因患鼻窦炎或其他原因而失去嗅觉的人，他们闻不到任何气味，却照样活得春风得意，五光十色。甚至因为失嗅给周围的人带来许多好处——女友不必费尽心机地选择香水，老公抽烟也懒得管了，即便一个月不洗澡、不洗脚也不会遭遇"河东狮吼"。其他任何一种感觉：视、听、味、触等如果完全丧失或是弱化，恐怕就不会这么"简单"了，有时可能会祸及生命。

人类的各种感觉，是随着生活的复杂化和符号的扩张而变得越来越细分化的，它们构成了整个人类文化的基础。比如艺术，有建立在视觉基础上的美术，有建立在听觉基础上的音乐，有建立在运动基础上的舞蹈，有与中医紧密相连的推拿按摩技术；味觉虽然没有"高尚"到被载入人类艺术史册的程度，但它的"群众基础"更佳——烹饪家、美食家遍地皆是，味觉享受几乎可以称为"全民艺术"了。相比之下，嗅觉恐怕真是"文化含量最低"的感觉了，这个世界上虽然有嗅觉大师——调香师和评香师，但知道的人却少得可怜。

有人说，嗅觉只能把握存在于空气中的游离分子，这种把握相对于其他感觉来说，更为偶然、不可确定、零碎，缺少逻辑性和恒定性，当"科学"日益成为人类生存的依靠时，依靠嗅觉事物简直成了一种神经质的病症。那些不可捉摸的、无法验证的、稍纵即逝的感觉和体验都成为建构"严谨"的日常生活秩序和精神秩序所要排除的障碍。

在心理学研究的感觉之中，嗅觉是研究得最少的一种。有人说缺乏了解的原因是嗅觉器官位于鼻腔上部，一般的研究方法难以接近，这一点也不能令人信服——听觉器官还在脑袋里面呢，倒没听说难以接近了——恐怕真正的原因还是因为它已经"没有什么太大的用处"了。在个体的心理发展、人格的形成过程中，嗅觉提供的信息已经极其有限，不像在动物界，它们还在依赖嗅觉来形成基本概念，进行为生存和繁衍所需要的"判断推理"（见图2）。

图2　嗅出精彩

按这个思路"刨根问底"下去，似乎可以得出结论——嗅觉发达是动物性强的表征！继续"推演"下去，人类的男性显然不比女性，因为人类残存的一点嗅觉敏感全给女人"占去"了。世界上纯粹为嗅觉而存在的物品只有香水，女人为了香水可以不惜犯罪。与其说香水是为了诱惑男人，不如说是女人的自恋。要诱惑男人，香艳内衣绝对比高级香水更为有效。但香水产业兴旺发达绝不亚于内衣产业，足以说明女人们为了自我陶醉可以不惜掏空自己和心爱男人的钱包。比起男人来说，女人更容易接受嗅觉刺激的暗示，并得出一些在男人看来荒诞无稽的结论。

在现实生活当中，还是经常可以看到嗅觉发达的人。女同胞们上街买衣服，究竟是棉、毛、丝、绸，还是化学（人造）纤维，她们一律用嗅觉来判断，而且从来没有失误过；她们可以用嗅觉检测食品有没有变质，用嗅觉"预见"将要出现的人和事物；甚至用嗅觉来判断各种"是非""恩怨"……（见图3）

图3　大自然的芳香

理性是排斥嗅觉的，甚至是排斥一切感觉的。人们认为嗅觉给人类带来灾难——亚当和夏娃是闻到"智慧果"的芳香才偷吃禁果、被上帝从伊甸园驱逐出来的。人的五官，或者用来谋生，或者用来享受，人们并不敬重它们。嗅觉是最早遭受厄运的一种。

当今社会，科技的发展，使得我们的感官已不容易接触到那些新鲜的、生动的、活着的东西了，层出不穷的"高新"技术为我们再造了一个人工的世界。我们不用再走出屋门，不用再跋山涉水，不用再去原野上眺望星空，也不用再去麦田里看那麦浪滚滚、闻那麦花的缕缕清香了。一切都可以在"地球村"里模拟，人们已经乐于陶醉在这个虚拟的世界里面了。

大自然可不像人类那么"势利"，它从不计较人们对什么有兴趣、对什么无兴趣，不管你走到哪里，气味都伴随着你，无论是香的还是臭的。鼻子也永远任劳任怨地辛勤工作着。

事实上，鼻子和眼睛、耳朵、舌头、皮肤一样，永远是人类捕捉周围信息的同等重要的器官，缺一不可。按照空间距离的近远，有人把人类的五大感觉排列如下：

触觉—味觉—嗅觉—听觉—视觉

（近→远）

如果加上现今已经确认的第六感觉——伏觉（费洛蒙感觉）的话，这六大感觉的排列顺序为：

触觉—味觉—伏觉—嗅觉—听觉—视觉

（近→远）

从生物进化理论来看，这六大感觉也是从左到右逐渐进化演变而来的，人类对它们的研究也应从易到难、循序渐进才对，可偏偏排在听觉和视觉前面的伏觉和嗅觉却遇到了障碍。人们跳过它们而先研究听觉和视觉，当声学和光学都取得了极大成效后，为了把研究工作继续向前推进，不得不回头研究嗅觉科学。日本科技界最早觉察到这一点，因而在上个世纪中期就提出21世纪将是"香味世纪"，认为在21世纪，人们将能解开嗅觉之谜，并大量应用研究中得到的成果，让人们生活在充满各种芳香的世界里，用各种香味指导、调节人们的工作、学习和休息。到那时，鼻子的享受不再是法国巴黎贵夫人的专利，而成为大众日常的话题了。

我们已经生活在21世纪，真的到"香味世纪"了吗？过去的几千年人类也生活在"香味世界"里吗？

一 香料史话

把植物作为药用可以追溯到原始社会的猿人。药用植物中包含着不少香料，因此，香料与药物的利用历史一样悠久。考古学家们考证，在25000年前的旧石器时代，人类已经有意识地利用各种香料。有人在古人类化石中发现花粉化石的存在，可以看出远古人类对香料植物利用的方法。在中国的甲骨文中有"鬯其酒"一语，即百草合郁金香酿制的酒，是一种芳香药酒。公元前2000年古埃及《纸草》的文稿——《耶比鲁斯·巴比路斯》（埃及金字塔中发现）中，就有关于没药——一种香树脂在日常生活中应用的记载，书中还提到了另一种香料——芦荟，当时芦荟主要用来作泻剂、安眠药和苦味剂。此书目前尚存于莱比锡大学图书馆里（见图4）。

图 4　埃及 "纸草" 里的插图

考古学家们倾向于认为香料的 "人工利用"（动物也会 "使用" 香料，这里指的是通过简单加工后利用的香料，不同于动物对香料的利用）发源于帕米尔高原的游牧民族，先从中国开始，后来传到印度、埃及、以色列、迦太基、阿拉伯、希腊和罗马，从东方传入西方。

中国香料的利用历史悠久，可以追溯到五千年前的黄帝神农时代，那时就有采集树皮草根作为医药用品来驱疫避秽，人们对植物中挥发出来的香气已经重视，对自然界花卉的芳香产生了好感（后来进一步发展成了 "美感" 和 "神圣感"），在上古时代就把这些有香物质作为敬神拜佛、清净身心之用，同时用于祭祀和丧葬方面。后来才逐渐用之于饮食、装饰和美容上。在夏商周三代甚至更早时期就开始有了对香料使用的记载。《诗经》中有 "视尔如荍，贻我握椒"，意为 "我看着你如锦葵花一样漂亮，而你则送了我一握香椒"，此处的 "椒" 即是一味香草，《诗经》中以其为男女互赠之物；《周颂》中有 "有飶其香，邦家之光，有椒其馨，胡考之宁"，意思是用馨香的酒菜、椒木祭祀先祖，以求福庇，这说明早在西周时期，我们的祖先对香料就已经有了深刻的认识。

我国最早批量生产的化妆品——胭脂，古时称为燕脂，是指战国时代燕国大量生产的红色脂肪物的化妆品。因含有天然香料，所以其时化妆品称 "香妆"，这个称呼在秦代传入日本，至今日本人仍旧把化妆品叫做 "香妆品"。

屈原（见图5）在《离骚·九歌》中多次提到各种香料，并以此喻指人和事，诗中还

图 5　屈原

图 6　汉代博山炉

提到一种"香囊"——佩帏。

汉武帝时（公元前140～87年）我国已开始生产炷香，著名的"博山香炉"（见图6）也是在汉代出现的。

东汉恒帝时，有一位名叫刁存的侍中，年纪大而有口臭，上朝面奏时皇帝感觉难以忍受。一天，恒帝赐给刁存一个状如钉子的东西，命他含到嘴里。刁存不知其为何物，惶恐中只好遵命，入口后觉得味辛刺口，以为是皇帝赐死的毒药。他没敢立即咽下，退朝后急忙回家与家人诀别。恰好有人来访，感觉此事有些蹊跷，便让刁存把"毒药"吐出来看看。刁存吐出后，却闻到一股浓郁的香气。朋友认出这是一枚上等的鸡舌香（见图7），是皇上的特别恩赐。"鸡舌香"形如钉子，又名丁子香、公丁香，它可不是我国北方的紫丁香花或白丁香花，而是东汉时一种名贵的进口香药，含之能避口臭，令口气芬芳，还能治疗牙病。虚惊一场，遂成笑谈（见图8）。

也许正是刁存口臭的提醒，口含鸡舌香奏事逐渐演变成为当时的一项宫廷礼仪制度。蔡质（东汉文学家蔡邕之叔）编写的《汉官仪》就记录了当时这项风雅的宫廷礼仪规定，尚书郎要"含鸡舌香伏奏事"。

《魏武帝文集》中有个曹操向诸葛亮送鸡舌香的故事，说的是曹操一次精心包装了一盒鸡舌香，并修书一封写道："今奉鸡舌香五斤，以表微意。"遣使者把它送到千里之

图 7　丁（子）香花蕾——鸡舌香

图 8　丁（子）香树

外的孔明军中。——你可不要以为这是曹操讥讽诸葛亮的口臭（就像诸葛亮向司马懿赠送花粉胭脂讥讽司马懿"像女人一样"小心谨慎），曹操是向诸葛亮示好，以表招贤纳士之意（"我曹操希望能和你诸葛亮一起口含鸡舌香，同朝为官"）。

"含鸡舌香伏奏事"后来衍变成了在朝为官、面君议政的一种象征。唐代刘禹锡刚被贬为郎州司马时，在《早春对雪奉澧州元郎中》写道："新恩共理犬牙地，昨日同含鸡舌香。"诗的大意是说，皇帝现在派我们来治理这种蛮荒之地，而昨天我们还曾经一同在朝堂之上共事。唐代诗人和凝也有诗云："明庭转制浑无事，朝下空馀鸡舌香。"

这种最有"中国特色"的朝廷礼仪后来传到了国外，据说在麦哲伦环游地球之前，西班牙国王患有严重的口臭症，于是在"上朝"时便口衔丁香以掩盖口臭，他的大臣们便纷纷仿效，造成其时的西欧丁香奇贵，以重量计甚至超过黄金。麦哲伦便是以"寻找另一条香料之路"（当然包括丁香了）为由来说服西班牙国王让他带队环游世界。

唐代以前，有将龙脑和郁金香等用于墨、金箔、蜜蜡等加香的配方。五代时有茉莉油和桂花油的应用记载。宋朝苏轼有"风来蒿艾气如熏"的佳句。到了明朝，李时珍著的《本草纲目》中已有专辑《芳香篇》，系统地叙述各种香料的来源、加工和应用情况。我国各民族自古以来都有用精油植物提神醒脑、避邪逐秽、驱蚊去瘟的传统习惯。源远流长的端午节人们大量熏燃艾蒿之类的香料植物，有的地方则将菖蒲、青蒿等插在门楣上祛邪。

我国香料主要随丝绸之路远销西方。13世纪意大利人马可·波罗（见图9）来到我国，对我国的香料利用非常感兴趣；15世纪麦哲伦和伽玛氏环球旅行后也有许多欧洲人来中国探索、买卖香料。

图9　马可·波罗

国外对香料的利用和记载也有数千年的历史。1897年挖掘的公元前3500年埃及法老曼乃斯等的墓葬，发现精美的油膏缸内的膏质仍有香气，似是树脂或香膏（现在还可以在美国和开罗博物馆内看到），当时僧侣们可能是最主要的采集、制造和使用香料、香油或香膏者。

埃及人在公元前1350年将香油和香膏用于沐浴，认为有益于肌肤。当时用的香料有百里香、牛至、没药、乳香、甘松等，以芝麻油、杏仁油和橄榄油为加香介质。麝香在公元前600年也开始应用（见图10）。

图10　古埃及人的生活

埃及人在下列三种情形下使用香料：

①对神的奉献；

②在日常生活中为了追求美的享受；

③用于人死后尸体的防腐与存放。

埃西斯的信徒们习惯在神的生日那一天杀一头牛，再将芳香性物质置入牛的体内，用于祭神。在宗教仪式中，香料的使用是必不可少的，任何一位国王在加冕时，教士总要以芳香油为他涂抹，所用的芳香制品都是由教士们制造出来的，制作工艺在当时被人们认为是一项神秘且受人尊敬的艺术，芳香制品被视为珍品。

印度、希腊等文明古国也是最早使用香料的国家，据记载，公元前1729年就有香料贸易。希腊妇女在古代曾用香油沐浴，公元前370年，希腊著作中记载了许多香料植物，有不少至今仍在使用。齐亚弗拉斯托斯在他的著作中提到玫瑰、铃兰、薄荷、百里香、藏红花、鸢尾、甘松、甘牛至、岩兰草、月桂、桂皮、没药、肉桂等等。

罗马人在1900年前开始用化妆品，使用杏仁、玫瑰、檀桲等香料加香，并用树胶树脂定香。

到公元10世纪，阿拉伯人经营香料业，开始用蒸馏法（见图11）从花中提油，提取玫瑰油和玫瑰水。

中世纪后，亚欧有贸易往来，香料是药品之一。

在摩洛哥的古城马拉喀什矗立着一座清真寺尖塔（见图12），从它的墙壁里不断地散发出阵阵麝香般的芳香。原来这座高达66米的尖塔是在公元1195年遵照摩洛哥苏丹的旨意建造的。当时在黏合石块时拌入了名贵的香料。直到如今，这座高塔依旧香气扑鼻，历久不散。人们把这座尖塔称为"香塔"。

公元1370年，第一只用酒精配制的香水——匈牙利水（Eau de la Reined Hongarie）出现了。开始时只是从迷迭香一个品种蒸馏而制得，其后则含有薰衣草和甘牛至等。自1420

图11　蒸馏法提取精油

图12　马拉喀什清真寺尖塔

年出现用蛇形冷凝器蒸馏后，精油的发展更快了，在法国格拉斯（Grasse）开始生产花油和香水，从此成为世界著名的天然香料（特别是花）生产地区，之后世界各地也逐步用蒸馏法制取各种花草的精油，这样就把香料植物固体转变为液体，这是划时代的进步。调香技术比以前原始的直接用纯粹的天然香料植物来调配已经大不一样了，已有辛香、花香、果香、木香等精油和其他香料植物精油、香膏等可供调香者使用，香气或香韵也渐趋复杂。1670年，马里谢尔都蒙创制成含香的粉末，闻名世界200多年。1710年，著名的古龙香水（Eau de Cologne）问世，世界进入了"香水时代"。

18世纪起，由于有机化学的发展，开始对天然香料成分和结构进行探索，并用人工化学合成方法仿制这些香料。19世纪，合成香料在单离香料之后陆续问世，这样就在动植物香料外，增加了以煤焦油和石油等为起始原料的合成香料品种，进入了一个有合成香料的新时期，大大增加了调香需用的香料来源，也大幅度降低了香精（两种或两种以上香料的混合物在中国叫做"香精"，国外都叫做"香料混合物"）的价格，促进了香精的发展和提高。随着天然香料和合成香料品种的日益增加及调香技艺的提高，香精得到了快速发展。时至今日，人们在加香产品中使用的大都是香精，直接使用单一香料的情形已经很少见到了。

二　四大香料岛

历史上全世界有4个地方被称为"香料岛"：印度尼西亚的马鲁古群岛（见图13），班达群岛，加勒比海的格林纳达，非洲坦桑尼亚的桑给巴尔群岛。

图13　马鲁古群岛

马鲁古群岛位于印度尼西亚的东北部，处于苏拉威西岛和伊里安岛之间，赤道从中穿过，面积74000多平方公里，由大约1000个小岛组成。这里气候炎热，潮湿多雨，适于香料作物的生长，是东方主要的香料产地之一。以前这里生产的香料，质地优良，香味浓郁，闻名遐迩。

马鲁古群岛旧名"摩鹿加群岛"，属马鲁古省，有哈马黑拉、塞兰、布鲁等岛。山岭险峻，平地少，多火山。许多山峰海拔1000米以上，最高峰西比拉山高2111米，在巴漳岛。有干季和雨季，森林覆被率76％。有镍矿。种植稻、玉米、椰子和西谷，出口木材、肉豆蔻、鱼虾和珍珠。巴漳岛有东南亚最大的鱼干厂。古时即以盛产丁香、肉豆蔻、胡椒闻名于世，被阿拉伯、中国和印度的商人称为"香料群岛"。香料生产和贸易繁荣到16世纪，现在香料生产已经没落。

早在欧洲人听说"香料群岛"之前，马鲁古北部的丁香及中部岛屿的肉豆蔻已在亚洲交易。1511年，安东尼奥·德·阿布雷乌率领3艘船侦察摩鹿加群岛，在完成任务返航时，一艘船触礁沉没，船长弗朗西斯科·塞尔旺获救，被带到了摩鹿加群岛的特尔纳特岛，后来他担任了苏丹顾问。塞尔旺设法使苏丹与葡萄牙结盟，1521年，葡萄牙在此修建了炮台等军事设施，后来又步步推进，1522年占领雅加达，1545年又在万丹建立了贸易中心。1562年和1564年，安汶和特尔纳特先后成了葡萄牙的属地。这样葡萄牙终于完全控制了香料群岛，在东方建立起了以果阿、霍尔木兹和马六甲为核心的东方贸易网络。此时的西班牙借助麦哲伦的环球航行，通过南美洲南部也到达了亚洲。

面对香料群岛，西班牙人垂涎三尺。由于没有计算摩鹿加群岛地理坐标的可靠方法（这一问题直到18世纪才解决），葡萄牙和西班牙都声称根据《托尔德西拉斯条约》，摩鹿加群岛在自己的势力范围内。两国开始了激烈争夺，为此还爆发了小规模冲突，即使教皇出面调解也没有什么作用。直到1529年，由于同英国和法国作战，西班牙陷入了财政危机，不得不向葡萄牙贷款，并同意了葡萄牙提出的放弃争议群岛一切权利的条件。1529年4月，两国签订了《萨拉戈萨条约》，西班牙放弃了对摩鹿加群岛的主张，并接受了两国在东方的分界线，即在摩鹿加群岛以东17°的子午线。

在葡萄牙人和西班牙人、英国人、荷兰人之间持续不断的冲突中，最后荷兰人获胜。这期间争夺该地区控制权的斗争使很多人丧生。得胜的荷兰人赢得了巨大的利润。但到18世纪末叶，香料贸易大幅衰落，摩鹿加经济变成死水一潭。第二次世界大战后，荷兰人为了在东印度群岛重建殖民统治而设置东印度尼西亚州时，将摩鹿加并入该州。

班达群岛（见图14）是肉豆蔻的原产地，在马鲁古群岛以南。班达群岛是由印度尼西亚班达海上东北部10余座小火山组成的岛群。群岛中的海面形似小湖，风平浪静，海水清澈，珊瑚礁及海洋生物甚多，为著名的"海底花园"。土产以椰子为大宗，亦有渔业。是著名的旅游胜地。

图 14 班达群岛

图 5 格林纳达

群岛的火山土适宜种植肉豆蔻，并出产丁香、椰子、木薯、鱼以及热带水果和蔬菜。群岛半数人口住在班达奈拉（Bandanaira），该地是班达奈拉岛的港口城市兼首府。大部分居民是爪哇人、望加锡人（Makasarese），以及殖民地时期从附近岛屿掳来的奴隶的后裔。

格林纳达（见图15）是加勒比海向风群岛中最西南的一个岛屿，离委内瑞拉不远。它同马鲁古群岛一样地处热带，终年气温很高，潮湿多雨。因此，岛上植物茂盛，满山遍野长着芳草鲜花，尤多肉豆蔻树，到处香味扑鼻，很早就有"西方香料岛""香料之国"之称。据说，过去航海的人凭着肉豆蔻花的香味，就可以方便地找到格林纳达。岛上居民以农业为主，主要种植肉豆蔻、香蕉、可可、椰子、甘蔗等，是世界上第二大肉豆蔻生产国。20世纪90年代以来，由于国际市场上肉豆蔻价格下跌，经济受到影响。近年来，旅游业发展较快，成为外汇的主要来源。

桑给巴尔群岛（见图16）是坦桑尼亚联合共和国的组成部分，主要由温古贾岛、奔巴岛和附近50多个岛屿组成。首府设在温古贾岛。桑给巴尔是有名的"丁香岛"，也有人称"香料岛"。桑给巴尔的总面积不到2700平方公里，却有300多平方公里的土地栽种丁香，共有将近500万株丁香树。丁香树每年花开两季，用花蕾榨的油，芬芳袭人，是一种名贵的香料。丁香树被当地人称为"摇钱树"。出口丁香花蕾和丁香油的桑给巴尔港被称为"香港"。

图 16 桑给巴尔群岛

根据中国历史记载，早在南宋时期，中国已经与桑给巴尔的居民有贸易往来，《诸蕃志》称之为"层拔国"，《岭外代答》记为"昆仑层期国"，《文献通考·三三二》《未史·四九零》记为"层檀"，《岛夷志略》记为"层摇罗"等，这些资料详细记载着岛上居民有信奉回教的阿拉伯人，还有来自非洲的黑人居民。岛上曾发掘出中国古青花瓷器及宋代铜钱，如今在桑给巴尔博物馆中还陈列有中国清朝的瓷器。

　　葡萄牙殖民者在1498年完成了绕道南非好望角进入印度洋的航行，凭借船坚炮利打破了几个世纪波斯人和阿拉伯人称霸东北非和北印度洋的格局。1503年，葡萄牙人占领了桑给巴尔。为了使远洋贸易顺利开展、获取更大的利润，他们在桑给巴尔扩建了码头、船坞、食品加工厂、机械修理厂等小工厂，从非洲掠夺象牙、黄金、玳瑁和香料，从远东中国购进丝绸、茶叶和瓷器，从东南亚购进香料。当时的桑给巴尔，成了葡萄牙人货物的集散地和过往船只的后勤供应基地。

　　16世纪时，这里是非洲与阿拉伯及印度的一个交易中转地。到了近代，桑给巴尔才开始有来自印度的移民。桑给巴尔不但盛产香料等农作物，还盛产贵重金属和宝石，是名副其实的"宝岛"。

三　欧洲人寻找香料岛的故事

　　古时所谓的香料，指的是肉豆蔻、胡椒、丁香等调味品，现在都叫做辛香料或香辛料，是国际贸易中最早也是最重要的商品。1000多年以前，中国、印度等国就通过陆路和水路把香料出口到阿拉伯国家。公元10世纪的时候，威尼斯商人从埃及人那里买下来自印度尼西亚、中国、锡兰（斯里兰卡）和印度的香料，然后转卖到欧洲其他各国，从中牟取暴利。此后的几百年中，欧洲人对东方的香料着了迷。香料成了销路广、利润高的商品。例如在17世纪初期，从香料群岛采购一船香料只需3000英镑左右，卖到英国市场上价值高达36000英镑（见图17）。

　　香料贸易促进了世界航海事业的发展——为了摆脱威尼斯商人的垄断，许多欧洲国家大兴造船业，开辟新的航路，争先恐后地到亚洲掠夺香料。抢在最前面的要算是葡萄牙人，他们绕过非洲的好望角，最先从马鲁古群岛运回香料。对于葡萄牙人来说，发现通往东方的新航路，既

图17　威尼斯

图18 哥伦布

图19 麦哲伦

是东西方交通史上的创举，又是其后100年海上霸权的开端。1511年，葡萄牙人控制了沟通太平洋与印度洋的马六甲海峡，随后在班达群岛上建立了香料贸易基地。1512年，葡萄牙人占领了马鲁古群岛。之后，西班牙人和荷兰人接踵而来。经过激烈争夺，到17世纪时，马鲁古群岛落入荷兰东印度公司的手里。直到第二次世界大战结束，马鲁古群岛才摆脱殖民统治，成为印度尼西亚的一部分。

1498年哥伦布（见图18）的航行，目的也是寻找通往东方的新航路，寻找"出产香料的印度群岛"。但他没有达到这个目的，却"发现"了"新大陆"。格林纳达就是哥伦布在这次航行中"发现"的。不过，他没有靠岸，不知道这个岛上也出产香料。

1511年，麦哲伦（见图19）到班达岛后带了一批香料于1512年回里斯本，向葡萄牙国王曼努埃尔申请组织船队去探险，进行一次环球航行。可是，国王没有答应，因为国王认为东方贸易已经得到有效的控制，没有必要再去开辟新航道了。1517年，他离开了葡萄牙，来到了西班牙塞维利亚并再一次提出环球航行的请求。塞维利亚的要塞司令非常欣赏他的才能和勇气，答应了他的请求，并把女儿嫁给了他。

1518年3月，西班牙国王查理五世接见了麦哲伦，麦哲伦提出了航海的请求，并献给国王一个自制的精致的彩色地球仪，国王很快就答应了他。不久，在国王的指令下，麦哲伦组织了一支船队准备出航。

1519年9月20日，麦哲伦率领有五条船和270名水手的船队出发了。船队在大西洋中航行了70天，11月29日到达巴西海岸。第二年1月10日，船队来到了一个无边无际的大海湾。船员们以为到了美洲的尽头，可以顺利进入新的大洋，但是经过实地调查，那只不过是一个河口，即现在乌拉圭的拉普拉塔河。

香味世界（第二版）

3月底，南美进入隆冬季节，于是麦哲伦率船队驶入圣胡安港准备过冬。由于天气寒冷，粮食短缺，船员的情绪十分颓丧。船员内部发生叛乱，三个船长联合反对麦哲伦，不服从麦哲伦的指挥，责令麦哲伦去谈判。麦哲伦便派人假意去送一封同意谈判的信，并趁机刺杀了叛乱的船长官员。

阳春8月，麦哲伦率领船队继续出发。1520年8月底，船队驶出圣胡安港，沿大西洋海岸继续南航，准备寻找通往"南海"的海峡。经过三天的航行，在南纬52°的地方，发现了一个海湾。麦哲伦派两艘船只前去探察，希望查明通向"南海"的水道。当夜遇到了一场风暴，狂飙呼啸，巨浪滔天，派往的船只随时都会有撞上悬崖峭壁和沉没的危险，如此紧急情况竟持续了两天。说来也巧，就在这风云突变的时刻，他们找到了一条通往"南海"的峡道，即后人所称的麦哲伦海峡。

麦哲伦率领船队沿麦哲伦海峡航行。峡道弯弯曲曲，时宽时窄，两岸山峰耸立，奇幻莫测。海峡两岸的土著居民，平时喜欢燃烧篝火，白日蓝烟缕缕，夜晚一片通明，好像专门为麦哲伦的到来而安排的仪仗队。麦哲伦高兴极了，他在夜里见到陆地上火光点点，便把海峡南岸的这块陆地命名为"火地"，这就是今日智利的火地岛。

经过20多天艰苦迂回的航行，终于到达海峡的西口，走出了麦哲伦海峡，眼前顿时呈现出一片风平浪静、浩瀚无际的"南海"。历经100多天的航行，一直没有遭遇到狂风大浪，麦哲伦的心情从来没有这样轻松过，好像上帝帮了他大忙。他就给"南海"起了个吉祥的名字，叫"太平洋"。

图20　马里亚纳群岛

1521年3月，船队终于到达三个有居民的海岛，这些小岛是马里亚纳群岛（见图20）中的一些岛屿，岛上的土著人皮肤黝黑，身材高大，他们赤身露体，然而却戴着棕榈叶编成的帽子。热心的岛民们给他们送来了粮食、水果和蔬菜。在惊奇之余，船员们对居民们的热情无不感到由衷的感激。但由于土人们从未见到过如此壮观的船队，对船上的任何东西都表现出新奇感，于是从船上搬走了一些物品，船员们发觉后，便大声叫嚷起来，把他们当作强盗，还把这个岛屿改名为"强盗岛"。当这些岛民偷走系在船尾的一只救生小艇后，麦哲伦生气极了，他带领一队武装人员登上海岸，开枪打死了7个土著人，放火烧毁了几十间茅屋和几十条小船，在麦哲伦的航行日记上留下了很不光彩的一页。

船队再往西行，来到现今的菲律宾群岛。此时，麦哲伦和他的同伴们终于首次完成横渡太平洋的壮举，证实了美洲与亚洲之间存在着一片辽阔的水域。这个水域要比大西洋宽阔得多。哥伦布首次横渡大西洋只用了一个月零几天的时间，而麦哲伦在天气晴和、一路顺风的情况下，横渡太平洋却用了一百多天。

麦哲伦首次横渡太平洋，在地理学和航海史上产生了一场革命。证明了地球表面大部分地区不是陆地，而是海洋，世界各地的海洋不是相互隔离的，而是一个统一的完整水域。这样为后人的航海事业起到了开路先锋的作用。

一天，麦哲伦船队来到萨马岛（见图21）附近一个无人居住的小岛上，以便在那里补充一些淡水，并让海员们休整一下。邻近小岛上的居民前来观看西班牙人，用椰子、棕榈酒等换取西班牙人的红帽子和一些小玩物。几天以后，船队向西南航行，在棉兰老岛北面的小岛停泊下来。当地土著人的一只小船向"特立尼达"号船驶来，麦哲伦的一个奴仆恩里克用马来西亚语向小船的桨手们喊话，他们立刻听懂了恩里克的意思。恩里克生在苏门答腊岛，是12年前麦哲伦从马六甲带到欧洲去的。两个小时后，驶来了两只大船，船上坐满了人，当地的头人也来了。恩里克与他们自由地交谈。这时，麦哲伦才恍然大悟，现在又来到了说马来语的人们中间，离"香料群岛"已经不远了，他们快要完成人类历史上首次环球航行了。

图 21　萨马岛

岛上的头人来到麦哲伦的指挥船上，把船队带到菲律宾中部的宿雾（见图22）大港口。麦哲伦表示愿意与宿雾岛的首领和好，条件是他们得承认自己是西班牙国王的属臣，还准备向他们提供军事

图 22　宿雾

援助。为了使首领信服西班牙人，麦哲伦在附近进行了一次军事演习。宿雾岛的首领接受了这个建议，一星期后，他携带全家大小和数百名臣民做了洗礼，在短时期内，这个岛和附近岛上的一些居民也都接受了洗礼。

　　麦哲伦成了这些新基督徒的靠山。为了推行殖民统治，他插手附近小岛首领之间的内讧。夜间，他带领60多人乘三只小船前往小岛，由于水中多礁石，船只不能靠岸，麦哲伦和船员50多人便涉水登陆。不料，反抗的岛民们早已严阵以待，麦哲伦命令火炮手和弓箭手向他们开火，可是攻不进去。接着，岛民向他们猛扑过来，船员们抵挡不住，边打边退，岛民们紧紧追赶。麦哲伦急于解围，下令烧毁这个村庄，以扰乱人心。岛民们见到自己的房子被烧，更加愤怒地追击他们，射来了密集的箭矢，掷来了无数的标枪和石块。当他们得知麦哲伦是船队司令时，攻击更加猛烈，许多人奋不顾身，纷纷向他投来标枪，或用大斧砍来，麦哲伦就在这场战斗撤退中先被当地土著投来的标枪刺中腿部跌倒在地，他爬起来继续跑，但还是落在了队伍的后面，被追上来的岛民们砍死，由于他的同伴们撤退紧急，连岛民们后来怎么处理麦哲伦的尸体都不知道。

　　麦哲伦死后，他的同伴们继续航行。1521年11月8日，他们在马鲁古群岛的蒂多雷小岛的一个香料市场抛锚停泊。在那里他们以廉价的物品换取了大批香料，丁香、肉豆蔻、肉桂等堆满了船舱。由于一艘船出现漏水的情况，在被迫留下来修理时，船和上面的人员一起被当地人捕获。其余的人继续向西逃窜。在东帝汶补充淡水时，有四个土著自愿随他们到西班牙。

　　1522年5月20日，"维多利亚"号船绕过非洲南端的好望角。在这段航程中，船员减少到只剩35人。到了非洲西海岸外面的佛得角群岛，他们把一包丁香带上岸去换取食物，被准备再次去印度的葡萄牙人发现，又捉去13人，只留下22人。后来他们的船回国后，通过查理五世的谈判，那13人很快就被释放回国了。

　　1522年9月6日，"维多利亚"号返抵西班牙，终于完成了历史上首次环球航行。当"维多利亚"号船返回圣罗卡时，船上只剩下18人了，而跟着麦哲伦出发回到家的仅有4人，他们已经极度疲劳衰弱，就是原来认识他们的人也分辨不出来了。他们运回来数量十分可观的香料，一把新鲜的丁香可以换取一把金币，把香料换取金钱，不仅能弥补探险队的全部耗费，而且还挣得一大笔利润。

四　中国古代四大对外通道

　　读历史，不管是中国历史还是世界历史，肯定都要提到"丝绸之路"。概括地讲，"丝绸之路"是自古以来，从东亚开始经中亚、西亚进而连接欧洲及北非的东西方交通线路的总称，在世界史上有重大的意义。这是亚欧大陆的交通动脉，是中国、印度、希腊三种主要文化交汇的桥梁。后来，史学家把沟通中西方的商路统称为丝绸之路。因其上下跨越历史2000多年，涉及陆路与海路，所以按历史划分为先秦、汉唐、宋元、明清4个时期，按线路划分则有陆上丝路与海上丝路之别。陆上丝路因地理走向不一，又分为"北丝绸之路"、"麝香之路"与"南丝绸之路"。陆上丝路所经地区的地理景观差异很大，人们又把它细分为"草原森林丝路"、"高山峡谷丝路"和"沙漠绿洲丝路"。丝绸是古代中国沿商路输出的代表性商品，而作为交换的主要回头商品，也被用作丝路的别称，如"皮毛之路"、"玉石之路"、"珠宝之路"和"香料之路"等等。

"北丝绸之路"（见图23）——西汉（公元前202年～公元8年）时，由张骞出使西域开辟的以长安（今西安）为起点，经甘肃、新疆，到中亚、西亚，并连接地中海各国的陆上通道。其基本走向定于两汉时期，包括南道、中道、北道三条路线。因为由这条路西运的货物中以丝绸制品的影响最大，故得此名——19世纪末，德国地质学家李希霍芬将张骞开辟的这条东西大道誉为"丝绸之路"；德国人胡特森在多年研究的基础上，撰写成专著《丝路》。从此，丝绸之路这一称谓得到世界的承认。

图23　北丝绸之路

"南丝绸之路"——南方陆上丝路即"蜀·身毒道"（见图24），"身毒"即印度，因穿行于横断山区，又称高山峡谷丝路。大约公元前4世纪，中原群雄割据，蜀地（今川西平原）与身毒间开辟了一条丝路，延续两个多世纪尚未被中原人所知，所以有人称它为秘密丝路。直至张骞出使西域，

图24　蜀·身毒道

在大夏发现蜀布、邛竹杖系由身毒转贩而来，他向汉武帝报告后，元狩元年（公元前122年），汉武帝才派张骞打通"蜀·身毒道"。

南丝绸之路从成都出发，分东、西两支，东支沿岷江至僰道（今宜宾），过石门关，经朱提（今昭通）、汉阳（今赫章）、味（今曲靖）、滇（今昆明）至叶榆（今大理），是谓五尺道。西支由成都经临邛（今邛崃）、严关（今雅安）、莋（今汉源）、邛都（今西昌）、

图25 麝香之路

盐源、青岭（今大姚）、大勃弄（今祥云）至叶榆，称之灵关道。两线在叶榆会合，西南行过博南（今永平）、巂唐（今保山）、滇越（今腾冲），经掸国（今缅甸）至身毒。在掸国境内，又分陆、海两路至身毒。

"麝香之路"——举世闻名的"北丝绸之路"（见图25）在浩荡西行之际，青藏高原上还有一条她的姊妹路也在蜿蜒向南，经南亚各国抵达西方，构成古代东西方交往的另一条交通要道，这就是史称"麝香之路"的高原古道。这条穿越世界屋脊的"麝香之路"，据史料记载，罗马帝国在公元1世纪便通过昌都—拉萨—阿里—西亚一线交换西藏盛产的麝香，因此，这条路被称为"麝香之路"。到了公元7世纪，随着吐蕃王朝与中原地区政治、经济、文化交往的频繁，内地的茶叶、陶瓷、红糖等从成都和普洱等地到昌都，并沿着"麝香之路"进入雪域高原和西亚地区，"麝香之路"进一步成为古代中西方商业、文化、宗教、军事交往的通道。然而，强盛的吐蕃王朝崩溃后，长期的割据，连年的战争，特别是古格王朝灭亡后，这一通道趋于萧条。

"海上丝绸之路"——海上丝路起于秦汉，兴于隋唐，盛于宋元，明初达到顶峰，明中叶因海禁而衰落。海上丝路的重要起点有番禺（后改称广州）、登州（今烟台）、扬州、明州（今宁波）、泉州、刘家港等。同一朝代的海上丝路的起点可能有两处或者更多。规模最大的港口是广州和泉州。泉州发端于唐，宋元时成为东方第一大港。广州从秦汉直到唐宋一直是中国最大的商港。明清实行海禁，广州又成为中国唯一对外开放的港口。

历代海上丝路亦可分三大航线：

①东洋航线：由中国沿海各港口至朝鲜、日本；

②南洋航线：由中国沿海各港口至东南亚诸国；

③西洋航线：由中国沿海各港口至南亚、阿拉伯和东非沿海诸国。

广州、泉州在唐、宋、元时，侨居的外商多达万人乃至十万人以上。中国著名的陶瓷经由这条海上交通路线销往各国，西方的香料也通过这条路线输入中国，一些学者因此称这条海上交通路线为陶瓷之路或香料之路。从福建泉州到波斯湾的"海上丝绸之路"现在已经被世界公认为古代东西方最重要的"香料之路"。

1973年，泉州湾后渚港发掘的宋代沉船（见图26）出土文物十分丰富，其中数量最多的是香料，达2300多公斤（4700余斤），刚出土时还香气弥漫。经初步鉴定的有降真香、檀香、沉香、乳香、龙涎香和胡椒等。这是宋末元初从南洋回航的"香料船"。

图 26　泉州宋代沉船

古代的"国际贸易"是有局限的——由于路途遥远、运费高昂、运输时间长，所以只能是少数"宝贵"、"值钱"而又在长途搬运时不会损坏的物品如黄金、宝石、香料、丝绸等，事实上，从经济价值的角度来看，中国古代对外的四大通道，不管是"北丝绸之路"、"南丝绸之路"、"麝香之路"还是"海上丝绸之路"，香料都是排在第一位的，这四大通道都可以叫做古代"香料之路"（见图27）。

图 27　宋代明州（今宁波）港

　　唐宋以来，福建是"香料之路"的主要贸易点，"香出大食国……大食以舟载易他货于三佛齐。故香常聚于三佛齐。三佛齐每岁以大舶至广与泉"。五代时，福州上贡的物品中便有玳瑁、琉璃、犀象器，并珍玩、香药、奇品、海味，色类良多，价累千万。宋初，漳、泉留守陈洪进向赵宋王朝修诚归降时，"入贡乳香万斤、象牙三千斤、龙脑香五斤"。"又贡白金万两，乳香茶药万斤"。元祐二年（1087年），宋哲宗下令在泉州设立市舶司，更加促进了福建对外贸易的发展。南宋后，朝廷还制定鼓励政策，积极招徕商舶。"诸市舶纲首，能招诱舶舟、抽解物货，累价至五万贯、十万贯者补官有差……闽、广舶务监官抽买乳香，每及一百万两转一官"。建炎四年（1130年），在泉州"抽买乳香一十三等"就达86780斤。绍兴六年（1136年），大食商人蒲罗辛贩乳香价值三十万缗，经知泉州连南夫奏请，赐封为"承信郎"。政府的优惠政策极大地刺激了福建香料贸易的发展，福建民众也积极参与香料的转运兴贩。

洪迈的《夷坚志》有这样一则记载："绍兴二十年七月，福州甘棠港有舟从东南漂来，载三男子，一妇人，沉檀香数千斤。其一男子，本福州人也，家于南台，向入海失舟，偶值一木浮行，得至大岛上。素喜吹笛，常置腰间，岛人引见其主。主夙好音乐，见笛大喜，留而饮食之，与屋以居，后又妻以女。在彼十三年，言语不相通，莫知何国，而岛中人似知为中国人者。忽具舟约同行。经两月，乃得达此岸。甘棠寨巡检，以为透漏海舶，遣人护至闽县。县宰丘铎文昭，招予往视之。其舟刳巨木所为，更无缝罅，独开一窍出入。内有小仓阔三尺许，云女所居也。二男子皆其兄，以布蔽形，一带束发跣足，与之酒则跪坐，以手据地如拜者，一饮而尽。女子齿白如雪，眉目亦疏秀，但色差黑耳。予时以郡博士被檄考试临漳，欲俟归日细问之。既而县以送泉州提舶司未反，予亦终更罢去，至今为恨云"。

沉香、檀香素为阿拉伯商人所喜爱，在广州蕃坊，"蕃人赌象棋，并无车马之制，只以象牙、犀角、沉香、檀香数块，于棋局上两两相移，亦自有节度胜败"。由穆斯林蕃客贩运的沉香、檀香产自东南亚苏门答腊岛、爪哇岛一带，文中所记男女相貌风俗也颇似该地居民。因祖辈生长在福州，商贾辐凑，香料贸易繁盛，长期的熏染促使其充分利用条件，载运当地特产至福州贸易。在世界的香料贸易中，福建人成为来往于"香料之路"中的重要成员。

同样濒海的漳州，港口众多，但沿海土地多盐碱，农务灌溉极为困难，虽艰辛劳作，获利仍然甚少，于是"饶心计者视波涛为阡陌，倚帆樯为耒耜……输中华之产，驰异域之邦，易其方物"，因而"水犀火浣之珍，虎魄龙涎之异，香尘载道，玉屑盈衢"。在漳州海澄，竟然出现了"香料银"的新税目。

繁盛的香料贸易使得闽地"蕃货饶聚"、"夷艘鳞集"，带动了更多的闽人参与商贸活动。正是因为商品贸易的繁盛，商人南来北往，竞渡外夷的纽带作用，省会福州渐为"东南重镇"，泉州更为国际商港，沿海各城市商贾咸聚，福建内陆也逐步繁荣。经过唐宋的开发和发展，福建从一个暇隅蛮荒之区，最终一跃成为中原仰给之地。

福州人对于外域物产尽加吸收，不仅行贩他地，化为利润，且引进物种，详加培育，变成本土物产。茉莉、瑞香、阇提、斗雪红等这些外域物种为榕城增添了别样的风采。

发达的海外贸易也引起了福建各个港口本土物产的变化。位于晋江口岸的泉州港舟楫可通万国，阿拉伯商人纷至沓来，外域物产货积山堆，"蕃货远物、异宝奇玩之所渊薮，殊方别域、富商大贾之所窟宅，号为天下最"。小茴香、素馨、西番菊、番花、紫藤等等，这些异域芬芳类植物竞相植根于泉州，使得泉州异物荟萃，五光十色。与泉州毗邻的漳州也感受到了这种异域风俗物貌的影响。紫苏、吉钩藤、栀子花、豆蔻花等原产自地中海沿岸、欧洲各国、中亚、南亚等地区的香料物种，随着一拨拨穆斯林商人的到来，逐渐传播到八闽大地。闽邑士子郑怀魁描述兴盛的海外贸易所带来的各种香料异物："其香则有片脑生肌，岐楠通神。芬芳着袖，经月不泯。黄檀，沉水馥烈。含辛，丁香安息剂品并陈。其药则有没药、血碣、汀泥、乳香、大风、豆蔻、阿魏、槟榔、白椒、打马、紫梗、雌黄。椰子之酒代醉，西国之米当餐，苏木通染，胡椒敌寒。棕竹实中而多节，科腾疏叶而长蔓……堪为用者，难以殚记"。繁盛的对外商贸活动打开了福建的大门，让闽地民众领略到了异域风情。

香料的确是种宝物，不仅有"供焚香者，可佩者，又有充入药者"。如降真香"小儿佩之能辟邪气"；"丁香有雌、雄。雄者颗小；雌者大如山茱萸。名母丁香，入药最胜"；龙涎香可以"活血、益精髓、助阳道、通利血脉"。香的功能广泛，从清神、避瘴、除臭、醒脑等实用的功能到嗅觉、气味品评的精神层次，无不发挥其独特的功效。

对于香料的功效、妙用，白寿彝先生认为亦是穆斯林蕃商的传授。"异国香药之初度入华……它们之能入方剂，也许有一部分是中国偶尔的发现，但大体上恐还是得其知识于香料商人"。绍兴年间，在泉州职事兼舶司的叶廷珪就是因"蕃商之至，询究本末，录之以广异闻，亦君子耻一物不知之意"而撰《香录》，将香料知识传之于世。好学的闽人也通过自身观察和与穆斯林的交流，加深对香料的认识，从而将之广泛应用。"蕃沉，能治冷气，医家多用之……黄熟香，诸蕃皆出而真腊为上，此香虽泉人之所日用，而夹笺居上品……沙檀，药中多用之。降真，泉人每岁除，家无贫富，皆燃之如燔柴"；"苏合香油亦出大食国，气味类于笃耨，以浓净无滓者为上，蕃人多以之涂身，以闽中病大风者亦做之，可合软香及入药用"。

外域香料价格昂贵，为了满足广大民众对香料的需求，精明的福建人也学会利用本地芬芳类植物制造香料，荔枝香便是其中一种，荔枝"闽中所产甚盛……今以形如丁香如盐（杨）梅者为上，取其壳合香甚清馥"。还有茉莉、阇提、佛桑、渠那香、素馨、麝香花等本出自西域的花卉，"来闽岭至今遂盛"，"皆可合香"。制作香药的具体步骤有："素馨、茉莉摘下花蕊，香才过即以酒噀之，复香。凡是生香蒸过为佳。每四时遇花之香者皆次，次蒸之如梅花、瑞香、酴醾密友、栀子、茉莉、木犀及橙橘花之类皆可蒸"。又有"李王花浸沉香。沉香不拘多少，剉碎。取有香花，若酴醾、木犀、橘花或橘叶亦可，福建末利花（茉莉花）之类，带露水摘花一盌以甆盒盛之，纸盖入甑蒸食，顷取出，去花留汁汁浸沉香，日中暴干，如是者三，以沉香透润为度，或云皆不若蔷薇水浸之最妙"。

随之，制作香水、香药的专业人员也出现了，即明人王圻在《稗史汇编》所记的"泉广合香人"。事实上，蒸花取香之法也由大食传来，药用蒸馏法在伊本·西那的《医典》里有详细介绍，宋代时传入我国。《铁围山丛谈》载："旧说蔷薇水乃外国采蔷薇花上露水，殆不然。实用白金为瓯采蔷薇花蒸气成水，则屡采屡蒸，积而为香，此所以不败。但异域蔷薇花气馨烈非常，故大食人衣袂，经数日不歇也。至五羊效外国造香，则不能得蔷薇，第取数馨茉莉花为之，亦足袭人鼻观。但视大食国真蔷薇水，犹奴尔"。闽人制造香水，亦多仿效大食蒸馏之法。

风靡不衰的香料追求，造就了历时数百年的香料贸易，亦催发了闽人对香料的热爱之情。香料文化是伊斯兰文化的重要组成部分，随着泊船泛海而来，香飘万里，沁入闽地数百年，繁衍成八闽文化之树的一枝奇葩。

五 熏香

熏香的习俗来源于民间和宗教信仰，上古时期人们对各种各样的自然现象解释不了，感到神秘莫测，希望借助祖先或神明的力量驱邪避疫、丰衣足食。于是找寻同神和祖宗对话的工具——由于人们觉得神和灵魂都是飘忽不定、虚无缥缈的，自然界除了云、雾以外（云雾缭绕之处也成了人们心目中的神仙居住之所）只有熏烟有此特征，于是古人们似乎找到了一种与神、祖先联络的办法，这就是熏香，或称烧香。

烧香是中国民俗生活中的一件大事，有三个特点极为引人注目：一是普遍性，汉人烧香，少数民族绝大多数也烧香，从南到北，从东到西，几乎无处不烧；二是历史悠久，现存文献《诗经》《尚书》已有记载，则其起源必早于诗书时代即西周；三是普及性，几乎做什么都要烧香：对祖宗要烧，对天地神佛各路仙家要烧，对动物要烧，对山川树木石头要烧；在庙里烧，在厕所也烧；过节要烧，平常也要烧；作为一种生活情调要烧，所谓对月焚香，对花焚香，对美人焚香，雅而韵，妙不可言；作为一种门第身份，所谓沉水熏陆，宴客斗香，以显豪奢；虔敬时要烧，有焚香弹琴，有焚香读书；肃杀时也要烧，辟邪祛妖，去秽除腥；有事要烧，无事也要烧，烧本身就是事，而且还会上瘾，称为"香癖"，就仿佛现代人的抽烟饮茶一样。

中国烧香的历史，大体可分为三个时期。以汉武帝为界，前面为第一期，可称初始期。其间，所烧的香有以下几种：柴、玉帛、牲体、香蒿、粟稷等。

烧香的作用是唯一的，用来祭祀。烧香行为由国家掌握，由祭司执行。

周人升烟以祭天，称作"禋"或"禋祀"。《诗·周颂·维清》："维清缉熙，文王之典，肇禋。"笺："文王受命始祭天。"即是说，这种祭制始于周文王。

其具体祭法为：将牺牲和玉帛置柴上，燃柴升烟，表示告天。《周礼·春官·大宗伯》："以禋祀祀昊天上帝，以实柴祀日月星辰，以槱燎祀司中司命。风师雨师。"注："禋之言烟。""三祀皆积柴实牲体焉，或有玉帛，燔燎而升烟，所以报阳也。"疏："禋，芬芳之祭。"（用《十三经注疏》本，下同。）

可见，所谓禋祀，一是点火升烟，二是烟气为香气。以香烟祭神，那么这就是后世所谓的"烧香"了。

第一期，香事有以下特点：一是香品原始，为未加工的自然物，还不是后世正规意义上的"香料"（树脂加工而成）；二是自然升火，不用器具如后世的"香炉"；三是专用于祭祀，而祭祀由国家掌握，即，烧香还没有生活化，民间化。明周嘉胄《香乘》引丁谓《天香传》谓："香之为用，从上古矣。所以奉神明，可以达蠲洁。三代禋祀，首惟馨之荐，而沉水熏陆无闻也。其用甚重，采制粗略。"

第二期，从汉武帝到三国，可称引进期。汉武帝于中国香事的发展，有特殊重要的意义。

其一，武帝奉仙，为求长生，是神就敬，而打破了以往"香祭祭天"的垄断。

其二，武帝时期香品逐渐走向实用化，如置椒房储宠妃、郎官奏事口衔鸡舌香等，打破了香必用祭的垄断，使香进入生活日用。

其三，也是最重要的一点，武帝大规模开边，就在这一时期，产自西域的真正的"香料"传入中国。《说郛》卷35引宋·吴曾《能改斋漫录》称："又按汉武故事亦云，毗邪王杀休屠王，以其众来降。得其金人之神，置甘泉宫。金人者，皆长丈余，其祭不用牛羊，唯烧香礼拜。然则烧香自汉已然矣。"此外，武帝曾遣使至安息国（今伊朗境内），《香乘》卷二引《汉书》称："安息国去洛阳二万五千里，北至康居，其香乃树皮胶，烧之通神明，辟众恶。"树皮胶，即树脂，是为真正的香料。

由于有了真正的香料，使武帝时的香事变得格外繁盛起来，后世野史笔记屡称不绝。什么焚"月支神香"解除长安瘟疫（《香乘》卷8），燔"百和之香"以候王母（《汉武外传》），用东方朔"怀梦"香草在梦中与李夫人相见，直至烧"返魂香"使李夫人还魂——这个传说还传到日本（见《源氏物语》第48回）。

香事繁盛，香具应运而生，不久，中国第一个香炉也发明出来了，称为"博山炉"。传说上面还有刘向的铭文："嘉此王气，嶙岩若山。上贯太华，承以铜盘。中有兰绮，宋火青烟。"（见《香乘》卷38）。刘向为宣帝时人。从此，香品与香炉配，使中国的香事进入一个新阶段。

然而，从武帝时引入西域香料始，降及东汉三国，在这三百多年间，香的使用还仅限于宫廷和上层贵族之中，极为名贵，难得进入寻常百姓之家。《香乘》卷2引《五色线》称："魏武与诸葛亮书云：今奉鸡舌香五斤，以表微意。"为馈赠之礼品。又《香乘》卷7引《三国志》称："魏武令云：天下初定，吾便禁家内不得熏香。"足见焚香即使在宫廷中也还是一种奢侈。

第三期，是普及期。香的走向普及，是隋唐以后的事。普及的原因有二：一是"西（域）香"由"南（两广、海南）香"所取代。"迨炀帝除夜，火山烧沉甲煎不计其数，海南诸香毕至矣。"（《香乘》卷1）。南香的大量涌入，使香的价格降低，为普及提供了物质准备。二是佛道二教从六朝以来大发展，轮番跻身于国教的至尊地位；二教尚香，"返魂

图 28　古时熏香

图 29　古代熏香炉

飞气，出于道家；旃檀枷罗，盛于缁庐。"（颜氏《香史序》）。从而信徒汹汹，风气大展，造成烧香走向普及。只不过这时固有儒教还与释道二教时相对抗冲突，传统士人抵制二教特别是佛教，而使繁盛的香事略为减色（见图**28**）。

从芳香植物或动物分泌物提取的天然香料，用于驱虫、熏烧、敬神等诸般现象，是远古先人在掌握火的使用后，燃烧柴木时发现香木、香脂有散香清神作用，从此人们有意识地将香木、香脂直接焚烧，升烟祭天（见图**29**）。

我国焚香最早是作为诸侯王的朝仪，传说香能辟瘟驱邪，所以宫室、朝堂、议事厅必焚香。到了汉代，宫室发展到用香熏衣、驱虫、防腐蛀，后来士大夫家以至平民，都有焚香的习惯。民俗五月端午，要在房中烧芸香以驱虫，要给小孩挂香囊，以驱邪恶。

自东汉永平十年（公元67年）佛教传入中国，香、花、灯是礼佛必不可少的"三大件"，称为"花香供奉"、"香火因缘"。而在东汉明帝以前，祀神祭祖，只烧艾条，不焚香。所以祭祀礼器中没有香炉。汉明帝以后为了焚香，才开始制作香炉。随着佛教在中国的传播，焚香这种礼佛的仪式也沿袭至今。

佛寺在信徒、香客心中是顶礼膜拜的神圣场所，步入这个精神家园，怎样才能表达自己的真诚呢？无疑，礼佛上香是最直接的方法。通过烧香、许愿、叩头、合十、问讯等动态行为，与佛、菩萨沟通，完成内心的希求祈愿。

古人对烧香有很明确的目的，有专门掌握烧香的人，这种现象在世界范围内也十分广泛，历史悠久（见图**30**）。

图 30　青釉镂空熏炉

中国人的熏香除了宗教活动以外，还有驱邪避秽的作用。端午节焚烧艾蒿等香料的习俗用现代观点来看，实在是非常科学的做法，不但可以杀菌、驱除瘴气，还能赶走蚊蝇。此外，中国人自古以来就将熏香与文化挂起钩来。古人读书时喜欢在书房里焚香，认为可以增强记忆力，捕捉灵感，同时增加读书的乐趣。

黄帝时期，中国就有了燔香祭祀的礼，以表对天、地、人、神的谦卑和敬意。个人修养中的干净整洁更离不开"香"，居家生活也要常常焚香，读书前，弹琴前，心中怀着恭敬，净手，整理衣冠，焚香。

先秦时，从士大夫到普通百姓，无论男女，都有随身佩戴香物的风气。《礼记》说："男女未冠笄者，鸡初鸣，咸盥漱，拂髦总角，衿缨皆佩容臭"。"容臭"即香囊，佩于身边，既可美自身，又可敬他人。这里可见先秦少年拜见长辈先要漱口、洗手，整理发髻和衣襟，还要系挂香囊，避免身上的气味冒犯长辈。《诗经》和《楚辞》中也多有对香木香草的歌咏："彼采萧兮，一日不见，如三秋兮。彼采艾兮，一日不见，如三岁兮。"（"萧"、"艾"都是菊科蒿属植物，是古代较常用的香草）；"朝饮木兰之坠露兮，夕餐秋菊之落英。"

东汉末年时曹操手下有一名谋士荀彧，此人不仅足智多谋，而且忠孝廉义。他曾官拜尚书令，人称"荀令"。这位重臣仪容严整，风度翩翩，有美男子之称。他善熏香，据称他身上的香气，百步可闻；所坐之处，香气三日不散（《襄阳记》载"荀令君至人家，坐处三日香"），成为世人的美谈和效仿的对象。这可以说是香的精神与人的气质糅合在一起的典范了，后世常以"荀令香"或"令君香"来形容大臣的风度神采。

六朝及唐代时，上层社会熏衣、熏被褥已成习俗。女人的衣裙熏香自不必提，士大夫的衣袍也要熏染一番。

唐代是中国历史上的"黄金时期"，也是焚香之俗的极盛时期。唐代的上层贵族极喜爱焚香与使用香料。他们的身上散发着香味，浴缸中加了香料，而衣服上则挂着香囊。庭院住宅内，幽香扑鼻，公堂衙门里，芳香袭人。当时的男人甚至还有互相攀比香料的习俗。唐中宗时就有一种高雅的聚会，大臣们在会上"各携名香，比试优劣，名曰'斗香'"。唐朝皇帝也经常向大臣和近侍赠送香料，以示恩宠。文献中至今还保留着许多唐朝大臣献给皇帝的"谢表"，感谢皇帝赐给他们各种香料。张九龄写的感谢唐玄宗的《谢赐香药面脂表》就是一个典型的例子，表曰：

臣某言：某至，宣敕旨，赐臣裹衣香面脂，及小通中散等药。捧日月之光，寒移东海；沐云雨之泽，春入花门。雕奁忽开，珠囊暂解，兰薰异气，玉润凝脂。药自天来不假准王之术；香宣风度，如传荀令之衣。臣才谢中人，位参上将，疆场效浅，山岳恩深。唯因受遇之多，转觉轻生之速。

唐朝皇帝有时也佩戴香囊，而在腊日（腊月初八，岁终祭祀百神之日）的庆典上，就更是非佩带"衣香囊"不可了。皇帝有时也会赏给大臣"衣香"，"衣香"是另一种让衣服生香的办法，就是收存衣服时将特制的香药放在衣服中间，杀菌防虫，也让衣服沾染自然的香气。类似今天常用的薰衣草和香草。这些从传下来的古代诗词以及香谱中都可以看到。白居易的《早夏晓兴赠梦得》有云："开箱衣带隔年香"。

　　熏香成为社会的风尚，武将自然不会落后。在唐诗中，也有对衣香撩人英姿飒爽的俊俏军人的描写。如唐人章孝标的《少年行》中："平明小猎出中军，异国名香满袖熏。画槛倒悬鹦鹉嘴，花衫对舞凤凰文。手抬白马嘶春雪，臂竦青骹入暮云。……"描写了一名唐代年轻武士，一大早外出打猎，衣袍上的异国名香四散播撒，再加上锦袍飞舞，白马矫健，弯弓猎鹰，英武帅气招人羡爱。

　　熏香盛行，名香在古时成为馈赠佳品也是必然的。但是作为定情之物，却很少见。西晋时就有这么一个以香为媒的故事。西晋权臣贾充的小女名贾午，聪明美丽，贾充十分喜爱。贾充会客时，贾午常在一侧偷窥，看上了贾充的幕僚、潇洒俊美的韩寿。于是背着家人与韩寿互通音信，私订终身。贾充家中有御赐的西域奇香，贾午偷出一些送给韩寿。谁知这香气一旦染身，多日不散。这样一来，幕府里的人就经常闻到韩寿身上有一股奇香，于是议论纷纷。贾充被惊动后，拷问贾午的左右侍者，再问贾午。贾午态度坚决，非韩寿不嫁。贾充无奈，只得让韩寿入赘贾家，成就了一段美满姻缘。自此，"韩寿偷香"成了典故。

图 31　唐代雄狮熏香炉

　　唐人用于焚香的器具称为香炉，不但质地多样、形状繁杂，而且在制作上也极尽奢华之能事（见图31）。

　　王元宝是京师中的巨富，他"常于寝帐床前雕矮童二人，捧七宝博山炉，自瞑焚香彻夜，其娇贵如此。"但是，与洛阳佛寺中的百宝香炉相比，七宝香炉简直就不值一提了。百宝香炉是安乐公主送给洛阳佛寺的礼物。高四尺，开四门，饰以珍珠、琥珀、珊瑚和各种各样的珍贵宝石，并雕刻飞禽走兽、神鬼、诸天伎乐以及各种想象的形象。百宝香炉"用钱三万"，其造价之昂贵，令人咋舌。

　　在唐代，汉晋时期出现的传统的博山炉仍在使用，流行的香炉的样式通常是那些真实的或想象的飞禽走兽的形象，如狮子、麒麟等。袅袅的香烟大多就是从这些动物造型的口里飘出来的。

　　香炉中最常见的形制是鸭子与大象的形象。从李商隐的《烧香曲》"八蚕茧绵小分炷，兽焰微红隔云母"的描写来看，有些香炉还装了云母窗。此外，在汉代由古埃及传入的长柄香炉也在唐代继续使用，并传到日本，通常这些香炉都是由紫铜掺杂其他一些金属——锑、金等铸成的。

在唐代种类繁多的熏香器中，制作得最为精妙绝伦且最富艺术价值的当数"香囊"——一种镂空为花卉和动物图案的空心金属球，其内平衡架上悬有一金属制成的焚香盂，主要用来熏衣被和寝具，有时还具有杀虫作用。其实这种器物早在汉代就已出现了，《西京杂记》载："长安巧工丁缓者，作卧褥香炉，一名被中香炉。本出房风，其法后绝，至缓始更为之。为机环转之者四周，而炉体常平，可置之被褥。"过去，人们通常把这种小巧玲珑的器物称为"袖珍熏球"，但1987年在扶风法门寺地宫出土的同类型器物却被同出的《衣物帐》碑文明确地称为"香囊"。器体共分3层，由同心机环相连接：外层通体透雕缠枝葡萄纹，最内层为一盛香用的盂，盛香后内部具有一定的重量，无论怎样转动，香盂皆保持平衡，火星、香灰不会撒落出来，既适于悬挂又能随身携带，也可以随意放置，这是贵妇人随身携带的物品（见图32）。

图32 悬挂香囊

据此可知，过去称为"袖珍熏球"者，在唐代应称为"香囊"——两个鎏金银质圆球，在球内的小碗中装上香料，点燃后香气就从镂空的纹饰中溢出。为了防止香囊晃动时香料流出，工匠们运用了现代的平衡装置原理，在内部装了两个平衡环。圆球滚动，内外平衡环也随之滚动，让香碗的重心不动。据《一切经音义》载："案香囊者，烧香圆器也，而内有机关巧智，虽外纵横圆转，而内常平，能使不倾。妃后贵人之所有也。"由于其精巧玲珑，便于携带，除了放在被褥中熏香外，贵族妇女还喜欢将其佩带在身上，无论狩猎、出行、游玩，均随身携带。所过之处，香气袭人。

值得一提的是，在唐代，佩带香囊绝非娇弱无力的女性的专利，男性，尤其是上层贵族也有佩带香囊的习惯。章孝标的《少年行》一诗中，就描写了一位"异国名香满袖熏"的年轻武士。有时连皇帝身上也佩带着香囊，而在腊日（岁终祭祀百神之日）的庆典上，就更是非佩带"衣香囊"不可了。此外，唐代贵族还习惯在出行的车辇上悬挂香囊（见图33）。

中国历代文人墨客给我们留下了数不清的关于熏香的著名词句，让我们跟着古人一起体会熏

图33 唐代香囊

香的乐趣。如南朝文人谢惠连的《雪赋》：

> 携佳人兮披重幄，
>
> 援绮衾兮坐芳褥。
>
> 燎薰炉兮炳明烛，
>
> 酌桂酒兮扬清曲。

唐朝罗隐的《香》：

> 沉水良材食柏珍，
>
> 博山炉暖玉楼春。
>
> 怜君亦是无端物，
>
> 贪作馨香忘却身。

宋代苏东坡有首词《翻香令》：

金炉犹暖麝煤残，惜香更把宝钗翻；重闻处，馀熏在，这一番气味胜从前。背人偷盖小蓬山，更将沉水暗同然；且图得，氤氲久，为情深，嫌怕断头烟。

还有《和黄鲁直烧香》

> 四句烧香偈子，随风遍满东南；
>
> 不是闻思所及，且令鼻观先参。
>
> 万卷明窗小字，眼花只有斓斑；
>
> 一炷烟消火冷，半生身老心闲。

陈去非的《焚香》：

> 明窗延静昼，默坐消尘缘；
>
> 即将无限意，寓此一炷烟。
>
> 当时戒定慧，妙供均人天；
>
> 我岂不清友，于今心醒然。
>
> 炉烟袅孤碧，云缕霏数千；
>
> 悠然凌空去，缥缈随风还。
>
> 世事有过现，熏性无变迁；
>
> 应是水中月，波定还自圆。

明代徐渭的《香烟》：

> 午坐焚香枉连岁，
>
> 香烟妙赏始今朝；
>
> 龙拿云雾终伤猛，
>
> 蜃起楼台未即消。
>
> 直上亭亭才伫立，

斜飞冉冉忽逍遥；

细思绝景只难比，

除是钱塘八月潮。

清初冒辟疆在其所著《影梅庵忆语》中，描写了他和爱姬董小宛的闺房之乐，屡次提到焚香之趣，由此可知，烧香是古代一种十分普遍、广泛的现象。

焚香祭神这一点东西方共通，《圣经》中就记载了希伯来人焚香祭拜上帝的规格，其中透露出了一条信息："多神/一神"信仰与享用香气之间存在着一定的对应关系。一般而言，多神教难得有统一的教规和信条，对信徒的要求较宽松，因此，宗教生活中往往会更重视那些肉欲和物质的东西，用香祭神是常见形态。造就香料在西方神圣信仰中的这种特殊地位的，是一种很奇妙的社会学。当时的人们普遍相信，香料是顺着天堂的河流落向人间的，是世俗与天堂之间的桥梁。这一半是出于香料的物性，一半是由于欧洲与出产香料的东南亚远隔重洋——香料来到欧洲，要经过多次转手，而商人们为了维护自己的利益，对这种神话只会广为宣传，不会轻易拆穿。于是就造成了一种不易拆穿的迷信——香料"确实"与上帝有关。

古埃及人从阿拉伯和索马里沿海地区引进芳香类的树木，把香当作宗教仪式中使用的重要用品，他们向太阳神祈祷时，口中念诵"借香烟之力，请神明下界"——这同中国人点香敬佛的做法完全相同。寺院里由祭司在日出时焚树脂香，日中时焚没药，日落时焚烧由几种香料混合而成的调和香料。这种香料被制成小锭状，叫做"基福"，是埃及著名的熏香。它的香气可使精神镇静，并有催眠作用。熏香不仅可在室中焚烧，也可用来使身体或衣物染上愉快的香气。

在埃及的全盛时代，几乎人人身体都要涂香油，用香料熏衣服。在比较富裕的人家，室中香气弥漫。每逢重大节日，街上焚香，整个街道都在香雾笼罩之中。

古巴比伦人在祈祷和占卜时往往也焚香，预告"神明"，关注祈祀之事。巴比伦人和亚述人在公元前1500年的宗教活动中，为了驱散恶魔，焚烧香料，念诵咒语。祭祀太阳神时，寺院的祭坛上要供奉大量的乳香。据说亚述王阿序尔邦阿布里因为大量焚烧香木窒息而死。

公元前8世纪，希腊人也有烧木头或树脂的习俗，以供奉神明或祛除恶魔；罗马人先是焚香木，后来引进了香，在公祭和私祭上使用；基督教会于公元4世纪开始在圣餐礼上焚香，希望教徒的信愿上达于天，又表示圣徒的功业；印度教、日本神道教、犹太古教也都有焚香致礼的习俗。

阿拉伯人喜爱麝香，胡子上涂麝香，室内焚烧麝香。

印度人自古以来在宗教仪式和个人生活中广泛使用由各种树脂和香木制成的熏香；伊斯兰教徒用白檀、沉香、安息香、广藿香等制作熏香。

六 日本的"香道"

中国盛唐时从"贞观之治"到"开元盛世"，长安成了世界经济、科技、文化的中心舞台，人们的生活质量有了极大的提高，衣、食、住、行都讲究享受，琴棋书画成为时尚，吃的文化、酒的文化、茶的文化等相继发展起来，熏香也成了艺术。达官贵人、文人骚客、才子佳人、富裕人家经常性地聚会，吟诗作画、歌舞欢宴、争奇斗香，使得熏香艺术达到登峰造极的地步。当时公认焚香"极品"为佳楠；次为沉香，沉香又分四等，即沉水香、栈香、黄熟香、马蹄香；再次为檀香等，可见当时评香水平之高超。

图 34　鉴真和尚

鉴真和尚（见图34）东渡，不仅把佛教传到了日本，同时也传入了熏香，寺院日日香烟弥漫，朝廷举行典礼时也要焚香。平安时代以后，香料开始脱离宗教用于"美"的目的。贵族们学起"唐人"的样子，经常举行"香会"或称之为"赛香"的熏香鉴赏会，这也是鉴真和尚带入日本又经"和风"熏陶而形成的一种风习。日本古典名著《源氏物语》就多次提到这种熏香盛会。

香料在日本的记载古已有之，《香药抄》成书于永万时代（平安时代，二条天皇的年号），另有源平时代的《香字抄》。

当时佛事或者贵族中衣服需熏香便产生了关于香料的用法，种类也不限于沉香、白檀，还包括兰、其他香草、麝香之类的动物性的东西。当时还没有产生闻香即香道这类名堂。闻香之法兴起之初，只限于南洋香木，研究、赏玩，后来才渐成风气，《香药抄》《香字抄》关于香的知识十分广泛，涉及汉籍佛书，但并未直接注明产地，尚未根据产地鉴别香的种类。香道这个名称在江户时代才开始。

闻香之流行于何时呢？根据大枝流芳在江户中世写的许多有关香料的著述记载，南北朝时期的佐佐木道誉是元祖，其后东山将军足利义政也喜好香料。志野流香道之祖宗信随御家流之祖三条西实隆研究香道奥义，仕于义政，从此，香道便正规化了。

据志野崇信的日记记载，此前就由去中国的僧侣取回了香料，不知何时才对香料的产地有明确的知识。其后室町末时代建部隆胜有一本天正初年的笔记，其中明确地记载了香料的产地。伽罗、新伽罗、罗国、真那班、真那贺还有佐尊罗和寸门多罗被称为名香产地，合称六国之香。大枝流芳在他的《香道千代之秋》中写着：罗国、满剌加、苏门答腊、伽罗四国均见于《唐书》。佐尊罗、真那班两国未可考。他的《香道深韵》中也写着：

新伽罗当为后来之伽罗。伽罗、罗懈、满刺加、真蛮都为南方海外国名，后加苏门答腊、差咀罗两香称为六国，其余又为太泥之香。

大枝流芳对香料产地做了很详细的考证，但还是稍有错误的。其实伽罗作为国名是不对的，伽罗完全是香名。后来，大抵知道产地在苏门答腊和马六甲附近，此乃南洋香也。此外，还有印度西部和斯巴特啦岛也是产地之一。

大枝流芳出版了《香志》作为其著述的附录。该书还请汉学造诣很高的人岩信来主编，这本《香志》广泛提到了很多中国的典籍，有明代田芸蘅的《留青日札》、黄衷的《海语》、李时珍的《本草纲目》、方以智的《通雅》和《物理小识》、马欢的《瀛涯胜览》、唐代冯贽的《南部烟花记》等等，他在香道发明做出的贡献可以说是非常巨大的。

有意思的是，古代传下来的香的名目，现在看非常费解。比如传至法隆寺便冠以太子之名，大内家从九州法华寺中探得的香木便称法华。最有名的当属东大寺正仓院秘藏的南洋黄熟香，就是兰奢待（这其实是兰麝袋的笔误，不过后来因为兰奢待这三个字太有名，兰麝袋反而无人所知了）。如果不询问其来历，几乎无法辨别它是何种香木。

关于香的品名，三条西实隆所传御家香木有六十多种，而佐佐木道誉所有竟达170多种，可谓复杂之极。被称之为北畠玄慧法印的《游学往来》中所道："传说之名香，不时可见。伽罗木、忠春容、宇治、山阴、奥山、初时雨、叶山、深山、松风、武藏野、罗汉木、橘花、伊势海、疏竹、寒草、老梅、熏远、水蓼、山蓼、芒、朝霞、薄霞、薄云、武藏野、异波、合香、龙涎、白檀、熏露草、八煎、紫云等等，稀之又少，难以得到，新进之香尚未闻其名。"

又有虎关禅师所做之《异制庭训往来》中也写道：

"本朝天平年中从百济国始贡献之。自此以降，代代御门玩之，家家豪奢赏之，其名虽多，伽罗木、宇治、山阴此为甲科也。此外，叶山、深山、奥山、武藏野、富士峰、橘花、薄霞、薄云、薄露、龙涎、白檀、水蓼、胃皮、茶烟、熏陆、八精等，各争其美，各驰其誉。"

看来这两本书似乎为同时代所做，其中香名也大抵相同。而有名的一条禅阁兼良所做之《尺素往来》中，则有以下记载：

"名香诸品为：宇治、药殿、山阴、沼水、无名、名越、林钟、初秋、神乐、逍遥、手枕、中白、端黑、早梅、疏柳、岸桃、江桂、菖蒲、艾、富士根、香粉风、兰麝袋、伽罗木等。手中之物不论新旧均应分赐。尤其好色之家号之为熏物而深藏之。沉香、丁子香、贝香、熏陆、白檀、麝香等六种，每方合之而捣，加詹唐，命名为梅花，加郁金，命名为花橘，加甘松，命名为荷叶，加藿香，命名为菊花，加零陵，命名为侍从，加乳香，命名为黑方。此皆发檀，沈水之气，吐麝脐，龙涎之熏者。"

此外，还有一本《新札往来》中也记载道："新输入之名香以拜领。庭梅、岸松、香粉风、初秋、神乐、新无名、名越、林钟等，此种种已非稀有。近来听有赏玩三吉野、逍遥、沼水等。另有中比、山阴、御枕、药殿、清水、红阿、思忍、一二三、五文字、兰奢待、伽罗木等世之皆少也。"

以上很多香名都一致，药殿、山阴、无名、初秋、神乐、逍遥、香粉风、兰奢待、伽罗木等等。合香方面，郁金、甘松、藿香、零陵、乳香、沉香、丁子香、贝香、熏陆、白檀、麝香都是从《香字抄》和《香药抄》上来的名目。这里又要提一下兰奢待，兰奢待真正名扬天下是因为足利义政得到天皇钦准从东大寺正仓院的大块黄熟香上截取下来的。在这之前，也只有赖朝公得以拜领。

说香道之起源，由《香字抄》和《香药抄》时代作为熏物合香的应用和玩赏，转入道誉所开创的闻香时代，成为香的本质性玩赏，这是因为出现了新发现的最好的香料伽罗木。伽罗木的出现在中国和日本同时引起了有关香的赏玩的变化，这是一种有趣的共通现象。而日本人关于香木的知识不是依赖中国的再输出，而是来自原产地，这可由中国从不使用伽罗木这一名称而得到印证。一条禅阁时代也就是东山足利义政执着于香道之时，也是黄熟香（兰奢待）以其珍奇而与香木之最上品伽罗木并称之时。《新札往来》成书于天文十五年，可以说是代表天文六年仙逝的三条西实隆和志野宗信时代香的记录。这时香道已开创二百余年，已在回顾香品的盛衰沿革。

日本人对传统文化珍爱有加，久而久之便上升为"道"。茶文化进入日本产生了"茶道"，香文化随佛教东传产生了"香道"。那么，"香道"究竟是怎么回事呢？下面是东京的日本香道活动过程。

客人们到达时，5位身穿和服的妇女已做好演示的准备，铺着榻榻米的教室内挂着"和敬（静）清寂"、"静妙求真"、"心安自健康"的条幅，弥漫着一种文化的氛围。

图 35　香道用品

家元（即宗师）向客人们介绍说，日本的香文化是由中国唐代的鉴真大师传到日本的。香道是以"乐香"为基本的艺道，与茶道、花道一起构成日本传统的"雅道"。从香烟缭绕升腾而消失于无形中，感悟世事的无常，通过闻香创造各自心中的景象，以求得精神的安宁。按照香道的规矩，出席香会时要"静坐而不私语"，就是不能随便说话（见图35）。

香道演示的第一项内容是香具和香灰演示——演示者手持香具列队缓步而行，香具端至胸前，有仪仗之风。落座榻榻米时则举案齐眉，以示敬重。装香灰的器具很精巧，青色的瓷香炉与镇灰用具都很讲究，精美的香灰造型给人以美感。炉内的香灰是热的，要在上面放置"练香"——又称"合香"，用沉香木、药草等植物香和麝香等动物香加蜂蜜、木炭混合而成。焚香时的火候调节是一门技术，关键是要让香木发出最浓的香味。随着香烟从香炉内升腾，室内弥漫着清香之气。除了放置"练香"，有时也放"香木"（沉香木），焚沉香木在平安时代就是日本王朝文化的一种形式。家元说这与一般的线香不同，香是间接热，不出烟，只

图36　日本香道演示

让香的成分升腾。日本每年从东南亚进口约30吨沉香木。据说5毫米见方的沉香木薄片就要1000日元（见图36）。

第二项演示是对和服熏香——日本用香熏衣服已有1000多年的历史，起初是为了防止恶臭和防虫，后来又产生了香袋等装饰物。从中国传到日本的混合香，在日本平安时代发展成6种香，即梅花、荷叶、菊花、落叶、侍从、黑方，通称"6种熏香"。对和服熏香也有一定程式。当熏香点燃之后，先将可开合的支架置于炉上，然后由数名演示者将和服托起，再由主持人将和服覆盖其上，让香气移于和服之上。如何在一定程式下把和服充分伸展，给人以美感，这也需要多次演练，通常还以折扇置于一旁起装饰作用。

第三项演示是"闻香"——闻香就是鉴赏香木的微妙不同，是香道之极致。香木按质分为"六国五味"，"六国"指伽罗、罗国等6个产地，"五味"分辛、甘、酸、苦、咸，习香者要在数种不同香中准确闻出香的种类是需要功力的。为了让客人们理解闻香，香道师范（师范即老师之意）先取出两种香让客人们闻，然后端出盛香的两种香炉请参加者辨别，再把结果记在纸上。闻香也有规矩，先是右手取香炉放在左手，然后反时针旋转，右手盖于香炉之上闻3次，与最初的感觉相比，由于两种香味明显不同，参加者一般全都能猜中，皆大欢喜。

光是"闻香"就要练一年——日本的香道有100多个流派，大体分为"御家流"与"志野流"。前者是贵族流派，图风雅，重气氛，香具豪华，程式繁中求柔；后者是武家（士）流派，重精神修养，香具简朴，程式简中有刚。

习练香道，最初一年专门闻香，第二年练香灰造型，第三年进入综合练习，经过4年才给"初传"证书，晋级到师范"皆传"级需要15年，升到"奥传"一级则需要25～30年。

北宋诗人黄庭坚所作的《香之十德》中说香的好处是："感格鬼神、清净身心、能拂污秽、能觉睡眠、静中成友、尘里偷闲、多而不厌、寡而为足、久藏不朽、常用无碍。"现代社会既需要"动"也需要"静"。迎客的玄关、待客的居室焚香一炷能拂去污秽；香能醒脑安神，读书、入浴、鉴赏音乐或就寝则是静中之友。

在古时中国，品香与斗茶、插花、挂画同为贵族精神生活追求的极致，这是一种结合了财富和学养的文化生活方式。然而，中国大陆古香道的传统已经断去了200年，现代人罕有知晓。台湾倒是有所保留，但是"在台湾也不过十来个人算得上香道研究者，其他人不过是烧钱"。

香道的定义是什么？简单地说，就是有关"香气的艺术"。如果要进一步说明，就是从香料的熏点、涂抹、喷洒所产生的香气、烟形，令人愉快、舒适、安详、兴奋、感伤等的气氛之中，配合富于艺术性的香道具、香道生活环境的布置、香道知识的充实，再加上典雅清丽的点香、闻香手法，经由以上种种引发回忆或联想，创造出相关的文学、哲学、艺术的作品，使人们的生活更丰富、更有情趣的一种修行法门，就叫做香道。

香道究竟想要达到什么样的理想目标呢？

我国早在记载夏、商、周三代历史的《尚书》之中，就已谈到"香的精神层面"，所谓"至治馨香，感于神明。"又说"黍稷非馨，明德惟馨。"

古人董说（若雨）所著《非烟香记》，提到所谓的"振灵之香"。他说："……振灵香屑，是能熏蒸草木，发扬芬芳……振灵之香成，则四海内外百草木之有香气者，皆可以入蒸香之鬲矣！振草木之灵，化而为香，故曰振灵。"由此可知古人对于香气的阐释，已经不只是物质、官能层面的东西而已。

中国民间用香始于春秋之前，至唐代已发展到鼎盛。鉴真和尚东渡，不仅把佛教传到日本，同时也带去了与佛教有密切关系的熏香文化。从此"香会"变成了日本的风尚，逐渐形成了日本的"香道"。而中国的一炉香，倒是在清末慢慢成为灰烬了。

事实上，类似日本"香道"这种香文化除了中国、日本以外，其他文明古国也曾出现过。古代雅典的香料商店实际上成为各阶层人士的集会场所，政治家、哲学家、艺术家以及社交界的知名人物频繁出入，成为热闹的社交活动中心。这些地位显赫的达官贵人，为了表现他们的"天才"，在香气方面大做文章，香的知识成为每个到此场所的人所必备的，他们谈论香就像今人谈论奥林匹克运动会一样。"香气鉴赏会"逐渐演化成各种各样的"香道"。古罗马也有相似的情形，只是都没有像中国和日本那样普及并流传下来。

七 香与文明

国外有一种说法：一个国家或者一个民族的精神文明程度与它人均使用香料香精的数量成正比。这个说法有没有道理呢？

先看看历史。四大文明古国都与香料结下不解之缘——

　　埃及人使用香料的记载约在公元前3000年左右，20世纪重要的一条新闻是发现在一个金字塔——土坦卡门墓室（见图37）内存放有许多装满了各种香料的瓶罐，墓中出土的文物中发现了一把3300多年以前的香壶，其中还残留巧克力色的香油；埃及法老的尸体用香料防腐保留至今。据说当土坦卡门的陵墓被开启时，从曾经装满香膏的罐子里溢出的淡淡的幽香，仍然飘浮在墓室中。

图 37　土坦卡门墓室

　　古埃及的许多战争，也是为了稳定香料来源而发动的。例如，在女法老王海切舒特的陵墓壁画上，就刻满了她为取得香料而远征异国的彪炳事迹，她甚至在皇宫内建了一个大花园，网罗各地的奇花异草。

　　埃及早期的香料，为了方便运输，大多以香膏、香脂的方式保存，而其主要的用途是用于表达对神祇的崇拜。古埃及人认为，香是凡人与上天的媒介，所以，在古埃及太阳神庙中，每天必须点香三次，再将袅袅香烟由一组组巨大而长的烟斗送上天空。

　　无论传说中香水的发明者是来自美索不达米亚，还是来自塞浦路斯岛，只有埃及人拥有最古老的香水历史，是他们开创了几千年的香水时尚。

　　如果我们能够有幸穿行在古埃及的街道上，一定会闻到淡淡的幽香。几个行人从对面走来，香味便浓烈起来。他们刚从不远处的公共浴室中出来。在那里，他们不仅清洁了身体，还将自己浸泡在散发香味的油中。香油使他们的肌肤滋润，容光焕发。

　　芬芳意味着与神灵的贴近，代表着高尚，意味着健康，也象征着财富。从生到死，古埃及离不开芳香的气息。在停尸间里，亲人与祭司围在死者的身旁，将肉桂、蜂蜜、香膏涂抹在他的全身。他的灵魂将开始永生之旅，芬芳的气息会带他去见冥河彼岸的众神。

　　埃及文化的扩张，将芳香的艺术传到海的彼岸。热爱芳香的希腊人狂热地从国外进口数量巨大的香料油，再以香料粉末与之混合，他们成了地道的香水制造大师——虽然这时的香水与今天的还大为不同。进口香料油的巨额开销让雅典的梭伦也禁不住皱起眉头，他不得不立法禁止对香水的滥用。但这位伟大的立法者无法抵抗香水对大众的魅力，法案很快失败。在古希腊，几乎人人都使用香水。

　　即使是伟大的哲学家也无法阻挡香水风光的历史。犬儒学派的戴奥真尼斯虽然浑身肮脏，却在自己的脚上抹上香水，他讥讽地说："如果在我的脚上涂上香水，那么我的鼻子就能闻到；如果我在头上抹上香水，那就只有鸟儿才能闻到了。"

　　希腊用香的文化是由波斯传入的，亚历山大大帝征服了波斯之后，也从波斯带回了珍贵的香料。据说亚历山大喜欢在房间的地上遍洒香水，连衣服也要用没药熏香，更认为闻到香味时，必定有众神的莅临与祝福。公元前370年出生的狄奥弗拉斯特（Theophrastus）被誉为植物学的鼻祖，也是调香业的创始人之一。他最早发现（提出）留香问题，并首次将橄榄油、芝麻油用作调香的定香剂，还最先使用酒精为溶剂进行调香。

希腊人把他们对香水的热爱传递到他们在地中海的殖民地，从近东到法国，再到西班牙海岸。古罗马人在征服西方世界的同时，也将他们对香水的狂热传递到帝国的边界。他们认为，在洗澡的过程中用香水浸泡身体，或者浴后用它来按摩肌肤，即使肌肤光洁芳香，又有治疗疾病的功效。

古罗马时期，人们认为：如果祭祀威斯达（Vesta）女神的香烟中断的话，罗马城就会沉没在地狱的深渊里，所以这些女信徒们终其一生唯一的职责，就是维持女神的香火永远不灭。

在古波斯文化中，人们身上的香味象征着他（或她）的身份地位。没药、乳香与麝香是当时最流行的香料，而在富贵人家的花园里，大多种植着种种珍贵的香花，如：茉莉、铃兰、紫罗兰及红玫瑰等。

在古巴比伦和亚述人的眼中，香料常常是和神话联系在一起的。当时的人们把香料、宝石和黄金并列为"三宝"。

图 38　印度庙

在热带地区，人的身体特别容易出汗，需要大量的香料来掩盖汗臭，而热带地区香料的产量刚好也特别丰富。像印度地区天气酷热，所以多产香木，有的用来做香水，有的用来做香油，另外有一种香料混合于水涂在身上，这就是涂香的来源。有些香料是由花制造的，但因为花容易腐烂，不能长久保持，所以印度人就用植物中的木类来作为香的主要来源（见图38）。

古代印度香料最主要还是用于宗教，香料起源与宗教的发祥地有密切的关系。最初，香料主要用作宗教仪式和贵族的嗜好品，祭坛要熏香以增加祭祀的庄严肃穆气氛，后来才逐步应用到食品和日用品中。

那时的罗马人远比今人奢侈，他们几乎在任何地方都使用香水，一些罗马皇帝甚至会为他们的爱马使用香水，仆人们的身上也散发出麝香、牛至和甘松的香味。

当罗马帝国从鼎盛走向衰微之时，香水却没有停下它的脚步。用不了多久，东方的阿拉伯在香水发展中将占据显赫的位置。

阿拉伯半岛的南部今天已经是一片热带沙漠，但在古代，茂密的阔叶林和美丽的花园，散发着香味的树木把那里变成了充满神秘和异国风情的地方，仿如天堂。阿拉伯人常在收获乳香时，燃烧红苏合香以驱蛇，或是燃烧红苏合用来消毒住宅。

神秘的阿拉伯炼金术士们在苦苦寻找植物的"精华"，这些精华最终被认定存在于昂贵的香料油中。一直到公元10世纪，阿拉伯化学家阿维森那（Avicenna）终于完成了炼金术士的梦想。他以玫瑰为试验，发明了从花朵中萃取精油的蒸馏法。在此之前，液体的香水主要是油与碎香草或花瓣的混合物。相比之下，蒸馏出的玫瑰精油更加精妙而纯净，价钱也相对低廉，这种方法很快就流行起来。

蒸馏法的出现是香水发展历史上的里程碑，关于蒸馏法的起源究竟应该归功于谁，却是考古学上的一段公案。

1975年，一支考古队在印度河流域进行发掘工作。在潮湿闷热的热带季风中，每个人都疲惫不堪。就在这时，在一些盛放香料的陶罐旁，一个不同寻常的陶制器皿让保罗·罗维斯蒂博士精神一振，那东西看起来像是一个原始的蒸馏器，比我们所知的阿拉伯香水蒸馏法的出现早了4000多年。同样的发现也出现在阿富汗，公元前2000多年的遗迹中出土了一个与此相似的物品，这一次，考古学家毫无疑问地将它认定为一个蒸馏器。而在公元前13世纪至公元前12世纪的美索不达米亚的泥板上，用楔形文字详细描述了一种蛋形器物，它与后来阿拉伯人发明的香水蒸馏器极其相似。如果这些神秘的器物是蒸馏香料的工具，那么，香水谜一般的故乡在哪里呢？

是谁最早发明了蒸馏法本身也许并不重要，不论是谁最早发明了这项工艺，它在几千年后，最终由阿拉伯人将它传向世界。

当古罗马著名将领马克·安东尼第一次踏进埃及艳后克利佩脱拉的寝宫时，迎接他的是馥郁的香味，还有散落在洒上香水的地板上的红色玫瑰花瓣。一千多年后，当穆斯林君主萨拉丁踩着玫瑰花瓣进入圣城耶路撒冷时，东方香水的奢华随着溃退的十字军踏上了前往欧洲的旅程。法国即将成为新的香水帝国。

16世纪，来自佛罗伦萨的美第奇成为法国国王亨利二世的王后，她为香水在法国的流行打开了大门。她从佛罗伦萨带来了她的炼金术士和香水师，据说在她的指使下，这个人用沾着香水的手套毒死了未来法国国王亨利四世的母亲。这位名叫勒内的香水师在巴黎开设了一家香料商店，很快就声名远扬。

1656年，洒上香水的手套戴在每一位法国绅士和淑女的手上，香水手套迅速成为时尚，人人争相仿效。不仅如此，衣物、扇子和家具也被洒上香水；用迷迭香、橙花油、香柠檬油和柠檬调和的提神的混合物或被溶于洗澡水中，或与葡萄酒相混合，或被置于糖块上供人食用。

香水的奢华在法国王室达到极致。凡尔赛宫的植物园里种满了散发着香味的植物；盛放着干花瓣的碗碟在宫廷随处可见，精致的花香久久萦绕不去。王室贵客会在山羊奶与玫瑰花瓣中洗浴，到访的宾客身上会被浇上香水，而国王的寝宫里每天必须使用不同的香水。路易十五的宫廷配得上"香水宫廷"的美誉。

法国大革命砍掉了法国皇后安托内特的头颅，却不能斩断人们对香水的痴迷，以血腥的断头台命名的香水一时风靡法国。随着拿破仑登上法国皇帝的尊位，香水的风尚一直持续至今。

1867年，法国国际博览会上，香水作为一个独立的化妆品行业终于建立起来了。1868年，世界上第一款人工合成香水"馥奇"推出了——它闻起来像是新鲜干草的味道，20年后，又增加了麝香、香草、紫罗兰等香型，此后，这个名单不断扩大。现代香水业由此起步。

具有5000年文明史的中华民族在香文化方面是走在世界前列的——早在炎帝神农时代，就采集树皮草根用作医药品，并把有香气的物品用来驱疫避秽、敬神拜佛、清净身心，用于祭祀、敬天和丧葬，后来才逐渐用于饮食、装饰和美容方面。

香文化在古代史上是一个容易被人忽视的部分，但事实上它已成为一道蔚为壮观的文化风景。我国古代许多香料还分品极，如龙脑香就有熟脑、梅花脑、米脑等九级之分。虽然古代为人利用的香料还很有限，但也足以令人眼花缭乱。

中国古代的香不仅用料丰富、讲究，而且盛香器具、燃香的用具也令人叹为观止。"欢作沉水香，侬作博山炉"，博山香炉是燃香的主要容器，与其配套的用具有盛香饼的香盒与插有香匙、火箸的瓶，与香炉一起通称为"炉瓶三事"。这是古代闺阁的常设器具，在许多古代人物画的背景中都有体现。其他的用具还有香篆、香枕、熏笼等，但最令人叹服的还要数"香囊"。"顺俗唯团转，居中莫动摇，爱君心不恻，犹讶火长烧"。唐代诗人元稹的诗对"香囊"的特点做了说明。它的外壳是个圆球，布满镂空花纹，以便香气散出。内部的装置则巧妙地运用了重力原理，在球体内装两个可以转动的同心圆环，环内再装一个与圆环相连的小圆钵。当炭火和香料在钵内燃烧时，无论香球怎样滚动，圆环和圆钵都会在重力的作用下自动调整保持水平，不会倾翻。这样的香料用具不仅实用，而且做工往往也极为精致，不得不让人佩服古代人的智慧与巧手。

纵观历史，香料及其用具在古代其实常常扮演了一种奢侈品的角色，尤其是这中间的名贵香料，诸如龙涎香、麝香、沉水香，品相好的香材大多进献给了王公贵族，品相稍次的也入了富家，普通百姓是消费不起的。香，就同丝绸、玉器、歌舞的发展一样，在很大程度上依赖了中上层社会的享乐生活。但话说回来，若非如此，中国的香文化也许会少很多耀眼夺目的东西。

当然，部分香材的稀少昂贵并不意味着香的高不可攀。历史青睐于具有普及性的文化，香同样驻足于寻常人家，这才给它的繁荣发展带来了可能。许多人家在祭祀祖先时都要准备香料。在中药材中，香料家族的成员也数不胜数，如芸香、冰片、辛荑等。而从广义的香料上来说，像茴香、桂皮这样的香材被加入到菜肴之中，成为生活中必不可少的东西。有些心灵手巧的女子更将采来的桂花、玫瑰做成糕点，这又在饮食文化中独树一帜。我们现在过端午节时仍要在门上挂上艾叶之类的香草，这也算是对古代香文化的一种传承了。

香文化在中国古代史上虽然算不上是最重要的元素，但它芳香的气息已融入到政治、经济、文化、社会等各个领域，几乎随处可见香料的身影，这其中最明显的还数中国古典文学。

有人把屈原称作中国香道的始祖。一曲《离骚》吟唱出汨罗江千年的叹息，"香草美人"成了高洁之士的代名词，也成了许多士人终身的追求。《离骚》中提到的香料足有三十余种，可见这位诗人对香花、香草的认识之广与喜爱之情。但更重要的是他将香与人的德行、志向联系在一起，赋予了香以人文精神。

中国历史上凡是太平盛世，香文化也都有巨大的进展。西汉时期司马迁所撰的《史记·礼书》中谈到"稻粱五味所以养口也。椒兰、芬茝所以养鼻也。"说明汉代已讲究"鼻子的享受"。长沙马王堆一号汉墓出土文物中发现了一件竹制的熏笼，说明汉朝已普遍使用薰香的形式来美化生活。《汉武内传》描述朝廷熏香"七月七日设座殿上，以紫罗荐地，燃百和之香"。当时熏香用具名目繁多，如香炉、熏炉、香匙、香盘、熏笼、斗香等。汉代还有一种奇妙的发香形式，就是把沉水香、檀香等浸泡在灯油里，点灯时就会有阵阵芳香飘散出来，时人称为"香灯"。

我国的盛唐时期也是当时文明的鼎盛时期，香文化也达到高峰，不单宗教仪式要焚香，朝廷、贵族及富裕人家都大量使用香料。刘禹锡的《陋室铭》中有"斯是陋室，唯吾德馨"的句子，把德行喻为传播得很远的香气。我国的各种香文化在这个时代开始也流传到世界各地。

宋代，中国社会的政治经济都进入了一个高峰时期，香文化也从皇宫内院、文人士大夫阶层扩展到普通百姓，遍及于社会生活的方方面面，并且出现了《洪氏香谱》等一批关于香的专著，步入了中国香文化的鼎盛时期。

宋代之后，不仅佛家、道家、儒家都提倡用香，而且香更成为普通百姓日常生活的一部分。在居室厅堂里有熏香，各式宴会庆典场合也要焚香助兴，而且还有专人负责焚香的事务；不仅有熏烧的香，还有各式各样精美的香囊香袋可以挂佩，制作点心、茶汤、墨锭等物品时也会调入香料；集市上有专门供香的店铺，人们不仅可以买香，还可以请人上门做香；富贵之家的妇人出行，常有丫鬟持香薰球陪伴左右；文人雅士不仅用香，还亲手制香，并呼朋唤友，鉴赏品评……

"惟士与女，伊其相谑，赠之以芍药"。香料、香囊往往也是爱情的红娘，许多以爱情为主题的小说、传奇都少不了香的出场。从唐传奇《非烟传》中的"连蝉锦香囊"到《红楼梦》中的"麝香串"、"玫瑰露"，辗转的心事中多了一脉旖旎情思，缠绵的香气里上演出一幕幕悲欢聚散。

从宋代的史书到明清小说的描述都可看到，宋之后的香与人们生活的关系已十分密切。

这一时期，合香的配方种类不断增加，制作工艺更加精良，而且在香品造型上也更加丰富多彩。除了香饼、香丸、线香等，还已广泛使用"印香"（也称"篆香"，用模具把调配好的香粉压成回环往复的图案或文字），既便于用香，又增添了很多情趣。在很多地方，印香还被用作计时的工具。

图39 "隔火熏香"

与"焚"香不同的"隔火熏香"（见图39）的方法也较为流行：不直接点燃香品，而是先点燃一块木炭（或合制的炭团），把它大半埋入香灰中，再在炭上隔上一层传热的薄片（如云母片），最后在薄片上面放上香品（单一的香料或调制的香丸），如此慢慢"熏"烤，既可消除烟气，又能使香味散发更加舒缓。

到明朝时，线香已有广泛使用，并且形成了成熟的制作技术。

各类典籍都有很多关于香的记载，周嘉胄所撰《香乘》尤为丰富。

李时珍的《本草纲目》也有很多关于熏香与香料的内容，例如：香附子，"煎汤浴风疹，可治风寒风湿"；"乳香、安息香、樟木并烧烟熏之，可治卒厥"；"沉香、蜜香、檀香、降真香、苏合香、安息香、樟脑、皂荚等并烧之可辟瘟疫"。

《本草纲目》还记载了制作线香的技术（挤压成条）：用白芷、甘松、独活、丁香、藿香、角茴香、大黄、黄芩、柏木等为香末，加入榆皮面作糊和剂，可以做香"成条如线"。

香具方面，宋代最值得关注的自然是瓷器。宋代烧瓷技术高超，瓷窑遍及各地，瓷香具（主要是香炉）的产量甚大。在造型上或是模仿已有的铜器，或是另有创新。由于瓷炉比铜炉价格低，所以很适宜民间使用。宋代最著名的官、哥、定、汝、柴五大官窑都制作过大量的香炉。瓷炉虽然不能像铜炉那样精雕细琢，但宋代瓷炉却自成朴实简洁的风格，具有很高的美学价值。

在元明清时期，开始流行香炉、香盒、香瓶、烛台等搭配在一起的组合香具。

到明朝宣德年间，宣宗皇帝曾亲自督办，差遣技艺高超的工匠，利用真腊（今柬埔寨）进贡的几万斤黄铜，另加入国库的大量金银珠宝一并精工冶炼，制造了一批盖世绝伦的铜制香炉，这就是成为后世传奇的"宣德炉"（见图40）。"宣德炉"所具有的种种奇美特质，即使以现在的冶炼技术也难以复现。

对宋元明清的文人来说，香已成为生活中一个必不可少的部分。从苏轼出神入化的咏叹，到《红楼梦》丰富细致的描述，这一时期文艺作品对香的描写可谓俯仰皆是。

图40 "宣德炉"

在《阿毘达摩品类足论》《大毘婆沙论》等经论中，将香的种类分成好香、坏香、平等香三种。好香就是指能使人闻起来心情愉悦，或是能增长身心健康的味道；反之，如果闻起来令人厌恶，或是会伤害身心健康者，则称为恶香；如果没有特别的影响的香，则称为平等香。

从香料的国际贸易也能说明香与文明的关系。古巴比伦是最早的世界香料和调味品交易中心。在公元前17世纪时，巴比伦贝尔寺院一年一度举行祭祀大典，全城男女老少都得参加，一次的祭祀仪式就要耗用贵重的香料达27吨之多！这些香料一大部分来自中国和印度，因此，开辟这条"香料之路"就成为沿途各国的共同愿望。

公元前200年汉武帝时期，我国（官方）开始对外贸易往来，古丝绸之路也是香料的重要贸易通道。宋代以泉州为枢纽构成的海上丝绸之路实际上就是香料之路，1974年在泉州湾发掘出来的大型宋代沉船——著名的"香舶"，船上的货物主要是香料，包括降真香、檀香、沉香、胡椒、槟榔、乳香、龙涎等可为证据。最近考古学家们提出通过西藏的"麝香之路"是继北丝绸之路、南丝绸之路、海上丝绸之路后的第四条东西方贸易通道。

宋代的航海技术发达，南方的"海上丝绸之路"比唐代更为繁荣。巨大的商船把南亚和欧洲的乳香、龙脑、沉香、苏合香等多种香料运抵泉州等东南沿海港口，再转往内地，同时将麝香等中国盛产的香料运往南亚和欧洲（沿"海上丝绸之路"运往中国的物品中，香料占有很大的比重，常被称为"香料之路"）。

宋代朝廷还在泉州设立了市舶司（类似于现在的海关），专门负责管理进出口贸易。当时市舶司对香料贸易征收的税收甚至成为国家的一大笔财政收入。宋朝政府甚至还规定乳香等香料由政府专卖，民间不得私自交易。足见当时香料贸易的繁盛与香料用量之大（见图42）。

到了近代，由于我国长期闭关自守和封建专制统治，国力日衰，人民贫穷，普通老百姓连三餐都顾不上，哪还敢消费那

图41 香舶

么昂贵的香料呢？连求神拜佛的"灶香"都失去了香味。"十年浩劫"期间更发展到"谈香色变"的程度。

近数百年来，作为"欧洲大陆文化"的代表——法国在香文化方面冲了上来，巴黎成了世界香水之都。美国和日本在香水方面虽然比不上法国，但美国的食用香料和日用香料消耗量高达世界总量的40％以上，纽约是当今世界的香料交易中心，而日本对香料科学特别是香料新用途的开发研究也在世界上名列前茅。

香是人类最美好的文化感受，更是人类生命中最美丽感动的高峰经验。因此，香在人类的文明发展当中有着重要的意义，提到香，一般人的脑中就会浮现芬芳的气味，及各种对美好气味的记忆，联想起花香、烧香，甚至食物的香味、香水的香味、洗发精的香味、木材的香味等成千上万、丰富多样的香味。香与我们的生活可说是息息相关，无处不在的。

我国改革开放以来，人们在物质生活和精神生活的各方面都有了极大的提高，香文化逐渐被提到日程上来。从香料香精的生产量和进出口量可以清楚地看出这一点：我国从1979年到2009年的30年间，香料香精的生产量和进出口量增长了几十倍！但是，尽管我国香精香料进出口额年年增长，在国际贸易额的比重却还不到10％。相信随着我国对香精香料的生产和需求的快速增长，我国可能将由"潜在"的香料大国变为现实（国外一直认为中国是潜在的香料生产和消费大国）。到那时，神州大地处处飘香，中华民族仍将以富有而又文明的礼仪之邦屹立在世界的东方！

第二章

香料何其多

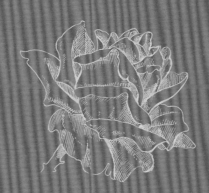

香料是什么？

广义地说，世间凡是有香气的物质都可以叫做"香料"。但在香料工业里，在香料香精辞典里，香料专指那些用来配制香精的有香物质。香料根据其用途可以分为食用香料和日用香料两大类，大多数香料既是食用香料又是日用香料，但有少数香料只有一种用途。除个别场合外，香料不能直接用于消费品，只有配成香精后才能用于食品、化妆品等。香精是由两种或两种以上的香料和附加物（如溶剂、载体、抗氧化剂、乳化剂等）构成的混合物。根据其用途一般也分为食用香精和日用香精。

世上有香味的物质多得不可计数，有动物香、花香、果香、青滋香、草香、蜜甜香、豆香、木香、辛香、脂蜡香、膏香、琥珀香等天然香料。另外，还有为数更多的、几乎天天都在增加的化学合成香料，它们是有机化合物大家族里面最大的一族，占已知的几百万种有机化合物的1/5。单单要把它们分类一下来研究都非易事。我们只能把目前调香上常用的香料简单介绍一下，让读者有所认识而已。

在天然香料里，常见的花香香料有：茉莉油、玫瑰油、依兰依兰油、卡南加油、桂花油、栀子花油、白兰花油、水仙花油、薰衣草油、芳樟叶油、白兰叶油、紫罗兰花油、金合欢油、百合花油、树兰净油、九里香油、晚香玉油、玳玳花油、玳玳叶油等。

果香香料有：柠檬油、香柠檬油、白柠檬油、甜橙油、橘油、红橘油、苦橙油、圆柚油、柠檬草油、山苍子油、防臭木油、苦杏仁油等。

草香香料有：香茅油、柠檬桉油、冬青油、地檀香油、迷迭香油、百里香油、缬草油、甘松油等。

青滋香香料有：紫罗兰叶油、橡苔浸膏、薄荷油、留兰香油、蓝桉油、杜松子油、松针油等。

蜜甜香香料有：鸢尾浸膏、玫瑰草油、山萩油、香叶油、姜草油等。

豆香香料有：香荚兰豆酊、黑香豆酊等。

木香香料有：檀香油、柏木油、广藿香油、香附子油、香根油、愈创木油、桦焦油等。

辛香香料有：丁香油、丁香罗勒油、肉桂油、黄樟油、肉豆蔻油、茴香油、姜油、芫荽子油、芹菜子油、葛缕子油、月桂叶油等。

天然的脂蜡香香料较少，目前常用的只有楠叶油一种。

膏香香料有：安息香膏、秘鲁香膏、吐鲁香膏、苏合香膏、芸香浸膏、乳香树脂、格蓬浸膏、没药香树脂等。

琥珀香香料有：香紫苏油、麝葵子油、赖伯当浸膏、圆叶当归子油等。

动物香香料有：麝香膏、麝鼠香膏、灵猫香膏、龙涎香、海狸香膏等。

化学家们天天都在分析这些天然香料的香气成分，并力图用化学方法把它们一个个地合成出来。合成这些化合物的目的有二：一是验证分析结果是否正确；二是用比较廉价的方法把它制造出来供调香用。与天然品完全一样的化合物有时被称为"天然等同物"，这个名称给消费者一种"安全感"，例如"人造的"香兰素与"天然的"（从香荚兰豆提取得到）香兰素不管是分子结构、理化性能、香气等都没有任何差别，这就是一种"天然等同物"。在"天然等同物"的分子结构上做些改动，比如把香兰素分子末端的甲氧基改成乙氧基，叫做"乙基香兰素"，它的香气强度是香兰素的3～5倍，这种"小手术"也是合成香料化学家惯用的"伎俩"，这类合成香料也不少。还有一类香料则完全是化学家在实验室里发现和制造出来的、自然界里根本就没有的化合物，它们有各种各样的香气，有的香气像某种天然物的气息，比如甲位戊基桂醛，有天然茉莉花的香气，现在也大量用于配制茉莉香精；有的香气在自然界里找不到类似物，如乙酸三环癸烯酯，有一种说不出来像什么的香气，但调香师照样能得心应手地使用它们。这三种香料都被称为"合成香料"。

一　花香不在多

走进大自然，每个人冒出的第一句话就是"鸟语花香"，鸟语给人耳朵的享受，花香则给人鼻子的享受。花香扑鼻，沁人心肺。在众多的香花里面，除了调香师最熟悉的玫瑰、茉莉花之外，铃兰、桂花、康乃馨、玉簪花、紫罗兰、金合欢、百合花、米兰、丁香、栀子花、玉兰花、九里香、钱树花等也都各具特色（见图42）。

图42　繁花似锦

玫瑰花的香气醇甜柔美；茉莉花沁人心脾；铃兰花幽雅而清鲜；桂花清甜；康乃馨也是清甜而带辛香；玉簪花甜鲜而有青气；紫罗兰清幽又有柔甜；金合欢具甜鲜之幽而又清柔；百合花鲜幽而又清甜；米兰花的香气清甜，幽雅宜人；丁香花辛香清鲜；栀子花甜鲜带些酸气；九里香和钱树花也是甜鲜而带腻；玉兰花清雅鲜幽，透发飘逸，惹人喜爱……

夜来香在夜间开放，所以也叫月下香、晚香玉，由于花香中带有较重的"药香"，浓烈时气味不甚美好，但在远处闻到随风飘来淡淡的夜来香花香时，却也清幽。20世纪80年代以来，由于波义神香水的巨大成功，高档香水不少带有夜来香气息，传统的偏见正在改变。

昙花也在夜间开放，香气浓烈，不甚受人欢迎，淡时较雅致，和夜来香相似。

栀子花（见图43、图44）枝叶繁茂，叶色四季常绿，花芳香素雅，为重要的庭院观赏

图 43　栀子花（1）

图 44　栀子花（2）

植物。除观赏外，其花、果、叶和根可入药，有泻火、除烦、清热、利尿、凉血、解毒之功效。

　　白天开的花朵大多在阳光强烈照射时香气也增强，阴天或下雨时变弱或无香。含笑花是最明显的例子，它在阳光灿烂时发出像成熟的香蕉一样的果香，招蜂惹蝶，太阳一下山或阴雨天就闻不到气味了。

　　菊花、兰花、荷花、杜鹃花、桉树花、樱花和腊梅花的香味都比较雅淡、清灵，但其中也有一些品种气味较浓，也可提取浸膏供香精制造。兰花的某些种类香气特别高雅，有"香祖"、"空谷幽兰"之雅称，是调香师仿调而衍变成香水的对象，如素心兰等。不过在调香师的术语中，"兰花"常指"草兰"，这是一类格调不太高的香型，常用于配制洗涤剂及工农业产品中。

　　许多水果的花发出诱人的芳香，例如橙花、柚花、柑橘花、柠檬花、白柠檬花、山楂花、龙眼花、荔枝花、番石榴花、桃花、枇杷花、酸梅花等，这些花多少带一点果香，更惹人喜爱，其中有的也被用来提取浸膏或花精油，用于配制高级香水和化妆品香精，橙花的香气特别受到调香师的青睐。

　　"十八姑娘一朵花"，女人像花，也爱花香，所以花香是女用香水的灵魂，化妆品也离不开花香。在配制日用香精的香料里面，花香香料占了一半以上。据说香水和化妆品、洗涤用品每年流行的香型也像服装一样，有一定的规律：比如现在流行单花香，过几年流行多花香，往后流行复合花香，继而"幻想"型出现……然后人们又怀念大自然的"单花香"，开始进入下一个周期。

　　花也并不全都是香的，在自然界里，大部分花儿没有什么香气，甚至有少数还是臭的呢！有人统计了三千多种常见的红、黄、白色花朵，有一般香气的占11％，有较浓香气的占10％，而有臭气的竟也占了1％左右，其余的花基本没有气味（严格地说是"气味很淡"）。有人还注意到，花的香气强弱与花的颜色也有一定的关系，一般来说，凡是颜色浅的花香气都比较浓些。

花为什么会有香气呢？

这是因为有许多花的花瓣里有一种精油细胞，它含有会挥发的芳香油，当花盛开的时候，花瓣里的芳香油不断挥发，我们闻到的就是这些芳香油的气味。

还有一些花的花瓣里并没有精油细胞，不过它含有某种配糖体，配糖体是不挥发的，但它在代谢过程中能释放出芳香油来，所以这种花也有香气。

没有精油细胞的花瓣并且不含有能在代谢中释放芳香油的配糖体的花当然就没有什么香气了。至于为什么有的花是臭的，这仅仅是因为人感觉它是臭的而已，对其他动物（特别是某些昆虫）来说，也许它是最好闻的呢！

芳香油在温度较高的时候挥发得快一些，能在代谢时释放出芳香油的配糖体也在温度高的时候释放得多一些，因此，大多数香花在阳光明媚的时候香气更浓。但偏偏有些花像夜来香等反而要在夜间才发出浓香，这是为什么呢？把夜来香的花瓣切片放在显微镜下观察就真相大白了：原来这种花的花瓣上面的气孔与众不同，当空气湿度大的时候，气孔就张得大，蒸发的芳香油就多了。夜里没有太阳照射，空气比较湿润，花瓣上的气孔放大，当然香气就浓得多了。

植物开花放出香气，并不是为了给人类欣赏，而是为了自身的生存和繁殖后代。花朵放出香气可以吸引昆虫前来传粉，而且芳香油挥发的蒸气可以减少花瓣中水分的蒸发，避免花朵在阳光暴晒时枯萎，也不致在夜间因寒冷而冻伤，起到对自身的保护作用。

菊花含有龙脑、菊花环酮等物质，人吸入后，能改善头痛、视力模糊等症状，对高血压的疗效也很好；茉莉花香可以有效地减轻鼻塞、头晕等种种不适；丁香花的香气中含有丁香酚油，杀菌能力是石炭酸的5倍，可以净化空气，并且具有芳香醒脑、止牙痛的作用；当你感到烦躁不堪、情绪低落时，不妨闻一闻百合花、郁金香的香味；茶花、扶桑花和凤凰木花的香气可以排除烦躁情绪，是辅助治疗焦虑症和抑郁症的良方；而天竺花香具有镇静安神、消除疲劳、促进睡眠的作用，有助于治疗神经衰弱；桂花的香味沁人心脾，可以减轻疲劳感；牡丹花、荷花（莲花）、鸡蛋花（见图45）和紫荆花（见图46）的香味可使

图 45　鸡蛋花

图 46　紫荆花

人产生愉快感，心情不好的人可以多闻闻。

　　花精油是花的精粹。精油的芳香，不仅使环境更加怡人，也能促进人身体与心灵的平衡和健康。有些精油甚至比鲜花的作用还大，如玫瑰精油有疏肝减抑的作用，能够让人心情愉悦；茉莉花精油可以减轻产后抑郁的情绪等，这些内容我们将在第八章"芳香疗法和芳香养生"里详谈。

二　天涯何处无芳草

　　随着20世纪下半叶"一切回归大自然"热潮的兴起，香料界也掀起了一股"投入大自然怀抱"的旋风，被调香师冷落了几百年的青草香型开始转为时髦，各种香水、化妆品、洗涤剂、空气清新剂和其他加香用品带着"绿野"、"原野"、"青草地"、"海风"、"海岸"等香型走向市场，并受到大众的欢迎。

　　"百步之内，必有芳草"（见图**47**）。在天然的草香香料里，最早也是最重要的品种当推从禾本科植物香茅草（见图**48**）里提取出来的香茅油。香茅草有好多个品种，一种是爪哇种，主产于印度尼西亚和我国的南方各省区，印度、洪都拉斯和海地也有少量栽培；另一种是斯里兰卡种，主要种植在斯里兰卡。

　　香茅油主要含香茅醛（以前叫香草醛，由于经常与被称为香草醛的香兰素混淆，现在统一叫香茅醛）、香叶醇、香茅醇等，是非常重要的天然香料，世界总产量每年高达5000吨，我

图47　百步之内，必有芳草　　　　　　　　　　　　图48　香茅草

国每年也有大量出口。从香茅油中的香茅醛出发可以制得几十种常用的合成香料，如羟基香茅醛、橙花素、薄荷脑、香茅腈、玫瑰醚等等，从香茅油中直接可以提取出的香叶醇、香茅醇，还可以进一步加工成这两个醇的各种酯，这些都是调香上常用的大宗香料品种。

天然香茅油具有青涩的草香，并带玫瑰花的甜香，香气强烈且颇持久。早在19世纪就被肥皂制造厂拿来直接加入洗衣皂中，由于这种强烈的青草香能很好地掩盖肥皂中牛羊油带进来的动物异味，所以直至今日，洗衣皂和洗衣粉、洗衣膏还大量直接用天然香茅油或由香茅油配制的香茅香精加香，甚至许多人认为洗衣皂的香气本来就是这个气味（香茅气味），把香茅油的气味说是"肥皂香"。

把柠檬桉树叶用水蒸气蒸馏得到的柠檬桉油含有比爪哇香茅油多一倍左右的香茅醛，也是带有强烈的青涩的草香，气势比香茅油强而留长，用途与香茅油相仿。

冬青油也是常用的天然草香香料，但冬青油的香气是青涩的药草香，美国人特别喜欢它的香气，而欧洲人并不太欢迎。冬青主要出产于美国和加拿大。我国云南、四川、贵州、湖南等省则出产地檀香油和滇白珠油，这两种油都与冬青油差不多，主要成分都是水杨酸甲酯，香气基本相似。

冬青油、地檀香油、滇白珠油主要用于配制祛风油、风油精、万金油、清凉油、白花油等，也用于配制牙膏香精。在化妆品香精和食用香精里只有少量的应用。

迷迭香油是世界上第一个香水——匈牙利水的主香成分，具有清凉、尖辛的药草香，香气强烈、透发，而且留长，自古以来就被用作卫生医药用品的加香材料，如用于配制消肿膏、发散剂等。在化妆品和食用香精中只有少量应用。近年来"精油沐浴"流行，迷迭香油备受推崇，用量大增。我国本来只在各地花圃中有少量零星栽培，现在有许多地方开始大量种植（见图49）。

图49　迷迭香

世界薄荷属植物约有30种，薄荷包含了25个种，除了少数为一年生植物外，大部分均为具有香味的多年生植物，茎长约90厘米，毛茸茸的叶片呈锯齿状，花顶生，开紫色、白色和粉红色的花穗。中国现有12种，野生的有辣椒薄荷、欧薄荷、留兰香、圆叶薄荷及唇萼薄荷等。现在广为种植的亚洲薄荷鲜叶含精油1.0%～1.5%，油中主成分为左旋薄荷醇（即薄荷脑），含量62%～88%，还含左旋薄荷酮、异薄荷酮、胡薄荷酮、乙酸癸酯、乙酸薄荷酯等。用于配制人丹、十滴水、藿香正气水、止咳糖浆、解痉镇痛酊、胃痛宁口服液、保喉片、润喉片、清凉油、红花油、白花油、风油精、痱子水、止痒凝露、止痒水、

香味世界（第二版）

痱子粉、炉甘石洗剂、无极膏、皮炎平膏、伤湿止痛膏、鼻嗅通嗅剂、复方薄荷注射液、复方盐酸利多卡因注射液等。也大量用于配制带有"凉感"的各种食用香精和日用香精。

其他常见和常用的天然草香香料还有百里香油、缬草油、甘松油、苍术油等，它们都有强烈的、带着各自特征气息的药草香，主要用于医药制品，化妆品香精和食品香精调配时偶尔用到。其中甘松油经常用于配制高级卫生香香精，因为它点燃时散发出令人愉快的药草香味。

在合成香料的大家族里，也有许多品种属于草香香料，它们中的许多是上述天然草香香料中固有的成分，现在用化学方法廉价合成出来，如香荆芥酚、香茅醛、水杨酸甲酯、百里香酚等；还有一些是自然界并不存在的、完全是人工制造出来的香料，像二苯甲烷、二苯醚、乙位萘甲醚、乙位萘乙醚、乙酸三环癸烯酯等，它们也大量用来调配各种青草香型香精或在调配其他香型香精时作为"修饰剂"、"辅助香料"使用。

澳洲研究人员发现，修剪过的草坪释放的一种化学物质能够给人带来快感和放松感，同时还可以预防衰老导致的智力减退。这种化学物质能够直接作用于大脑，尤其是与情绪和记忆有关的区域，也就是所说的杏仁核和海马状突起。澳大利亚科学家表示，他们研制了一种减压香水，闻起来很像刚刚修剪过的草坪散发的味道，能够在缓解压力的同时提高记忆力。为了研制出这种所谓的"草坪香水"，他们经过了长达7年的不懈研究。草坪香水名为"瑟仁娜申"（Serenascent）。

在20年前于美国进行的一次森林之旅之后，布里斯班昆士兰大学的神经学家尼克·拉维蒂斯博士提出了研制这种香水的想法。他说："我在约塞米蒂国家公园待了3天，但感觉就像停留了3个月之久。我当时并没有意识到，松树、郁郁葱葱的植被以及新割的青草释放的令人产生快感的化学物质才让我感觉如此轻松。多年之后，邻居曾对我修剪过的草坪散发的味道赞叹不已，邻居的评价让我产生了研制草坪香水的想法。"

拉维蒂斯表示，这种气味能够直接作用于大脑，尤其是对与情绪和记忆有关的被称之为杏仁核和海马状突起的区域。他解释说："这两个区域负责'非逃即战'反应以及控制皮质类固醇等应激激素分泌的内分泌系统。割草产生的味道似乎能够影响这些区域。"他说："压力分为两种，第一种在你将要完成一些任务或者不得不做一些事情时产生。这是一种急性应激，是一种有益的压力。有害的压力是指慢性应激，伴随着血压升高、健忘以及免疫系统减弱出现。"慢性应激能够减少通讯细胞间的连接，进而破坏海马状突起并引发记忆力减退。在已经步入晚年的动物身上，这种破坏将是永久性的。

参加澳大利亚此项研究计划的学生发现，暴露在"瑟仁娜申"香水环境下的动物能够避免海马状突起受损。这种香水融合了割草时释放的3种化学物质，拥有令人愉悦的刚刚修剪过的草坪散发的芬芳或者在森林漫步时感受到的气味。曾与药理学教授罗斯玛丽·爱因斯坦合作的拉维蒂斯表示："人们可以将'瑟仁娜申'喷洒到房间内、被单、枕套、手帕或者衣物上。在'瑟仁娜申'之后，我们计划将这些令人产生快感的化学物质融入其他产品中。"

三 动物香料

　　许多人以为天然香料均来自植物，其实有些香料也来自动物，且特别珍贵，但品种不多，作为"日用香料"使用的只有麝香、龙涎香、灵猫香和海狸香四种而已。

　　麝香（见图50）别名遗香、脐香、心结香、当门子、生香、麝脐香、四味臭、元寸香、臭子、腊子、香脐子等，自古以来就是极名贵的中药材，《本草纲目》称其"辟恶气，杀鬼精物……除邪，不梦寤魇寐……通神仙。佩服及置枕间，辟恶梦及尸疰鬼气……除百病，治一切恶气及惊怖恍惚。"关于"麝香"二字的来源，李时珍说是"麝之香气远射，故谓之麝。或云麝父之香来射，故名，亦通。"

图 50　麝香

　　直接嗅闻麝香，其味淡腥臭，人无甚好感。但取麝香仁1～3克，加酒精100毫升密封浸渍数月，启盖时则香味四溢，满屋生香。其香清灵温存，氤氲生动，扩散力极强，留香亦极持久。现时化学工业发达，虽已能人工制出大量"人造麝香"，但至今仍远不及天然麝香香气之令人喜爱，且缺乏动情之感。动物香料的"生动"之处，至今仍是解不开的谜。

　　由于麝香价格昂贵难得，所以在一般日用品中舍不得用它，只在极其昂贵的香水中少量使用。加入天然麝香的香水越陈越香，喷洒于手帕，数日后仍可闻到麝香香气。

　　正是因为麝香的名贵，吸引了众多化学家加入到"人工合成麝香"的行列中来，自从1888年鲍尔合成了第一个人造硝基麝香以后，各种合成麝香产品层出不穷。合成麝香工作促使香料化学乃至有机化学迅猛发展，至今"合成麝香"仍是香料工业极其重要的组成部分。

　　麝香不仅对雌麝具有性生理作用，而且对人特别是女性的性反应也相当敏感，与性周期有密切关系。麝香的主要成分是麝香酮，其化学结构与男性激素"雄酮"相似。据推断，麝香酮作用于动物的脑下垂体，产生不同的性激素分泌物。最近日本学者在尼泊尔某地，通过含有麝香酮的各种麝香为饵引诱麝鹿但没有如愿以偿，这说明在生麝香中还有其

图51　麝香鼠

他活性物质，比人们想象的要复杂得多，麝香的药理作用还是有待探求的新领域。

近年来，天然麝香等动物药资源不足，国内外都在寻找新的资源。麝鼠香资源分布广，数量较大，易饲养，好管理，并含有类似麝香的特性和成分，已引起学术界的广泛关注。

麝香鼠（见图51）又名青根貂，是一种小型的珍贵的毛皮动物。繁殖期成年雄鼠分泌的麝香鼠麝香中含有与天然麝香相同的麝香酮、降麝香酮、烷酮等主要成分，其减慢心率的作用更明显，具有抗炎、耐缺氧、降血压、消炎、抗应敏、雄性激素等作用，是天然麝香理想的替代品。

龙涎香具有清灵而温雅的特殊动物香气，既有麝香气息，又微带壤香、海藻香、木香和苔香，有一种特别的甜气和说不出来的"动情感"香气，其留香性和持久性是任何香料无法比的，留香比麝香长20～30倍，作为固体香料可保持其香气长达数百年，历史上流传龙涎香与日月共存的佳话。据说在英国旧王宫中，有一房间因涂有龙涎香，历经百年风云，至今仍在飘香。

龙涎香在调香师的心目中，虽然是最早的天然香料，但至今仍然是最好的定香材料。它的香气较麝香柔和，而持久性则远远胜过天然麝香。由于天然龙涎香物稀价昂，只有在配制高级香水香精时用到它。现虽有人工配制品，但与天然品比还相差十万八千里。

龙涎香加到香水里面，即使只加入一点点，也会让香水自始至终有一种特别的龙涎香气，叫做"龙涎香"效应。现在有一种合成香料——"降龙涎香醚"也有一定的这种效应，当然远比不上天然龙涎香的效果。

灵猫香膏也是重要的中药材，我国在20世纪80年代初已通过药理、临床等大量试验工作，肯定了小灵猫香膏的药用价值，在某些著名中成药（如六神丸）中代替珍贵药物麝香取得了良好的疗效。

大、小灵猫香膏新鲜时都是淡黄色膏状半固体，像凡士林一样，遇阳光久后色泽变为深棕色。气味腥臭浓烈，令人作呕。极度稀释后有温暖的动物浊鲜和麝香香气。高级香水里面大多加有灵猫酊或灵猫净油，它赋予香水一种特殊的难以形容的"动情感"，与麝香相似，但也有自己的特色。一般的化妆品和香皂香精用不起天然灵猫香膏或净油，只能用人工配制品，直到如今，虽然灵猫香的主要香气成分都已能合成出来，但配制品总是难以跟天然灵猫香膏或净油相比。

新鲜灵猫香为蜂蜜样的稠厚液，呈白色或黄白色；经久则色泽渐变，由黄色而终成褐色，呈软膏状。

海狸香是四大动物香——龙涎香、麝香、灵猫香和海狸香——中价位最低的天然香料，用途也没有麝香和灵猫香大，但它也有自己的特色，也带有强烈腥臭的动物香气，仅逊于灵猫香，调香师在调配花香、檀香、东方香、素心兰、馥奇、皮革香型香精时还是乐于使用它的，因为海狸香可以增加香精的"鲜"香气，也带入些"动情感"。

图 52　海狸

"海狸"（见图52）这个名称是不确切的，因为这种动物并不生长在大海中，而是生长在河流里，所以现在海狸的学名已改为河狸了，但香料界还是习惯叫"海狸香"而不叫"河狸香"，改不来。

海狸香是从海狸的液囊里面提取的一种红棕色的奶油状分泌物。从公元9世纪起就有人用，最早的使用者是阿拉伯人。海狸香新鲜时呈奶油状，经日晒或熏干后变成红棕色的树脂状物质。稀释后有愉快的香气。是名贵的定香剂。用于配制高级化妆品、香精等。

四　花草也有动物香

茉莉鲜花的香气成分里含有大量的（5%～12%）吲哚，吲哚纯品在浓溶液中是咸鲜有力而粗氩的动物香气，像灵猫香膏的气味。正是吲哚的动物香气赋予了茉莉鲜花引人入胜的"鲜"香。采摘后的茉莉花朵，其香气成分随着时间的推移逐渐改变，最明显的是其中的吲哚含量快速下降，因而香气质量也跟着迅速下降；由茉莉花提制的茉莉浸膏吲哚含量不多，所以茉莉浸膏稀释以后香气不如鲜花。

九里香和橙花的香气成分里也有不少吲哚，所以它们的香味也比较"鲜"。

水仙花（见图53）的香气很像乙酸对甲酚酯稀释后的气味，乙酸对甲酚酯在浓时也呈现粗的氩氩动物香，动物园的特征气味就像乙酸对甲酚酯一样。配制水仙花香精不用乙酸对甲酚酯或苯乙酸对甲酚酯就不像。

依兰依兰（见图54）和卡南加的油里都含有一定量的对甲酚甲醚，对甲酚甲醚也是一种动物香香料，浓时是尖刺粗浊氩氩的动物香，稀释以后就显出依兰依兰和卡南加的特征香出来。香罗兰、黄兰花的香气成分里也有对甲酚甲醚。

总之，花香中只要有"鲜"气，必带有动物香，越"鲜"的花香其中动物香的成分越高。

图 53　水仙花

图 54　依兰依兰花

古人（不一定是仓颉吧）造字（象形字）时很有意思，"鱼"加"羊"就成了"鲜"，鲍鱼和羊肉一起煮，不但舌头的感觉"鲜"，鼻子的感觉也"鲜"，所以我们只要闻到"鲜味"，就可以断定其香气成分有动物香。

原产于印度东部地区的一种锦葵科植物黄葵（别名麝葵、冬葵），其种子用水蒸气蒸馏可得到黄葵子精油，这种精油存放几个月后就散发出浓甜的麝香样香气，香气持久性极好，像天然麝香一样。这是一种极其珍贵的天然香料，可以用来配制高级香水和化妆品，也可用于食品加香。现在一些热带和赤道附近的国家有栽培，我国广东、云南南部也有引种。

图 55　岩蔷薇

还有一种属于半日花科的多年生常绿灌木叫做"岩蔷薇"（见图55），植株有黏状线体，可分泌一种树脂——岩蔷薇树脂，把带茸毛的叶片及嫩枝用沸水处理可得树胶，用水蒸气蒸馏树胶得到一种鲜黄色的精油，久置后变棕色。如用溶剂萃取干叶和枝条，可得到一种膏体，俗称赖伯当浸膏，它带有甜柔的龙涎香、琥珀膏香香气。调香中常把它比为动物性香气的代表。

原来自然界里也不是那么"泾渭分明"，花草里面竟然还有动物的香味。

五　价值连城的木头

目前已知的天然木香香料中，以沉香（见图56）最为珍贵，天然沉香油每公斤售价数万美元，且还经常是"有价无货"。我国南方各省原亦盛产沉香，由于气候变化和人为滥采等缘故，到20世纪中后期已几乎绝迹。原中国轻工业部香料研究所1989年编写的《天然香料手册》已没有收载，其时国内知名的调香师大多未曾见过沉香，也不知点燃后是什么气味，为何古人百般推崇它？根据零星的报道，只有印度尼西亚、马来西亚、越南的原始森林中偶尔发现有沉香，但在这些地区流传着"找到一株沉香木，欲穷几难"的话，意思是说一株沉香木足够你一生花费不尽，足见其稀少的程度。

图 56　沉香

　　沉香生长在亚热带地区，受地理条件的制约及本身的特点，生产周期要比一般药材要长，产香周期长而且产量低。一颗沉香树形成沉香最少要经过20年以上的时间，结香后导致树木死亡，其资源锐减，产量也相应减少。由于生产周期长，采香繁育困难等诸多因素，大面积种植难以推广，更严重的是，为了寻找出含有树脂的木材，要砍倒树干才能找出含有沉香的树脂个体，这种做法导致大量沉香树遭人砍伐，严重残酷地摧毁了沉香族群的生存。

　　据说我国南方从上古时期就已经有人开始用伤害树干的方法人工制取沉香了——选择树干直径30厘米以上的大树，在距地面1.5～2米处的树干上，用刀顺砍数刀，深3～4厘米，待其分泌树脂，经数年后，即可割取沉香。割取时造成的新伤口，仍可继续生成沉香。然后用愈伤防腐膜封好伤口，可使伤口迅速形成一层坚韧软膜紧贴木质，保护伤口愈合组织生长，防腐烂病侵染，防土、雨水污染，防冻、防伤口干裂。待伤口附近的木质部分泌树脂，数年后生成沉香，即可割取。

　　沉香也是一种贵重的中药材，《本草纲目》将其列为"上品"，气味"辛、微温无毒"，主治"风水毒肿，去恶气。主心腹痛，霍乱中恶，邪鬼疰气，清人神……调中，补五脏，益精壮阳，暖腰膝，止转筋吐泻冷气，破症癖，冷风麻痹，骨节不任，风湿皮肤瘙痒、气痢"。

　　沉香中的主要化学成分为挥发油、色酮类化合物及树脂，挥发油中含沉香螺萜醇、白木香酸、白木香醛、白木香醇、去氢白木香醇、异白木香醇、α，β-沉香呋喃等。国产沉香含挥发油约0.8％，油中主含沉香螺萜醇、白木香醛。进口沉香含油树脂，挥发油含量约13％，油中含苄基丙酮、对甲氧基桂皮酸、对甲氧基苄基丙酮、沉香醇、沉香螺萜醇、芹子烷等。

近几年来，两种木香香料逐渐成为一部分资深收藏家的新宠，这就是被誉为诸香之首的降真香和植物"活化石"的崖柏。

降真香被誉为诸香之首，古人对它的崇拜超过沉香。它的香味不一，有花香、蜜香、麝香、兰花香、降香、果香、乳香、药香等，气味多变，民间有一藤五香之说。一般认为在熏香时带龙涎香气者为极品。作为道家第一用香，也是中国帝王祭天与皇室熏香用香，其价值远高于沉香，其中的极品与沉香奇楠不相上下，而产量却远远少于沉香奇楠。

崖柏在香气方面别有一番韵味，与沉香相比，好的崖柏香气更加清幽绵长，燃后也不像有些沉香那样有时会让人有"闷"的感觉。

降真香和崖柏现在都成了香道活动的珍品，与沉香将有一番较量了。

东印度檀香油具有超凡的甜蜜、性感和珍贵的木香，自然使调香师爱不释手，只是由于价昂，一般的日化香精用不起，只好用价廉的合成品代替。任何日化香精，只要往其中加入少许东印度檀香油，人闻之即增好感。因此，当今世界上畅销的男用香水和女用香水，没有一个不含东印度檀香油的。由于物以稀为贵，东印度檀香油贵在资源有限，目前只有印度和印度尼西亚有生产，印度每年出产200～300吨（有的资料说只有100吨左右），但出口不超过50吨，因为印度人把檀香视为神圣之木而大量地使用于宗教活动之中。印度尼西亚每年生产也不超过50吨，绝大部分出口。澳大利亚以穗檀香树及其他有关品种蒸得极少量的檀香油，也有从细叶沙针蒸油，但细叶沙针的香气性质与东印度檀香的香气有明显差异，实不能比。其他（如澳洲檀香油、波赖斯檀香油、斐济群岛檀香油、非洲檀香油等）的香气也都较差，不能作为东印度檀香油的替代品。

檀香可制上等雕刻工艺品，我国历来把它雕成各种佛像。北京喇嘛庙中的大佛像，系数百年前用檀香木雕刻而成，至今依然芳香袭人（见图57）。

檀香油优美的香气吸引了众多的化学家来对它进行分析和研究。东印度檀香油的组成已完全被检出，该油是由90种以上化合物组成的一种复杂混合物，其中至少有50种已恰当地被鉴定。α-檀香醇和β-檀香醇占该油量中的90％，这些檀香醇被认为使该油具有浓郁的、温和的特殊木香香气，另有少量和微量成分使该油带着辛香和珍贵的木香香韵。至今已被检测到的少量和微量化合物属于烃类、醇类、醛类、酮类、酸类、酚类和杂环化合物。

图57 檀香佛像

德国最早研制成功一种具有檀香香气的合成化合物——桑德拉（我国称它为"合成檀香803"）。20世纪70年代初，有人又合成了第二个具有檀香香气的化合物——奥赛罗尔。

刚巧1974年东印度檀香油由于供应短缺价格飞涨，从每千克45美元急剧升高到250美元，这两种"合成檀香"立即成为抢手货，也促使更多的化学家投入研制更有使用价值的新的檀香香气化合物。天然檀香醇的合成是一项艰难的课题，虽然曾报道过有十几种合成方法，但至今未能找到一条适合于工业生产的路线。

合成具有檀香香气的化合物这一课题也直接带动了气味化学——化合物结构和香气的关系和嗅觉理论的进展。至今已有不少从合成实践中总结出来的关于檀香香气和化学结构的关系的"理论"，用于指导合成和寻找新的具有檀香香气的化合物很有帮助，但这些"理论"目前还只能是局部的和带经验性的规律。真正阐明化合物结构和香气的关系还是相当遥远的事。

樟木的香气成分主要有樟脑、芳樟醇、松油醇和其他一些萜烯、萜醇。老樟树的树干有的含大量的樟脑，所以古代就是靠砍伐生长几十年、几百年甚至几千年的大樟树提取樟脑的。

樟木材质优良，材色纹理美观、加工容易、刨面光滑、适于雕刻，并具有芳香、耐腐、防虫等特点，是高档家具、木箱、雕刻、建筑、造船、乐器及工艺装饰品的上等材料。樟系深根性树种，根系特别强大，主根尤为发达，有较强的抗风能力，能吸湿耐水、防风固沙、保护堤岸，是绿化及环保的优良树种，故有"南国佳木"之誉。

樟树在国外也享有盛誉，有的国家将樟树视为神圣之物，常将它用于祭典仪式中。人们会为战斗英雄冠上樟树的树叶，樟树各部分或制取物也常被用来防腐尸体。曾有一度樟还被古波斯（今之伊朗）当作对抗瘟疫的强药。波斯王克罗斯罗伊斯十一世非常珍视樟树，甚至把它与各种珠宝共同收藏在巴比伦的宫殿中。考古学家在意大利的一次挖掘行动时发现，在一个龙脑樟罐中，竟还保存有尚未腐坏的有机体。

六　有木香味的不限于木头

木香香料除了沉香、降真香、崖柏、檀香、樟香之外，还有柏木（包括侧柏、扁柏、桧柏、兴安桧、山刺柏、弗吉尼亚柏、墨西哥柏、东非柏、罗汉柏、金钟柏和各种雪松）、杉木、香苦木、愈创木、桦木等，这些材料都可用水蒸气蒸馏法从芯木或树根、枝条、树皮提取香料油，只有桦木（包括毛叶桦、白桦）是用树皮干馏所得的粗油再经水蒸气蒸馏而得香料油的，所以叫桦焦油，因俄罗斯自古以桦焦油产物用于制革，香料行业把它叫做俄罗斯皮革香，现在也用于调配香水香精、化妆品香精及烟草香精、药皂香精。

有趣的是，某些草本植物却也发出木香香气而被香料工业用来提取木香香料，其中最

图58　广藿香

出名的是广藿香、岩兰草和香附子。

广藿香（见图58）原产于菲律宾和印度尼西亚，现在马来西亚、新加坡、日本、印度、塞舌尔、留尼旺、马达加斯加、毛里求斯、坦桑尼亚、巴拉圭、巴西及欧洲的一些地方也都有引种提油，我国海南岛、广东、广西、四川和台湾岛都有种植。用水蒸气蒸馏法从干叶或发酵处理的干叶提油，每吨干叶可得广藿香油20～35千克。广藿香油的香气极浓而又持久，最宝贵的是它的头香、体香和基香香气都一样，没有多少变化，贯穿始终，因而深得调香师的喜爱。

岩兰草（见图59）习称香根草，属禾本科植物，热带国家如印度尼西亚、斯里兰卡、菲律宾和印度南方、东非和中美洲都有野生或栽培，国外最大的和工业上最重要的栽培地区是海地、留尼旺岛、爪哇和印度南部，有一年海地政变动乱，竟使得国际市场上香根油的价格陡升了五倍！我国自1958年开始引种，现在浙江、福建、江苏、广东、台湾等省都有大量种植，并已成为世界上香根油的生产大国之一。

把岩兰草的小根和根茎洗干净后晒干，用水蒸气加压蒸馏可得岩兰草油（即香根油）。蒸馏后的根还是极好的熏香材料。

香附子亦称莎草（见图60），各地都有野生，可挖取根茎晒干，用水蒸气蒸馏法提取精油，得率0.5％～1％。香附油有极浓的干木香，又有些像柏木油和香根油的气息，香气

图59　岩兰草

图60　莎草

图 61　黄金宝树

图 62　竹柏

扩散力好而且留长，可用于配制檀香型香精，化妆品和香皂均可使用。

　　不是木头可以制得木香香料，而有些木头提取得到的精油反而不是木香香料，如玫瑰木油虽然也有些木香，却因含有大量的芳樟醇而显出像玫瑰、橙花及桂花一样的花香，并且香气轻飘而不留长，主要用于配制花香香精；还有黄樟树，其树干和树根皮用水蒸气蒸馏得到的黄樟油，因含有大量的黄樟素，像茴香和丁香的香气，属于辛香香料。

　　有许多木料的主干属于木香香料，但其他部位的香气则各种各样，有草香、花香、树脂香、药香、凉香、果香等等，叶子带草香（如柠檬桉等）、花香（如丁香等）、辛香（如天竺桂等）、药香（如蓝桉等）、果香[如黄金宝（千层金）树等]（见图61）的都有，最有趣的是竹柏（见图62），它的香气竟然像熟透了的番石榴。

七　桃李不言，下自成蹊

　　桃子、李子、香蕉、梨子、杨桃和樱桃这类水果在结果初期没有典型的果香味，其有香物质形成于极短暂的成熟期。这一果香产生期或水果成熟期就发生于果实呼吸高峰上升阶段。在这个阶段，水果的新陈代谢转变为分解代谢，果香开始形成。少量的脂质、碳水化合物、蛋白质及氨基酸经过酶的作用转变为挥发性的香成分。

　　脂质化合物可以通过β-氧化、羟酸裂解、经脂氧化酶的氧化生成醛类、酮类、内酯类，生成产物再进一步经氧化、还原和酯化反应可生成多量的酸类、醇类、内酯类和酯类化合物。水果在生长时，由于各种代谢作用生成了许多不同的脂肪酸，一旦进入成熟期，这个代谢作用生成了无数的脂肪酸类、酮类、醛类和醇，接着，这些中间体由于酶的催化作用转变为各种酯类。大多数水果的香气都是这样形成的，甘蔗汁、椰子汁的香气虽然较淡，香气成分的产生也要经过这些"程序"。

有人试验过，呼吸高峰后期的香蕉切片将标记乙酸酯和标记丁酸酯分别转化为乙酸酯和丁酸酯，这些组织还能把己酸转变为己醇。

已经确定，水果中发现的许多脂肪族酯类、醇类、酸类、醛类和酮类化合物是由亚油酸和亚麻酸经氧化降解而形成的。再看一下"慢动作"：首先是亚油酸和亚麻酸的氧化生成了大量的易挥发的醛、酮和酸，这些氧化物再被植物中的其他酶转变为醇类、其他醛类和酯类化合物。

氨基酸新陈代谢后生成了对水果香味有重要作用的脂肪族和带支链的醇类、醛类、酮类、酸类和酯类化合物。酪氨酸和苯基甘氨酸可产生带有"酚香"或"辛香"等特征香气的化合物。

还有少数香成分直接来自碳水化合物的代谢。柑橘、柠檬、橙等水果的特征香味来自萜类化合物，萜类化合物可能是碳水化合物的代谢产物，也可能是脂质化合物的代谢产物，目前还没有完全弄清楚。

图 63　鳄梨

大部分水果都是在植株上直接成熟时最香，但也有例外，像罗马甜瓜和鳄梨（见图63）中的一些品种只有在离开母体以后才能成熟，否则是不会正常成熟的。

为便于运输和储存，人们往往在成熟期前先将水果摘下，并在装运储存过程中控制其成熟度。一旦水果被采下，并在脱离母体后成熟，其香味形成过程会十分不同，因此，虽然都是"成熟"，香味是有很大差别的。例如，人为成熟的桃子与自然成熟的桃子相比，内酯化合物、苯甲醛、总含酯量前者只是后者的20％、20％和50％。由于桃子的特征香味来自内酯化合物，所以人为成熟的桃子远不如自然成熟的桃子好吃。

人为成熟的番茄与自然成熟的番茄相比，不但香味减少，而且香味特征也不正常。人为成熟的番茄含有更多的丁醇、异戊醇、丁二酮、乙酸丙酯、丁酸异戊酯和其他一些未鉴定出的醛、酮化合物，而自然成熟的番茄却含有较多的壬醛、癸醛、十二醛、橙花醛、苯甲醛、丙酸香茅酯、丁酸香茅酯、乙酸香叶酯和丁酸香叶酯。之所以如此不同，是因为不成熟的番茄缺少与自然成熟的番茄相同的酶体系。

水果香料数量最大的是甜橙油，巴西和美国年产数千吨。其次是柠檬油、白柠檬油、香柠檬油、柑橘油、苦橙油、圆柚油等。它们的制法大同小异，都是用果皮冷磨（冷榨、冷压）或水蒸气蒸馏提油的。冷磨油的质量较好，但色泽较深。

其他水果香料只能做成"果汁浓缩液"，很少见到精油，因为大部分水果的精油含量都较低，而且精油中的香气成分水溶性较好，所以难以取得精油。

有部分水果做成酊剂用于香料工业，如枣、山楂、葡萄等，它们是用果干浸泡在酒精里得到的。枣酊、山楂酊、葡萄酊主要用于配制烟草香精。

八 最值钱的豆——香荚兰豆

有一种豆，在国际市场上每公斤将近100美元，你猜这是什么豆？

这就是赫赫有名的香荚兰豆！一种18世纪才被世人广泛注意到并加大利用的天然食用香料。美国人最喜欢它，每年要进口1500吨以上；法国次之，每年也要进口400～500吨之多；德国、瑞士、日本每年也有一定数量的进口。

从哪里进口呢？马达加斯加、科摩多和留尼旺是香荚兰豆的主要产地，香荚兰豆也是这些国家主要的经济收入来源，1964年，这三个地区组成了印度洋香荚兰联盟，出口量占世界总销售额的80%～82%；印度尼西亚、哥斯达黎加、塞舌尔、乌干达、墨西哥、塔希提、牙买加和哥伦比亚也有种植和出口。我国厦门是1960年从海外引种的，后经福建省亚热带植物研究所的努力，在室内试种成功，现福建、广东、广西、海南、云南等适宜地区均引种栽培，其中海南岛和西双版纳已有一定面积的露地栽培，台湾也曾有一定面积的种植。

香荚兰（见图64）豆荚采收时并没有什么香味，必须经过加工方能生香。鲜果荚先用热水或蒸汽烫一下，用棉毯包好放进40～45℃的恒温箱中3小时，再置于25℃的室温下过夜，第二天重复这样做，如此重复7天，使果荚变成巧克力咖啡色、表面有条状皱缩、芳香柔软即为成品，密封包装出售。密封包装后果荚继续生香，直到气味浓馨香甜，这个生香阶段常持续几个月到一年时间。

图64 香荚兰

成品香荚兰豆有清甜的豆香、奶香和膏香，香气、香味柔和舒适、留香持久。

商品香荚兰豆有时表面会产生一种白色结晶，俗称"起霜"，这种白色结晶就是香兰素。香兰素含量一般在1.5%～3.0%，最高可达7.1%（杂交种），可以提取"天然香兰素"，其价格是"合成香兰素"的50～100倍！

商品香荚兰豆可以用酒精浸提，制成"香荚兰豆酊"，或用其他有机溶剂抽提溶解物制取香荚兰树脂，还可再提取成香荚兰净油，以及直接把豆荚研细成粉状等产品，这些制品都具有沁人心脾的独特香气，被广泛用于调制各种高级香烟、名酒、特级茶叶，是各类糕点、饼干、糖果、奶油、咖啡、可乐、冰淇淋、巧克力、雪糕等高档食品和饮料的配香原料。

早期我国有些地方把香荚兰豆叫做"香草"、"香兰"、"香草兰"、"香子兰"等，也有按译音把它叫做凡尼拉、华尼拉的，"香兰素"最早还被命名为"香草醛"，与另一种常用的香料——"香茅醛"常常混淆，现这些名字逐渐少见了，还是统一叫做"香荚兰豆"、"香兰素"为好。

香荚兰豆除了用于食品加香以外，还用于医药，欧洲人曾一度用于治疗胃病、补肾、解毒等，并列入了英国、美国和德国药典中。

香荚兰属于三年生的爬蔓类兰花科植物，具有回旋性的圆柱形茎蔓，在每个茎节上会有气生根。叶片肥厚多肉，为圆针形。花有芳香，为黄绿色，而香荚兰开花授粉后的豆荚才是重要的应用部位。

其实早在公元16世纪以前，这种"香草"的豆荚就被人们应用在香料饮品中，直到现在仍是唯一被利用在食用香料里的兰花科植物，因此有"香料皇后"的美誉。虽然其豆荚鲜少被人们单独所品尝，但却往往是许多产品的最佳配角。它的用途十分广泛，可直接利用于烟酒、茶叶、食品、饮料、糖果、糕点、高级日用化妆品以及医药工业等。在各式饮品、西点中，它让味道更为甜美，甚至变成各食品厂家的独家秘方之一。而广为世人所知的是以"香草"的香气为主或者为辅的冰淇淋、可乐、巧克力、咖啡等。

香荚兰豆荚散发出愉悦的香气和味道一直为人们所喜好，它曾经是皇室才能独享拥有的尊荣，且价格也等同于黄金。所以400多年来，香荚兰的历史故事到处充满了激情、阴谋、偷窃和抢盗的阴影。香荚兰的珍贵是上天所赋予的，有人检测过，香荚兰豆荚中含有250种以上芳香成分及17种人体必需的氨基酸，具有极强的补肾、开胃、除胀、健脾等医学效果，是一种天然的滋补养颜良药。以目前发达的生化科技，人们虽然能合成出香荚兰主要香气成分之一的香兰素，但却无法将它美妙的香气与味道完全复制出来！

九 香树脂

许多香树脂都是人类很早就认识和应用的芳香药材。如没药，3700多年前就被用作防腐、驱风、健胃、通经、收敛药物。乳香也是人类最早使用的膏香香料，很早就在医药上应用，宗教界作熏香使用，现在还常用于配制熏香香精。苏合香和枫香树脂（习称

图 65 没药

图 66 枫

"芸香浸膏")可以治疗疥癣，祛痰。吐鲁香膏也可祛痰，并用于防腐。安息香树脂有开窍、驱风、祛痰、利尿、辟邪之功效。

没药香树脂产于东非赤道北部以及阿拉伯、埃塞俄比亚、索马里、苏丹等国。是从一种橄榄科植物的植株分泌出的油树胶树脂用溶剂浸提法提取出来的，香气很强而且比较留长，是配制化妆品香精和皂用香精很好的定香剂。熏香香精中亦用之。有时制成酊剂用于医药和口腔卫生用品（见图65）。

乳香香树脂也是用溶剂浸提法从另一种橄榄科植物树干中渗出的油树胶树脂制备的，这种外观呈橙黄色、橙红色或棕色粒子状的油树胶树脂原产于印度西部、非洲东北部及阿拉伯南部，主要是索马里。乳香香树脂带清甜的青香，香气和善而留长，主要用于配制古龙水和男用香水。

苏合香膏原产于小亚细亚，主产于土耳其，我国福建、浙江、广西、江西等地也有出产。枫香原产于我国中部及南部多省，福建有生产枫香香树脂。这两种枫树制品都用于配制皂用香精及化妆品香精（见图66）。

吐鲁香膏主产于南美、哥伦比亚、委内瑞拉等地，古巴也有，是从一种豆科植物的去皮树干中渗出的物质，带甜鲜的膏香和淡淡的花香，香气也是平和而留长，用于配制香水及化妆品香精，取其和谐与留香作用。吐鲁香膏可用高真空蒸馏法或分子蒸馏法提取精油，可以食用，常用于配制"朗姆酒"及焦糖香香精。

安息香树脂是安息香树（见图67）分泌

图 67 安息香树

出的树脂，用苯或酒精提纯。产于泰国、老挝、越南、苏门答腊和马来西亚，以泰国出产者品质最佳，带甜的膏香香料，有香荚兰豆香气，在香水及其他含酒精的盥用水类香精中能改善"酒精"气味。也用于配制香皂、香粉及美容蜜香精。

秘鲁香膏是中美洲萨尔瓦多一种豆科植物去皮树干中渗出的物质，可用苯或酒精萃取香膏得香树脂，香气和性质都接近安息香香树脂，主要用于配制东方香型、木香、粉香、辛香香精。用于口红香精中还可取其有镇静的性能。

图 68　格蓬

格蓬（见图68）香树脂产于伊朗和黎巴嫩，是青香带木香底蕴的青香，香气有力，特点是头香像青椒和青苹果的青香，以往调香师怕其强烈的青香不敢在香精中多用，使用极其有限。近来由于青香香气大受欢迎，国外流行的青香香水和古龙水都可嗅闻到它的气息，国内用量也开始增加，是一种很有现代特色的天然香料。

十　微生物制造香料

微生物能够制造香料其实并不是什么新鲜事，我们日常生活中天天见到的酒、醋、酱油、腐乳、泡菜、腌菜、酸奶等等，其香味都是微生物制造出来的。

微生物能产生许多种不同类别的香味化合物。如

①醇类：酒精发酵是大家最熟悉的例子，糖类经过发酵后除了生成大量乙醇以外，还产生不少杂醇类。杂醇类可由碳水化合物代谢或氨基酸代谢形成，也可由相应的羰基化合物还原而生成。

②酯类：啤酒中含有各种各样的酯类化合物，有人曾经从中鉴定出82种不同的酯，这些酯大多数是通过主发酵生成的，它们与酵母的类脂物代谢有关。类脂物代谢会产生各种酸和醇，这些酸和醇通过酶（也由微生物产生）的催化作用酯化而产生各种酯。

③酸类：糖通过酵母发酵生成乙醇（酒精），乙醇由醋酸菌的作用再转化成醋酸；乳酸杆菌可以通过两种途径——同型发酵和异型发酵将乳糖和非乳糖转变为乳酸；葡萄酒发酵时L-苹果酸也会转化为乳酸；氨基酸在微生物的作用下会产生脱氨作用，生成各种脂肪族（直链和支链）或芳香族的酸（见图69）。

图 69　酿醋

羰基化合物：乳品中的柠檬酸盐通过发酵降解为乙酸盐和草酰乙酸盐，然后再脱羧生成丙酮酸盐，丙酮酸盐再通过几种酶的共同作用生成丁二酮。丁二酮具有奶油、坚果样香气，是发酵乳品的重要香味化合物。但在发酵食品中，丁二酮是不稳定的，因为合成丁二酮的微生物也含有丁二酮还原酶，能将丁二酮还原为没有香味的3-羟基-2-丁酮等。因此，像酪乳等依靠丁二酮赋以香味的发酵食品，它的香味就有一个最适期或最高期，当丁二酮被还原后，酪乳的香味强度和品质就会下降。

微生物通过酶的作用还可以将碳水化合物、脂质和氨基酸降解、氧化等，生成多种羰基化合物。

①萜类：有人将L-薄荷酮通过微生物作用转化为L-薄荷醇；一份美国专利提出将麝香草酚通过微生物的作用氢化生成四种异构的薄荷醇；还有一份日本专利采用微生物发酵的方法将羧酸酯水解而得薄荷醇。这仅仅是许多类似的有商业价值的应用之开始。

②内酯：酵母、霉菌、细菌的一些特定的种类都能将酮酸转化成内酯，在某些例子中得率高至85％，日后可望用于商业生产。

③吡嗪类：已发现有一株枯草杆菌能产生四甲基吡嗪，在成熟的干酪中也测出几种吡嗪类化合物，虽然其中某些吡嗪是通过美拉德反应生成的，但另一些看来则是通过微生物作用而生成的。

在中国烹饪历史上醋诞生的比较晚，但是酸出现得很早，被列为五味之一。那时人们取酸，多是用梅作调酸之味。《尚书》中记载："欲作和羹，尔惟盐梅。"梅捣成梅浆，叫做"醷"。后来发现粟米发酵后也可以出来酸味，就利用粟米发酵做曲制酸，这也就是早期的醋。而醋字是在汉代才有的，早期的醋叫做"酢"，北魏时期的《齐民要术》中记载了酢的做法，中有大麦酢法、烧饼酢法、糟糠酢法、酒糟酢法等几种酢（醋）的做法。北魏时期，酢的做法已经很成熟了。

民间传说酒是杜康造的，醋是杜康的儿子造的——杜康的儿子学他老爸造酒，舍不得把酒糟扔掉，把水掺入酒糟里，过了21天，缸内发出香气，杜康之子尝后，又甜又酸，就把这种又甜又酸的汁液逼出来，放到另外的地方，叫做"调味浆"，在市场上售卖，大受欢迎，于是就想给"调味浆"起个名字，因为是在酒糟掺水后第21天酉时发现的，因此，酉加上21日，为"醋"。

其实造酒是上古时代的事情，世界各民族都会，没有发明人，也没有"专利"，虽然醋的出现要比酒晚了许多，但也同样不需要专门的"发明者"——这是指"一般的"酒和醋，现代人用特种方法制作的特种酒和特种醋还是可以申请各种制造专利的。

辨醋之好坏当"取其酸而香，陈者色红，越陈越好。"

中国有"四大名醋"：山西老陈醋、江苏镇江香醋、福建永春老醋和四川阆中保宁醋。

①镇江香醋：以"酸而不涩，香而微甜，色浓味鲜，愈存愈醇"等特色居四大名醋之冠。

②山西老陈醋：产于清徐县，色泽黑紫。质地浓稠，除具有醇酸、清香、味长三大优点外，还有香绵、不沉淀、久存不变质的特点。不仅是调味佳品，且有较高的医疗保健价值。

③永春桃溪老醋：源于历史上著名的福建红曲米醋，始于北宋初期。永春人善酿老醋，历经千年沿袭至今。醋色棕黑，其性温热，酸而不涩、酸中带甜，醇香爽口，回味生津，且久藏不腐，是质地优良的调味品。

④四川阆中"保宁醋"：有近400年的历史，是中国四大名醋之一，也是唯一的药醋，素有"东方魔醋"之称，1915年曾在"巴拿马太平洋万国博览会"与国酒茅台一并获得金奖，从而奠定了其在中国四大名醋中的地位。但"保宁醋"的生产规模不大，所以知名度没有前三种高。

酱油是从豆酱演变和发展而成的。中国历史上最早使用"酱油"的名称是在宋朝，林洪著《山家清供》中有"韭叶嫩者，用姜丝、酱油、滴醋拌食"的记述。此外，古代酱油还有其他名称，如清酱、豆酱清、酱汁、酱料、豉油、豉汁、淋油、柚油、晒油、座油、伏油、秋油、母油、套油、双套油等。公元755年前后，酱油生产技术随鉴真大师传至日本。后又相继传入朝鲜、越南、泰国、马来西亚、菲律宾等国。

酱油用的原料是植物性蛋白质和淀粉质。植物性蛋白质普遍取自大豆榨油后的豆饼，或溶剂浸出油脂后的豆粕，也有以花生饼、蚕豆代用，传统生产中以大豆为主；淀粉质原料普遍采用小麦及麸皮，也有以碎米和玉米代用，传统生产中以面粉为主。原料经蒸熟冷却，接入纯粹培养的米曲霉菌种制成酱曲，酱曲移入发酵池，加盐水发酵，待酱醅成熟后，以浸出法提取酱油。

制曲的目的是使米曲霉在曲料上充分生长发育，并大量产生和积蓄所需要的酶，如蛋白酶、肽酶、淀粉酶、谷氨酰胺酶、果胶酶、纤维素酶、半纤维素酶等。在发酵过程中味的形成是利用这些酶的作用。如蛋白酶及肽酶将蛋白质水解为氨基酸，产生鲜味；谷氨酰胺酶把成分中无味的谷氨酰胺变成具有鲜味的俗谷氨酸；淀粉酶将淀粉水解成糖，产生甜味；果胶酶、纤维素酶和半纤维素酶等能将细胞壁完全破裂，使蛋白酶和淀粉酶水解等更彻底。同时，在制曲及发酵过程中，从空气中落入的酵母和细菌也进行繁殖并分泌多种酶。也可添加纯粹培养的乳酸菌和酵母菌。由乳酸菌产生适量乳酸，由酵母菌发酵生产乙醇，以及由原料成分、曲霉的代谢产物等所生产的醇、酸、醛、酯、酚、缩醛和呋喃酮等多种成分，虽多属微量，但却能构成酱油复杂的香气。此外，由原料蛋白质中的酪氨酸经氧化生成的黑色素及淀粉经曲霉淀粉酶水解为葡萄糖，与氨基酸反应生成类黑素，使酱油产生鲜艳有光泽的红褐色。发酵期间的一系列极其复杂的生物化学变化所产生的鲜味、甜味、酸味、酒香、酯香与盐水的咸味相混合，最后形成色香味和风味独特的酱油。

利用微生物作用制造各种各样的香料在今后会越来越受到重视和得到应用，因为它的产物被人们看作是"天然"的，认为比"合成品"安全可靠。

十一　天然香料和单离香料

我国是天然香料植物资源最丰富的国家之一，已开发利用的天然香料近200种，亟待开发的约100种，其中进行批量生产的天然香料品种已达100多种，不少产品在国际上享有盛名。

植物性天然香料通常是由数十种有机化合物组成的混合物，到目前为止，从植物性天然香料中分离出来的有机化合物有3000多种，它们的成分结构异常复杂，一般可将其大致分为4类：脂肪族化合物，芳香族化合物，萜类化合物，含氮、含硫化合物。

天然香料的提取方法包括榨磨法、水蒸气蒸馏法、挥发性溶剂浸提法和吸附法等。各种方法所产生的香料产品有如下几种。

①精油——将天然香料用水或蒸汽蒸馏，或机械研磨后离心分离得到的有香气的产品。

②浸膏——树脂含量低的新鲜植物用挥发性非水溶剂萃取，在部分真空和适当温度下蒸发去除溶剂后得到的香气浓缩物。

③净油——将浸膏经乙醇反复萃取，萃取液经冷却过滤，在部分真空和适当温度下蒸去大部分乙醇后得到的高浓度香料。

④辛香油树脂——用挥发性非水溶剂萃取干性辛香料，然后在部分真空和适当温度下蒸发去除溶剂后得到的香料产品。

在香料的生物合成中应用最广泛的生物技术是发酵工程，以工农业废料为原料，利用微生物的生长代谢活动可以生产各种天然香料。例如，细菌、霉菌和酵母菌都能将丁香酚、异丁香酚、阿魏酸、葡萄糖等化合物转化成香兰素，即可利用多种底物通过微生物发酵法合成香兰素。

精油是主要的天然香料，从植物中提取的芳香精油是一个多组分的复杂混合物，有时必须将其中的部分成分分离出来成为单离香料。这些单离香料在制药、食品、日化等工业中有重要用途。例如一些单离香料在治疗各种疾病中有特殊的功效，它们对细菌和真菌有很高的杀伤力。单离香料的价格往往比混合精油的价格高出几倍乃至几十倍。

在香料工业里，单离香料属于"人造香料"中的一大类，是用物理或化学方法从天然香料中分出的单体香料。由于成分单纯，香气较原来的精油更为独特而更有经济价值。例如从薄荷油中分出的薄荷脑——在薄荷油中含有75%的薄荷醇，用重结晶的方法从薄荷油中分离出来的薄荷醇就是单离香料，俗名为薄荷脑。还有从山苍子油中分出的柠檬醛，从丁（子）香油中分出的丁（子）香酚，从鸢尾根油中分出的鸢尾酮等等。

具有玫瑰香气的香叶醇、香茅醇是借用蒸馏法从香茅油中分离出来的具有单个化学结构且利用价值更高的化合物，可作为调配各种香精的重要原料，也可用作制备其他合成香料的原料。

甲基壬基酮是构成芸香油的主要成分，其含量最高可达75%，因此得名芸香酮；乙酸苄酯在茉莉油中的含量有时也可达到65%；玫瑰油中含有2.8%的苯乙醇；丁香油中含80%的丁香酚；百里香油中含50%左右的百里香酚；茴香油中含大约80%的茴香脑；肉桂油中含有大约80%的桂醛；山苍子油中的柠檬醛约占70%；柏木油中的柏木烯约占80%；樟脑油中的樟脑约占80%；松节油中的蒎烯约占80%……这些单离香料都大量提取出来作为调配香精的原料。

单离香料的方法有蒸馏、萃取、结晶等等，蒸馏是最常用的方法。有时采用两种单元操作相结合的方法，如用蒸馏与结晶结合单离大茴香脑。

十二　合成香料

香料除了天然的以外就是合成香料了，合成香料也称单体香料，包括从天然香料中提取出来的和用化学合成的办法制得的单体香料都是合成香料（这个概念有点含糊，单离香料有时候被看成是天然香料，有时候又被看成是合成香料），按化学结构分类，合成香料有烃类、醇类、酚类、醚类、醛类、酮类、缩醛和缩酮类、羧酸及其酯类、内酯类，以及含氮、含硫、含卤素和杂环类化合物等，已报道过的有6000多种，目前世界上主要以石油化工产品、煤化工产品等为原料的合成香料已有5000多种，已有一定数量生产的也达

4000多个品种，而且这个数字几乎天天都在增加之中。调香师常用的合成香料有1000种左右，就这1000种左右香料的名单开列起来也使外行人看得眼花缭乱了。

公元18世纪以前的调香师只能用各种天然香料调香，后来有人从一些天然香料中提取了几种香料单体，如从薄荷油中提出薄荷脑，从樟油中提出樟脑等，用这些单体香料配制香精可以克服天然香料由于品种不同、气候地理条件不同、制取方法不同而带来的香气不一致的缺陷。1874年，近代合成香料的奠基人泰尔曼等人用化学方法合成出了香豆素、香兰素，后来有人又合成了水杨醛、大茴香醛、紫罗兰酮、洋茉莉醛、人造麝香、桂醛等，调香师的手头开始"富裕"起来，甚至发展到有人提出完全不用天然香料调香。另一些人则坚持只用天然香料调香而一个合成香料都不用。这不同观点的两派调香师争吵了半个世纪，最终结果就是目前的情况：天然香料、合成香料一起用。当然，天然香料由于种植地、气候、品种还有许多人为因素造成质量和供应不稳问题，使得发展不如合成香料快，甚至有的品种供应量和使用量下降或被淘汰，虽然不时也有几个新发现、开发的天然香料出现，但仍然跟不上合成香料的快速进展。

也许是"天意"吧，20世纪80年代人们针对环境污染、生态平衡被破坏而提出"一切回归大自然"的口号，"绿色产品"越来越受欢迎。在一些国家和地区出现了"天然来源"（即从天然香料和微生物发酵液、美拉德反应物等提取的单体香料）和"化学来源"的合成香料争夺市场的现象，当然，"天然来源"的单体香料要贵得多，有的贵过几十倍，如从香荚兰豆提取的香兰素比化学合成法和造纸废液制得的香兰素价格要高50倍以上，令人咋舌！虽然没有一个人能说出"天然来源"的香兰素比"人造"的香兰素有何本质的不同，但市场就是这样。"天然"和"人造"香料之争还会旷日持久地进行下去，"鹿死谁手"未有定论。看来"市场学"还须像色彩学、声学、气味学一样分成"科学的市场学"、"技术的市场学"和"心理的市场学"才好。

美国是全世界合成香料生产和使用最多的国家，有十余家香料生产企业属于跨国资本集团的联合企业，如美国国际香料香精联合公司在34个国家和地区有分公司，在21个国家和地区有制造厂，生产800多种合成香料。英国、法国、瑞士、德国、俄罗斯、日本的合成香料工业也都比较发达，有的国家几乎没有生产天然香料，只生产合成香料。日本合成香料生产占99%，天然香料仅占1%。

我国的合成香料工业在20世纪20年代就已开始，当时上海、天津、福建的一些民族工商业者在经销外国香精的同时也在探索自己调配香精。起初是用进口香精、香基配香精，后来加上一部分香料"增值"，这些香料有时不易购进，就考虑用国产的天然香料提取或者用化学方法制造——我国的合成香料就这样在跌跌撞撞中发展起来了。到了1980年，我国的合成香料工厂已经发展到20多家，每年可生产合成香料将近10000吨。改革开放以来发展得更快，现在合成香料年产量已将近10万吨，而且还在高速发展之中。但我国的合成香料工业与先进国家比起来，差距还是很大的，全国合成香料的总产值还比不上世界十大香料香精公司前几名中一家公司的产值。

合成香料是有机化学的重要组成部分，随着科学技术的进步，有机化学和分析化学在理论与技术的现代化方面为合成香料在工业化的过程中不断发展和逐步完善打下了良好的基础。反过来，因为合成香料工业是精细化工领域里几十年来发展得最快最稳的行业之一，而且没有一个工业像香料工业生产这么多种多样且大量的单体，合成香料也为化学化工理论和实践的进步立下"汗马功劳"。20世纪诺贝尔化学奖的得主有许多位是在香料化合物的发现与合成中做出过杰出成绩的卓越的有机化学家。

十三　日用香精

"香精"这个专有名词是很有"中国特色"的，在国外找不到这么简洁的词汇——西方人士把它叫做"香料混合物"或者"香料组合物"，我们现在说的"香料香精"译成英文成为"flavor & fragrance"，有人误以为"flavor"是"香料"、"fragrance"是"香精"，其实前者指的是"食用香料香精"，而后者是"日用香料香精"。

香料香精根据用途一般可分为食用香料香精和日用香料香精。在世界香料香精工业中，日用香料香精和食用香料香精差不多各占一半，日用香料香精和食用香料香精的销售额也各占50%。

日用香精是一类重要的日用工业产品，它是由日用香料以及辅料组成的混合物，代表了一定的香精配方。日用香精不仅用于化妆品、个人和家庭卫生护理用品中，而且纺织品、纸张、塑料和涂料等加香型产品用的也是日用香精。日用香精的配方千变万化，其安全性取决于所用香料以及辅料的安全性。只要构成日用香精的原料经过安全评价，品种和质量符合法规标准的要求，则其安全性是有保证的。

目前，人们已发现天然存在的香气或香味物质达数万种，已对其中的食用香料的安全性进行了评价，并制定了相应的法规和标准。世界上允许使用的食用香料品种每年还以相当快的速度增长，对于日用香料的安全性评价虽不如食用香料量大而面广，但也早已为人们所关注。如何来评价日用香料的安全性，日用香料行业如何实行自律以维护消费者和行业的利益，一直是世界各国行业组织考虑的重点问题。

日用香料确实有一定的安全性问题。日用香精的安全性取决于原料的安全性。只要原料是安全的，日用香精的安全性就有保证，因为香精的调配基本上是一种物理混合过程。

第三章

香　水

图 70　一生之水

图 71　查理香水

日本科技界在20世纪50年代就提出要用30年时间赶超法国香水，至今30年早已过去了，日本香水不但没有"冲出亚洲"，就是在日本国内也没有多少市场，尽管日本至少有两家香料香精公司已经进入世界超大型香料公司的行列。1994年，日本服装设计师三宅一生推出其经典之作——"一生之水（L'Eau D'Issey）"（见图70），有些名气，但仍旧进不了法国的上层社会。

是日本调制不出高级香水吗？非也！对这种现象，恐怕只能用"文化"来解释，看起来，日本的"岛国文化"还是没法与根深蒂固的法国"大陆文化"相比。

美国是世界各民族共同开发的移民国家，立国不久，其文化基础仍然是明显的"岛国文化"，因此，虽然美国每年使用的香料和香精量都是世界第一，通过几十年时间的努力也总算有一种香水——查理香水（见图71）进入过当年的"世界十大名牌香水"名单，但美国香水仍然挤不进欧洲的上层社会。

在国外，香水和汽车代表一个人的身份和地位，一个陌生人从你身边走过，你从他（或她）身上闻到的气味就可推测他（或她）的职业和经济情况，这似乎不可思议，但只要打听一下，巴黎卖得最红火的一瓶香水标价5000美元，你就会相信这是事实。

香水是把香精溶解于酒精中制成的，高级香水的香精含量大于15%，香精含量在5%～15%的叫做"化妆水"或"盥洗水"，香精含量在5%以下时就是古龙水和花露水了。

公元1370年，第一支用酒精调制成的香水——匈牙利水问世，因此，香水的历史已有600多年了。当时的欧洲已有贵族用酒和牛奶擦脸和沐浴，有人往其中加入香料，自然就成了早期的香水和化妆水。

15世纪至19世纪末，意大利人广泛使用了香水。

16世纪还出现了浓烈的动物脂香味，随后很快流行到法国、英国和其他欧洲国家。

到了1709年，意大利约翰·玛利亚·法丽纳在德国科隆用紫苏花油、摩香草、迷迭香、豆蔻、薰衣草、酒精和柠檬汁制成了一种异香扑鼻的神奇液体，被人称之为"科隆水"（"古龙水"）。原是要求具有消毒杀菌性即可，但由于它带有令人感兴趣的而又协调的柠檬和药草香，很快地普遍被人们用作"盥洗水"。这种香型流行极广，普及世界各地，至今风行不衰。

当凯萨琳·德·梅迪西（Catherine de Meidici）嫁给法兰西的亨利二世时，她带着她的香水调配师来到法国，开设了第一家香水店。酷爱服装和化妆品的法国人对香水表现出了异乎寻常的热情，趋之若鹜。路易十四嗜香水成癖，成了"爱香水的皇帝"。他甚至号召他的臣民每天换涂不同的香水。

路易十五时期，蓬巴杜夫人和杜巴莉夫人对香水的喜好不亚于对服装的兴致，宫内上上下下纷纷效仿，于是每个人的饰物和服饰，乃至整个宫廷都香气四溢，被称为"香水之宫"，整个巴黎也成了"香水之都"。

路易十六的皇后玛丽·安托瓦内特尤其喜欢一种以董菜、蔷薇为主要原料的香水。这时，再次掀起香水沐浴的潮流，回复罗马时期之后不曾有过的奢华。当时香水更被认为具有缓解疲劳、松弛神经和治疗疾病之功效。当时人们在手帕上洒以香水，随身携带，令全身散发香气。

15世纪后出现了蛇形冷凝器用于蒸馏，人们利用它大量提取各种植物香料油，在法国格拉斯地区开始有一定规模生产花油和香水，从此成为世界著名的天然香料（特别是香花）生产地区。因此，法国人可以骄傲地向世人宣告他们的香水制造历史已有500多年。

19世纪以后，香水的发展经历了从"自然派"到"真实派"，又从"印象派"转变到所谓"表现派"的历程。其中世界闻名的杰作有"珞利贡"、"香奈儿5号"、"夜巴黎"、"我的印记"、"响马"等等。到了20世纪60年代，又出现所谓"幻想型"香水，似乎是"表现派"和"真实派"相结合的产物。打开香水瓶所散发出的香气，仿佛是一幅春光明媚、花果满园的绝妙画卷，其中著名的有"吻妹"、"红门"、"毒品"、"梦丹娜"、"鸦片"、"砂丘"等。

这期间，男用香水也迅速发展起来，而且发展得更快，著名的有"保哲龙"、"马莎"、"大陆"等。近几年来，由于女性的解放，要求在社会上独立，与男子享有平等的权利，许多女性以使用男用香水为时髦，使得本来"泾渭分明"的男女专用香水概念又模糊起来。最近，所谓"中性香水"也在广告中出现了。

目前世界十大香水及它们的广告词如下。

1. 香奈儿5号

一款最适宜新婚的香水，它足以令你的新婚之路充满旖旎多姿的色彩——新婚之夜，不妨选择No.5的香精（Parfum），涂抹于你最希望他亲吻的部位；而No.5的香水（Eau de Parfum）自然是可以喷洒在整个卧室，尤其是床榻之间；至于CHANEL公司新近推出的No.5淡香水手袋装，自然是再适合不过的蜜月旅行的伴侣了。

伊兰伊兰、檀香、茉莉、苦橙花和玫瑰等都对男女之间的肌肤之亲具有促进作用，而玫瑰对女性、檀香对男性的作用尤为明显。

伊兰伊兰、檀香、茉莉、苦橙花和玫瑰等都对男女之间的肌肤之亲具有促进作用，而玫瑰对女性、檀香对男性的作用尤为明显。

2. 兰蔻奇迹香水

这款香水可以展现出世界的美丽，它可以使你在平凡的生活中创造出奇迹。

她相信生活的力量，相信直觉，忠于自己的情感。

她相信她自己可以创造自己的未来，只要有她，没有什么是不可能的。

每一天对她来说都是全新的开始，每一天对她都是一种重生。

她意志坚定，跟随她的直觉她可以创造出一切可能的奇迹。

香料家族：花香调—辛辣调的香水。这是一款轻柔、有女人味的香水，花香调和辛辣调和谐散发。

小苍兰和荔枝的花香是如此清新和微妙，使得使用者可以散发出迷人的女人味。生姜和胡椒的辛辣，使得使用者精力充沛，充满活力。

前味：小苍兰和荔枝。

中味：生姜和胡椒。

后味：麝香、檀香和茉莉。

3. 雅诗兰黛欢沁香水

属于清新花香调的香水。飘散着淡雅的花香，在大自然中播撒"欢沁"的种子……主要原料有百合花、紫罗兰、茉莉、丁香、檀香森等。整体瓶身造型高雅而简洁，剔透晶莹的椭圆形瓶子、圆形的白金瓶盖。欢沁香水，香味乍浓犹淡，如细水长流，十分信人，飘散着浓雅的花香，在大自然中播撒着欢沁的种子。

4. 雅顿白钻香水

以花香为主调，香味浓郁，是一种相当女性化的香水，尤为偏爱甜花香如玫瑰、夜来香等花香的成熟女性所喜爱。这款香水受到伊丽莎白·泰勒、尼诺·赛儒迪和瓦伦蒂诺等众多名人的钟爱，是一款极受欢迎的香水品牌。

5. 香奈儿魅力香水

这款香水具有强烈的感官吸引力，瓶身设计十分现代化，是磨亮发光的金色与雾状黄铜色的组合。ALLURE EDP香水是一款简练、丰富、极端女性化的创作。她所传达出的讯息就是：快乐、自由与和平。

建议那些深爱和平与纯净的女性，不妨来点精致高雅的韵致：所有这些特质，都被捕捉于ALLURE EDP香水中。ALLURE EDP香水绝不只是一款比淡香水浓度更高的香水，因为淡香水本身已经相当精炼，她是全新的创作，一款崭新、华美、更能诠释魅力为何物的香水。要将感官上的绝美享受具体成型，贾克·波巨从ALLURE EDT淡香水萃取中开发出一块新的嗅觉版图，也就是从他所创造的、已成为清新感性的ALLURE EDT淡香水中，如同钻石切割面的六个香调的其中三种香调萃取而来。

6. 鸦片

体现东方神秘风情的香水，则以圣罗兰的"鸦片"香水最负盛名。它属于浓香型，多以后劲无穷的木香、檀香为主，配以辛辣的木香和持久的动物香。"鸦片"香水，香气浑厚浓郁，定位为诱惑和禁忌，呈辛辣的东方调，更适合于成熟、自信和妖媚的女性。

7. 让·保罗·戈蒂埃

让·保罗·戈蒂埃是个为前卫的人创造服饰和香水的天才设计师，他的设计充满幽默感和令人惊奇的物。值得一提的是由他本人设计的第一款香水让·保罗·戈蒂埃的香水瓶颇为奇特，外形是一段穿了胸衣的女人躯干，瓶子的外包装是一个圆桶状的锡皮盒子，设计奇特，"惊世骇俗"。

8. "嫉妒我"

古驰1997年度推出的"嫉妒我"，属花香调，前味是香草、风信子、木兰花，中味是铃兰、茉莉、紫罗兰花，后味是鸢尾花、木香和麝香。

9. 克莱恩1号

男女合用香水。由佛手柑、鲜菠萝、茉莉花、紫罗兰等组合而成。其瓶身是仿如牙买加朗姆酒瓶子一样的磨砂玻璃瓶，外包装则为用再生纸做的纸盒。

10. 寄情水

分男用和女用香水，是世界上著名的情侣香水。在其推出的那年便作为女用香水之冠获得了香水业的奥斯卡奖——菲菲奖。

一 第一个香水——匈牙利水

　　大约在公元1370年，世界上第一个香水在匈牙利诞生，它主要是用迷迭香油和酒精配成的。迷迭香原产于地中海沿岸各国，自古以来用于食品调味，由于它具有清香凉爽气味和樟脑气，略带甘和苦味，通常在烧羊肉、烤鸡鸭、肉汤或烧制马铃薯等时加点迷迭香粉或迷迭香叶片共煮，可提高食品风味，增加清香感。迷迭香也是历史悠久的草药，对醒脑、镇静、安神、消化不良和胃痛均有一定的功效。将迷迭香叶片蒸馏得到的迷迭香油最早作为药剂的加香之用，因此，当一位药剂师将酒精和迷迭香油（也可能还有少量其他植物精油）配合在一起时，他只想到用它来作为一种醒脑提神的药剂或卫生用品，就像现时的花露水一样。后来人们在这种"匈牙利水"中再加入各种其他香料，逐渐进展到现代配方极其精致的、用几十种甚至几百种天然和合成香料和酒精配制的高度艺术化的香水。但无论如何，人们还是将这种简单的"匈牙利水"看作是世界上第一个香水。

　　如果硬要刨根问底的话，最早的"香水"是蒸馏鲜花之后得到的水，特别是蒸馏玫瑰花的时候，由于玫瑰花的香气成分有许多是容易溶解于水的，因此，在冷凝的液体中除了上层的玫瑰油以外，下层的水还有香气，这种"香水"也可以作为商品出售，人们把它喷洒在手帕、贵重衣服上。但这种"香水"不能长期保存，放置时间一长就会变质发臭，与现在所说的"香水"无法相比。

　　用酒精配制香水，应追溯到古罗马人佛朗杰伯尼，他曾经配制出一种香粉，是用鸢尾根粉末加1%灵猫香膏混合而成的，他的后代米鲁克乔又将这种香粉用酒精浸泡然后取上层的澄清溶液作为商品出售，取名"佛朗杰伯尼香水"。由于这种"香水"与近代香水没有连续的关系，人们还是不把它看作是最早的香水。

二 古龙水

　　公元1690年，意大利理发师费弥尼在获得300多年前（1370年）的"匈牙利水"配方的基础上，增用了意大利产的苦橙花油、香柠檬油、甜橙油等，创造了一种甚受欢迎的盥洗用水，并传给他的后代法利那。后来（1719年），法利那迁居德国科隆市，就把这种盥洗水定名为"科隆水"，中译名又叫"古龙水"。法利那在法国巴黎设立分公司销售"古龙水"，大受欢迎，至今"古龙水"盛销不衰，风靡世界。

　　在调香界人士看来，"古龙"代表一种香型，它是以柑橘类的清甜新鲜香气配以橙花、迷迭香、薰衣草香而成，具有明显的新鲜清爽令人舒适愉快的清新气息。让我们来看看19世纪的"古龙水"是怎么做出来的。

1863年，英国潘哈里贡用甜橙油4英两、柠檬油4英两、香柠檬油4英两、迷迭香油2英两加入到6加仑的葡萄酒酒精中搅拌均匀储存一定时间后，蒸馏，馏出的醇液中加入橙花油3英两、苦橙花油1英两，搅匀后过滤分装就是古龙水了。

欧洲的男士们特别喜欢古龙水的香气，他们喜欢在洗澡后往身上喷洒这种清新爽快价格又不太高的"香水"，因此，早期的古龙水被人们看作是"男用香水"。

经典的"古龙"香型至今没有太大的变化，但在香料品种的应用上有所扩大，增用了橙叶油、玳玳花油和玳玳叶油、防臭木油、香紫苏油、百里香油、香橼油、柠檬叶油、白柠檬油以及具有柑橘、橙花、迷迭香香气的各种合成香料，同时加入了安息香香树脂等作为定香剂。早期的古龙水是不加定香剂的，所以不能留香。

"4711古龙水"是经典型古龙水的杰出代表，它的包装古雅大方，采用法国宫廷的颜色：雀绿和金色，颇引人注目，至今仍然很有名气和魅力。许多人猜不透这古龙水前冠以"4711"是什么意思，其实它仅仅是科隆市一个街道上的门牌号码而已，当时科隆市有114家工厂生产古龙水，华地林·穆林斯公司就用他们的门牌号码4711作为商标。

*Eau de Cologne*是1709年意大利人费米尼斯在德国科隆生产和上市的，他为这款产品起名科隆之水，以此来纪念他的第二故乡。产品一上市就大受欢迎，供不应求。

费米尼斯于是让侄子法日那来帮忙，后者将这款产品大量生产，成为风靡一时的科隆之水。中文在翻译的时候用了音译，古龙水的叫法一直沿用至今。

科隆市也从此拥有了至今最吸引人的纪念品，其中最有名的便是"4711古龙水"（见图72）。

图 72　4711 古龙水

法日那的产品在欧洲流行起来得益于18世纪中期一场持续了七年的战争：普鲁士和英国联合对抗法国、俄罗斯和澳大利亚盟军。战争结束，士兵们把古龙水带回家，古龙水的全球营销开始了。特别是法国人深深地迷恋上了这款产品，这里面包括路易十五和他的王后，甚至还有后来的拿破仑——他每天要用完一整瓶古龙水！于是在法国，也有很多人开始生产古龙水，不仅用相同的名字，有的甚至把创始人法日那的名字也用在自己的古龙水标识上。

现代香水工业中**Eau de Cologne**已经是一个专有名词，不再是人们印象中柑橘香型的淡淡香味；而是指香精含量3%~5%的低浓度香水，是相对于Eau de Toilett淡香水、Eau de Parfum香水和Parfum香精而言的。

因为其香精含量最低，持久的时间短，很多人会认为古龙水并不是上乘的香水，价格也应该非常低廉。实际上一瓶好的香水产品取决于它的配方、原料、创造者，至于持久的时间并不能决定香水的好坏。关键在于你想通过这款产品达到怎样的享受。如果是享受舒适、自然、清凉的感觉，当然应该选择古龙水，可以用多次的补香来弥补持香不久的遗憾。

从使用习惯上看，拥有很久用香历史的欧洲男士女士都喜欢使用古龙水。辨别好的古龙水不应该仅仅局限于价格，这和自己的喜好、成长的环境、对香水的了解都有关系。很多人都看过电影《闻香识女人》，记得老牌影星艾尔·帕西诺精湛的演艺和美妙绝伦的探戈舞步，当然，可能也记住了他赞美那位年轻女士身上的Ogivile Sisters香皂味道。经典的古龙水、香皂香，往往与使用者浑然一体，带来一种天然的高贵之感，比使用流行的、人人都用的香水，更能打动人心。

男士使用古龙水，还有一个手法会让女士倾心：早期的古龙水是装在瓶中，没有喷头的，所以也留下了一个优雅的香水使用习惯——把香水倒在手中，两手轻拍，然后轻轻拍打在颈部或者身上。这个手法至今还在一些法国男士（也是比较年长的）中保留，他们认为男士用香应该低调，区别于女士握着复古香水瓶上的喷头张扬地喷洒。

近百年来，古龙香型在配方上已有不少衍变，基本香韵仍以柑橘属鲜果青香为主，辅以橙花的鲜韵，再增用辛香、豆香、琥珀香、动物香和其他花香等等，如俄罗斯古龙、英国式古龙、琥珀古龙、含羞花古龙、三叶草古龙、百花古龙等。

现代古龙水已经不只是一个"古龙"香型而已，而是把香精含量3％～5％的低浓度香水都称为"古龙水"，与花露水有点相似。但花露水的香精含量更低（常低于3％），又含30％左右的水，因为花露水的主要用途是消毒杀菌、止痒消肿，人们通常是把花露水作为卫生用品的。而古龙水则是"低浓度香水"，不是作为卫生用品。

三　花露水

严格说来，"花露水"还不能算是香水，因为它的香精含量太低了（低于5％），用途也和香水不一样，花露水应该算是卫生用品，夏日之夜，蚊虫肆虐，在裸露的皮肤上洒点花露水，可以驱赶蚊虫，涂在被蚊叮的地方也能消肿止痒，而且使人感到清凉舒适，神清气爽，是香水无法比拟的。那么，花露水到底是什么东西呢？是不是用花露做成的呢？

其实，"花露水"原名"佛罗里达水"，佛罗里达是美国东南沿海的一个州。我国上海最早生产这种产品的时候，故意利用谐音把它叫成"花露水"这么美好的商品名称。花露水的香气特征是新鲜爽快，令人清醒。国外的花露水以青香、药香、果香和辛香为主，英国的花露水则以薰衣草和柑橘的清香为主要香韵，而我国从20世纪30年代出现的"明星花露水"以玫瑰麝香为主香已在国人心目中牢牢扎根，同欧美的花露水是完全不同的香型。

近年来，花露水在国内再次大流行，除了传统的玫瑰麝香香型以外，不少厂家又推出了一系列不同香韵的花露水，特别是在玫瑰麝香中增添薄荷、樟脑、龙脑等药香，深受国人的喜爱，这完全是"中国特色"的花露水了。

花露水是用花露水香精配以酒精制成的一种"低级"香水类产品，主要功效在于去污、杀菌、防痱、止痒，同时也是祛除汗臭的一种良好的夏令卫生用品。它的配方并不复杂，70％的酒精，25％~28％的纯净水，2％~5％的香精。为了防止沉淀，可以辅以少量的螯合剂（柠檬酸钠）、抗氧化剂（如二叔丁基对甲酚等）和耐晒醇溶性天然色素。花露水为什么大多数都是绿色的呢？这里面并没有什么奥秘，仅仅是生产者在里面加了一点点叶绿素（一般用叶绿素铜钠盐）染色而已，叶绿素对人无害而有益，但量太少也起不了什么作用。

花露水所用的香精略差，含量也较少，一般为1%~3%，所以香气不如其他酒精溶液香水持久。制作花露水所需要香精的香料，多用清香的薰衣草油为主体，也有用玫瑰麝香型的。酒精浓度为70%~75%，这种配比易渗入细菌内部，使原生质和细胞核中的蛋白质变性而失去活力性，从而消毒杀菌作用强。大家知道，医院、诊所、接菌室等用的"消毒棉"，用的就是70％浓度的酒精，因为这个浓度具有最佳的杀菌效果（100％酒精反而杀菌效果不好）。再者，香精本身也有一定的消炎杀菌能力；近年来"六神花露水"、"芦荟花露水"的出现，它们都是在花露水配方中添加了杀菌消炎药物，比如"芦荟花露水"将芦荟抑菌止痒抗过敏消炎等优良特性与花露水的芳香灭菌清凉消毒等功效结合在一起，起到相辅相成的作用，使得花露水更有魅力。

由于花露水（见图73）的香精含量太少，因此，刚配制的花露水气味并不很好，特别是所用的酒精如果"脱臭"不够的话，"酒精味"会很明显，必须将它密封陈化几个月后气味才会慢慢变得好起来。当然，陈化时间越长越好，这同其他种香水、酒类是一样的；在储存期间，香精中

图 73　花露水

的各种成分和乙醇等不断地发生酯化、酯交换、醇醛缩合、缩醛化等反应，其结果是产生更加宜人的香气，这就是所谓的"越陈越香"。

近来有人在"陈化"上大做文章，采用超声波、各种射线、"能量场"、"磁化"等物理方法使陈化时间缩短，以免工厂将大量的资金积压在"陈化"的时间里。

花露水的香型也很多。早期的"佛罗里达水"是以柑橘香和薰衣草香为主，带点辛

香；而法国花露水主要是薰衣草的香气，也称"薰衣草水"；中国的花露水由于受了早期上海"明星花露水"先入为主的影响，多是玫瑰麝香香型；"六神花露水"则多了冰片等药香；"芦荟花露水"带着芦荟的青香。近来国外开始流行素心兰香型的花露水，并且像香水一样，也开始有了"性别"，分出"男用花露水"和"女用花露水"来。"女用花露水"以花香为主，"男用花露水"则增加了辛香和木香香韵，也有带皮革香和烟草香的，最近还有以酸柠檬为主的"古龙花露水"出现，颇受男士们的喜爱。

花露水三个字，比"香水"听起来要美得多，让人联想到古代采花露而做脂粉的女子。虽然在现代人的词汇里，"香水"才是真正的高档货，而后者只是一种香料含量在3%以下的"卫生用品"而已。

图 74　双妹花露水

说到花露水，脑子里必然冒出来的一个词是"老上海"，而且一定不能没有这个"老"字。双妹牌花露水（见图74）和老刀香烟、仁丹招贴、美人月份牌、阴丹士蓝布旗袍等名词，会把我们一下子带入20世纪20～30年代的中国。而双妹牌（准确地说应该是"双妹唛"）的瓶身上，最使人印象深刻的便是那张nostalgic poster，由外销画名家关作霖的曾孙关蕙农绘画设计，是两位活泼开朗的女子，一身古典打扮在花园里闲荡的画面，那一刻悠闲，让人产生时光倒流九十年的幻象。

事实上，花露水并非起源于上海，国人第一款花露水"双妹牌"，是香港建厂的广生行在1905年开始生产的。

中国大陆的花露水源起于清光绪三十四年（1908年）的明星花露水，最早的诞生地在风情万种的十里洋场——上海。当时颇具盛名的上海中西大药房董事长周邦俊先生，研发出一种盛装在绿色玻璃瓶里的花露水。由于能够当上明星是多少女孩的亮丽梦想，于是他将这瓶透明绿的香水取名为"明星花露水"，并且将Logo设计为一个拉着舞衣裙摆款款答礼的女孩，主攻女性市场。

于是，这瓶装载着美丽梦想与优雅芬芳的花露水席卷上海，一跃而成知名的国产"香水"。负责生产明星花露水的化妆品部门也因此从中西药房中独立出来，成为明星化工股份有限公司，不久，周邦俊将经营权交给当时才20岁的女儿周文玑，同时挂牌上市，成为当时上海股市中炙手可热的当红炸子鸡。

周文玑相当具有生意头脑，在她的领军下，明星化工企业化经营，并且推出香皂、香粉、发油等周边商品。1946年，明星化工着眼于南部地区气候炎热、更能接受兼具消毒功能的花露水，开始在广州、台湾陆续设立办事处。然而，战乱改变了时局，也为花露水的历史写下了新的一页——1950年，周家的所有财产尽皆充公，明星花露水的商标被上海家庭化学取得。在此之前，周文玑匆促带着几名员工逃到台湾，继续写下明星花露水在上海未了的故事。

时光走到20世纪的60年代，一场风暴把香水卷回了太平洋。只有花露水，还凭借一个"卫生用品"的名字而得以求存。看回忆那段岁月的文章，书里的时髦女子，或是赶去会见情人的小女孩，总要洒点花露水，或者攥一块洒了花露水的手帕。有人回忆说："没有香水的年代，花露水成了香水的替代品，如果有女人从你身边走过而留下了花露水的香味，那她肯定是上海女人。"

那时的流传着一个真实的笑话，说是有一个年轻人报名参军，体检时让他嗅闻4种有香味的东西，他准确无误地说出了其中的3个，还有一个他想了半天，终于回答："女人味"，说曾经有个女人从他身边走过，身上飘着这种"女人味"。讲故事的人最后一定要"抖出包袱"告诉听者：那一瓶有"女人味"的是花露水！

国人对花露水的感情已经到了"根深蒂固"的地步了，几乎无可代替之。恰是夏天，日落后凉风渐起，沐浴更衣之时，洒上一点花露水，那伴着残余的热气氲起的香，是中国的夏天特有的气息，是这个季节不可替代的味道。

1989年，上海家化厦门联营厂的研发人员觉得痱热燥痒是夏季最主要的皮肤问题，利用厦门中药厂生产治疗痱子和其他夏季疾病的传统中药六神的下脚料与花露水相结合，制造出了六神品牌的花露水。1990年第一瓶六神花露水上市。以"去痱止痒、提神醒脑"为明确产品诉求，通过"六神有主，一家无忧"的广告，迅速占领了花露水的市场份额。

六神花露水和其他"驱蚊花露水"均含有高达4%～12%的农药避蚊胺或避蚊酯（驱蚊酯），避蚊胺作为一种刺激剂，所以对皮肤产生刺激是不可避免的。含避蚊胺的产品不要使其直接与破损的皮肤接触或在衣物里使用；当不需要时，其制剂可以用水洗掉。

在避蚊胺获得再登记合格决定的同时，美国环境保护局公布了14～46个可能与避蚊胺有潜在联系的癫痫发病案例，其中有四人死亡。环保局的陈述中提到："的确，一些案例可能与避蚊胺有毒相关。"

美国儿科协会建议两个月以下的婴儿不要使用含避蚊胺的制剂。加拿大卫生部重新评估避蚊胺类的防蚊产品，禁止市面销售含避蚊胺的防蚊产品浓度高于30%，并建议2～12岁的儿童使用的避蚊胺防蚊产品，浓度应低于10%以下，且一天不宜使用超过3次。2岁以下的儿童一天使用不宜超过1次，6个月内的婴儿不宜使用此类产品。

法国研究人员领导的一个国际小组研究发现，"避蚊胺"能抑制乙酰胆碱酯酶的活性，而这种酶在昆虫和哺乳动物的中枢神经系统中都非常关键。

尽管有关于避蚊胺对环境污染的研究评估报告很少，但是避蚊胺确实是一种非烈性化学杀虫药，其可能不适合在水源地以及周围使用。虽然避蚊胺不是人们所认为的生物蓄积物，但是它被发现对冷水鱼有轻微的毒性，如虹鳟鱼、罗非鱼，此外，实验表明它对一些淡水浮游物种也有毒性。由于避蚊胺产品的生产、使用，在一些水体中也能检测到高浓度的避蚊胺，例如，1991年在密西西比河与其支流监测到每升水中含有5～201纳克的避蚊胺。

避蚊胺与驱蚊酯均有一定的刺激性，所以皮肤敏感、有伤口者和孕婴要避免使用。

2013年2月，英国伦敦卫生与热带医药研究所的一项研究报告称，目前世界上常用的驱蚊剂"避蚊胺"已经对蚊子失效。实验显示，避蚊胺对第一次接触它的蚊子确实起到了阻止作用，但随后便失去了驱避效果。

四 香水之都

提起香水之都，谁都认为非法国巴黎莫属。不错，巴黎香水世界第一，天下无比，可是，法国人却会告诉你法国香水的主要产地并不在巴黎，而是法国的另一个地方——格拉斯！法国香水的制造不仅起源于此，而且这里至今仍是巴黎各大香水厂的原料供应地。这就像中国著名的"哈密瓜"一样，哈密瓜的主产地不是哈密，而是鄯善。

在法国东南部，巍峨的阿尔卑斯山如一条从地中海腾起的巨龙，在法国南部与意大利交界处登陆，顺着边境线向北爬。格拉斯地区就在阿尔卑斯山与地中海之间形成了一个少至——两公里，多至十几公里的过渡地段，这一带又被称为前阿尔卑斯山。从山上流下的大、小河溪，把山前切成一个个山谷。丰富的水、土资源既适合发展畜牧业，又适合发展农业和园艺业。特别是格拉斯，位于距地中海20公里的山麓上，海拔200～500米，冬季寒冷的西北风——法国人称密史脱拉风——对这里影响不大，基本上是冬无霜冻。而夏季从海上吹来的空气湿润宜人。由冲积而形成的土质十分肥沃，顺着阿尔卑斯山而下的充足的地下水，汇集于格拉斯，再加上山前充足的阳光，使格拉斯成为地理位置上的花草优生地带：再往南一点太热，而又缺水；再往北一点，地势的增高又会造成冬季的寒令。因此，格拉斯一带最适宜花的生长。

走进格拉斯，香气袭人。这里的花单产虽不是最高的，但花的质量却是最佳的。格拉斯地区有众多本地土生土长的植物，来自远方的外国香料植物也在格拉斯找到了乐土。冬季圣诞节后，来自澳洲的黄绒花（mimosa，含羞草类）将格拉斯及整个蓝色海岸染成金黄色；春季，染料木的黄花取代黄绒花；夏季，田中是紫色的薰衣草；5～6月份是玫瑰的季节，7～9月茉莉盛开。此外，还有晚香玉、柠檬、柑橘、老颧草、薄荷、黄地仙、紫罗兰……由于格拉斯位处坡地，各个品种的花均找到了自己需要的海拔高度而各得其乐。每年在这个地区采集的花有700万公斤。

由于格拉斯本地花价太高，多年来已靠进口花来作为制作香水的基础原料。比如高质量的玫瑰花从保加利亚和土耳其、摩洛哥等国进口；茉莉花来自埃及、意大利；苦橙和柠檬的主要产地也是意大利；依兰依兰来自热带的科摩罗和印度尼西亚；作为底蕴的珍贵原料广藿香多从印尼进口，檀香则来自印度，橡树苔是南斯拉夫的特产，也是作底香的好原料，最受欢迎的中国原料是桉树和老颧草。

格拉斯出产的香料香精就地加工配制成成品的并不多，往往加固定剂后运往巴黎。它实际上是巴黎名牌香水制造商的原料供应地，巴黎各香水厂将格拉斯的香料封存在自己的库房中，再根据自己的秘密配方加工成各自牌子的香精和香水，这些高品位的香精和香水出口到世界各地，为法国带来了香水之国的美称。

格拉斯（见图75）之所以能成为法国香水的摇篮，主要取决于它优越的自然环境和传统的手工业。公元16世纪的时候，意大利人汤伯赖里发现格拉斯盛产迷迭香、薰衣草、野百里香、桃金娘等，当地人用这些香料草提取的精油制革。他又发现这里气候温和，雨量充沛，地下水源丰富，很适合大量种植各种香料植物。于是汤伯赖里建议意大利皇帝在格拉斯发展天然香料，被采纳后汤伯赖里就被派驻此地专为意大利宫廷制取香料，使得格拉斯的香料种植业和提取精油业

图 75 格拉斯

迅速发展起来。到了公元18世纪末，格拉斯已拥有四十几个天然香料作坊，年产各种香脂（浸膏、精油等）四千多公斤，同时副产"香水"（蒸馏精油时下层的冷凝水）100万升。同时，格拉斯除了大面积种植迷迭香、薰衣草以外，又引种了大花茉莉、五月玫瑰、晚香玉等香花品种提取精油，成为世界上第一个也是最大规模的种植香料植物和提取天然精油的基地。

其时，西班牙和意大利流行戴香味的手套，而格拉斯的传统手工业，使用橄榄油熟皮制成的手套气味显然不会太好。因此，当地的不少熟皮匠人开始同时制造香精在熟皮时使用，制成的香味手套很受当时上层社会的欢迎。谁也不会想到，在阴暗简陋的工作间里和那些散发难闻的牲畜味的脏皮子打交道的臭皮匠，竟成了日后征服世界时尚圈的香水的发明者和早期制造者。

当时对香水厂的香料提炼监督非常严格，稍有作弊行为，就以没收或罚款手段惩罚之。经过约10年的发展，格拉斯皮匠们开始逐渐摆脱那些制造手套的牛羊皮，而向上层社会追赶时髦的妇女身上转移，为女人制造一种迷人的味道，炉火纯青的香水提炼技术为格拉斯香水业征服世界做好了准备。

如今，格拉斯生产的香料、香精仍占整个法国生产总量的70％左右，格拉斯无愧于"香水之都"的美誉。

当然，说巴黎是"香水之都"也无可厚非。因为巴黎是世界香水的集散地，除了销售格拉斯的香水、香料和香精之外，全世界的名牌香水都在这里争奇斗艳。一个香水要成为世界名牌，非得占领巴黎市场不可。法国的三大名牌产品——香水、时装和葡萄酒都是从巴黎走向世界的。

法国的香水美容化妆品工业享有世界任何其他国家所没有的至尊地位，它是仅仅居于航天与汽车之后的第三大出口创汇产业。1995年，该行业实现600亿法郎的销售额，其中一半左右来自世界178个国家与地区的香水美容化妆品。

法国以拥有数量众多的香水优秀品牌著称世界，以香奈儿、娇兰、克丽斯汀、迪奥和伊夫·圣罗兰等品牌为代表的法国香水高居世界市场品牌香水销售额的前6位。

为什么法国香水能够成为世界第一呢？

香水在古代印度和波斯等文明古国一直很盛行，随着贸易的发展，古代意大利人学会了生产香水。但是法国的香水工艺一直很落后，直到16世纪之后才突然繁荣起来，其原因让人匪夷所思：因为那时候的法国人不洗澡！法国女人不太喜欢洗澡，只好多喷几滴香水来掩盖身体的异味。

欧洲人的卫生观念本来不错，早在古希腊和古罗马时期，人们就将定期沐浴看作是保持身体健康的必要手段，还修建了大型公共浴室。除此之外，工程技艺十分高超的古罗马人已经有了比较完善的城市排水系统，能及时排除城市中产生的污垢。但随着古罗马文明的衰落，整个欧洲的卫生状况迅速滑落到原始状态，一直保持到19世纪。

在那漫长的岁月中，整个欧洲肮脏不堪，大小城市处处散发着恶臭，人口众多的巴黎更是其中的典型。由于缺乏排水设施，巴黎居民将街道和广场当成污物倾倒场，等着它们被雨水冲到河里。住在楼房里的市民干脆将粪水和垃圾直接从窗户倒出去，街上经常是粪水横流、臭气熏天。1270年，巴黎的一项法令规定从自家窗户往外倾倒粪便将被罚款，但似乎没人愿意遵守。一个世纪后的一项新法令则规定了"文明巴黎市民"的新标准：只要在倾倒粪便前大喊三声确定楼下无人即可。

城市的河流容纳不下，人们就用推车把废弃物运到城外，垒成大大小小的粪堆。不幸的是，随着巴黎的繁荣昌盛，其粪堆也日渐庞大。最后，粪堆的规模扩大到了如此地步，以至于人们出于安全的考虑而不得不将围墙筑高，以防敌军可能从粪堆顶部攻击巴黎城。这一切使巴黎成为"臭味之都"。1776年，美国大使富兰克林第一次来到巴黎时，竟直接被熏晕过去。

与此同时，人们的个人卫生状况更是惨不忍睹。中世纪时期的欧洲人还没有失去经常洗澡的习惯，许多富人家里都有华丽的浴缸，公共浴室也继续发挥着作用。但到了文艺复兴时期，人们反而开始不洗澡了。这是因为：15世纪鼠疫流行之后人们到处找原因，洗澡也不幸名列其中。那时的医生们认为：水会削弱器官的功能，洗热水澡时毛孔完全张开，有毒空气就会进入身体。如果身上有一层污垢就能抵抗疾病侵袭。

公共浴室全都被关闭，人们不到万不得已绝对不沾水，洗澡被当做一种医疗手段，医治的对象则是精神病患者。1782年的一本礼仪手册上郑重地定下了这么一条规则：为清洁起见，每天早晨用一块白布擦擦脸，但是不要用水洗。在路易十四统治时期，最爱干净的贵妇人每年也仅洗两次澡，而路易十四本人也要在医生的指导下谨慎地沐浴，据说每年只洗一次。路易十五则一生才洗了三次澡，一是诞生日，二是大婚日，三则是入殓。

在这种内外夹攻的臭气熏陶下，法国人才潜心研究香水。1533年，教皇的侄女凯萨琳下嫁法王享利二世，成为了法国香水文化的始作俑者。她的专职香水师还在巴黎开了第一家香水公司。路易十四对臭味极其敏感，他每天早晨用香水涂脸，还命令宫廷香水师必须每天调制出一种他所喜欢的香水，否则就有上断头台的危险，故被称为"香王"。路易十六更是动用举国之力将意大利香水工业高手挖过来，一举奠定法国香水工业的基础。到了拿破仑时期，热爱科学的拿破仑鼓励当时的科学家投入对有机化学的研究，从而使法国的香水工业产生了革命性的变化，开始引领世界的潮流，直到今日。

五 各领风骚

芳香气味开始以香水的形态广泛地渗入人类生活之中是从19世纪后期在法国南部城市格拉斯设立了香料公司之后，这在人类历史上并不很久。

早期的香水只能用从动植物采集到的天然精油调配，香气的创造受到极大的限制。直到19世纪末合成化学迅速发展起来，合成香料进入市场之后才给新型香气的创作打开了广阔的天地。

1886年，鲍尔·巴奎首先用合成香料水杨酸戊酯调配出"粹弗尔·因卡涅特"香水；1889年，又用香豆素制成"皇家馥奇"香水；同年，杰奎斯·桂兰创作了东方香型的"杰奇"香水；1900年，法兰可意斯·柯蒂创作了"罗丝·杰奎美诺特"香水，博得好评。

20世纪初，由于合成香料紫罗兰酮的问世，法国娄治与夏莱公司于1902年利用这种新型的香料配制出"维拉·维欧列特"香水，取得很大的成功；1905年，法兰可意斯·柯蒂同样也是以紫罗兰酮为主要香料配制的"珞利贡"（也译为"珞利亚"）香水又创佳绩，至今仍有人怀念它优雅迷人的香韵；1912年，"黑水仙"香水以其明显的带有动物香的花香——水仙花香改变了人们长期以来沉迷于玫瑰花与茉莉花为香水主要花香的格局；1921

图76　迪奥小姐香水

图77　力士香皂广告

年，"香奈儿5号"更是用超越同时代眼光的醛香战胜了数百年来的"花香香水世界"；同年，"夜巴黎"香水也初露头角，让欧洲的少男少女们着迷了一阵；但1935年上市的"宙伊"（JOY）香水又是以玫瑰花和茉莉花香为主要香韵；1932年"我回来"香水、1935年"惊奇"香水、1944年"我的印记"香水以及同年推出的"响马"香水都以大胆、新奇的取名吸引了大批崇拜者，当然，它们也表达了各自的香气主题思想，适应各个时期女人们的兴趣和话题。1947年流行一时的迪奥小姐香水（见图76）后来衍变成了一种香皂的香型——力士香（见图77），现在要是还有人使用这种香水的话，周围的人们一定认为她刚刚用力士香皂洗过头发或洗过澡。

　　公元1950年以前的香水工业基本上以欧洲的法国为中心，消费对象是极少数高贵阶层，属于奢侈品。1950年以后发生了变化，首先是美国香料工业的崛起，它们注重于应用和大规模的生产，因而加香产品的种类大大扩展；其次，新产品的研制推销费用增加了，少数贵族阶层的消费已无法支持这种大规模的生产成果，因此，香料工业转而面向广大的中产阶级人士为主要消费对象；最后，电视在平民阶层普及以后，利用电视广告优势的香水制造商活跃起来，美国的雅芳公司和麦克斯·华克多公司也趁势以合理的价格跨进了大众市场。

　　1952年，美国伊斯蒂·劳登公司的"优肤豆"高级香水开始挑战近百年来法国香水垄断全世界的局面，这个香气浓馥而又与众不同的香水以东方香型为主题，在当时的调香界是一个创举。接着美国又连续推出了"诺锐尔"、"豪斯敦"等高级香水，向欧洲香水市场进攻，特别是1973年的"查理"香水（瓶子故意设计成三角形的）最为成功。成功的秘诀在于"查理"香水抓住了当时年轻一代的心理，以其豪放、泼辣、刺激及浓馥的香气主题赢得了市场。

　　此后，其他国家特别是日本也研制了不少香型独特的、堪称同时代最优秀的香水作品，意图共享这个利润丰厚的市场份额，但都没有取得"重大成果"，法国香水仍然雄踞全球之上。

　　1960年，马歇尔·罗莎推出"罗查斯女士"香水，属于现代百花香型。接着，帕可·拉班奴的"卡兰德"香水、耶尔美斯的"卡里哲"香水、格烈的"卡玻查"香水等也紧随其后推销成功。

　　20世纪70年代有名的香水作品有"香奈儿19号"、"奥列滋"、"及芬斯3号"等。

　　1979年，"安耐斯·安耐斯"香水再次将白玫瑰、铃兰、茉莉、夜来香、栀子花、紫罗兰、康乃馨、水仙等花香巧妙地配合在一起形成令人难忘的优雅的花香韵调，从此掀起了以"百花型香韵"为中心的一股影响世界调香界的新潮流。

　　20世纪80年代，"巴黎士"香水、"可可"香水均一举成名，"伊莎替斯"、"巴罗马"、"毕加索"、"费滋"、"波义神"（英文Poison"毒物"的译音）、"苏菲亚"、"波雄"、"妙体肤"（"美丽"）都曾经流行一时。其中最有名的是"波义神"（"毒物"）香水，它以其前所未有的独特香韵、大胆的取名、破纪录的广告宣传费（1.5亿法郎）震动了整个香水世界，1985年问世，当年就荣登世界十大香水的冠军宝座（见图78）。

图78　Poison 香水

　　20世纪80年代，男用香水比较著名的有"少华格"、"阿查罗"、"帕可·雷万涅"、"阿玛妮"、"阿拉密斯"、"鸦片"香水（见图79）等，其中最引人注目的是"鸦片"香水异乎寻常的成功，有点像女用香水"波义神"一样，独特的取名也许是它们成功的一个重要因素。"鸦片"香水的香韵也是近年来最为流行的东方香型。

　　20世纪90年代，女用香水的香韵又有了一些变化，先是"保哲龙"香水以花香、龙涎香而又明显地带有香荚兰豆香气为主题，香水瓶子采用戒指式样并镶有人造宝石，使得香水显出精致、华贵、不俗；"卡玻汀"香水则以青香为头香，素心兰、花香、木香、粉香协调地形成一股具有天然风韵的花香——青香型香型独树一帜；"丹妮"香水则具有更强烈的青香、花香和大自然气息；"伊斯卡帕"香水是美国科林公司1991年推出的，特点是头香中用新鲜海洋气息、甜瓜香气同清花香协调在一起形成强烈的现代

图79　"鸦片"香水

香型；重新包装并在香气中做了变动的"吻妹"更加具有现代化气息，更加光彩照人，其香型仍是强烈的青香——花香，同1947年推出的"吻妹"香水一脉相承。

　　1992年，享誉时尚界的日本服装设计大师三宅一生创造了一生之水香水，简单、洁净

的风格，整合了泉水中的睡莲及东方花香，并注入春天森林里的清新，造就了一生之水的清净与空灵的禅意。

一生之水以其独特的瓶身设计而闻名，三棱柱的简约造型，简单却充满力度，玻璃瓶配以磨砂银盖，顶端一粒银色的圆珠如珍珠般迸射出润泽的光环，高贵而永恒。这项设计一推出就使人的眼睛一亮，当年即在香水奥斯卡的盛会上夺得女用香水最佳包装奖，还分别在纽约、巴黎等地获得各项大奖。一生之水清雅迷漾的甜香，成功地进入香水世界，并创造了经典的传奇，空灵而柔雅地绽放着柔美的气息。

同时代的男用香水有"格罗伯"，其香气主要由柑橘香、木香、田园香和青香组成，既有经典的男性香水特点，又具有现代的男性香水风韵；"贵诗男人"则由东方香、柑橘香、辛香和龙涎香组成，既具有男性刚强的气质，又有现代感和性感；"大陆"（译音"兰德"）香水头香新鲜自然，体香丰富厚实，底香浓郁留长，赋予现代感和男性气魄；"巴莎"香水仍保持了经典而传统的风格，香气丰富而优美；"1881"香水强调古典与现代的结合，给人以耳目一新之感，其香韵有一种清爽的"回归大自然"的感受。

总之，20世纪90年代不管是男用香水还是女用香水都紧跟时代潮流，强调自然、清爽的现代派风格。

以前，名牌香水在国际市场上只有两百多个，20世纪80年代翻了一番，90年代更加琳琅满目，令人目不暇接。当今世界，想要让一种新型香水成为名牌，除了具有强烈的个性、优异的香韵、能博得众人的喝彩以外，还必须有大财团巨额广告的投入和耗资巨大的营销策划及行动才有可能取得成功。像"香奈儿5号"香水能够在这变化多端、气象万千的香水世界里保持将近一个世纪的风采堪称一奇，这种雄风今后恐怕也难以再出现了。

六 香奈儿奇迹

就像其他不朽的艺术作品一样，现代香水虽然仅仅才有一百多年的历史，却也产生了一个不朽的作品——"香奈儿5号"香水（见图80）。

加布里埃·可可·香奈儿1883年出生于法国的奥弗涅。她六岁时母亲离世，父亲更是丢下她和4个兄弟姐妹。自此，她由她的姨妈抚养成人，儿时入读修女院学校，并在那儿学得一手针线技巧。在她22岁那年即1905年，她当上"咖啡厅歌手"，

图 80 香奈儿 5 号香水

并起了艺名"可可",在不同的歌厅和咖啡厅卖唱维生。在这段歌女生涯中,可可先后结交了两名老主顾,成为他们的情人知己,一名是英国工业家,另一名是富有的军官。结交达官贵人,令可可有经济能力开设自己的店。

1910年,可可在巴黎开设了一家女装帽店,凭着非凡的针线技巧,缝制出一项又一项款式简洁耐看的帽子。她的两名知己为她介绍了不少名流客人。当时女士们已厌倦了花巧的饰边,所以香奈儿简洁的帽子对她们来说犹如甘泉一般清凉。短短一年内,生意节节上升,可可把她的店搬到气质更时尚的康朋街,至今这区仍是香奈儿总部的根据地。做帽子绝不能满足可可对时装事业的雄心,所以她进军高级订制服的领域。1914年,可可开设了两家时装店,影响后世深远的时装品牌香奈儿宣告正式诞生。

步入20世纪20年代,香奈儿设计了不少创新的款式,例如针织水手裙、黑色迷你裙、樽领套衣等。而且,可可从男装上取得灵感,为女装添上多一点男儿味道,一改当年女装过分艳丽的绮靡风尚。例如,将西装褛加入女装系列中,又推出女装裤子。不要忘记,在20世纪20年代女性只会穿裙子的。可可这一连串的创作为现代时装史带来重大革命。可可对时装美学的独特见解和难得一见的才华,使她结交了不少诗人、画家和知识分子。她的朋友中就有抽象画派大师毕加索、法国诗人导演尚·高克多等。

除了时装,香奈儿在1921年推出香奈儿5号香水,在香奈儿5号诞生之前,所有女性香水都是清一色的"花香世界",单花香、复花香、百花香,即使有人在香水里面用了一些木香、麝香、辛香或青香香料,也只是起到"修饰"作用而已。1912年,罗伯特·别奈梅创作了"奎尔奎尔斯·弗列尔斯"香水,首次使用了少量脂肪醛作为修饰剂,仍旧是传统的花香型。当时的调香师对脂肪醛的"醛香"都极谨慎地使用,稍一外露,就显出一股好像刚吹灭的蜡烛散发出的"脂蜡臭"来,不受欢迎。

香奈儿以她强烈的叛逆性格,在她和调香师共同研制的香水中使用了多量的脂肪醛,让"醛香"显著地暴露出来,但由于他们出色的调香技术、巧妙地运用了当时极其有限的——只相当于现在的几十分之一的合成香料和天然精油,使得配制出来的香水从头香、体香到基香都令人舒适、雅致而又圆和,并且"醛香"香气自始至终贯穿于其中。"香奈儿香水"配方中虽然也使用了大量的花香香料,但闻不出花香,香奈儿说:"女人不是花,干吗要发出花的香味?"自信心十足的她一生将"5"视为吉祥的数字,就用自己的名字加上这个吉祥的数字把这个香水命名为"香奈儿5号"。

香奈儿5号香水瓶是一个甚具装饰艺术味道的玻璃瓶。在所有极尽繁复华美之能事的香水瓶里面,唯有香奈儿5号香水像一瓶光溜溜的药瓶。可是这种看似简单、却有一股新的美学力量成功地打进了名媛淑女们高雅的心房,她们终于不必溺于浮华的富贵中,而可以在简洁有力的设计中,找到可贵的质感。香奈儿5号香水瓶有着状如宝石切割般形态的瓶盖、透明水晶的方形瓶身造型、线条利落、"CHANEL"和"Nº 5"之黑色字体呈现于白底之上，令人印象深刻。但在崇尚富丽繁华的当时，许多人都不看好这支看起来活像一瓶药罐子的香水，甚至有一些见过香奈儿5号香水的时尚专家，都认为香奈儿夫人一生的美名就要丧失在这一瓶"简陋"的瓶子之中了。结果他们没有想到，这一瓶当初他们不看好的香水，在世界上当红的时间，竟比他们的寿命还要长久。也因如此，香奈儿5号香水瓶的现代美感令它在1959年获选为当代杰出艺术品。

这个离经叛道的作品刚上市时并没有引起其他调香师的注意，甚至有些权威的老调香师对它嗤之以鼻。没想到过了一段时间，"香奈儿5号"竟以它极强烈的嗜好性赢得了众多女性的垂青，特别是巴黎的贵妇人几乎人手一瓶。"香奈儿5号"取得了空前的成功。

20世纪30~40年代，第二次世界大战爆发，可可·香奈儿把她的店关掉，与相爱的纳粹军官避居瑞士。1954年，可可重返法国，香奈儿东山再起，以她一贯的简洁自然的女装风格，迅速再俘虏一众巴黎仕女。短厚呢大衣、喇叭裤等都是可可·香奈儿战后时期的作品。

香奈儿一生都没有结婚，她创造伟大的时尚帝国，同时追求自己想要的生活，其本身就是女性自主的最佳典范，也是最懂得感情乐趣的新时代女性。

产品有了一个很好的核心竞争点，还需要用品质去支撑它，才会长久地促进产品的销售。香奈儿夫人当然深谙此道——20世纪美国著名性感影星玛丽莲·梦露在坦露她独特性感魅力的秘密时曾说道："夜间我只用香奈儿5号"。一句看似寻常的话语，却道出了香奈儿香水调制技艺的精湛和蕴含的独特情调，也是香奈儿夫人在寻到产品独有特点的同时，用实际行动来支持这一独有特点，以此来促进香奈儿5号香水成功导入市场和健康的成长。

在香奈儿公司，所有的香水都不是按部就班地依循生产程序进行调制的，而是充分调动香水调配师的嗅、视、触、听、味等神经，用身、心、灵去感受、体验产品，用全部心智去创造产品。可以这样直接地说，香奈儿5号香水是由调制师用自己的鼻子调制出来的，从而保证了香奈儿5号香水既与人们的嗅觉习惯相吻合，又具独特的品位与情调。正如香奈儿夫人自己所形容的："这就是我要的。一种截然不同于以往的香水；一种女人的香水；一种气味香浓、令人难忘的香水。"

1970年，香奈儿的后代——香奈儿公司的新领导人再次使用香奈儿这个名字，推出了全新青香型的"香奈儿19号"香水，仍然取得不小的成功，在强手如林的世界香水市场上占了一席之地，但同他们老祖宗的"香奈儿5号"相比，还是稍逊一筹。

1986年，拥有香奈儿"鼻子"雅号的调香师贾克波巨创制了香奈儿5号淡香水，把优雅的女性美以全新方法再度演绎，轻快活泼的柠檬果与云呢拿香草，赋予淡香以甜美与惊喜的欢欣气息。此外，为香奈儿生产香水的贾克波巨公司一直坚持其一贯的独特配料：使用在格拉斯出产的一种茉莉和五月玫瑰。这也为香奈儿香水特有的高品质和馥郁的香味奠定了坚实的基础。

九十多年来，经历了两次世界大战、经济复苏和萧条、能源危机、美苏冷战的风风雨雨，"香奈儿5号"在年复一年的"世界十大名牌香水"名单中稳坐泰山。直至今日，它仍然拥有一大批坚定的崇拜者，而且人数还在增长。一份统计资料表明，在全世界香水总销售额中，"香奈儿5号"竟占了4.7％！

七　香水的"性别"

　　香水在国人的心目中一直以为是女人的专用品，因为香水和汽车分别是女人和男人身份的象征。其实男人也爱香水，正如女人也喜欢汽车一样。事实上，如果将古龙水看作是"正宗"的男用香水的话，它起码比女用香水早诞生一百多年。只是古龙水开发主要是作为医药卫生品使用的，直到20世纪50年代初才像现在这样成为市场上的群香之首。古龙香水的真正普及是20世纪60年代之后。

　　至于女用古龙香水大致说来只不过是把一般香水的香气调配得稍微清爽些，倒是男用古龙水更为发达，而且用量大，欧美的男士们洗澡后总是往身上喷洒古龙水，比起女用的盥洗水或化妆水（意为盥洗间或化妆间里喷洒的稍为低档的香水，香精含量为10％左右）用得多了。

　　女用香水长期以来都是以花香为主体香气，如"珞利贡"香水，由于含有大量的合成香料甲基紫罗兰酮而带有浓厚的紫罗兰花香，非常具有女性的艳丽情调，因此，在女用化妆品中这种香型也得到广泛应用。

　　1938年投产的宙伊（JOY）香水是用多量玫瑰和茉莉花天然精油配成的，也是花香型香水的代表作，至今仍受到众多女性的青睐。

　　"素心兰"香型是女用香水最常见的香韵，它诞生于1917年，香气组成是：头香为香柠檬为主的柑橘油香气，体香以茉莉和玫瑰花香为主，基香为檀香、橡苔、麝香等混合香气。现代女用香水几乎都是"素心兰"的衍变香型，花香仍然一直作为主体香出现。虽然近期受了"回归自然"思潮的影响，青香型香水走红，但青香香气只是表现在头香上，体香依然以花香为主。

　　唯一的例外是"香奈儿5号"香水，虽然香奈儿本人宣称这个香水"没有花香"，但调香师们还是把它列为"醛-花"型，因为它的体香仍是花香。

　　男用香水如"豪必特·罗格"香水、"优·少华格"香水及"赛诺瑞斯"香水都是柑橘和辛香为主香的高级香水，馥奇香型的"布路特"香水、具有木香和革香的"阿拉密斯"香水、"老地方"香水也广受男士们的欢迎。

　　1889年问世的"皇家馥奇"香水起初并没有刻意挂上"男用香水"的商标，但后来发现男士们比较喜欢这种香气，现在这种"馥奇"香型广泛用于各种男用芳香制品之中。男女共用的化妆和洗涤用品如洗发水等制品现在也流行"馥奇"香型。

出于对"西部牛仔"的盲目崇拜，烟草香型也成了男用香水的重要内容。烟香型香水的代表作"帕可·雷班涅"是国际上销售量最大的男性香水。这一香水带有地中海气氛的异国情调，气息强壮有力，富有男性特有的魅力。

目前流行的男用烟香型香水"阿兰·德龙"是较"帕可·雷班涅"香水更浓重、甜香、更带蜜香的品种。这两种男用香水均获得女士们的赞赏。

最近香水制造商干脆推出几个"男女通用香水"品种，叫做"无性别香水"或"中性香水"，据说也颇受欢迎。这真是应了中国的一句老话：分久必合，合久必分。

八　香水与时装

巴黎三大宝：香水、时装、葡萄酒。香水与时装是紧密相关的。

第一次世界大战以后，香水已经不只在香水店经销，高级服饰店也配合服饰的情调出售香水，并以新的构想创作出新类型的香水。香奈儿本身就是开时装店的老板，1921年开起了香水店。她的"香奈儿5号"香水据说是受了当时时装界一股"反潮流"思潮的影响，触发了她要在香水界里独树一帜的决心。

复古怀旧思潮流行时，巴黎高级女时装创始人澳斯的"澳斯"香水也流行起来，它使人想起19世纪后半叶到20世纪的法国黄金时代。流行超现实主义服装和文身以及艳粉色的时代，夏巴亥莉的"首京"香水也相应流行起来。

许多女士购买一特定香水的主要原因不是出自她个人的喜爱，而是因为该香水"风靡一时"，是因为它是某时髦服装商的最新作品，是因为她可以用"这是××的新香水"来回答任何询问。女性还可以适应她从朋友身上闻到的香水，或者久负盛名的香水。

巴黎一年四季时装表演不断，出了名的模特儿周围有成千上万个崇拜者，这些"追星族"模仿她们心中偶像的衣、食、住、行的每一个细节，春夏秋冬穿什么服装，吃什么蔬菜和水果，当然更关心的是她用什么牌号的香水和化妆品。因此，聪明的香水制造商早已在这方面动脑筋，与其在电视台上花大笔钱做广告，不如利用这些名模的宣传更为有效，当然，大的香水制造商二者都兼顾到了。

调香师可以从服装的流行趋势"闻"到日后将要流行的香水气息，比如明年如果将流行黑色服饰的话，调香师就开始调比较"庄重的"、"传统的"、"严肃的"香型香水，像"东方香"香型、"龙涎麝香"香型、"檀香玫瑰"香型等等，而暂时放弃那些青气较显的轻佻的香韵以迎接未来的挑战。

在美国，隶属于雅芳公司的丽思·克莱本是一个为妇女设计运动服和便服的时装公司，他们利用其年轻、有趣的形象推出了第一个香水——"丽思·克莱本"香水，其销售对象是年轻开朗、喜欢风趣的女性。这一香水取得了异乎寻常的成功，由此导致了一系列用于化妆品和香波的日用香精的问世。

雷佛龙集团属下的佐格斯·马先诺公司则以世界名模之一的克劳蒂亚·斯茨芬为象征，推出"一种纯粹原始肉欲的香水"，意味着这一香水是专为肉感、美丽年轻、女性特征强烈的女士们使用的。该香水的广告以橙色和红色为主，以便创造出一种热烈、肉感和稍稍神秘的气息——这也是克劳蒂亚·斯茨芬进行时装表演时给人留下印象最深的一幕。这个香水的名字——"贵氏"（Guess）的原意即是：肉欲女性的回归（见图81）。

图 81　Guess 香水

九　个人、民族和时尚

香水的选择属于个人的偏好，但社会观察家认为同一年代面市的香水都有共同的时尚特色，并且反映出当时的经济背景和社会意识。例如第二次世界大战时期的美国，男性从军，女性在后方"主持大局"，当时卖得最好的香水如百兰妮的"维特"香水，是一种女人味并不明显的绿色香调香水。上个世纪80年代全球经济看好，人们追名逐利，虚荣心加重，女性偏爱香味浓重的香水，这个时代畅销的是标榜个人魅力和崇拜情结的名人香水如苏菲亚·罗兰的"苏菲亚"香水、伊丽莎白·泰勒的"波雄"香水。而90年代初卖俏的"康乐"香水好像是对80年代做一个总结，它表达的是一种漠然的情绪，既不鼓吹什么，也不反对什么，没有极明显的香气，但其持久性可以使你永远处在若有若无的香水气息之中，久久不散。

非洲人生来热情开朗，当地又盛产椰子，所以他们特别喜爱椰香型香水，最好是在浓郁的花香中带有新鲜椰汁的清甜香气。

阿拉伯人生活在"水比油贵"的沙漠地带，又多吃肉食，体臭较显，却又偏偏喜欢麝香香气。这里的人们只选购带浓重麝香气味和木香（沉香最好）香气的香水。

日本和东南亚地区有相当多的人士特别爱好东方香型的香水，就是在香水中含有麝香、檀香、柏木、龙涎及花香，香气古朴浓郁，既幽雅又大方。也许这种"东方香型"体现了东方民族淳厚朴实的性格吧！

近年来随着人们"崇尚自然"的思潮，青香型香水开始热销，而早期的香水是极少带有青香香韵的，甚至有的调香师将带有青香的天然精油列入劣质品。而现在几乎所有的香水都或多或少地具有青香香韵。青香香水的代表作有"香奈儿19号"、"吻妹"、"费滋"等。据说拿破仑三世喜欢紫罗兰香水，但他喜欢的是带青气的紫罗兰香韵（紫罗兰叶的香味）香水。

中国人喜欢茉莉和玫瑰花香，有些地方的人们特别喜欢玉兰花、栀子花或桂花的花香，改革开放以后，由于外来因素的影响，人们喜爱的香型开始发生变化。例如1984年在广州地区调查时，还有不少人特别喜欢单一的花香型，而1987年调查时，大多数人喜爱的香型已转向复花香和创新的香型了。

如果以喜爱程度的顺序排列，广州地区依次为：铃兰百合花、醛香玫瑰茉莉百合花、晚香玉百合花、薰衣草素心兰、辛香康乃馨、海柑橘、桃香、醛香、青柠檬、丁香。

武汉地区依次为：苹果、醛香玫瑰茉莉百合花、辛香康乃馨、辛香薰衣草、醛香、醛香素心兰。

北京地区依次为：醛香玫瑰茉莉百合花、辛香康乃馨、柠檬素心兰、醛香、醛香素心兰、薰衣草、辛香薰衣草、醛香木香百合花、丁香、檀香素心兰。

南京地区依次为：桃香、苹果、醛香素心兰、醛香、醛香玫瑰茉莉百合花、醛香木香百合花。

哈尔滨地区依次为：麝香、柠檬草药香、醛香木香百合花、苹果、药草蒿、青香、薰衣草、醛香。

成都地区依次为：辛香康乃馨、醛香、素心兰、苹果、柠檬药草香、醛香玫瑰茉莉百合花、醛香素心兰、铃兰百合花、药草蒿等。

不同年龄、不同性别的人对香型的喜爱也有差别，30岁以下的人喜爱醛香玫瑰茉莉百合花、铃兰百合花、晚香玉百合花等香型，30岁以上的人则喜爱丁香、晚香玉百合花、铃兰百合花、海柑橘等香型。35岁以上的人员，男性喜爱苹果、醛香香型，女性则喜爱柠檬药草香、青柠檬、醛香木香百合花等香型。

不同民族对香型的喜爱有更明显的差异，我国西南部许多少数民族喜欢辛香和带薄荷香的草木香型；回族人多吃牛羊肉，喜欢青香和木香香型；蒙古人也喜欢复合百花香型；朝鲜族较喜欢果香香型。当然，这种差异并不是绝对的，仅仅只有统计上的意义而已。随着时间的推移，各民族之间的交往频繁日增，差异会越来越小。

国外的情形也相似，越是幅员广大、民族众多，存在的差异就越大。因此，虽然世界各国都认为法国香水是天下无敌的，但法国香水要征服全世界却又谈何容易！

一个国家或地区对某种香气的特殊爱好受到该国家和种族的历史、地理、气候、当地生长的香料植物、食物、文化、与其他国家或民族的接触等的影响。

印度人直至今天仍爱好陶醉性的花香香气，其香水使用大量的茉莉、玫瑰和檀香。

东印度檀香是英国最流行的香型之一，这是因为印度曾经长时期是英国最大的殖民地。英国作为英联邦成员，在香型爱好方面，也受到了印度的影响。

印度尼西亚、西非、中非喜欢广藿香油的壤香和干木香，这些香型在西方国家现在都不感兴趣。

美国人用香水的目的是引起人们的注意，香气的作用是强调，是信号。20世纪60年代和70年代初，美国成功的香水和欧洲香水相比有下列一些特点：

——强调香气强度，不强调香气柔和；

——强调香气结构，不强调香气复杂；

——强调香气持久，不强调香气高雅；

——强调香气个性，不强调香气和谐。

日本人刚好相反，由于人口密度高和传统的习惯，总是喜爱抽象的香气，所以日本的香水在香型和个性方面总是比较和谐和含蓄。现在日本香水香型的特点为：把法国和美国有前途的香水香型完善和提高，使香气更和谐，更柔和。

松针香型在德国非常流行，但日本和美国就不感兴趣。

美国人喜欢冬青香型，欧洲和日本却讨厌这种香型，因为它使人联想起医院里的气息。杏仁香气也是美国市场上另一种特殊的香气，而欧洲和日本都不流行。

气候对流行香型也有影响，古龙香水在智利的气温下香气强而清，而在委内瑞拉香气就变得差劲，因而不受欢迎。

十　如何选购香水

香水是个人用品，喷洒香水是为了创造一个令自己心情舒畅的小环境，使自己充满自信心，在别人面前更显得青春朝气。因此，选购香水的第一要点就是不要盲目听从别人的意见，也不为价格（以为价格高的就是好的）左右，而应当"跟着感觉走"，你感觉这个香气好，你喜欢这个香味才是最重要的，别人喜欢是别人的事。

要想使恋爱变得更容易，就尽量使用能引起您选择的对象美妙联想的香水香型。如果您抹的是正确的香水，他的目光会更强烈。用正确的香水确确实实能使男人的结合意愿提高240%，而且男人也不那么容易离开您。正确的香味使伴侣关系平均延长3年零2个月。

我们每一个人都有自己的情绪，性格也不同，有外向性格和内向性格。香水能帮助我们有所改变，至于朝什么方向变化，可以通过选择香水自己确定。晚香玉有色情刺激作用，青龙木能消除紧张，栗子有性暗示功能，肉桂或是柠檬的香味能激励自信。诸如此类，不胜枚举。如果我们能很好地加以利用，也是很不错的。

那么，怎样通过嗅闻评价香水的香气呢？首先你应该知道，香水的香气可以按挥发性快慢分成三段：头香、体香和基香，最重要的部分是体香。"香水加油站"经常看到放着一些闻香纸，你可以取一张新的闻香纸蘸一下香水，马上就可闻它的"头香"，再闻闻别人闻过还放在那里的闻香纸（注意是不是同一个香水——看纸上写的香水品牌或号码），如果营业员说这张纸蘸过香水的时间已较久，可以认为你闻到的是"体香"了。如果蘸香水的部位已干，营业员说这张纸蘸的香水已超过半天，那你闻到的就是"基香"了。好的香水应当是"头香"、"体香"和"基香"的香气都接近，不要差别太大。

更好的办法是把香水滴一点在手背上，先闻一下"头香"，半个小时后闻"体香"，4个小时后闻"基香"，如果"头香"、"体香"和"基香"都是你所喜欢的，而且基本一致，那就行了。

选择香水的香气还要看你将把它使用在哪一种场合上。上班前喷洒的香水应是"清淡型"的——以免引起同事们的不满；上歌舞厅前喷洒的可以浓烈些，如果要让别人更注意你，可以选用标新立异、与众不同的香水；睡觉前喷洒的香水应是"温馨型"的，如果有轻微失眠现象，可以选用檀香、玫瑰、薰衣草香型的香水，它能让你尽快进入梦乡。

既然不同场合应用不同香型的香水，那么一般人认为"留香越久越好"这个观念就不一定对了。其实香水的品质高低与留香久不久没有关系，低档的香水也可以加些"定香剂"让它留香很久。

香水瓶子是高级艺术品，也是反映一瓶香水价值的重要组成部分，是一般玻璃瓶子无法比拟的。它倾注了设计者的心血，无声地向你讲述内容物（香水）要表现的主题，含有一定的文化内涵。因此，文化层次高的人看到一个造型别致的香水瓶子，他将产生种种联想，这种种联想与打开瓶子将里面的香水滴在手背上细细嗅闻时产生的种种联想是一体的。例如1990年Caron公司上市的Parfum Sacre香水的包装完全是金色的，瓶子是采用古老的工艺、外包纯金制成的，一看就知道是"显赫高贵的瓶子"，该香水的广告强调女性与其香水的神秘结合："神圣联系"。细细品赏其香水香气，可以感觉到以胡椒香气为主的头香反衬着甜香、蜜香和龙涎香韵构成一种既原始又新颖的谐香，有一种外来的神秘含蓄感，同其包装与广告一脉相承。

对着强光看香水瓶子，不应有雾斑、疵点、裂痕，气泡更不能容许存在，如果瓶子的造型中有较大的平面，就特别容易观察到这些缺陷。低档香水瓶子为了掩盖这些瑕疵，故意把瓶子外表设计许多花纹，让你不易看出来。所以选购时有意选具有较大平面的玻璃瓶，其平面部分像水晶样放着光泽是为上品。

用高价购买名牌香水，最担心的是买到仿冒品。防止的方法除了需要掌握对假冒伪劣品的辨别常识以外，对于高档香水来说，还有一个较好的办法：一个世界性的名牌香水要打开市场的时候，除了在电视台、电台、报纸杂志上大做广告以外，还要赠送大量的小瓶样本（为了推销100万瓶香水，送300万小瓶样本是经常的），这些样本瓶底都贴上一张"非卖品"（No sale）字样，你可拿这个样本去商店对样买货，除了外观（包括香水颜色）完全一样外，你还可以取两张闻香纸各蘸一点香水（或者把两瓶香水各滴一滴在左右手背上）反复嗅闻，从头香闻到基香（需要几个小时），如果香气都一样，就可以认定这一瓶香水不大可能有假。

十一 香水展望

世界著名的调香师们在上个世纪末对影响香水开发的流行趋势及正涌现出来的将会影响今后香水开发的趋势进行了研究，这些趋势包括社会趋势、时尚趋势、娱乐趋势及工业发展趋势等，认为21世纪的香水将有下列几个发展方向。

第一个发展方向是"休闲舒适"型香水，这从上个世纪90年代初就已开始出现并大行其道，其口号是"放松的态度、回归自然、更为简朴的生活方式"。香水的香气也体现了自然风光：由木香、辛香、树脂香的温暖香韵、新鲜香韵以及青香、水果香、药草香韵，代表了一种无性别特征的透发尾韵的清淡、新鲜、洁净、自然香气的向往。这类香水从上个世纪末流行到本世纪初，也就是今日的时尚。

接下来的发展方向将是"野性的幻想"，这是在摆脱现实、追求新奇刺激的需求下应运而生的。下个世纪的年轻人将更有个性，更能充分表现个人英雄主义。性别再次将香水分开。对于异域东方香型或者特别吸引人的新百花香型将倍受女士们的青睐，而具有皮革香韵及烟草香韵的清晰、优雅的素心兰香型和东方香型将是男士们的首选。

在"野性的幻想"流行的同时，另一些人士则怀念过去的时光，香料工业将开发出一系列新的创造性香气的香料加入到古典的香水配方中，从而再度掀起一股"怀旧"的思潮，"古典精神"再度辉煌。女士们需要精致的百花香头香、饱满的体香和尾韵的复合花香型和花香东方型香水，而男士们则选购古典的馥奇、木香及素心兰香型的香水，但头香必须令人振奋，整体香气浓郁持久。

随着"芳香疗法"和"香味养生"越来越成为大众生活的有机组成部分，香水领域也将以一系列"有益健康"、"青春常驻"的口号引导人们的消费方向，充满药草气息的香水如具有人参、肉桂、藿香等头香成分将吸引进入中年的男男女女。

21世纪饱受强烈色彩和噪音骚扰的人们需要浓烈香型的香水，这种"强烈参与"的愿望迫使调香师使用香气强度大的香料于香水配方中，从而使得香水的个性更加明朗。

在本世纪下半叶，由于太空技术的迅速发展，有一部分人将要长期在太空生活而怀念家乡的气息，"田园风光"类型的香水最受这群人的欢迎，从而也带动了城市的"上班族"男女对山村原野、牧童炊烟、小桥流水气息的怀念而使用"田园风光"类型的香水。

太空技术的发展也使调香师能获得其他星球上的气体、矿物质甚至草木（假如可能有的话），他们会想到在香水中配入其他星球的"气味"，使人得到身临其境的感受。

第四章

调香与评香

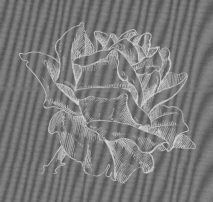

调香是科学，是技术，又是一门艺术。它涉及自然科学、社会科学、技术科学等各门学科的方方面面，数学、物理学、化学、生物学、医学、药物学、心理学、经济学甚至人文、地理、宗教、历史等知识都是调香师必须掌握的。当然，化学，特别是有机化学、分析化学、物理化学、生物化学、香料化学是调香的"基本功"，其他学科很容易地渗透进来擦出许多"火花"，这些"火花"照亮了"调香"这门古老而又年轻的技术向前发展的道路。

调香工作是令人神往的、有趣的、充满传奇色彩的工作，又是一种严肃的、来不得半点虚伪的、极具耐力的繁重的脑力劳动，使得多少年轻的志愿者"行百里者半九十"，成为终身可望不可即的目标，这也是"调香师"寥若晨星的原因之一。

调香技术毕竟是一门工业技术，不能像艺术家那样浪漫。调香师的作品要接受工业的、商业的严格考验，因此又产生了"评香师"这个职业。

评香工作照样是各种科学的、艺术的、工业的、商业的综合技术，同样是多学科互相交叉在一起的产物。"评香师"也必须掌握调香工作的所有化学的、物理的、数学的、生物学的、医学的专业知识。事实上，大部分"评香师"也是调香师，而调香师也经常兼任"评香师"的工作，二者并不能严格分开。

一 调香师

比起烹调师和服装设计师来说，调香师恐怕还是鲜为人知的。然而在欧洲，特别是法国巴黎，少男少女们对调香师的崇拜，使红极一时的歌星、影星自叹弗如。调香师在自己的作品上签上自己的名字，可以让一瓶小小的香水以数十倍甚至数百倍的价钱被人抢购；60年前一个调香师的鼻子在保险公司的保险金是100万美元——须知当时的"百万富翁"就相当于现在的"亿万富翁"。

物以稀为贵，调香师的"值钱"说明这个行业人数甚少。半个世纪前的中国有"三个半鼻子"之说，四万万中国人凑不出四个被世人公认的调香师来，而"文革"年代，由于"香花"、"美味"都成了资产阶级的专利品，调香这个行业萎缩到几等于零。市场上除了出售有"香蕉油"等食用香精（轻工部按统一配方配制）外，只有两种勉强被称之为"化妆品"的东西——花露水和冻疮膏，需要用一点日用香精，而这两种产品的香型也早在20世纪30年代已由"三个半鼻子"调制好了，因此，中国不需要调香师，当然也不宣传"鼻子"了。

20世纪80年代中期，由于食品和化妆品工业的飞速发展，靠进口香精来维持显然是不行了，调香师开始"吃香"起来，但中国的调香师队伍已是青黄不接，"三个半鼻子"

老矣。年轻人拼命学，边干边学，勉强撑起全国各地新兴的几十家香精厂的门面，而欧、美、日数十家香料香精跨国公司早已虎视眈眈要来抢占中国这个全世界最大的市场。

当务之急，我国也要培养国际级调香大师。

怎样培养调香师？先看看外国人是怎么做的。在法国，调香师大多数是"祖传"的，父传子，子传孙，几百年努力建立起调香的世袭王朝，外人不让进入。调香师有意识地从小训练自己孩子的鼻子，从中挑选鼻子的"天才"，加以培养，直到能接自己的班为止。笔者曾经接触过几位这样的调香师，他们鼻子的灵敏度、分辨力不可谓不高，随便拿一瓶香水给他们闻，在几十分钟内几乎可以准确无误地报出香水里所含的70％～80％的成分和含量来，远超过当今任何一套最先进的测试仪器。他们调制的香水在巴黎、在欧美、在整个世界实实在在地卖着最高的价钱！

再看看其他国家。美国和日本都没有"祖传"的调香师，他们培养调香师并不先"测"鼻子，而是挑选那些有机化学、物理化学、生物化学、分析化学、药物化学等学科的博士硕士中对"气味学"有浓厚兴趣者来加以培养，对鼻子的要求不太严格，只要有正常的灵敏度就行了。

要成为一名调香师，只掌握上面提到的各种化学知识是不够的，因为调香师调出的香精要有实用价值。假如你调的香精是做糖果用的，你就必须知道糖果是怎样制造的，用什么原料，还要知道世界各地的人们都喜欢吃什么糖果，明日将会吃什么糖果……假如你调的香精是做肥皂用的，你也必须知道肥皂怎样制造，油脂怎么皂化，甚至牛油、椰子油、棕榈油是怎么来的，还要知道什么是美容皂，什么是消毒皂等等。调香师要熟识各行各业，是真正的博士。

香精被称为加香产品的"灵魂"，不同香型的香精都是经过调香人员精心调配出来的，一名优秀的调香师，不仅应具有精湛的技术，更应具有较高的艺术修养。随着经济与科技的快速发展，我国的香料香精行业有了长足的进步。立体结构对分子化合物的影响及生物工程技术、高精分离技术、现代分析仪器与分析方法的运用，极大地丰富了调香人员的视角。香料香精行业的发展程度与人民生活水平的高低密切相关。调香师是为民众更好地享受生活，为人们的生活增香赋美的职业。从消费趋势来看，人们对该职业的需求越来越大，规范调香师职业必将为美化人民生活做出积极的、更大的贡献。随着平民百姓生活水平的日益提高，香料香精需求量增加很快。这导致对调香人员的需求也逐年增多，在现有调香人员的基础上，以每年15%以上的速度递增。

目前，我国从事香料香精生产的企业近千家，调香人员的数量也已不少，但真正能够"独当一面"满足各种客户要求、甚至能不断创造出新香型的调香师却极其稀缺。国内有企业愿意用年薪500万元人民币招聘一个真正有创新能力的调香师，至今无人"揭榜"应聘。

我国人力资源和社会保障部给"调香师"下的职业定义是：使用香料及辅料，进行香精配方设计和调配的人员。从事的主要工作内容是：

①设计各种香型的香精配方；

②选择所使用的原料及辅料；

③调配符合配方要求的香精；

④选择合适的香精生产技术；

⑤评价香精产品及加香产品的香气并进行质量监控；

⑥探索新的香料化合物的应用；

⑦评价新的香料品种并进行感官和应用试验；

⑧调整和更新香精配方，保障香精产品的安全性。

在遵守国家法律、法规及相关标准的基础上，用科学的方法来充分展现调香人员的创造力和鉴赏力，是调香人员在工作中应遵循的基本点，也是香料香精行业发展的充分必要条件。调香师这一新职业的确立，对于打造一支能够满足国内香精企业需求的调香技术人才队伍，提高我国相关产品的核心竞争力，满足民众日益增长的物质文化需要是有一定意义的。

一个调香工作人员达到这样的要求已经很不容易了，但这仅仅是作为一个调香师最基本的要求而已。在所有的调香工作人员中，有一道障碍使众人、即使是博士生也成不了穆罕默德推崇的"世上最宝贵"的"高级"调香师，这就是人的性格——在调香师每日面对的数千种香料中，真正"香的"香料并不多，绝大多数是"臭"的，有的还臭得令人难以容忍。如果调香师不能欣赏这些"臭料"而且熟练地应用它们，那么他将永远成不了调香师。难怪大多数学调香的人后来宁可去香料厂当工程师而不愿当调香师，他实在"爱"不了这些臭烘烘的东西。

真正的调香师用他的博爱心理看这个世界时，世界上好像已经没有什么丑和恶，没有坏的和无用的东西，一切是那么美好，一切又都是那么有价值，他赞美大自然，赞美人生，他愿意用他的鼻子和双手为这个值得歌颂的世界再增添一份香、一份爱！

调香师是科学家、工程师，又是艺术家，人格如此高尚，这就是穆罕默德推崇调香师的缘故吧。

二　"三个半鼻子"

上海香料香精行业历来有"两只半鼻子"之称，两只鼻子指的是汪氏兄弟（汪清如、汪清源、汪清华）、叶氏兄弟（叶心农、叶时愚、叶忠涛），还有半只鼻子是指鉴臣香料厂的戴子鎏。后来又有"三个半鼻子"的说法，这"一个"或"半个"一般认为指的是李润田、吴敬德、林蕃农、朱曾徽、周世光、张承增其中的一个，也有人说是四川（包括重庆）或福建的一位调香师。汪清如擅长日化香精，是汪清华的堂兄，汪清华还有一个亲弟弟叫汪清泉，也是著名的调香师，汪清华与汪清泉都擅长食品香精，张承增则擅长烟草香精。

清道光二十三年（1843年），上海开埠后，肥皂、火柴、油墨、化妆品等日用化学品陆续传入我国，促进了上海日用化学（以下简称日化）工业的兴起。清咸丰十一年（1861年），华商在昼锦里（今汉口路山西路口）最早开设老妙香室粉局，专制和合牌香粉（鹅蛋粉）、花露水、头油。光绪三十三年，华商董甫卿投资3000元，在闸北永兴路首创裕茂皂厂，生产双喜、狮球牌洗衣皂，年产量达5000箱，为上海华商制皂之鼻祖。旅美华侨梁楠采用西方技术，于清宣统二年（1910年）在唐山路开设广生行上海分工厂（1895年在香港创立广生行有限公司），生产双妹牌花露水、生发油、雪花膏、爽身粉等。

第一次世界大战期间，在沪外商企业纷纷停工歇业，日化产品供不应求，华商乘势增办日化工厂。在此期间，先后开办的肥皂厂有丰泰、汇中、亨利、鼎丰、立大、隆茂、华丰、中华兴记等8家；新开化妆品厂有五花香品厂、永和实业工业社等四家。方液仙在民国元年（1912年）投资1万元创办中国化学工业社（今上海牙膏厂），至民国四年，又集资5万元，组织股份有限公司，继生产三星牌牙粉后，又研制生产了三星牌蚊香，成为上海最大的日用化学品工厂。民国七年，陈栩园投资1万元创办家庭工业社（今上海日用化学品四厂），研制成以碳酸镁为原料的无敌牌擦面牙粉。这些企业的开设，为上海日化行业的形成打下了基础。

五四运动后，全国掀起抵制洋货运动，推动上海民族日化行业的继续发展。1921年，五洲药房总经理项松茂以白银20.5万两从张云江处盘进德商开办的固本皂厂，改名为五洲固本皂药厂，全部设备从德国运来，成为中国最大的机制肥皂厂，并与英商中国肥皂公司的祥茂肥皂争夺市场，最后国产固本肥皂取胜。至1928年，上海已有南阳、亨利等32家皂厂，年产肥皂50万~60万箱。是年，家庭工业社扩大规模，又投资4.5万元扩建新厂，产品发展为13大类270多个规格品种。此时，化妆品厂已发展到130家，但大都是小型厂，产品繁多，其中最负盛名的有香亚公司的芝兰霜、永和实业公司的嫦娥霜及先施化妆品公司的白兰霜、千里香等。

由于制皂、化妆品业的发展，带动了香精香料行业的兴起。1929年，李润田开始研制并推销自制的飞鹰牌香精。1933年，嘉福香料公司与华嘉洋行、比金公司合并，改组为嘉福香料股份有限公司，生产皇冠牌混合香精和香基。1937年7月，曹莘畊、李祖华等集资法币4万元创办新华薄荷厂，生产白熊牌薄荷脑、薄荷油，始销美国。这一年，上海有肥皂厂21家、化妆品厂39家、火柴厂30余家、香精香料厂37家和油墨厂10家，形成初具规模的上海日化行业，产品中知名度较高的有三星牌牙膏、三星牌蚊香、三角牌雅霜、无敌牌蝶霜、固本肥皂和飞鹰牌香精等。

"八一三"日军侵沪，上海日化行业遭到严重破坏。地处南市、闸北的华商化妆品厂、肥皂厂大部分毁于炮火。1941年，太平洋战争爆发后，五洲固本肥皂厂、英商中国肥皂有限公司、美光火柴公司和中国化学工业社等主要日化企业被日军控制，生产萎缩。同时，日货香料、油墨大量进入，占领上海市场，直至1945年，上海日化行业处于衰落时期。

抗日战争胜利后，五洲固本肥皂厂、中国化学工业社、英商中国肥皂公司和美光火柴公司先后恢复生产。由于通货膨胀，肥皂、油墨和火柴等日用品一度被投机商囤积，从而刺激了生产，造成日化行业畸形发展，工厂大量增加。1946年以后，有化妆品厂129家，火柴厂40家，油墨厂36家，香料厂24家，肥皂厂48家。

中国的香料香精工业以1921年成立鉴臣香精原料公司为最早，以前的老德记药房、华美药房等西药业仅仅是转销进口香料香精。继起者有叶心农、叶时愚、叶忠涛三兄弟于1924年创立的百里化学厂，从天然植物中提取精油。1927年，由郑延荣创立嘉福香料厂，抗战胜利前后新开设的也有多家。但中国香精香料工业的起源应归功于上海人李润田（1894~1960年），他在1932年买下了原鉴臣洋行，专门经营香精香料，并用重金聘请波兰人那格尔为调香师，生产出不同用途的香精产品。那格尔在中国工作了4~5年，于抗日战争前夕回国，任职期间培养出中国第一代调香师，其中有戴子銮、汪清如、汪清源、汪清华、吴敬德、林蕃荣等人，以后都成为推动中国香料香精工业蓬勃发展的权威人士。

1929年，叶氏三兄弟从事香精配方研究，独创叶氏调香术。1935年，百里化学厂从法国引进香叶种苗，将种得的香叶油添加到单离合成的玫瑰醇中，使产品具有特色香味。

卷烟业的烟用香精基本依赖进口。一些华资烟厂所用的一般香料，如朗姆酒、菠萝精、糖精和甘油等多种，也有用食盐、香豆、甘草及蜂蜜的。朗姆酒为英、美、法等国产品；菠萝精为英美货；糖精以德国产居多。甘油为肥皂生产中的副产品，上海华资烟厂所用的甘油多向华商五洲、祥茂肥皂厂购货。总的可以说香料香精是近代新兴工业的萌芽与发展。这时的香料生产企业一般规模都很小，有些像手工作坊，香精的品种也不多，大多是一些香蕉类的果香香精、植物的浸剂和朗姆酒等品种，也有将进口的香精加以稀释后再添加某些其他香料。

1956年后，上海香料厂、联合香料厂、新华香料厂、嘉福香料厂和综合香料厂等发展合成香料，陆续研制了具有各种水果和花香的香料。1959年，轻工业部香料工业科学研究所（设在上海）以叶心农高级工程师为首的一批调香师，对香料的香气分类进行探讨，提出将香气划分为花香型和非花香型两大类，花香型中又分8个香韵，非花香型中分为12个香韵，并依次列出辅成环（用以说明香韵的前后关系）的科学调香术。这为我国调香工艺技术提供了科学理论依据，使上海调香技术向深度发展，且研制成一批具有独特香气的新合成香料。如古龙型香水，所用香精在头香类果香中稍加醛香与青香，中段则有鲜花的香气，而后段更有一种优美飘逸的兰麝香气，该香韵老少皆宜、男女适用，极为流行。洗发香波中使用的青香型香精是新调香产品，其香味犹如早晨大自然中散发的清鲜气息，令人心旷神怡。

汪清华，调香专家，上海市人。1941年入上海鉴臣香精原料公司当练习生。1947年后，历任上海开隆香料厂车间主任、上海日用香精厂工程师。几十年来，研制出食用香精八大类、六十三个品种。使我国初步形成了食用香精系列化产品。其中幸福可乐、陈皮梅、大福果、桂花加应子、草莓等香精应用于食品中，深受广大群众的喜爱。用幸福可乐香精配制而成的幸福可乐饮料，为国内填补了可乐型饮料的空白。1983年研究成功乳化香精，后指导研究成功牛肉、鸡肉、水蜜桃香精等。

叶心农在民国时著有铅印本《可卷斋医书——生机集》一书。

1962年7月31日，《人民日报》第2版登载了新华社记者夏道陵摄的一张戴子鎏工作照，说明是："上海鉴臣香精厂调香技师戴子鎏，有二十七年辨香经验。他的鼻子在嗅辨香气时，特别敏捷、准确。他能从数百种香原料中经过挑选，调配成和天然香料一样芳香的各种合成香精。"这在当时的中国几乎绝无仅有。

李润田（1894～1954年），上海法华镇人。早年就读于上海广方言馆。他以家庭手工业为主，研制并推销自创的鹰牌香精。借用鉴臣洋行西药部名义经营，后来从制造香料的简单方法过渡到全部用香原料配制香精的调香工艺，并配制出各种不同的香型和不同用途的混合香精。通过深入钻研，掌握了香精生产的整套技术，成为当时国内有名的香精专家。

李润田还翻译过英国人巴乃忒的《火药学》，1939年由正中书局出版。

实际上，70年前中国著名的调香师何止"三个半鼻子"，也不只上海有调香师，其时的福建、广东、浙江、江苏、天津、四川、重庆等地现代轻工业也已蓬蓬勃勃地发展起来，香精需求量可观，这些地方在购买和转销国外产的香料和香精时，利用当地产的天然香料自己调配了不少物美价廉的香精用于配制化妆品、香皂、香烟、食品等等，后来由于战争和"时局"的变化，这些地方的调香技术得不到应用和发展，调香师也没有受到重视，后来慢慢地销声匿迹，连他们的名字现在都难以找到，给中国香料香精发展史的编写留下了遗憾。

三　看"上帝"如何调香

自然界充满各种各样的气味，有香的，也有臭的。这些气味是从哪里来的呢？我们先不管像氨、硫化氢、氮的氧化物等这些无机气体的气味，来看看挥发性有机化合物是怎样产生的吧。

有香分子大体上分子量是17～340，沸点-60～360℃，是化学结构比较简单的分子比较小的化合物。直接从生物产生的香味物质是各种生物（植物、动物、微生物）的代谢产物，我们先从植物讲起。

植物在自然界中以微妙的方式与其他生物应答，适应着环境，竞争性地代谢更新，其间有着人们长期未能发现的秘密。植物通过光合作用产生代谢产物，包括糖类、脂肪、蛋白质、核酸等，也包括一向不被人类重视的色素和香味化合物。由于天然色素的发色基团和天然香料的发香基团类似——都是醇、醛、酮、酸、酯等类化合物，而且都认为共轭双键、共振对于发色、发香是重要因素——因此，有人提出"色香同源"之说，民间流传的"红花不香、香花不红"也包含着这个道理。研究植物产生的香气成分和研究其色素成分相似。

植物没有专门的排泄器官，从叶的表面分泌精油，植物学家就视作植物的排泄。例如烟草的香气来源于烟叶表面分泌的树脂。这种植物体内积蓄的代谢物，不能认为是为了再利用，但也不能解释为单纯的废物，这些代谢物的生理作用，如同生物碱、单宁等对植物本身的生理作用一样，还有待进一步揭示，但对其他生物来说，作为互相适应的手段，客观上起着生态平衡的作用。

大部分植物需要各种动物（包括人）的帮助才能完成传宗接代和远距离传播扩大领地的任务，因此，根据进化论的观点，产生各种动物喜爱的香味的植物，在竞争中处于优势而得以发展。人类活动的影响更大，人可以大面积毁掉那些产生人类认为有臭味的植物，而大量种植香料植物，这些植物中有些品种已在自然竞争中败下阵来，几近灭绝，人类单单喜爱其可生产宝贵的香料油而扩大种植。

各种动物的排泄物（包括流汗、呼气等）带有各种气味，其中与人越相近的动物其排泄物人越觉得臭。动物以体香吸引异性，麝鹿、灵猫和海狸等有香囊，能分泌强而浓烈的香化合物，虽然直接嗅闻之都是令人厌恶的排泄物气息，但稀释后香气很好，这种性质对于动物吸引远距离的异性是有利的。

微生物能将碳水化合物、脂肪、蛋白质等分解、发酵生成各种分子较小的醇、醛、酮、酸、酯类化合物，这些化合物中有许多是有气味的，动物（包括人），直接食用一部分发酵产物，人更是有意识地利用微生物发酵制造美味可口的饮料、调味料及各种发酵食品，例如酒、醋、酱油、腐乳、泡菜、面包等等，使得人类聚居地"生香"微生物越来越占优势。

因此，可以认为"上帝"只是创造了一个气味的"混沌世界"，是人在这个"混沌世界"里面找到了有价值的"奇怪吸引子"——天然精油，并让这些"奇怪吸引子"发扬光大。像茉莉花、玫瑰花、檀香、麝香这些上帝的"惊世之作"都是人类发现后把它们"捧红"的。

"上帝"是千里马，人类是伯乐。

"上帝"还有一个本领，会把人类已经调好的香精或者香制品慢慢再"调"得更圆和一些，这就是香精、香水、各种酒类等的"陈化"。由于各种香精和香制品里面都是许多种香料的混合物，各种香料混合在一起以后相互之间又起各种化学反应，如醇与酸的酯化、醇或酯与酯之间的酯交换、醇醛缩合、酚醛缩合、醛醛缩合、醛的氧化、泄馥基形成等等，这些反应都进行得很慢，而且很难进行到底，但这些反应大部分使得香精和各种香制品在储存时香气变得更圆和、更宜人，当然也有一些香精和香制品"陈化"以后气味变差，以致不能用的例子。这不能怪"上帝"，只能怪调配者没有摸清"上帝"的"脾性"。

香精和香制品的"陈化"过程也可以用热力学中的熵理论来解释。

四　香精是怎么调出来的

我带大家到调香室内，看调香师是怎么把那一个个臭烘烘的香料调配出香喷喷的香精来。

最好我们带一个香精样品，或者一瓶"法国香水"吧，看调香师能不能把它调配出来。把香精或香水交给调香师，只见他打开瓶子，先嗅闻一下瓶子里所装液体的香气，接着调香师拿了一张闻香纸往瓶子里一插，蘸上一点液体，拿出闻香纸又闻了一会儿——这应该是闻"头香"吧。调香师在调香记录纸上写下几个香料，真的都是用作头香的沸点比较低的香料。想了一下，调香师又在每个香料后面写下数字——每个香料在香精或香水里面的百分比例或者千分比例。

调香师又拿起闻香纸慢慢嗅闻，这一下闻的时间长了，调香师好像在欣赏一曲美妙的乐曲一样，眯着眼睛，略有所思的样子，一会儿想到什么，又在纸上写下一两个香料，有时甚至连写好几个香料，然后又一个个写下百分比例或千分比例。我们可以看出这些香料都是用于"体香"的香料了（见图82）。

图82　调香室一角

调香师一会儿走出去，呼吸一下新鲜空气，看看阳台上的花草，又走进来拿起闻香纸继续工作……

几个小时过去了，调香师终于连"基香"香料也写好了。只见他拿出一个烘干过的干净小烧杯放在电子天平上，先称加"基香"香料，加完了再加"体香"香料，最后加"头香"香料——原来调香是从"基香"调起！每加一个香料，调香师都要把烧杯摇晃一下，让香料混匀，然后嗅闻香气，调香记录纸上的香料一直在增加。在加入"头香"香料的时候，调香师好像特别小心谨慎，每一个香料都要分几次加入，每加一次就要摇匀嗅闻一下，而且我们看到有许多香料用的是10％或者1％的稀溶液。

"头香"香料加完以后，调香师用玻璃棒把香精搅匀，让其中的粉状和膏状香精都溶解好，再拿一张闻香纸蘸上一点香精，另拿一张蘸一点被仿的样品，两张纸反复拿到鼻子底下嗅闻比较，并一次又一次地称加香料到刚调的香精里面。

终于，调香师脸上有了笑容，把刚蘸好的两张闻香纸拿给我们嗅闻比较，并说："样品还是留在我这里，过几天我会调出香气更接近的香精给你们。"我们知道，刚才时间这么短，闻香纸上的体香香料都还没挥发完，调香师对"基香"还仅仅是靠猜测调配的，要等他过后慢慢嗅闻纸上最后残留的香气，才能把整个香精配得更像被仿样品。

"那么'创香'又是怎么做的呢"？调香师答应参考刚才"仿香"样品的香型给我们现场表演一次"创香"过程。

调香师先把整个调香室里的香料浏览了一下，好像在找什么东西，然后坐在旋转椅上，"闭目养神"，这应该是在"捕捉灵感"了，我们在小说家的创作室里也看过这种情形。终于，调香师睁开眼睛，拿起一个小烧杯在电子天平上开始工作了。

还是先称加"基香"香料，然后加"体香"香料，最后才是"头香"香料，跟"仿香"工作没有大的差别。每加一个香料后调香师都要在摇匀后仔细地嗅闻香气，闻的时间比"仿香"长，还要想一想，有时候想得很久才再动手加一个香料。计划中的"头香"香料加完以后，调香师把香精搅匀，拿闻香纸蘸上一点，反复嗅闻，又往香精里加了几个香料……重复了几次这个过程以后，调香师才把最后一次蘸上试样的闻香纸给我们嗅闻。可以肯定跟刚才那个"仿样"是同一种香型，但又不一样，各有各的风格，不过，两个香精的香气都是和谐的，闻之令人舒适愉快的。

原来香精就是这样调配出来的。同画家绘画、作曲家谱曲、小说家写小说差不多吧。

五 "电脑调香"

现在已经是电脑时代，"电脑调香"当然应运而生。早先有人研究建立了一种食用香精香料的Microsoft Access数据库，以VBA与SQL语言编写查询、维护、报表和管理数据库系统，收集了3000多种食用香精香料原料、1000多个配方、1000多个原料供应信息和较为全面的调香工艺所需知识，并实现了该香精香料数据库在配方和工艺上的应用。

现在的调香软件复杂多了，我们来看看它是怎么工作的——

首先，调香师用"口令"打开系统，这是防止非法使用所造成的原料信息更改或破坏，保护系统的正常运行所必需的。

电脑"验明"调香师的身份以后开始工作。调香用的电脑软件一般有三个数据库。

①原料数据库——原料按香气分组，每个公司都有自己的分组方案，例如按照"自然界气味关系图"把所有的香料分成32组，即坚果香、水果香、柑橘香、香橼香、薰衣草香、茉莉花香、玫瑰花香、兰花香、青香、冰凉气、樟木香、松木香、檀香、芳烃气息、药香、辛香、酚香、焦香、土香、苔香、菇香、乳香、酸气、醛香、油脂香、膏香、麝香、尿臊味、腥臭、瓜香、蔬菜香、豆香，再加上"香基"和"无香溶剂"两组，一共34组。

②帮助数据库——提供原料数据库中每一种原料的价格（可随时更改）、理化常数、安全性、香气和应用等各种信息。

③示范性配方数据库——分为玫瑰、茉莉等花香型32组和动物香、果香等非花香型32组，总共64组（调香师认为有必要的话还可再增加几个自己常用的香型组），每一组有1～5个配方。

调香师用鼠标点击创拟配方按钮弹出示范性配方列表框，如直接回车，立即进入创拟配方窗口。窗口左边为原料列表框，右边为配方列表框及香气弹出菜单、帮助与选定两个按钮和配方总量及剩余量显示区。在原料滚动列表中双击某一香原料，该原料即自动写入配方中，同时等待输入配方量。选完一类原料，单击香气弹出菜单可选择其他原料，也可随时从配方中移走某些原料。整个写配方过程可动态显示已写入配方的原料及配方量、总计量和剩余量。点击帮助按钮，提供在线帮助功能，能随时获得任何一种原料的具体信息如价格、理化常数、三值等，写完后点击选定按钮马上自动给出配方成本、香精的三值。鼠标点击打印配方按钮，打开配方文件，可打印出配方数据（配方总量、组分用量、香精成本、三值、配方编号及配方文件名等）。

电脑还设计了一些图形分析，使调香师可以直观地看出香精配方中每种原料的价格百分比，由于各原料用量和单价的变化造成香精成本变化的情况、各组原料蒸气压、原料平均沸点（估计香精的耐热和留香性能）、三值的变化情况等，以便调香师根据实际需要调整配方。

调香师拟出香精配方后，电脑可以自动按配方配出小样。为此，必须为电脑配置自动取样称重装置，该装置的"小仓库"随时储备电脑中"原料数据库"中的全部原料小样，这些原料都是液体，固体和膏状香料被事先用溶剂稀释成一定浓度并过滤去杂备用，原料储存和加料都固定在一个非常稳定的室内温度（例如20℃）下，使得配样能符合一定的精度要求。

调香师用鼻子鉴定配出的小样是否达到自己预定的香气目标，可利用电脑反复拟配方、试配，直到自己满意为止。

由上述"电脑调香"过程可以看出，由于调香是一门艺术，电脑只能是调香师的得力助手，它节省了调香师手写、计算、动手配制必须占用的宝贵时间，使调香工作速度加快，如此而已。

任何一门艺术都只有人才能胜任，电脑是永远当不了艺术家的。

六 人人都会调香

调香是一门艺术，就像唱歌、绘画等艺术一样，人人都会，只是"造诣"高低不同而已。

古人把有香味的花、草、树叶、根、树脂等随便堆放在一起，偶然发现混合在一起的香味有时比任何一个单独的香味都好，于是便有意识地采集这些材料，弄碎后按一定的经验比例混合，装入皮袋、布袋或木盒子里，成为香囊、香盒自己享用或作为礼物送人，甚至发展成为商品出售——这就是古代的调香艺术。中草药的发展对这门艺术起了极大的推动作用，因为中药铺里各种芳香材料都有，李时珍在《本草纲目》里甚至已经有了独立的《芳香篇》，把芳香材料都放在一起研究。五香粉、咖喱粉、沙茶辣、肉骨茶（新加坡、马来西亚的华人最喜欢）都可以到中药铺里买来材料自己配制。你也可以同药铺的掌柜、伙计们做一做实验，在前人的基础配方里加减一些配料，兴许弄出一个更加美妙的香味来。

公元14世纪初，有人用岩蔷薇、苏合香、菖蒲与黄蓍胶模制成一种鸟形锭剂，燃烧时散发出优美的香气，在欧洲深受欢迎。到14世纪末，又在这种锭剂中加入橡苔，香气更好，这就是著名的"素心兰"香水的前身。"素心兰香水"的法文是Eau de chypre，chypre法文就是"塞浦路斯"，当地盛产岩蔷薇，12世纪十字军在侵征塞浦路斯时带回到欧洲的华贵香料，配制香水少不了它。直至今日，法国香水70％以上是"素心兰"的衍变方。调香界人士流行着一句话：你要是担心您新调配的香水卖不出去，你就再调调"素心兰"看看。当然，现代的素心兰香水配方复杂多了，如1977年德金（Dejean）在《论香气》一文中例举的一个素心兰型配方，就用了橡苔、橙花、安息香、苏合香、灵猫香、杏仁、小豆蔻、玫瑰、丁香木、檀香与樟脑，20世纪的素心兰香水可以用到上百种天然和合成香料，列一张配方单就让你看得眼花缭乱了。

你大可不必被我这句话吓跑。调香师们已经把现有的5000种香料分门别类归入三十几种"香型"里，然后按香型配出几十个"香基"，比如茉莉花香基、玫瑰花香基、苹果香基、麝香香基、檀香香基等，这些香基在国外的一些超级商场里有售，你可以在家里摆弄这些香基，配制出你最喜欢的香精出来。

"香水加油站"里出售的各种各样的香水，你要是觉得都不满意的话，也可以把几种香水混合起来，配制成一种自己喜欢的香水。香水有"相生相克"现象，有时候两个香水掺在一起时气味变淡或变坏，所以你最好先请教一下售货员再动手，以免造成浪费。

食用香精也可以再调，但是要记得，食用香精有两种：一种是水质香精，另一种是油质香精，这两种香精合不来。可口可乐、百事可乐、雪碧等饮料都是用几种水质香精调配而成的，你也可以动手试试：把白柠檬、可可、肉桂、肉豆蔻、姜、芫荽、香草、甜橙等香精调制一番（做好记录），也许你就调出一个很好的可乐型香精来了。

烹调也是调香，这是大家都熟悉的。如何把鱼、肉的鱼腥味、动物的腥味掩盖、调制成各种美味可口的菜肴，每个人都有一套经验，可谓"五花八门"。在这方面，调香师有时还得向你请教呢。

七 调香有没有"理论"？

作曲、绘画、调香自古以来被公认为人类的三大艺术。有关作曲、绘画的著作浩如烟海，各种学派、流派的理论多如繁星，令人目不暇接，世界各国都有自己的"理论大师"，有时意见不一还要争吵一番，甚至大动干戈，互相批判，以求真谛。相对来说，有关调香的理论则寥若晨星，无处寻觅。

"知难行易"，不管从事任何工作，只要先在理论上有了足够的认识，实施起来就不会太难。调香工作应该也是如此，可惜十几年前翻遍图书馆、书店里所有有关香料香精的书籍，却发现几乎没有什么"调香理论"。有些所谓的"理论"只是香料香精香型的分类而已。我国"三个半鼻子"在半个世纪前创立的"八香环渡理论"和"十二香环渡理论"算是对调香工作较有意义的一套"理论"了，但同其他技术相比，只能算是"皮毛"而已。

其实每个调香师都有一套"调香理论"指导自己和助手、学生的调香与加香实验，并在实践中不断充实和修正他的这套"理论"，不断完善，没有终止。只是绝大多数调香师仅把这些"理论"藏在自己的调香笔记里，不愿意加以整理，公布于世，与人分享。早期欧洲各国的调香师无不如斯，他们只把自己的理论用口头和笔记的形式传授给后代。

在合成香料问世前，所谓的"调香理论"以现代人的观点来看，似为"粗糙"、"简单"，其实未必尽然。试看中国古代宫廷里使用的各种"香粉"（化妆、熏衣、做香包用）、"香末"（用各种有香花草、木粉、树脂等按一定的比例配制而成，用于熏香）、日本香道

（从中国唐朝的熏香文化传到日本演化而成）的"61种名香"和埃及的"基福"、"香锭"、欧洲的"香鸢"以及后来进一步配制而成的"素心兰"香水和"古龙水"，调味料用的"五香粉"、"十三香"和"咖喱粉"等就知古代深谙此"道"（香道）者并不乏人。

所谓调香，就是将各种各样香的、臭的、难以说是香的还是臭的东西调配成令人闻之愉快的、大多数人喜欢的、可以在某种范围内使用的、更有价值的混合物。调香工作是一种增加（有时是极大地增加）物质价值的有意识的行为，是一种创造性、艺术性甚高的活动，但又不能把它完全同艺术家的工作画等号。

调香工作是一门艺术，也是一门科学、一门技术。因此，调香理论也就介于艺术、科学、技术三者之间，并且三者互相贯穿，不能割离。单纯的化学家，不管是研究有机化学、分析化学、生物化学还是物质结构，盯着一个个分子和原子的运动调不出香精来；化工工程师，手持切割、连接各种"活性基团"的利剑和"焊合剂"，同样对调香束手无策；而将调香完全看成是艺术，可以随心所欲者，即使"调"出"旷世之作"，没有市场也是枉然。

研究色彩，可借助光学理论；研究音乐，可借助声学理论；可是研究香味，却发现"气味学"还未诞生。要建立"气味学"的话，势必包含"化学气味学"、"物理气味学"、"数学气味学"、"生理气味学"和"心理气味学"五个学科。因此，符合科学的、能指导实践的调香理论应包括上述5个学科的内容，再加上艺术的、市场经济的基础理论并将它们有机地融合在一起。

调香师的工作是把2个以上的香料调配成有一个主题香气的香精，这个主题香气可能在自然界存在，如茉莉花香、柠檬果香、麝香等，也可能是人类创造的各种"幻想型香气"，如咖喱粉香、可乐香、力士香等，模仿一个自然界实物的香气或者别人已经制造出来的"幻想型香气"的实验叫做"仿香"，而调香师自己创作一个前人没有的香气的实验叫做"创香"。不管是"仿香"还是"创香"活动，调香师都是先把带有他要调配的这个"主题香气"的香料找出来，然后确定每个香料要用多少，如果不考虑配制成本的话，带有这个主题香气越多的香料用量越大。

我们知道，调香师手头上的每一个香料一般都带有几种香气，例如乙酸苄酯就带有70%的茉莉花香、20%的水果香、10%的麻醉性气味（所谓的"化学气息"），所以在配制茉莉花香香精时，乙酸苄酯的香比强值（香气强度值）只有70%对茉莉花香做出"贡献"，其余30%的香气被强度大得多的一团茉莉花香掩盖掉了。

在这里需要指出的是：所谓"70%的茉莉花香"是"动态"的，不是绝对的——当我们用闻香纸沾上少量乙酸苄酯拿到鼻子下面嗅闻时，我们马上会觉得它的香气里大约有70%的茉莉花香，再闻一次，就会觉得"茉莉花香"少了些许；再闻一次，又少了些许……直至闻不到茉莉花香，或者我们认为"根本就不是茉莉花香"时为止。其他香料的香味感觉也全都如此。人类的所有感觉——视觉、听觉、嗅觉、味觉和肤觉都是这样，从对一个事物的"非常肯定"到"难以断定"到"模糊不清"。说一个例子恐怕人人都有同感：随便写一个字在纸上端详半天，你会越看越不像这个字，最后甚至对这个字产生怀疑。

正是香气的"动态"特征让我们把香气与混沌、分形等"现代数学"理论挂上了钩。

八 混沌数学与调香

有人认为，20世纪物理学三次大的科学革命是相对论、量子力学和混沌理论。"如果从更大的历史尺度来看，相对论、量子力学、混沌理论等可能是同一次科学大革命的不同战役，它们共同构成人类科学史上的第二次大革命。"

简单地说，混沌是确定性系统产生的一种对初始条件具有敏感依赖性的回复性非周期运动。世间处处有混沌，人们也天天在与混沌打交道，只是不注意罢了。就调香工作来说，每次调香，不管是"仿香"还是"创香"，都在自觉或不自觉地应用混沌学里面的许多规律性的东西，其中包括自己的经验总结，只是不知道或者不刻意去学习这一门"混沌学"而已。

混沌理论首先是数学的，其次才是物理学的，是一门多学科交叉的科学。从数学方面来说，数学历来有所谓"纯粹数学"和"应用数学"之分，数学家可以全身心地研究他们的"纯粹数学"，像陈景润专门研究他的"哥德巴赫猜想"，而其他学科的研究人员可以把数学家的研究成果"拿来应用"就行，不必做从头开始（其实永远没有"头"）的冗长的数学推理。混沌理论更是这样，如果都像数学家和物理学家、动力学家那样按照"寻找混沌的步骤：同宿点→横截同宿点→马蹄→数学混沌→收缩性→奇怪吸引子→耗散系统的物理混沌"去做的话，一辈子也别想跟混沌学沾边。还有一点，例如以"马蹄"为标准判断是否有混沌运动的话，斯美尔马蹄意义上的混沌在物理上未必都能看得到，这更说明没有必要去钻"牛角尖"。应用混沌理论于自然和社会实践时应该像微积分那样，我们随时都在用微积分的许多理论，但从来不去管它"极限"的纯数学概念到底现在弄清楚了没有。

混沌理论有许多可以被调香师用来解释调香实践中看到的现象，并可用于指导调香实践，作为调香师的一种极其有用的数学工具。例如"奇怪吸引子"理论可以解释"谐香"现象——由几种香料在一定的配比下所形成的一团既和谐而又有一定特征性的香气，这一团香气是那么稳定，那么"顽固不化"，你再往其中加一些香料，包括组成这团香气的香料，都很难改变它的香气特征（当然，大量加其他香料把它的特征香气掩盖住是不算的），这在混沌学里就可以算是一个"奇怪吸引子"。我们还可以看出这种"奇怪吸引子"具有"分形结构"：组成这团香气的香料单体在数量比例上和品种上都可调整而不大影响这一团香气的特征，例如"素心兰"可以有成千上万个配方，但调香师一闻就认出它的特征香气来。

大自然有许多现成的"奇怪吸引子"：茉莉花香、玫瑰花香、栀子花香等花香，苹果、草莓、菠萝、柠檬等水果香，檀香、沉香、柏木等木香，麝香、灵猫、海狸等动物香……吸引了千百年来所有的调香师努力要在实验室里把它们一个一个再现出来。一代一代的调香师也创造了不少人工的"奇怪吸引子"，如古龙香、馥奇香、素心兰香、东方香、"力士"香、"巧克力香"、"可乐香"等等。每一个调香师孜孜以求的就是在调香室里找到前所未有的、人人喜爱的"奇怪吸引子"，然后把它（们）大量制造出来供全人类使用。这跟作曲家"寻找"美妙的旋律一样，一组好听的旋律也是一个"奇怪吸引子"。

调香师怎样寻找新的"奇怪吸引子"呢？华罗庚先生推荐的"优选法"（包括黄金分割法）、正交试验法都是被实践证明行之有效的方法。目前的难度在于各种香料的理化数据（熔点、沸点、密度、折光率、旋光度、蒸气压、在各种溶剂里的溶解度等等）太少并且不全；生理学和心理学数据更为稀少，只有一些香料的阈值，而且数据不统一，有的差别很大。不过，调香师还是能够用这有限的数据于"数学调香术"上。例如计算一个香精配方中头香、体香和基香三组香料的"总蒸气压"，看是否"共振"（如$25:5:1$或$16:4:1$），如非"共振"的话，就重新调整配方使之达到"共振"，因为在混沌学里，"结构稳定"的吸引子才是"奇怪吸引子"，而"共振"的结构才是稳定的。

混沌理论已成为建立"数学气味学"的理论基础之一。

九 香气表达词语和气味 ABC

人类通过五大感觉——视觉、听觉、嗅觉、味觉和肤觉（触觉）从周围得到的信息，以表示视觉信息的词语最为丰富，不单有光、明、亮、白、暗、黑，还有红、橙、黄、绿、蓝、靛、紫，更有鲜艳、灰暗、透明、光洁等模糊的形容词，近现代的科学和技术又进一步增加了许多"精确的"度量词，如亮度、浊度、光洁度、波长等，人们觉得这么多的形容词是够用的，"看到"一个事物时要对人"准确地"讲述或描述，一般不会有太大的困难。表示听觉信息的词汇也不少，我们很少觉得"不够用"。但一般人从嗅觉得到的信息想要告诉别人就难了——几乎每一个人都觉得已有的形容词太少，比如你闻到一瓶香水的气味，你想告诉别人，不管你使用多少已有的形容词，听的人永远不明白你在说什么。有关嗅觉信息的形容词甚至比味觉信息的形容词还缺乏——世界各民族的语言里都经常用味觉形容词来表示嗅觉信息，如"甜味"、"酸味"、"鲜味"等，就是一个例子。现今已知的有机化合物约200万种，其中约20％是有气味的，没有两种化合物的气味完全一样，所以世界上至少有40万种不同的气味，但这40万种化合物在各种化学化工书籍里几乎都只有一句话代表它们的气味："有特殊的臭味"。

由于气味词语的贫乏，人们只能用自然界常见的有气味的东西来形容不常有的气味，例如"像烧木头一样的焦味"、"像玫瑰花一样的香味"等。这样的形容仍然是模糊不清的，但已能基本满足日常生活的应用了。对于香料工作者来说，用这样的形容法肯定是不够的，他们对香料香精和有香物质需要"精确一点"的描述，互相传达一个信息才不会发生"语言的障碍"，最好能有"量"化的语言。早期的调香师手头可用的材料不多，主要是一些天然香料，而这些香料的每一个"品种"香气又不能"整齐划一"，所以形容香气的语言仍旧是比较模糊的，比如形容依兰依兰花油的香气是"花香，鲜韵"，像茉莉，但"较茉莉粗强而留长"，有"鲜清香韵"而又带"咸鲜浊香"，"后段香气有木质气息"。这样的形容对当时的调香师来说已经够了，至少他们看了这样的描述以后，就知道配制哪一些香精可以用到依兰依兰花油，用量大概多少为宜。

单离香料、合成香料的出现和大量生产出来以后，调香师使用的词汇一下子增加了许多，甚至可以形容某种香味就像某一个单体香料，纯净的单体香料的香气是非常"明确"的，一般不会引起误会。例如你说闻到一个香味像是乙酸苄酯一样，听到的人拿一瓶纯净的乙酸苄酯来闻就不会弄错。这样，调香师们在议论一种玫瑰花的香味时，就可以说"同一般的玫瑰花香相比，它多了一点点玫瑰醚的气息"，听的人完全明白他说的是怎么一回事。

外行人看调香师的工作觉得不可思议，他们的脑子怎么比气相色谱仪还"厉害"？化学家也觉得不可思议，调香师是怎么把一个复杂的混合物"解剖"成一个一个的"单体"呢？难道他们的头脑真的像一台色谱仪？其实在调香师的脑海中，自然界的各种香味早已一定的"量化"了，因为他们配制过大量的模仿自然界物质香味的香精，一看到"玫瑰花香"，他们马上想到多少香茅醇、多少香叶醇、多少苯乙醇……就可以代表这个玫瑰花香了；同样地，多少乙酸苄酯、多少芳樟醇、多少甲位戊基桂醛（或甲位己基桂醛）、多少吲哚……就能代表茉莉花香。这样，调香师细闻一个香水的香味时，脑海中先有了大概多少茉莉花香、多少玫瑰花香、多少柠檬果香、多少木香、多少动物香……接着再把这些香味分解成多少乙酸苄酯、多少香茅醇、多少柠檬油、多少合成檀香、多少合成麝香……一张配方单已呼之欲出了。

调香师是把各种香料按香气的不同分成几种类型记忆在脑海中，然后才能熟练地应用它们。在早期众多的香料分类法中，都是把各种香料单体归到某一种香型中，例如乙酸苄酯属于"青滋香型"（叶心农分类法）或"茉莉花香型"（萨勃劳分类法），这个分类法在调香实践中暴露出许多缺点，因为一个香料（特别是天然香料）的香气并不是单一的，或者说不可能用单一的香气表示一个香料的全部嗅觉内容，所以近年来国外有人提出"倒过来"的各种新的香料分类法，例如泰华香料香精公司举办的调香学校里，为了让学生记住各种香料的香气描述，创造了一套"气味ABC"教学法，该法将各种香气归纳为26种香型，按英文字母A、B、C……排列，然后将各种香料和香精、香水的香气用"气味ABC"加以"量化"描述，对于初学者来说，确实易学易记。笔者认为26个气味还不能组成自然界所有的气味，又加了6个气味，分别用2个字母（第一个字母大写，第二个字母小写）连在一起表示，总共32个字母表示自然界"最基本"的32种气味。兹将"气味ABC"各字母表示的意义如下。

字母	中文意义	英文意义	字母	中文意义	英文意义
A	油脂	aliphatic	Mu	霉味，菇香	mould
Ac	酸味	acid	M	瓜香	melon
B	香橼	citron	N	坚果	nut
Li	苔藓	moss	O	兰花	orchid
C	柑橘	citrus	P	酚香	phenol
Cm	樟脑	camphor	Q	香膏	balsam
D	乳酪	dairy	R	玫瑰	rose
E	醛香	aldehyde	S	檀香	sandalwood
F	水果	fruit	T	烟焦味	smoke
Fi	腥味	fishy	U	尿骚味	urine
G	青，绿的	green	V	香荚兰	vanilla
H	药草	herb	Ve	蔬菜	vegetable
I	冰凉	ice	X	麝香	musk
J	茉莉	jasmin	Y	土壤香	earthy
K	松柏	konifer	W	辛香	spicy
L	薰衣草	lavender	Z	芳烃	solvent

读者看了本书附录的"自然界气味关系图"就能理解"气味ABC"的意义，这里不再详述。

十　香料香精的"三值"

世间万物，只要成为商品，我们总会给它一些数据，形容它的大小、品质、性能等等，唯独"香"——包括香料与香精最令人头疼、难以捉摸，人们长期以来只能用极其模糊的词汇形容它们：香气"比较"好，香气强度"比较"大，留香"比较"持久，等等，讲的人吃力，听的人也吃力，最后还是听不出什么具体的内容来。

生产加香产品的厂家天天跟香精打交道，却对香精一无所知，这是一个普遍现象。任何一个工厂的老板、采购负责人都会对购进的每一种原材料"斤斤计较"，与供应商讨价还价，唯独在香精面前束手无策。有人开玩笑说卖香精的简直是"黑脸贼"（蒙面强盗）——买的人即使上当了都不知是怎么上当的。

其实生产香精的工厂也有苦衷——他们的调香师辛辛苦苦花了多少精力创造出富有特色的香精，又用了多少人力物力做了多长时间的"加香实验"，才"百里挑一"选出了一个好香精想推荐给你，却不知要怎么向你说明这个香精好在哪里。

香精厂的供应者——香料制造厂也有跟香精厂一样的苦恼：他们想向香精厂推销他们好不容易研制出来的新香料，永远是苍白无力的说辞："这香料香气纯正，达到××××标准"，根本不会引起香精厂的注意，调香师接到样品后不一定会试用它，也许马上就把它忘了。

香料制造厂开发一个新香料是非常不容易的，寄给各地调香师后却长期受到"冷落"，因为调香师对新香料可能了解不太多，不敢贸然使用，如果香料厂同时提供该香料的"三值"及其他理化数据（如沸点、在各种溶剂中的溶解性、安全性等等），调香师无疑将更大胆地在新调配的香精中使用它。

自古以来，调香师基本上靠经验工作，"数学"好像与调香师无缘——调好一个香精以后，算一算各个香料在里面所占的百分比例，仅仅用到加减乘除四则运算，小学里学到的数学知识就已够用了——这跟其他艺术没有什么两样，不会五线谱、不懂do、re、mi、fa、so、la、si的人也能唱出动人的歌儿，也能奏出美妙的曲子，但是如果学会五线谱、对乐理懂得多一些肯定会唱得更好、演奏得更美妙。同理，掌握了香料香精"三值"理论的调香师则对每一次调香工作更加胸有成竹，更能调出令人满意也令自己满意的香精来。

香料香精的三个值——香比强值、香品值、留香值的概念是我国的调香师最早提出来的——先是提出"香比强值"，后来才有了"香品值"和"留香值"。香料香精有了这"三值"以后，不单初学者对每一个常用香料和常见的香精香型很快就有了"数字化的认识"，摆脱了以前模模糊糊的概念，而且让已经从事调香工作的人员包括德高望重的老调香师对香料香精有一种重新认识的感觉。推广开了以后，香料厂、香精厂、用香厂家和从事香料香精贸易的人员在谈论、评价、买卖时都觉得有了一种"标尺"。

　　当然，"三值理论"的意义不只是用在贸易上，假如我们把调香工作比作建房子，香料就像各种建筑材料一样，如果建筑师对每一种建筑材料的有关数据（如耐压、抗震、隔音性能、老化、抗腐蚀性、防火性等）不熟悉的话，他是不敢贸然使用的。古代或者早期的建筑师对各种建筑材料的有关数据掌握得不多，例如对砂石、泥土、石灰、陶瓷、木材等等，不像现在有这么多的数据，他们凭着以往的经验，或者比较模糊的数字（如某种配方"三合土"的"耐压力"）也能建好一幢大厦，但要建现代的"摩天大厦"，没有大量的通过实验的数据可不行。早期的调香师凭着直觉和长期积累的对各种香料的"印象"（说穿了就是没有数字化的模糊"三值"）也能调出好香精，一旦有了具体的数据，将是"如虎添翼"，各种香料的使用更能"得心应手"，对自己的调香作品能否在剧烈的市场竞争中取胜，将更加充满信心。反过来，对于竞争对手产品的评价，也比较容易通过一定的分析手段得出相对客观的结论。

　　如果我们把一个常用的单体香料的香气强度人为地确定一个数值，其他单体香料都"拿来"同它比较（香气强度），就可以得到各种香料单体相对的香气强度数值。"三值"的第一个"值"就是这样得出的——把极纯净的苯乙醇（一个香料工作者最熟悉的单体香料）的香气强度定为10，其他各种香料和香精都与苯乙醇比较，根据它们各自的香气强度给予一个数字，如香叶醇的香气强度大约是苯乙醇的15倍，我们就把香叶醇的"香气强度"定为150，这就是"香比强值"。

　　香比强值最为直观地反映一个香料或香精的香气强度，能直接看出一个香料或香精对加香产品的香气贡献，计算简便，已逐渐成为调香工作、香料和香精开发、贸易的重要数据。

　　"三值"的第二个"值"——"留香值"也比较容易理解——在一个香精体系里，如果其中有一个香料的香气在不到一天的时间里就嗅闻不出（用仪器检测它的含量已经少到对整体香气影响不大了），它的"留香值"就是1，把100天和100天以后才嗅闻不出（用仪器检测它的含量已经少到对整体香气影响不大）的香料的"留香值"定为100，其余的就把留香天数作为这个香料的"留香值"。这样，"留香值"最小为1，最大为100，有上下限，而"香比强值"是没有上下限的。

　　上面两个"值"刚提出不久都很快就被香料界人士接受并得到应用。最难以理解、争议最大的是第三个"值"——"香品值"，所谓"香品值"就是一个香料或者香精"品位"的高低，由于这是一个相对的概念，需要一个"参比物"，而且这个"参比物"应该是大家比较熟悉的，比如"茉莉花香"，国人提到"茉莉花香"，马上想起小花茉莉鲜花（不是茉莉浸膏，也不是茉莉净油！）的香气；西方人士一提到"茉莉花香"，想起的是大花茉莉鲜花的香气。二者都有实物为证。要给一个"茉莉香精"定"香品值"，把它的香气同天然的茉莉鲜花（中国人用小花茉莉，外国人用大花茉莉）比较，心里就有谱了。如果人为地定"最低为0分，最高（就是天然茉莉花香的香气）100分"，叫一群人（最少12人）

来"打分"，就像给歌手"打分"一样，"去掉一个最高分，去掉一个最低分"，然后取平均值，就是这个茉莉香精的"香品值"了。这种做法虽然不可能"很准确"，但想想看，哪一个艺术作品不是这样评判的呢？

香料"香品值"的评定比香精更复杂艰难，一般人难以胜任。可以想象："外行人"怎么给"甲位戊基桂醛"打分？所以只能请调香师。调香师们凭着"直觉"——根据以往的调香经验，认为这个香料应当属于什么香型就按这种香型的要求给它"打分"，如对于"甲位戊基桂醛"来说，所有的调香师都认为它应属于"茉莉花香"香料（加到香精里面起到产生或增加茉莉花香的作用），但甲位戊基桂醛的香气实在太"粗糙"了，有明显的"化学臭"，所以只能"给"个5分上下，有的调香师甚至才"给"2分。对于"乙酸苄酯"可不要看它价格低廉，生产很容易，纯度高的产品香气相当不错，在茉莉花香里带有果香（调香师通常认为花香香料带果香和动物香为高档），所以给的分数甚高——平均高达80分！

各种香料的香比强值、留香值和香品值在有关调香的书籍里可以找到，香精的"三值"可以根据配方计算出来。

香比强值、留香值和香品值的乘积叫做"综合评价分数"，一个香料或者香精的"综合评价分数"同这个香料或者香精的销售单价成正比，你觉得不可思议吧？！想一想你应该会明白的，因为"三值理论"虽然是为了"技术"的需要而提出的，其中又带有一点"艺术"性的东西，但它又是符合"科学"基本原理的。

十一　分形理论与香味的数学模型

自然界大部分不是有序的、平衡的、稳定的和确定性的，而是处于无序的、不稳定的、非平衡的和随机的状态之中，它存在着无数的非线性过程，如流体中的湍流就是其中一个例子。在生命科学和社会科学中，生命现象和社会现象都是一种复杂现象，非线性关系更是常见。

客观世界是复杂的，所以科学家们认为"世界在本质上是非线性的"。但以往人们对复杂事物的认识总是通过还原论的方法把它加以简化，即把非线性问题简化为线性问题。这种认识方法虽然在科学研究中发挥过巨大的作用，但是随着科学技术和社会的发展，已经暴露出它的局限性，从而要求人们直接研究复杂事物，以便更准确、更充分地反映其本来面目。因此，一门研究复杂现象的非线性科学应运而生。

在非线性世界里，随机性和复杂性是其主要特征，但同时，在这些极其复杂的现象背后，存在着某种规律性。分形理论使人们能以新的观念、新的手段来处理这些难题，透过扑朔迷离的无序的混乱现象和不规则的形态，揭示隐藏在复杂现象背后的规律，局部和整体之间的本质联系。

分形理论是当今世界十分风靡和活跃的新理论、新学科。分形的概念是美籍数学家曼德布罗特首先提出的。1967年，他在美国权威的《科学》杂志上发表了题为《英国的海岸线有多长？》的著名论文。海岸线作为曲线，其特征是极不规则、极不光滑的，呈现极其蜿蜒复杂的变化。我们不能从形状和结构上区分这部分海岸与那部分海岸有什么本质的不同，这种几乎同样程度的不规则性和复杂性，说明海岸线在形貌上是自相似的，也就是局部形态和整体形态的相似。在没有建筑物或其他东西作为参照物时，在空中拍摄的100公里长的海岸线与放大了的10公里长的海岸线的两张照片，看上去会十分相似。事实上，具有自相似性的形态广泛存在于自然界中，如：连绵的山川、飘浮的云朵、岩石的断裂口、布朗粒子运动的轨迹、树冠、花菜、大脑皮层……曼德布罗特把这些部分与整体以某种方式相似的形体称为分形。1975年，他创立了分形几何学。在此基础上形成了研究分形性质及其应用的科学，称为分形理论（见图83）。

图83　电脑画的分形画（1）

自相似原则和迭代生成原则是分形理论的重要原则。它表征分形在通常的几何变换下具有不变性，即标度无关性。由自相似性是从不同尺度的对称出发，也就意味着递归。分形形体中的自相似性可以是完全相同，也可以是统计意义上的相似。标准的自相似分形是数学上的抽象，迭代生成无限精细的结构，如科契雪花曲线、谢尔宾斯基地毯曲线等。这种有规分形只是少数，绝大部分分形是统计意义上的无规分形。

分维，又称分形维或分数维，通常用分数或带小数点的数表示，作为分形的定量表征和基本参数，是分形理论的又一重要原则。长期以来人们习惯于将点定义为零维，直线为一维，平面为二维，空间为三维，爱因斯坦在相对论中引入时间维，就形成四维时空。对某一问题给予多方面的考虑，可建立高维空间，但都是整数维。在数学上，把欧氏空间的几何对象连续地拉伸、压缩、扭曲，维数也不变，这就是拓扑维数。然而，这种传统的维数观受到了挑战。曼德布罗特曾描述过一个绳球的维数：从很远的距离观察这个绳球，可看作一点（零维）；从较近的距离观察，它充满了一个球形空间（三维）；再近一些，就看到了绳子（一维）；再向微观深入，绳子又变成了三维的柱，三维的柱又可分解成一维的纤维。那么，介于这些观察点之间的中间状态又如何呢（见图84）？

显然，并没有绳球从三维对象变成一维对象的确切界限。数学家豪斯道夫在1919年提出了连续空间的概念，也就是空间维数是可以连续变化的，它可以是整数也可以是分数，称为豪斯道夫维数。因此，曼德布罗特也把分形定义为豪斯道夫维数大于或等于拓扑维数的集合。英国的海岸线为什么测不准？

图84　电脑画的分形画（2）

因为欧氏一维测度与海岸线的维数不一致。根据曼德布罗特的计算，英国海岸线的维数为1.26。有了分维，海岸线的长度就确定了。

分形理论既是非线性科学的前沿和重要分支，又是一门新兴的横断学科。作为一种方法论和认识论，其启示是多方面的：一是分形整体与局部形态的相似，启发人们通过认识部分来认识整体，从有限中认识无限；二是分形揭示了介于整体与部分、有序与无序、复杂与简单之间的新形态、新秩序；三是分形从一特定层面揭示了世界普遍联系和统一的图景。

分形几何的诞生至今虽然只有四十几年，但它对多种学科的影响是极其巨大的。分形理论在生物学、地球物理学、物理学和化学、天文学、材料科学、计算机图形学、语言学与情报学、信息科学、经济学等领域都有广泛的应用。

分形理论的历史很短，但是卷入分形狂潮的除数学家和物理学家外，还有化学家、生物学家、地貌学与地震学家、材料学家等，在社会科学与人文科学方面，大批哲学家、经济学家、金融学家乃至作家画家和电影制作家都蜂拥而入。著名的电影"星球大战"和"阿凡达"中大量的画面就是利用分形技术创作的。由于分形最重要的特征是自相似性，所以信息科学家对其情有独钟，分形图像压缩被认为是最具前景的图像压缩技术之一，分形图形学被认为是描绘大自然景色最诱人的方法。美国理论物理学家惠勒说："可以相信，明天谁不熟悉分形，谁就不能认为是科学上的文化人。"在一些分形网站上写着："分形学，21世纪的数学。"

分形理论正处于发展之中，它涉及面广但还不够成熟，对它的争论也不少，但是由于已被广泛应用到自然科学和社会科学的几乎所有领域，所以成为当今国际上许多学科的前沿研究课题之一。

看了上面的内容，我们很容易想到香味也是"分形"的——无边无际，飘忽不定，自相似，可以迭代生成，表面无序的，如同天上的云朵一样。事实正是如此。笔者已经利用分形理论、"气味ABC"和"三值理论"建立了目前有关气味方面唯一的一个数学模型，初步揭开了"气味学"神秘的面纱。调香师把每一种香料的"三值"、"气味ABC"数值等代入这个"数学模型"（表面看起来是一个非常简单的算式而已），通过计算它的"分维"值，就可以预先在电脑上"纸上谈兵"地拟出各种调香方案出来，再通过实际配制实验，就能在较短的时间内调出一个比较"理想"的香精了。

　　读者有兴趣的话可以上网查阅这方面的文章，对香味"本质"将会有更加深刻的认识。

十二　调香与绘画

　　调香不仅是一种工业技术，同时也是一门艺术，往往可同音乐和绘画艺术相提并论。这是因为驾驭它们都同样需要"艺术嗅觉"、"艺术听觉"和"艺术眼光"。音乐家以一系列音符建立主题，画家凭色调创作题材，而调香师则通过调配一定的香基配制出令人喜爱的香气。

　　齐白石先生曾有过论画的名言："作画妙在似与不似之间，太似为媚俗，不似为欺世。"此言用于调香艺术上也是完全正确的。

　　学习调香也如同学习绘画一样。学绘画先模仿名家名画，学画大自然的景物，达到一定的水平后才开始创造，开始用自己的天才和勤奋去攀登艺术的高峰，就像张大千先生。他先临摹、仿制名画，最后达到炉火纯青的地步，水到渠成地形成了自己的风格。学习调香同样要从"仿香"学起，首先仿调大自然的各种花香、草香、木香、动物香香气，也仿调市场上畅销的各种香精香型，达到一定的程度后才开始"创香"，熟练地运用各种天然的和合成的香料按自己设定的目标创造出具有自己个性的香精来。

　　优秀的调香艺术作品，贵在创新，贵在"似与不似之间"。一个"素心兰"香水香精，可以有成千上万个作品，好的作品既不能让人觉得"基本就是××香水香精的翻版"或者"仅仅有所改良而已"，而是让评香者被作品吸引住，觉得前所未有，但又确实是"素心兰"香水香精的"精品"。

　　画家用色彩描绘大自然的美，调香师用香料调出大自然的另一种美。

　　成功的香作品也如同音乐、绘画一样，具有很高的美学价值。人们凭听觉和视觉来欣赏音乐和绘画，而欣赏香作品则是通过人们的嗅觉。欣赏香作品就像欣赏其他美学作品一样，需要有艺术的"嗅觉"才行。例如著名的"五月花"香水，其香气不仅酷似天然的花香，而且烘托出五月鲜花的生机，在艺术表现手法上体现了现实派与表现派巧妙的结合。打开香水瓶飘逸出的优美香气，使人宛如步入春色盎然、鸟语花香的境界。

　　同绘画艺术一样，调香艺术也有许多流派。在18世纪以前，调香师只能全部采用天然的动植物香料，模仿各种天然花果香型调配香水与香精，这个时期的创作风格属于自然派。

合成香料问世以后，调香师开始利用天然香料和合成香料调配香精，不仅可以调配出各种花果的香气，还能表现出阳光绚丽、鲜花怒放的意境来，形成所谓的"真实派"。

兹后曾一度出现印象派，所谓印象派的创作是从自身形象出发建立创作主题。

第一次世界大战以后，调香师不但从大自然中捕捉形象，而且用调香艺术表现事件、记忆、感情等，形成了新的表现派创作风格。

近年来的调香作品趋向于表现派和真实派相结合。如许多新的青香型作品是以大自然的青香为创作主题，调配出一种如同自然界晨曦中散发出的清新鲜幽气息，使人嗅闻后宛如置身于雨后放晴、百草葱茏的如诗如画的美妙景色之中。

十三　调香与作曲

优美的香气对人的作用，就像悠扬的音乐、优美的旋律一样能陶冶人的心灵。音乐的旋律变化、声波的长短强弱，对人体所引起的反应不同，香气的香型变化、气味强弱对人体的影响也能有类似的作用。

噪音——由乱七八糟的各种声波组成的声音给人以刺耳、难受的感觉，同样地，垃圾臭——由各种各样的气味（虽然其中也包含着许多甚至多数的香气成分）杂乱无章地混合在一起产生的气味也会给人以刺鼻、厌恶的感觉。只有由作曲家用心血谱成的优美旋律配以适合演奏的乐器或歌唱家的歌喉奏（唱）出的音乐才给人以美的享受，也只有由调香师用汗水调成的美好香型并以恰当的载体——香水、化妆品、食品等表现出来的香味才给人以美的享受。在这方面，调香和作曲的重要性相似。

法国著名调香师比斯认为香感与音乐感相似，香调宛如音调，也可分为A、B、C、D、E、F、G 7种，模仿音阶将香分为8度音阶，他认为像杏仁、葵花、香荚兰豆和铁线莲等给人的香感是一样的，所以皆为D型，只是香强度不同而已，因此，其精油可以相互调配。

比斯把当时常见的天然香料仿效音乐上的音阶排列成"香阶"，如图85所示。

在音谱上1-4、1-5、1-i最能调和，为完全谐和音，同样地，在"香阶"中如

图 85　比斯的香气分类

配合A-D、A-E、A-À等则得完全和谐香。例如苦杏仁油对于枯草香、柠檬与薰衣草对于香豆等，均极调和。反之，发生不协调音之配合如1-2、1-7等则成不调和音（香），例如缩叶薄荷或洋玉兰对于香豆等。

比斯通过将香型与旋律的比较首次用艺术观点提出调香的和谐、协调概念，对懂得音乐又初学调香者有一定的启发。但比斯提出的香阶与实际情况并未能完全一致，发生谐和音之配合未必都能配出芳香气味，反之，不谐和音之配合而成调和香气者亦不在少数，尽管如此，比斯的尝试还是得到了多数调香师的肯定和赞许。

笔者经过多年的研究和实践，把简谱音符1、2、3、4、5、6、7、i按一定的顺序嵌入"自然界气味关系图"中（见图86）。

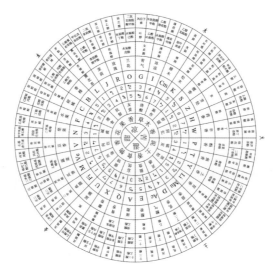

图 86　自然界气味关系图

图86中从内往外算第四圈和第五圈为简谱音符。

把美国J.P.奥德韦谱写的著名乐曲《送别》中的每一个音符依照图86填入相应的香型和香料，然后配制出香精样品，发给评香组做评香实验，得到好评。有趣的是：许多评香人员形容它的香气带有深沉、回忆的"味道"，与"送别"曲子的音调竟然非常吻合！

用类似的方法把几十首世界名曲都配制出香精，用于配制香水，均取得成功。事实上，用《自然界气味关系图》和乐曲结合来配制香精难度是很大的，得有几十年调香实践才能掌握其"奥妙"及技巧，因为每一个音符使用哪一个香料并不固定，都是调香师在某一个指定的范围内"随意"选出的。要选用哪一个香料，加入量多少，全在调香师的主观意识中，依赖于调香师长时间积累的经验。即使这样，每一个香精在拟出配方、实际调配后还得反复修饰、调整才能"奏效"。不过，该方法还是给所有调香师的创香工作提供了一种很有创意的思路。

十四　香精评判员——评香师

你也许知道这世界上有专职的品酒师、品茶师，不知还有"品香师"吧？当然，品酒、品茶也必须品香，但还要品味，而"品香师"却是专门品香不品味的。

原来，在香精制造厂里，调香师调出的香精还不能立即推荐给用香厂家。判定香精是不是能适合用户的需要，不是调香师自己确定的，也不是厂长经理说了算的，而是交由专职的香精"裁判员"——评香师来判定。

你是否由此认定当个评香师最惬意——调香师辛辛苦苦调出来的香精由他说好就好，说不好就不好！其实没有这么简单。评香师的工作比调香师繁重得多，责任也更加重大。当评香部门接到调香师的香精样品时，要先把样品根据香精的用途做"加香实验"，比如说这个香精是做香皂用的，那就得把它按一定的配方加进皂基里（必要时还要加其他添加剂），用专门的小型机械挤压成为小香皂，然后还要做架试（把样品放在专门的架子上定期观察是否变色或其他变质情况）、洗涤试验，还要召集许多人组成"评香委员会"，给香精打分数，再择优选出1～2个品种给业务人员送客户试用，这样被客户选中的概率才会高。不管香精做什么用途，都得在最接近客户加工时的条件（温度、压力、时间、湿度等等）下做这种"加香实验"，所以有的香精厂把评香部门叫做"加香实验室"。大型香精制造厂的加香实验室具备各种轻工产品制造的小型机械，甚至可以少量生产牙膏、香皂、各种化妆品、各种食品、卷烟、卫生香、各种气雾剂、洗涤剂等等。评香师必须熟悉这些加香产品的制作过程和配方，有时候还倒过来为客户设计新配方以拉住客户长期用自己公司的香精。

评香师还必须把在"加香实验"中得到的许多信息反馈给调香师，让调香师下次调出品质更佳的香精来。

在香精制造厂里，调香师与评香师的职位是完全平等的，二者分工合作，均为本公司能够更多地推出新型香精尽职尽力。如以"工""艺"两字分工的话，善"工"者评香，善"艺"者调香，将是明智的选择。

香精是香气和香味的增强剂，香精最重要的检测指标是其感官指标即香气和香味的评析。香精的检验简称评香，目前主要是通过人的嗅觉和味觉等感官进行的。

香精感官评析方法包括以下几种。

（1）成对比较检验法：此检验方法是最为简单的一种感官鉴评方法，它可用于确定两种样品之间是否存在某种差异，差异程度如何。该方法比较简单，猜对率为50%。它包括以下两种方法。

①两点识别检验法：取出两个试样，检验其中哪一个较受喜爱。

②两点嗜好检验法：取出两个试样，凭检验者的嗜好检验出最喜爱的试样。

（2）三点试验法：此检验方法适用于鉴别两个样品之间的细微差异，也适用于挑选和培训鉴评员或者考核鉴评员的能力。该方法猜对率为33.3%。它也包括以下两种方法。

①三点比较法：将A、B两种试样分为如A、A、B或A、B、B的三点一组，让每组进行品尝的检查人数相等，选择三点中感觉不同的一点。

②三点嗜好检验法：在三点比较法的基础上，将选出的一个和另外两个进行比较，选出所喜爱的一方。

（3）一对二点检验法：先将作为标准试样的A或B给检验员，在对其特征充分记忆后，再同时给出A、B两种试样，从中选择与标样品相同的一种。此试验方法适用于区别两个同类样品之间是否存在感官差异，尤其适用于鉴评员熟悉对照样品的情况。其猜对率为50%。

（4）排序检验法：此检验方法按指定特性由强度或嗜好程度排列一系列样品，它只排出样品次序，不评价样品之间的差异大小。适用于消费者的可接受性调查，也适用于确定由于不同原料处理、包装和储藏等各环节而造成的产品特性差异。它也包括以下两种方法。

①顺序法：给出A、B、C……几个试样，然后把某种特性的强弱或嗜好度按顺序记下的方法。

②评分法：分别对所给试样的质量采用1~100分、1~10分或−5~+5分等数值尺度进行评分的方法。

（5）风味描述法：对于加香产品入口时的味香、强度、回味等全部效果加以综合考虑，对其试样的优缺点等加以讨论、总结。

当然，除了上述方法外，还有许多其他的检验方法，如两点双定检验法、三点识别检验法、组合检验法、二对二点检验法等。

进行食用香精感官评析时应注意的问题：香气质量的检验；可以采用香精纯品通过评香纸进行检验。亦可将香精稀释至一定浓度放入口中，香气从口中通过鼻腔，从稀释度与香气之间的相互变化关系评价香气质量。

留香时间的检验：香精香料中，有些香料的香气很快消失，有些香料的香气能保持较久，香料留香时间就是对该特征的评价。一般是将香料黏到评香纸上，再测定香料在评香纸上的香气保留时间。

品控人员和技术部研究员依据不同的要求，采用不同的感官检验方法对香精的香气和香味进行评价，例如：新产品开发会用到成对比较检验方法、三点试验法、排序检验等，对香精成品的检验则可用一对二点检验法、风味描述法等。检验方法都不是单一的，往往几种方法综合运用，以保证香精真正符合客户的要求，保证香精百分之百合格。

第五章

形形色色的
加香产品

　　有香的产品在我国"文革"期间曾被认为是奢侈品，香水、化妆品被看作是"资产阶级的专用品"而不能生产，连食品加工用的香精品种也非常单调，只有"四大金刚"——香蕉、菠萝、草莓、柠檬四种。

　　改革开放以后，先是化妆品异军突起，三十几年来从花露水、蛤蜊油等几个少得可怜的卫生用品发展到年产值达数万亿元人民币的化妆品；牙膏开始在城乡普及；洗涤剂进入所有家庭，其中加香产品日益增加比例；蚊香、卫生香产量日增；喷雾杀虫剂、空气清新剂开始从城市推广到农村；新型的色香味形质俱佳的食品从南方"蚕食"到北方，方便面、八宝粥成了居家旅行的必需品；各种饮料在商店里面琳琅满目，令人目不暇接；快餐店遍布街头巷尾；烟、茶、酒等嗜好的消费量日见上升……所有这些产品，全是一个"香"字在里面兴风作浪，或者推波助澜。可以想象，这些产品要是没有了香味，几乎没有一个成得了气候。

　　除了上面列举的"传统"加香产品以外，还有许许多多的工农业产品也逐渐加入"加香产品"行列，例如服装鞋帽、家具、内墙涂料、饲料、燃料（包括煤气、石油气、汽油、柴油等）、润滑油、油漆、医药品、玩具、文具、蜡烛、人造花、干花、纸张、油墨、各种家用电器、塑料制品、橡胶制品、建筑材料等，几乎所有生产民生用品的厂家，都可以考虑是不是可以将自己的产品变成有香味的产品，以提高在市场上的竞争力。

　　香料香精现在是无处不有，将使人类的世界慢慢变成香味世界。

一　化妆品

　　化妆品是指以涂抹、喷洒或者其他类似方法，散布于人体表面的任何部位，如皮肤、毛发、指趾甲、唇齿等，以达到清洁、保养、美容、修饰和改变外观，或者修正人体气味，保持良好状态为目的的化学工业品或精细化工产品。

　　化妆品离不开香味，所以日本仍然把化妆品叫做"香妆品"。早期的化妆品指的是化妆用品，也就是我们现在称之为"色彩化妆品"那一类，英文叫做MAKEUP。现代概念的"化妆品"范围扩大了许多，包括一切护肤护发品，英文叫做COSMETICS，其定义是清洁美化人体脸部、皮肤、毛发以及口腔等处的日常生活用品，具有令人愉快的香气，能修饰人体，给人们以容貌整洁、讲究卫生的好感，并有益于身体的健康。希腊文中"化妆品"的词义是"装饰的技巧"，意思是把人体自身的优点多加发扬，而把缺陷加以弥补。因此，现代人称之为"化妆品"的包括雪花膏、冷霜、护肤霜（蜜）、清洁霜、粉底霜、营养霜、润肤油、按摩油、发油、发乳、发蜡、发胶、摩丝、生发水、剃须膏、洗发精、护发素、洗面奶、牙膏、牙粉、含漱水、香粉、爽身粉、各种香水、花露水、唇膏（口红）、胭脂、眉笔、眼黛、指甲油、染发剂、脱毛剂、抑汗剂、雀斑霜、粉刺霜、面膜、浴油、浴盐、泡沫浴剂等等（见图87）。

图87　琳琅满目的化妆品

可以想象，上述产品如果没有香味，消费者是很难接受的。日本有人在20世纪80年代提出"不加香精的化妆品"，声称他们生产化妆品所用的原料非常纯净，不带异味，因此，可以不用香精来掩盖原料的气息。这个口号很吸引人，但没有取得商业上的成功。很难设想没有香味的牙膏、香波、雪花膏会有人买。看来日本"香妆品"这个名称还得一直叫下去。而且市场上化妆品特别是清洁用品，选择符合要求的香型竟然达到左右这类商品价格的地步。一瓶香波，仅仅凭着惹人喜爱的香气，可以以高得多的价格出售。

"爱美之心人皆有之"，人类对美化自身的化妆品，自古以来就有不断的追求。化妆品的发展历史，大约可分为下列四个阶段。

第一代是使用天然的动植物油脂对皮肤做单纯的物理防护，即直接使用动植物或矿物来源的不经过化学处理的各类油脂。古埃及人4000多年前就已在宗教仪式上、干尸保存上以及皇朝贵族个人的护肤和美容上使用了动植物油脂、矿物油和植物花朵。古罗马人除对皮肤、毛发、指甲、口唇的美化和保养上使用令人愉悦的香料，也在衣橱内置放香料防虫蛀，最早的芳香物有樟脑、麝香、檀香、薰衣草和丁香油等。

公元7～12世纪，阿拉伯国家在化妆品生产上取得了重大的成就，尤其是发明了用蒸馏法加工植物花朵，大大提高了精油的产量和质量。与此同时，我国的化妆品也已有了长足的发展，在古籍《汉书》中就有画眉、点唇的记载；《齐民要术》中介绍了有丁香芬芳的香粉；我国宋朝韩彦直所著《枯隶》是世界上有关芳香方面较早的专门著作。

第二代是以油和水乳化技术为基础的化妆品。公元18～19世纪，欧洲工业革命后，化学、物理学、生物学和医药学得到了空前的发展，许多新的原料、设备和技术被应用于化妆品生产，更由于以后的表面化学、胶体化学、结晶化学、流变学和乳化理论等原理的发展，引进了电介质表面活性剂以及采用了HLB值的方法，解决了正确选择乳化剂的关键问题。

在这些科学理论指导和以后人们大量的实践中，化妆品生产发生了巨大的变化，从过去原始的初级的小型家庭生产，逐渐发展成为一门新的专业性的科学技术。正是在这个基础上，我国化妆品行业才成为目前我国轻工行业中发展最迅猛、最受广大民众欢迎的超大行业。

130

香味世界（第二版）

第三代是添加各类动植物萃取精华的化妆品。诸如从皂角、果酸、木瓜等天然植物或者从动物皮肉和内脏中提取的深海鱼蛋白和激素类等加入到化妆品中去。提取方法中比较先进的有超临界二氧化碳萃取法，提高了有效物质的得率和萃取纯度，由此制成的化妆品在国外已经流行了四五十年，使人们始终追求的美白、去粉刺、去斑、去皱等成为可能，直到如今，这些化妆品有的还很受欢迎。这种功能性化妆品又称疗效性化妆品、"药妆品"，有时也称quasi，意思是介于化妆品和药物之间。

第四代是仿生化妆品，即采用生物技术制造与人体自身结构相仿并具有高亲和力的生物精华物质并复配到化妆品中，以补充、修复和调整细胞因子来达到抗衰老、修复受损皮肤等功效，这类化妆品代表了21世纪化妆品的发展方向。这些化妆品以生物工程制剂如神经酰胺和基因工程制剂如脱氧核糖核酸（DNA）和表皮生长因子（EGF）的参与为代表。

护肤品香精根据不同的香型大体可分为三大类：花香香型、瓜果香香型和幻想混合香型。花香型有茉莉花香、玫瑰花香、桂花花香、栀子花香、铃兰花香、米兰花香、玉兰花香等；瓜果香香型有哈密瓜香、香橙香、柠檬香、苹果香、菠萝香等；幻想混合香型有国际香型、海岸香型、森林香型、海洋香型，有时也用木香、草香与花香的复合香型，如松针油、樟油、迷迭香油、薰衣草油、檀香玫瑰、古龙香型等。由于护肤品中"油蜡"类的原料占比例较大，没有加香前，有较强的油腻味，闻起来令人极不舒服。使用香气强度较大的香精，能够较好地掩盖这类护肤品中的"油腻"味，所以护肤品中所添加的香精首选应是香气强度较大的香精，其次才是其香气的优雅、清新，除茉莉花香外，其他如玫瑰花香、国际香型等一些香气强度较大的香精都适合用于护肤品。

我国从上世纪20年代开始生产的雪花膏算起，到现在市场上五花八门的护肤品，其所添加的香精的香型从单一的花香型到现在的混合花香型和幻想混合香型，都说明护肤品使用的香型是从单一的花香到混合花香、复合花香变化，一直朝着"香水"的香型发展的趋势。现在你走在大街上迎面袭来淡淡的"香水"香气，不一定是对面的人喷洒了什么香水，说不定他（或她）刚洗完澡抹了一点什么膏霜，而这种膏霜里面添加的香精香型就类似于某一种品牌的香水香型。

护发品使用的香型更是千姿百态，有玫瑰香型、铃兰香型、茉莉香型、香水香型、芳草香型等，最常见的是玫瑰香型和薰衣草香型。这些香型由单一的果香型或花香型向复合花香、混合香型发展，如从"苹果"香型、"草莓"香型到"海飞丝"香型、"潘婷"复合香型。后来这些复合香型由于找不到一种较准确的、适当的、能让大家接受的香型词汇，也由于这几个品牌的广告深入人心，因此，大家就以这种护发品的品牌名称定为其所使用的香精的名称直至今日，如"海飞丝"、"飘柔"等。所有这些无不体现人们对护发品不但在使用功能上有要求，而且对其使用香型也越来越讲究。不但有香气，而且还要有较长的留香时间，使人们充分享受着香精散发的清香。

摩丝、喷发胶除对发型起固定作用外，还具有护发、乌发、抗静电、营养头发的作用。摩丝、喷发胶所添加的香精比例在0.4% ~ 1.0%，由于其配方中的原料有异味的原因，开始生产厂家较多使用花香型来掩盖，如"玫瑰香型"，这种带有点甜香、又具香茅气味的香精能较好地抑制摩丝、喷发胶中的原料异味，起到掩盖作用，并散发出甜甜清香的效果。当然，其他花香型也有类似的香气效果。

唇膏的香气以芳香甜美适口为主，可用玫瑰、茉莉、紫罗兰、橙花加点水果香作为头香，眉笔和胭脂所用的香型与唇膏差不多。

清洁卫生用品一般希望香气清爽，使人产生清洁感，并且应该是男、女、老、幼都喜欢的香型，例如花香、果香、青香、草香等，日本喜欢玫瑰、铃兰、茉莉、香水、芳草型的洗发剂和漂清剂，西欧各国较喜欢药草香、薰衣草、馥奇、檀香、青苹果和百花香型，而美国人喜欢的是芳草型、水果型、香水型和百花香型，我国各地则较喜欢花木香为主而头香带点水果味的清香型，近年来馥奇型也较流行。

二　牙膏

如果有人问调香师香料和香精跟老百姓有什么关系，调香师会不假思索地给他说："你每天早晚刷牙用的牙膏就含有香精"，没有香味的牙膏你会喜欢吗？

人类很早就认识到洁齿的意义，早在两千多年前，在佛教早期的著作中就已有使用洁牙剂的记载。早期的洁齿品主要是白垩土、骨粉，用食盐刷牙和盐水漱口也流传至今。1893年，塞格发明了牙膏并将它装入金属软管中。使用牙膏刷牙的目的在于洁齿与清洁口腔，使口腔立即感到清新凉爽并留下甜香舒适的口感，因此，牙膏从问世起就与香精结缘，因为香精不仅可以糅合牙膏膏基的异味（牙膏配方中的许多物质都有异味），使用时产生舒适感，提高商品的吸引力，还可以提高牙膏的口腔卫生系数。因为牙膏用的香精里面大部分香料都是广谱抑菌剂，如以苯酚的灭菌系数定为1，椒样薄荷油是6.4，留兰香油28，薄荷油6.7，薄荷脑0.4，丁香酚8.6，百里香酚20，香兰素3.8，桉叶油1.6，茴香油0.4，水杨酸甲酯0.1……可以看出，牙膏用香精的抑菌能力是强大的（见图88）。

牙膏中常用的香精有薄荷香型、留兰香型、

图88　牙膏

冬青香型、水果香型、豆蔻香型、茴香香型等。不管用什么香型，都要用薄荷脑，因为只有薄荷脑才能赋予牙膏清凉爽洁的感觉。所以上述"香型"中间都得加上"薄荷"二字（如"冬青薄荷香型"等），与一般的食用香精是不一样的。

漱口水、喷雾口香水及口香糖所用的香精与牙膏香精类似，因为它们的加香目的都是一样的。

牙膏中除了要用香精加香，还要使用甜味剂来改善牙膏的口味，常用的甜味剂是糖精钠，不能用蔗糖和其他天然甜味剂，因为天然甜味剂会发酵，造成牙膏变质，糖精钠则无此弊病。

近来有的牙膏厂生产"咸味牙膏"，不用糖精钠而用食盐加入牙膏中，这是受了民间传统用食盐刷牙和盐水漱口的启发研制的，今后也可能流行开来。"咸味牙膏"使用的香精与传统"甜味牙膏"应有所不同，因为"香"与"味"是一体的。

我国的牙膏生产于1926年创始于上海，现已形成一个不大不小的工业体系。我国近年来牙膏生产技术水平表现在中草药牙膏的开发成功与普遍使用上。中草药普遍使用的有草珊瑚、两面针、芦荟、灵芝等，这些中草药牙膏对消炎祛肿、降火散瘀、止血去口臭有较显著的效果，但中草药的加入也给牙膏带进了不同的气味，有的气味（像芦荟的气味就有许多人不能适应）令人难以接受。为了支持牙膏厂开发中草药牙膏，调香师们做了大量的试验和调配工作，针对每一种中草药的气味特征，调出了一个个药物牙膏的专用香精，如"草珊瑚牙膏专用香精"、"芦荟保健牙膏专用香精"等。调香师为"中草药牙膏"这只腾飞的金凤凰插上了坚硬的翅膀。

世界各地对牙膏香型的要求是不一样的。盎格鲁撒克逊人喜欢药用冬青香韵，拉丁人爱用茴香、花香，英国人喜爱留兰香或带有薄荷的留兰香型，美国和加拿大则流行冬青药草薄荷的复合香料和桉叶、茴香、薄荷的复合香料。我国北方人比较喜欢水果和留兰香香韵的牙膏，南方人近来可能是受了"黑人"和"高露洁"牙膏的影响，喜欢起带冬青油气息的椒样薄荷油香型牙膏。带桉叶气味的牙膏在我国不受欢迎。

绝大多数儿童牙膏的香气是同儿童食品的香气相似的，大部分是水果香型。"老少咸宜"的牙膏最好也是水果香型，像"中华牙膏"就是香蕉薄荷香型的。

牙膏香精也像食品香精一样，很少使用花香香料。如果大胆使用花香香料的话，则可得到香气十分新颖、富于嗜好性的制品。今后可能会流行某种花香薄荷复合香气的牙膏。

三　香皂

鲁迅先生在厦门时，有一天在路上看到一个招牌写着"厦门杀文厂"，这位大文豪站着端详了许久，百思不得其解。原来，闽南话里把肥皂叫做"杀文"，这也许是英文SOAP经过日语转变而来的吧，难怪连鲁迅先生也被弄糊涂了。

肥皂在北方的一些地区叫做"胰子"，可知早期是用猪胰做的，古代还有用皂荚子制造的。后来人们采用各种油脂和碱熬煮大规模生产，现在也有用石蜡氧化得到的脂肪酸与碱中和制作的，由于各种来源的油脂——包括牛油、羊油、猪油、大豆油、菜籽油、棉籽油、花生油、茶油、椰子油、棕榈油等与合成脂肪酸都有气味，有的气味还很糟，做成肥皂以后不管是拿来洗衣服还是洗澡用都会沾上不好闻的气息。因此，制皂厂不得不考虑在肥皂里加香来掩盖不良气味，来自东南亚的一种禾本科植物——香茅（"刚好"与盛产椰子油和棕榈油——制造肥皂的最佳原料同籍）被一些大型制皂厂看上并得以大面积人工栽培、提炼精油直接用于肥皂加香，价廉又能盖住牛羊油的腥膻臭，后流行全世界。直至今日，洗衣皂加香用的香精香型仍以香茅为主，甚至许多人以为洗衣皂"本来"就应该是香茅味的，一般老百姓一闻到香茅的气味就说是"肥皂味"（见图89）。

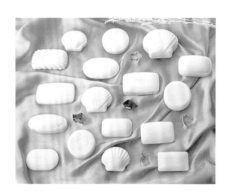

图89　香皂

到了现代，虽然洗衣皂（包括现在时髦的"透明皂"）都还是以香茅香气为主，但已经较少直接使用天然香茅油了，而是用香精厂配制的香茅香精。

现在的人们洗头用"香波"，洗澡用"沐浴液"，洗脸用"洗面奶"……但是许多人仍乐于使用香皂，一块香皂从头洗到脚，"简单又方便"，尤其是出门时省得带一大堆洗涤品。现代的香皂有许多品种已经不只具备一个"洗涤"的功能、变成"多功能香皂"了，如"护发香皂"——在香皂里加了护发、调理等添加剂，让香皂像"二合一香波"一样洗发又护发；"工艺品香皂"——把香皂做成各种漂亮的造型，有观赏价值；"药皂"——在香皂里加了中草药、杀菌药物等，用这种香皂洗澡、洗发可以防治皮肤病；"芳香疗法香皂"——在香皂里加了某种单一精油或复配精油，声称这种香皂有稳定情绪、消除疲劳或振作、兴奋等作用，其原理如同精油沐浴；还有"美容香皂"、"减肥皂"、"驱蚊香皂"、"驱螨香皂"等等。调香师得根据这些"多功能香皂"的特点来调配适合的香精。

肥皂（包括香皂）都是碱性的，即使是号称"中性皂"的沐浴香皂都还是含有一定量的游离碱。因此，皂用香精要求能耐碱（在一定的碱度范围内不变色、变味），这就限制了一部分香料在肥皂里的应用。由于香皂制造时耗用香精比较大——高档香皂的制造成本中香精费用占了一半以上，较大规模的制皂厂就设有自己的香精配制车间，有专门的调香师调制皂用香精。这样做的好处是调香师比较了解制皂的全过程，调出的香精最适合自己工厂配制香皂，缺点是调香师人数少，久而久之会把香型局限在一定的范围内，外人称之为"公司味"。

几乎所有流行的香水香味都有人把它用在香皂上。因为一种香水流行后会带动各种日用化学品也流行这种香味，香皂当然也不例外。最杰出的例子是"力士"香皂，它至今还保留着1947年开始流行的Miss Dior香水的香型。事实证明这种香型用于香皂比用于香水还成功！

近年来有人用香气强度极大的香料配制皂用香精，并加大在香皂里的香精用量，推出了一种"多功能"香皂。这种香皂可以当空气清新剂使用——把它放在卫生间起到祛臭赋香的作用，过几个月气味变淡后再拿来洗东西。这种香皂一般都染成黄色或绿色，"让它更贴近大自然一些"，这其实是制造商的广告语，真正的原因是香精用量大了，变色的可能性也增加了，难以制成洁白色，制皂工艺师不得不用色素（颜料）把它染成黄色或绿色，以免在储运时外观起变化，让人觉得是变质了。

四 洗涤剂

洗涤剂的主要成分是表面活性剂，表面活性剂是分子结构中含有亲水基和亲油基两部分的有机化合物。一般是根据表面活性剂在水溶液中能否分解为离子，又将其分为离子型表面活性剂和非离子型表面活性剂两大类。离子型表面活性剂又可分为阳离子表面活性剂、阴离子表面活性剂和两性离子表面活性剂三种。

实践证明，在织物的水洗中只有阴离子表面活性剂和非离子型表面活性剂对织物去污能够起到正面有效的作用。因此，这两种表面活性剂就成了衣物洗涤剂的主要材料。

洗涤剂要具备良好的润湿性、渗透性、乳化性、分散性、增溶性及发泡与消泡等性能，这些性能的综合就是洗涤剂的洗涤性能。洗涤剂的产品种类很多，基本上可分为肥皂、合成洗衣粉、液体洗涤剂、固体状洗涤剂及膏状洗涤剂几大类。

全世界洗涤用品工业生产自第二次世界大战后至今已逐步形成了一个较完整的工业体系，数十年来，由于科学技术的不断进步和石油、化学工业的高速发展以及人们对洗涤用品的迫切需要，全世界洗涤用品生产得以迅猛发展。上个世纪70~80年代期间增长最快，90年代以来发达国家市场增势趋于平稳，但发展中国家如亚太和拉美地区发展处于高速增长。预计到本世纪中叶，全世界洗涤用品需要量将上升至1亿～1.2亿吨，除部分是由于人口增长因素外，主要还是一些发展中国家仍存在着庞大的潜在市场。

中国自改革开放以来，国内商品市场上各种优质、多效、安全的洗涤剂、肥皂、香波、浴液等琳琅满目，这充分显示了中国洗涤用品工业的繁荣景象，也同时反映了洗涤剂的基本原料——表面活性剂生产的蓬勃发展。历史上中国早期用的洗涤产品只是香肥皂一种，自1960年后才开始工业化生产合成洗涤剂，50余年来，除保持供应香肥皂的需求外，合成洗涤剂从无到有高速发展，取得突出的进步。

在中国洗涤用品中，香肥皂仍有一定的市场需求，特别是在广大农村及边远地区，人们洗脸、沐浴仍习惯用香皂，在人口众多的中国，从各方面条件综合考虑，香皂、肥皂绝不是瞬间即逝的产品，仍应得到相应的发展与改进。近年来，中国合成洗涤剂每年仍以8％的速度递增。所以中国的洗涤用品特别是各种合成洗涤剂产品在可预见的将来依然看好。

早先加入香精只是为了掩盖洗衣粉的"化学气息"，加入量较少，现在则要求加入香精后不但洗衣粉闻起来有香味、洗衣时香喷喷，还要让衣物洗完晒干、熨烫以后还留有香味，这就给调香师提出了研究的课题——洗衣粉的"实体香"问题。当然，这并没有难倒调香师。经过大量的加香实验和理论分析以后，满足洗衣粉这个特殊要求的香精被研制出来了。但现在洗衣粉生产厂购买的香精不一定有"实体香"，这有许多原因，可能有的洗衣粉生产厂还不知道有这种"特殊功能"的香精；有的香精厂没有这个技术；还有"价格"因素——具有"实体香"功能的香精配制成本比较高，中低档洗衣粉还"用不起"。

洗洁精为日常消费用品，洁净温和，泡沫柔细，迅速分解油腻，快速去污、除菌，有效彻底清洁不残留，洗时散发淡雅果香味，洗后洁白光亮如新。时常使用确保居家卫生，避免病菌传染。"洗洁精"的主要成分是烷基磺酸钠、脂肪醇醚硫酸钠、泡沫剂、增溶剂、香精、水、色素、防腐剂等，烷基磺酸钠和脂肪醇醚硫酸钠都是阴离子表面活性剂，是石化产品，用以去除油渍。使用的香精要求无毒、不伤皮肤、去油污性能好、色浅、无异味，最好气味芬芳但又是"可食性"的。其实餐具洗洁精使用的香精比较简单，不需要留香，配制成本也都较低，大部分食用的水果香精都可以作餐具洗洁精香精，如香蕉、菠萝、柠檬、柑橘、甜橙、草莓、哈密瓜等香味的"香基"——就是全部用香料配制的，还没有用酒精、丙二醇、水、植物油等"稀释"的所谓"5倍"、"10倍"、"20倍"食用香精，它们全都有被加入餐具洗洁精过（见图**90**）。

除了家用洗涤剂外，各种"专业洗

图90　家用洗涤剂

涤剂"现在也到处可见，主要有宾馆、医院、酒店洗涤剂，用于洗衣房等大型洗涤业的需求；还有各种公用设施用清洗剂、纺织工业清洗剂、皮革清洗剂、食品工业清洗剂、交通工具清洗剂、金属清洗剂、光学玻璃清洗剂，塑料橡胶清洗剂以及其他工业清洗剂。这些"专业洗涤剂"以前很少加香，现在也都是香喷喷的了。

虽然一般的洗涤剂加香量只有0.1%~0.5%，但由于洗涤剂的用量极大，全世界一年用于洗涤剂加香的香精高达数万吨，我国一年也要用到1万多吨，成为日用香精里最大的一类。

目前各种洗涤剂几乎都是"阴离子型"的，都带碱性，即使声称是"中性"的洗涤剂在水中也会有"游离碱"，因此，所有洗涤剂香精的共同特点是都可以耐一定的碱性。

五 空气清新剂

1931年，挪威人俄利克·波希姆开始研究气雾剂，1933年，成功地用液化天然气作为气雾剂的抛射剂，申请并获得世界上第一个气雾剂的专利权。同年，米德里·亨内和纳利等人发明了氟碳化氢（氟利昂）作气雾剂的抛射剂，也获得了专利。1948年已经发展到使用无缝的不锈钢罐和铝罐。超低容量气雾剂也是在这段时期开始研究、到20世纪60年代世界各国才形成工业化生产的。我国从1973年开始引进超低容量气雾剂技术，1978年前后才大规模应用于农业上，后来再进一步扩大到卫生防疫的杀灭害虫和空气灭菌消毒等方面。

气雾剂近几十年来发展最快的是在日用化学品领域，在发达国家人均使用量达十几罐/年，每个家庭任何时候都有几十罐气雾剂，包括空气清新剂、化妆品、护肤护发品、舞会和舞台用品、各种洗涤剂、食品、药品、驱虫杀虫剂、油漆、涂料、宠物用品、花卉用化学品、家用胶黏剂、灭火剂、旅游用品、汽车清洁防雾剂等等，而我国目前人均使用量还不多，品种也较少，主要是空气清新剂和家用杀虫剂、护肤护发品，其他的很少。

气雾剂型的空气清新剂（见图91）是目前净化室内空气环境，提高空气质量最常见的方法，由于携带方便，使用简单以及价格便宜，空气清新剂成为人们净化室内空气的首选，它的工作原理也很简单，就是在发出恶臭的物质中加入少量药剂，通过化学反应达到除臭目的和使用强烈的芳香物质隐蔽臭气，因此，很多空气清新剂事实上并没有将室

图91　空气清新剂

内的异味清除，仅仅是用一种讨人喜欢的香型将异味掩盖而已。

目前市场上出售的空气清新剂常见的香型有单花香型（茉莉花、玫瑰花、桂花、铃兰花、栀子花、百合花等）、复合香型、瓜果香型（苹果、菠萝、柠檬、哈密瓜等）、青草香型、"海岸"香型、"香水"香型（素心兰）等，另外，还有些司机喜欢将花露水当作汽车空气清新剂使用，和一般的空气清新剂相比，花露水含有的酒精还具有杀毒作用。

空气清新剂可以看作是"环境用香水"，与香水不同的是：第一，它是让众人闻的，不是供自己享受的；第二，在掩盖"臭味"方面，香水要掩盖的是"体臭"，而空气清新剂要掩盖的是"环境臭"。因此，虽然二者都是给人"鼻子的享受"，使用的香精配方却有很大的不同，香水香精可以大量使用价格昂贵的天然香料，而空气清新剂香精基本上全用合成香料，如用到天然香料也都是一些单价比较低的，毕竟空气清新剂是"大众化"的产品，不是奢侈品。

自然界各种花香、草香、水果香、木香、"五谷香"等都是空气清新剂用香的首选，因为这些香气有让人投身大自然的感觉。人类各种嗜好品——烟、茶、咖啡、酒以及各种熟食的香味有时也可用于一些特定的场合。各种古龙水、花露水的香型用于空气清新剂也颇受欢迎，因为它们也属于"大众香型"，绝大多数人喜欢，并且"百闻不厌"。我国特色的花露水香型（玫瑰麝香香型）也可作为空气清新剂使用。

同其他香精的作用一样，空气清新剂香精的功能也是一"盖臭"（消除、抑制或掩盖臭味）、二"赋香"。消除臭味可以用易与胺类、硫化物、吡啶等起反应的异丁烯酸月桂酯、正丁烯酸癸异二烯酯、洋茉莉醛、柠檬醛、苯甲醛、香兰素、乙基香兰素、香豆素等和一些天然香料如鼠尾草、丁香、月桂等的提取液，利用它们的"反应基团"与发生臭味的化合物起作用，变成无臭或者臭味较淡的物质；也可以用麻醉嗅觉神经、减少对臭味及刺激性气体的感觉如薰衣草、茉莉花、松树等的提取液。"赋香"则要求香精从头香、体香到基香都要完全"压"过残存的臭味，也就是既要用蒸气压大的也要用蒸气压中与低的香料，当然，这些香料还要配制得让人们闻起来舒服、清爽。

六 卫生香

汉语中的"香"字有两个意思：作形容词时意为"好闻的气味"；作名词时指的就是卫生香——民间流传的千古绝对"香香两两"至今无人能对出下联来，其中"香香"的意思是"有香味的卫生香"。卫生香是人们采用各种木粉（会燃烧的树皮、树干弄碎）、黏粉，根据一定的比例，制成各式的香饼、香球、线香、棒香、盘香等，加上一些有香的物质（可以是有香的桧粉，也可以是各种中药粉或是各种香料香精），通过点燃，使之发出香味作为敬神拜佛、熏屋熏衣、防虫驱瘟、香化环境、调理身心作用的一种传统民族生活用品，所以大家称之为卫生香，有时也被称为"神香"、"檀香"。由于卫生香是点燃后熏香，所以也有把卫生香理解成"熏香"，现在则统一叫做"燃香"。

卫生香来源于古中国和古印度，至今已有几千年的历史，主要是佛教用途多，而我国有关卫生香的记载也非常多，流传最广的是现在的各大寺院、各地方的庙，从古至今，香火不断，源远流长。

自古以来，人们生儿育女、延续香火的想法已成为一种信念，人死后，后人会烧上三炷香悼念，表达思念之情，代代相传。清明扫墓更是中华民族的优良传统，不但出远门的人们都要回家祭奠，有的侨胞、港澳台胞更是不远千里返乡祭祖，给祖先点上三炷香，以表明自己不忘祖德祖训的心声。

另外，和尚坐禅、念经，要点燃卫生香传递信息，练气功的人们点燃檀香，使心情平和，有益于修身养性，保健身体。

熏香还有防病驱瘟的作用，古代就有在端午节焚烧艾蒿的习惯，确实非常科学，它不但可以杀菌、驱除瘴气，还能赶走蚊蝇。现在生活水平高了，人们有时在房间、宾馆里或公共场所点燃好闻的卫生香，使人一闻顿感空气清新、环境优雅。随着对芳香疗法和芳香养生的重视，卫生香更加凸显其美好的明天。

历代人们使用卫生香，至今都有记载。早在商周时期，就有姜太公焚香祭天的传说，这在小说《封神榜》中有许多叙述。而在唐朝时期，佛教盛行，香作坊、香客遍布全国，形成一大行业。唐朝唐玄奘到西天印度取经的故事，四大名著之一的《西游记》至今大家仍津津乐道，其中多处描写焚香。宋朝时期，宋洪驹先生的著书《香谱》中就记载着汉武帝宫廷制香的配方。明朝时期盛行的各种庙会，清朝各代皇帝的天坛祭天的传说，说明从古至今，卫生香行业长盛不衰。"十年浩劫"时期的破四旧、立四新运动，佛教、寺庙遭到前所未有的破坏，卫生香也一度被禁用。但改革开放以来，宗教信仰自由使得各地的香作坊纷纷生产卫生香来满足市场的需求。到现在，全国大大小小的香厂多达万家，发展成较大规模的厂家也不少于百家，由于中国生产的卫生香质量好，东南亚等国家及我国的台湾、香港、澳门地区纷纷到大陆来购买卫生香，使得我国的卫生香出口一度繁荣起来。

卫生香，顾名思义就是点燃熏香时会散发出各种香味，古代，特别是四大文明古国的宗教徒们礼拜时用的卫生香，就大量用一些天然植物材料如艾叶、菖蒲、沉香、檀香、玫瑰花、茉莉花、薰衣草等掺入其中，使之燃烧时发出更好闻的香气。那时候香料的使用局限于天然香料，由于古人无法知道各种天然香料所含的成分，也不知道这些香料焚烧时所起的化学变化，他们只能凭借经验将各种香料合理搭配，使之在焚烧时散发出更加美好的香气。所以"经典"的卫生香仅局限于玫瑰、茉莉、檀香、沉香、樟香等几种比较固定的香型。

　　到了现代，香料的应用已不只是在焚香方面，而扩大到化妆品、食品、洗涤用品、香水、香烟等等，技术的进步使得香料也不只局限于天然香料，大量合成香料的成功投产，给了调香师们施展才华的广阔空间，各式各样的香精广泛地应用到人们的衣、食、住、行各个领域，而卫生香的香精只是其中的一小部分而已，甚至已很少受到调香师们的注意了。

　　多数的调香师只是将现成的一部分"日化香精"推荐给香厂，让香厂的技术人员自己去试配，其中对焚香香精的点燃效果不去研究，这样造成了非常大的资源浪费。为什么呢？因为熏香香精有它特殊的地方，香精要经过熏燃而发出香味，有许多本来香气非常好的香精点燃后香气变劣，而有些闻起来不好的香精点燃后却令人心旷神怡。因此，选择应用比较适合的熏香专用香精已是各香厂、甚至是蚊香厂的重头戏，目前国内已经有了专门生产熏香香精的香精厂，他们对熏香的特点进行研究，发现熏香香精的调制只能是"将各种物质焚烧产生的气味调配成惹人喜爱的香气"，而不是香料原香的调配，因此，调配出一种成功的焚香香精比一般的日化香精、香水香精更难，不只是"照顾"香精的头香、体香、尾香即可，而应加入基料中进行点燃试验才能品评出其优劣。

　　随着人们生活质量的提高以及卫生香用途的多样化，"鼻子的享受"逐渐被提到重要的位置上来，卫生香香精的选用也就越来越高档，各式各样的香型都被广泛地应用到卫生香中来，甚至有的卫生香点燃后散发出某种特别的香水香味。卫生香香型中不仅有来自植物的香料，还有一些动物香料，且特别珍贵，常见的有麝香、龙涎香、灵猫香和海狸香。此外，目前流行的"印度香"、"奇楠香"、"菩提香"、"粉香"等都是一些混合香味，既有花香也有动物香。"印度神香"更是将未加香料的"素香"浸入香精溶液中片刻捞出晒干，这样的卫生香加入的香精成本比较大，但其香味浓烈，留香时间特别长。

　　近来卫生香厂家采用的香型更为"大胆"，将可以食用的香草香型、奶油、草莓、水蜜桃，以及一些草香、香水香型如毒药、鸦片、香奈儿5号，还有各种幻想香型都采用到卫生香上来，卫生香香型真的正在向流行香水香型上靠拢，整个卫生香走向真正的"芳香世界"。

　　在藏民聚居的地方，由药材和香料制成的藏香（见图92）可以让空气清洁，心情舒畅，是藏族民间不可缺少的日用品。在传统手工制作藏香的历史中，尼木县吞巴村、拉萨西郊堆龙德庆县、山南敏珠林寺被称为三大传统藏香生产地。而山南敏珠林寺生产的藏香，盛传由当年精通藏医天文历算的五世达赖喇嘛的经师

图 92　藏香

久美人增多吉再次研发制作，从而流传至今，成为独具特色的藏香，并被称为藏香中档次最高的，是旧西藏达官显贵的指定专用藏香。

七 蚊香还是"蚊臭"？

人类在远古时代就懂得用烟熏法驱蚊了，中国《医学类聚》一书中关于熏蚊香药的记载："每木屑一斗，入天仙藤四两，裁断挫碎研为粉末，如印香燃之，蚊呐悉去。"《古今秘苑》一书中也记载了用浮萍、樟脑、鳖甲、楝树等中草药作焚烧药物驱蚊的事例。日本在公元前700年的奈良时代就使用橘皮、艾蒿及榧树叶等植物燃烧时产生的烟雾及特有的气味来驱赶蚊虫，并通过中国的丝绸之路和香料之路（海上丝绸之路）传至西方。南宋时中国已用中草药制作捧香。

日本在1890年用天然除虫菊花（见图93）制成线香，每根长约30厘米，可以点燃驱蚊一个小时。美国加利福尼亚州在1873年开始种植除虫菊并用于灭虫除害，后来也学习日本制作线状蚊香。进入20世纪线状蚊香才发展成螺旋状盘式蚊香，可以燃点整个夜晚。

中国最早建立和生产蚊香的是厦门蚊香厂，是在1904年清朝光绪年间，并在1926～1928年连续三次获得巴拿马国际商品博览会金奖。后来福建生产的"雄鸡牌"和"青蛙牌"蚊香在国际上也享有盛誉（见图94）。

由于蚊香中的杀虫成分——除虫菊酯我国长期靠进口供应，货紧价俏，所以不少厂家用DDT作为蚊香的杀虫有效成分。但DDT对人的毒性及残留危害严重，且"臭气熏天"，即使用大量香精也掩盖不了，所以在人们的印象中蚊香是臭的，"蚊香"早就应该改称"蚊臭"了。

图 93　除虫菊　　　　　　　　　　　　　图 94　蚊香

20世纪80年代初期，鉴于国家卫生主管部门三令五申限期禁用DDT，蚊香厂才恢复用比较安全的拟除虫菊酯来生产蚊香，DDT的臭味才逐渐在蚊香产品中消失，但此时的蚊香还是不香的，点燃时仍有一股不好闻的气味。人们自然而然地想到在蚊香中加香精以掩盖臭味。想想容易，做起来难，要让成品蚊香有香味比较简单，只要找几个香气强度大的香精抹上去或拌在粉料里就行，但点燃时会不会香就难说了，有时候很好的香精加上去后点燃时却发出异臭，大部分香料焚烧时产生像燃干草一样的气味，与香料原有的香气大相径庭。调香师不得不把所有常用的香料一个一个试着点燃后闻它的气味，用记住的香气调香，这难度可想而知。

调香师们终于克服了重重困难，配出了几个比较好的蚊香专用香精，加在蚊香里点燃后散发出像卫生香一样好闻的香气来。福建省几家较大的蚊香厂最先推出香味蚊香。针对蚊香加工时烘房温度损耗香精与杀虫药剂的难题，厦门有人研制成功喷雾加香机械向全国推广。随后，浙江、江苏、山东、河北、广东、广西等省区也先后生产出香味蚊香，因为实践证明，消费者宁愿多花一点钱买它，而不能忍受原先那臭烘烘的老式蚊香整个夜晚对鼻子的折磨。

传说在20世纪60年代初的一天，日本有一位从事蚊香的研究人员正在河边散步，忽见有人将一只已坏的线绕电阻扔出，正好摔在他的脚下。当时这位研究员脑海中突然闪出一个念头：是否可以用它来对蚊香加热使杀虫有效成分挥发而代替用火柴点燃呢？这个突发的灵感促使电热蚊香的问世。大约又经过20年，电热液体蚊香也商品化生产上市了，一瓶45毫升的药液可以连续使用一个月时间，确实比盘式蚊香方便得多了（见图95）。

图95　电热液体蚊香

电热蚊香和电热液体蚊香只是利用加热让药剂挥发，不是熏蒸，因而加香问题比较容易解决。对电热蚊香来说，只要找到同拟除虫菊酯同温挥发速度一样的香精就可以了（一片电热蚊香可以恒定挥发药剂8小时，香味也希望在8小时内不变）；电热液体蚊香也一样，在使用的一个月内加热时香味基本一致，也就是所用的香精与杀虫剂的挥发几乎是同步的。目前常用于电热蚊香与电热液体蚊香的香型有玫瑰、麝香、檀香、茉莉、百花等，可供选择的余地比盘式蚊香多。蚊香现在真的香起来了（见图96）。

图96　电热蚊香

盘式蚊香、电热蚊香与电热液体蚊香使用的历史注定都不会太长，因为它们都有一个共同的缺点——需要加热，这带来了使用不便和安全问题。因此，不用加热的各种"蚊香"应运而生，现在已经面市，不久即会成为主流。

其实不用加热的"蚊香"早就是科技人员的追逐目标了，只是原先各种对人体比较安全的杀虫剂在室温下的蒸气压都不够高，现在这个问题解决了——有几个拟除虫菊酯类农药破解了这道难题——这就是市面上开始出现的"自然散香型"驱蚊纸、驱蚊架、驱蚊风铃等，驱蚊时效从一个月到一年都有。

用驱蚊复配精油涂抹在各种散香物品上，也可以有效地驱避蚊虫，对人体更加安全可靠，但气味一般会浓烈一些，所以消费者需要认真挑选自己和家人比较喜欢的香型。

必须指出的是，单一精油的驱蚊效果大多数只有百分之五十几，需要几种精油一起用，与其这样麻烦，不如用调香师给你调好的"驱蚊复配精油"，驱蚊效果能够达到百分之九十几，超过一般的蚊香。

八　饲料加香

人的食物要加香，饲料是否也要加香？这是不是太"奢侈"了？难道动物也要给它享受吗？

动物与人一样，在食物匮乏的时候，可以"饥不择食"，但在食物供应充足的时候，可就挑剔了，特别是在已经吃饱的情况下，你还要让它再吃，把肚子撑大，那就更要想办法了。

20世纪40年代，以美国各大学为中心对家畜、家禽等动物的嗅觉进行了许多研究，同时还以鸡、猪、牛等经济动物为主进行了有关嗜好性的研究。1946年，美国香料公司以这些研究成果为基础制造出最早的饲料香味素。日本是从1965年开始用加香饲料喂养家畜、家禽等动物的。

我国饲料工业起步较晚，20世纪80年代中期才有一定的工业规模生产，但十几年来进展飞快，现年产已超过1亿吨。而我国也已成为世界第一畜产大国。但是我国饲养家禽、家畜的技术水平还是很低的，占全国总数一半左右的禽畜还是零星家养，直接用粮食或者剩菜剩饭饲养，饲料利用率很低，折合成标准饲料，养猪时料肉比高达4.5：1，如用配合饲料饲养，目前国内水平是3.0：1，但国外早已达到2.3：1的水平。所以我国饲料工业还有很大的潜力可挖，其中之一就是在饲料里加香。有实验指出，在猪配合饲料里加入适合的香味素以后，料肉比一下子从3.0：1降到2.5：1（见图97）。

我国直到20世纪90年代后才有少数饲料厂应用饲料香味素，并且加入的动机是"给人

图 97　现代化养猪场

图 98　现代化养鸡场

闻的"，不是"给猪闻的"（"没有让动物参与评香"），饲养动物时没有增加采食量，长膘不见增快，当然也不可能降低料肉比，这样就引起了争议，有人开始怀疑"加香"是不是有用。但奇怪的是，国外特别是先进国家为什么70％以上的饲料都加香呢？而且不单猪的饲料加香，连牛、鸡、鸭、鱼、虾、宠物的饲料也都加了香料，难道他们是傻瓜？！

再来翻一翻美国、日本的有关资料：美国最早在猪饲料里加香是为了使那些开始用人工乳代替母乳的仔猪喜欢吃食，在人工乳里加上母乳香气的香料，仔猪出生7天就开始少量喂食人工乳和带奶香的饲料，这样可以提早断奶。加入香料的人工乳和饲料可以使猪仔的消化酶的作用活跃起来，促进消化。后来的研究证明，不管是小猪、中猪还是大猪，对某些香料例如乳酸酯类、香兰素、发酵酸类都有嗜好性，对蔗糖和谷氨酸钠（味精）也有嗜好性。

过去对鸡是否有味觉嗅觉曾有过许多争论，科尼尔大学的卡尔先生用4000只小鸡对32种香料进行试验，结果表明，小鸡对于加了香料的水和没加香料的水是有选择性的，而且效果还随浓度的改变发生很大变化（见图98）。

牛的情况与猪相似：当强迫仔牛断奶时，仔牛常因为一时不习惯而不爱吃食，以致造成营养不足停止发育或生病等情况，所以一般仔牛生下10天左右就可以开始用人工乳和饲料喂食，在人工乳和仔牛饲料中加牛奶味香料。

"大鱼吃小鱼，小鱼吃虾米"，所以肉食性鱼的饲料的主要原料是鱼粉，出于经济目的可用植物蛋白代替，但这样做就造成鱼在咬食、嗜好性等方面有问题了，因此，在用植物原料做成的鱼饲料中就加入带有蛤子、虾、海扇气味的香料。草食性鱼的饲料可以加入带各种海草香气的香料。

宠物的饲料里要加香，这更容易理解，狗和猫的嗅觉敏锐程度大都在人之上，既然是"宠物"，当然对食物就更挑剔了，给它们吃的食物也跟人的食物一样丰富多彩，气味芬芳。

其他动物也都表现出它们各自的嗜好性，例如众所周知的家蚕饲养，没有调香师的努力，家蚕永远只能吃桑叶，蓖麻蚕永远吃蓖麻叶，除非你从它孵化出来的那一刻就让它吃其他植物的叶子（蓖麻蚕可以一生都吃木薯叶，也可以一直吃蒲公英或樟树叶，但不能"中途"突然改变）。

因此，饲料香精的评香工作应建立在饲养动物的嗜好性上面，而不是由人来评定好坏。

饲料香味剂是指根据不同动物在不同生产阶段的生理特性和采食习性，为改善饲料的诱食性、适口性及饲料利用转化率，全面提高动物生产性能而添加到饲料中的一种饲料添加剂。

对于饲料香味剂一词，有多种叫法，如：饲料调味剂、饲料香味素、饲料增味剂、饲料风味剂等。

饲料香味剂是"香"和"味"的结合体。"香"产生诱食性，刺激动物嗅觉，诱使动物多采食；"味"产生适口性，刺激动物味觉，促使动物继续采食，并刺激唾液分泌和肠胃蠕动，促进消化吸收。因此，饲料香味剂既包含调味剂，又包含增香剂。

饲料香味剂主要由刺激味觉的成分和刺激嗅觉的成分组成。此外，有时还配有固定剂、抗氧化剂、表面活性剂、缓冲剂、抗结块剂、载体和酶等。

1. 刺激嗅觉的成分

刺激嗅觉的成分是指增香剂，其中起主要作用的是香料。香料有天然香料和人工合成香料之分。天然香料是通过物理方法从植物或动物原料中获得的，这些物质存在于自然产品中，如大蒜、大葱、茴香、香荚兰豆、橙皮、橘皮、樟树叶、葫芦巴籽、橘子油、甜橙油、薄荷脑、桉叶油及桂花浸膏等。如大蒜渣预混剂用于罗非鱼，可使成活率提高5%以上，日增重率提高15%以上；用于雏鸡，可使成活率提高5%～7%，料肉比下降5%～7%；用于产蛋鸡，可提高产蛋率6.5%，降低饲料消耗8.5%。人工合成香料大多是高级脂肪酸类、醛类、芳香族醇类及有机酸酯类等，如乙酸异丁酯、乙酸异戊酯、丙酸乙酯、乳酸乙酯、乳酸丁酯、苯甲醛、苯甲醇、丁二酮、香兰素、乙基麦芽酚等。

2. 刺激味觉的成分

甜味剂目前主要指的是糖和糖精。在兔饲料日粮中添加3%的糖蜜，增重提高20%～30%，采食量提高3%～5%，而料重比下降20%～30%。糖精的加入确实也很有效，但有争议，反对声不绝于耳；其他合成甜味剂也相似。

咸味剂主要是食盐。食盐能维持机体代谢平衡，参与胃酸形成，保证胃蛋白酶所需的pH值，改善饲料的适口性，增强食欲，帮助消化，促进机体的新陈代谢。一般认为幼猪日粮中食盐添加量以0.25%～0.4%为佳，种猪日粮中添加量可达0.5%。

酸味剂主要有柠檬酸、延胡索酸、丙酸、苹果酸、甲酸、乙酸、琥珀酸和乳酸等有机酸，其中柠檬酸、延胡索酸、丙酸最为常用。柠檬酸是有机酸中最"温和"者，兼有防霉、防腐及对抗氧化剂的增效作用，多用于猪尤其是仔猪饲料，常用量为500～1500毫克/千克。在断奶仔猪日粮中添加适量的柠檬酸，能显著提高仔猪的日增重，降低料肉比，有效防止仔猪腹泻的发生。柠檬酸和乳酸混合使用的效果比单一使用时好。

鲜味剂主要是谷氨酸钠，即味精。多作鱼饲料及仔猪饲料的风味促进剂使用，可增加食欲而促进生长，添加量通常在0.1%～0.2%。与食盐同用效果相乘，可得特异的鲜味。

辣味剂主要是指辣椒。辣椒除了含辣椒碱、辣椒红素外，还含有较多量的类胡萝卜素，有刺激味觉、加强胃蠕动、增强唾液分泌和淀粉酶活性、促进食欲、改善消化、促进血液循环、增色的功能。在日粮中添加0.1%～0.2%的干辣椒粉，可使育肥猪增重14.5%。但在畜牧生产中极少用辣椒作香味剂。

饲料香味剂的作用如下。

3. 引诱、增加采食，促进畜禽生长

饲料香味剂通过刺激味觉和嗅觉器官来引诱动物采食，促进动物获取更多的营养成分，加速畜禽生长。动物对饲料香味剂反应的强弱取决于特殊滋味的功效，同时也取决于动物种类、环境条件、饥饿状态和动物的健康等。动物舌上味蕾数的多少反映了动物对味道的敏感度，不同动物的舌上平均味蕾数为：鸡24，鸭200，狗1700，猪15000，山羊15000，小牛25000，鱼100000。可见，在味道方面，猪、羊、牛、鱼比鸡、鸭敏感得多，增味剂对猪、羊、牛、鱼也比鸡、鸭有效。

4. 掩盖和改善饲料中的不良气味，改善饲料的适口性

由于饲料原料的价格不断上涨，为了降低饲料成本，生产厂家不断开拓新的蛋白质资源，主要是农副产品下脚料及轻工、食品行业的副产物。用这些副产物配制饲料，如果不添加香味剂，就会失去谷物的天然香味，同时适口性也大打折扣。例如在芝麻饼中添加香味素可使每只鸡的采食量提高约12%。

5. 刺激消化液的分泌，降低胃pH值，提高饲料转化率

饲料香味剂通过刺激分泌腺的活动，促进唾液、胰液和胃液等消化液的分泌，降低胃里的pH值，以激活消化酶，提高营养成分的消化吸收，这不仅有助于幼畜的胃肠道生长发育，完善其消化功能，防止下痢，而且还为幼畜的早期断乳提供了可能。

6. 维持应激时期的食欲，增强免疫力

动物在运输、去势、断奶、生病等情况下会产生应激现象，如在饲料中添加香味剂，可维持食欲，满足正常的营养需要，提高机体对外界的抵抗力，增强免疫功能，确保动物的正常生长。

7. 有利于提高饲料制品的市场竞争力

在饲料中添加香味剂可提高动物的摄食量和饲料转化率，从而缩短家畜家禽的存栏时间，取得较高的经济效益，可以大大提高饲料产品的质量档次，增强饲料企业的市场竞争能力。

8. 饲料香味剂在家禽养殖中的应用

鸡舌上的平均味蕾数只有24个，味觉不灵敏，在鸡饲料中添加香味剂作用不大，但在夏季和应激情况下，添加香味素可保持均匀采食和饮水。

9. 饲料香味剂在家畜养殖中的应用

猪的嗅觉灵敏，对饲料适口性的选择性很强，尤其是断奶仔猪。通常仔猪断奶需2个月时间，而使用仔猪喜爱的奶香型人工乳只需要5~6天即可断奶。这类香味剂的特征是具有甜的奶香气，通常加入柑橘、甘草、香兰素等。添加"乳猪香"香味剂有良好的开食效果，可使乳猪的成活率提高5%~6%。在仔猪饲料中添加香味剂可以使平均日增重提高16%~17%，日采食量提高7%~8%，料肉比降低8%左右，提高饲料转化效率7%~8%。

在乳猪开食料中添加适当的香味剂，可以使日增重提高19%~20%，料肉比降低5%~6%，在断乳仔猪饲料中添加香味剂，可以使日增重提高10%~11%，料肉比下降8%~9%。

在仔猪饲料中添加香味剂应考虑饲料的质量。在质量较差的仔猪日粮中添加香味剂有提高仔猪采食量的趋势，有一定的经济效果。但是在高质量的仔猪饲料中添加香味剂效果不太明显。

香味剂在奶牛中已得到很好的应用。奶牛对饲料配合的变化很敏感，采食量常因此降低。使用香味剂可掩盖饲料的配合变化，可减少因饲料改变引起的拒食现象，有助于使用低廉的饲料原料，降低饲料成本。

10. 饲料香味剂在水产养殖中的应用

鱼虾喜食鲜活饵料，如卤虫、水蚤等，但在大规模商业化生产中，由于鲜活生物饵料紧缺，只能饲喂人工饲料。为了增加鱼虾的采食量，提高其存活率，减少饲料浪费和水质

污染，在饲料中添加香味剂是一条较好的途径。添加香味素后，能显著提高鲤鱼种的摄食率，特别是在投饵10分钟内。目前市场上常见的水产饲用香味剂主要有鱼用、虾用、鳗鱼用等品种。

鱼虾香味剂通常又称为鱼虾诱食剂，大多为氨基酸、甜菜碱、核苷酸和食用香料。与一般畜禽不同，氨基酸对鱼类嗅觉的刺激效果相当明显，不同鱼种间的差别很大。

在饲料中添加甜菜碱及其复合剂对鲤鱼有促生长效果，其中复合剂生长效果最佳，平均增肉率为16%～35%。

饲料香味剂在应用研究方面已取得了很大进展。国外对于香味剂成分的分离、分析、诱食活性定量及诱食成分的人工模拟或合成等都已进入了实用阶段，有的已形成工业化生产规模。我国在这一领域的研究起步较晚，而且大量的研究还仅仅是停留在验证阶段。可喜的是，通过引进、吸收国外先进技术和经验，饲料香味剂在我国也已进入实用阶段，并已形成了一定的规模和水平。

随着我国农业基础地位不断加强，"三高"农业的兴起，饲料工业有了突飞猛进的发展，给饲料香味剂的推广与应用带来了良机。我国拥有丰富的饲料香味剂原料资源，发展饲料香味剂具有广阔的前景。

从"饲料加香"这个例子我们可以看出，科学来不得半点虚假，科学研究道路上的成功只给予那些兢兢业业、一步一个脚印的实验家，投机取巧、弄虚作假到头来只会"搬起石头砸自己的脚。"

可喜的是，我国饲料行业的"加香"问题走过了一段弯路以后，现在又开始走上正轨，并大踏步地向前发展了，"饲料香精"目前还是香料界人士热门的话题。

有些精油加在饲料里可以起到杀菌、防霉变、防病、促生长、提高动物免疫力、抗氧化、清除自由基等作用，但单一精油的作用有限，科研人员配制了几个功能更加全面的"复配精油"添加到饲料里，完全代替了令人恐怖的抗生素和合成抗氧化剂——这就是目前人们津津乐道的"无抗饲料添加剂"。

九　香烟的"魅力"所在

公元前1世纪，墨西哥的塔巴斯科州和恰帕斯州是一片原始森林、沼泽地区，盛产烟草。烟草高达6英尺，开浅红色花，叶长3英尺。公元5世纪时，墨西哥历史上著名的玛雅古国文化艺术达到了高峰。玛雅古国的印第安人以燃烧烟草来祭祀他们最尊崇的太阳神。塔巴斯科州是古代墨西哥历史上著名的阿兹台克王国，当时的印第安人也以燃烧烟草来祭祀太阳神。人类学家和考古学家们认为，由于墨西哥的烟草在古代是最著名的，而又以塔巴斯科州出产的烟草为最佳，所以南美洲的印第安人也就俗称烟草为"塔巴斯科"了。同时，由于玛雅古国的印第安人从密西西比河的入海口处，沿着密西西比河往北不断迁移，足迹直到俄亥俄山谷和伊利湖流域，因此，在美国的路易斯安那州、密西西比河沿岸和伊利湖的附近，都发现了印第安人烟斗的碎片。

有趣的是，加拿大北部的爱斯基摩人也有吸闻烟草的习惯。据一些人类学家们认为，这是因为爱斯基摩人以游牧生活为主，食物以肉食、脂肪居多，而又缺盐，因而可能借助吸烟来帮助消化。

烟草和玉米、番茄、土豆、巧克力并列为美洲印第安人的五大发明之一，至今已有两千多年的历史。但直到公元1492年哥伦布发现美洲新大陆后，才使美洲的烟草逐渐流传全世界。

烟草传入中国的路线，一般认为有三条。

其一，自吕宋（今菲律宾）入台湾、福建。

方以智《物理小识》（明末）：淡把姑烟草，万历末携至漳泉（今福建漳州、泉州）者，马氏造之曰淡肉果。

张介宾《景岳全书》（明末）：此物（烟草）自古未闻也，近自我明万历时始出于闽、广之间，自后吴、楚皆种植之矣。

《台湾府志》（清）：淡芭菰冬种春收，晒而切之，以筒烧吸，能醉人，原产湾地，明季漳人取种回，今名为烟，达天下矣。

清人陆耀所著《烟谱》，是烟草方面有影响的早期著作之一，书曰：烟草处处有之，其初来自吕宋国，名淡芭菰，明季入中土。

其二，自日本入朝鲜，入辽东。

日本烟草大约是在16世纪末由葡萄牙人带来的。琉球烟亦源于日本。1615年，日本政府曾颁发禁烟令。据徐保光《中山传信录》记载，康熙十年琉球进贡，于常贡外加进烟，十三年加进丝烟等物。17世纪20年代，朝鲜吸烟者已经不少，并由政府以礼物赠建州官员或由商人输入沈阳等地。刘廷玑《在园杂志》云："关外人相传（烟草）本于高丽国。"钱宝汾有咏高丽烟词云："白岳岗浓，绿江沙净，无端孕出有情枝叶（按：白岳，即长白山；绿江，即鸭绿江）。"

其三，自南洋入澳门，入广东。杨士聪《玉堂荟记》云："烟酒古不经见，辽左有事，调用广兵，乃渐有之，自天启中始也。"

烟草传入中国的途径虽然各说不一，但自吕宋传入乃为比较流行的说法。这不仅是因为吕宋岛所处的地理位置和葡萄牙人的早期占领，有可能使这一地区比亚洲其他地区较早地接受美洲烟草，而且有较多的文献记载说明漳、泉很可能是中国最早引种烟草的地方。

据明代姚旅《露书》等史籍记载，烟草原出吕宋，古称淡巴菰、谈肉果、担不归；又由于烟丝色泽金黄，吸闻过多可以醉人，所以亦名金丝醺、干酒等。明初，吕宋国曾以烟草入贡我国。万历年间，烟草开始在福建漳州地区种植。淡巴菰是西班牙文tobacco（烟草）的译音，而西班牙文又是沿用美洲印第安语的tabasco（烟草）。

明代隆庆五年（1571年），吕宋国的马尼拉港开放，成为西班牙进行远东贸易的基地。很多西班牙大帆船从秘鲁的利马启航，将美洲的水果、腌肉、胡桃、编结针、良种小鸡以及烟草、鼻烟、鼻烟盒等运到吕宋。同时，我国福建商舶也将茶叶、瓷器、生丝、织锦、珍珠、宝石、水晶、金以及铜脸盆等货物运载至吕宋，和西班牙商人交易，又将西班牙商舶运至吕宋的烟草、鼻烟等辗转运回福建。所以，福建商人也就沿用了西班牙文烟草的译音，称呼烟草为淡巴菰了。

既然烟草传入中国有不同的路线，在时间上则可能有先有后。清末人赵之谦说最先传入中国的是鼻烟，由利玛窦自广东带入，他在《勇卢闲诘》中这样记述：鼻烟来自大西洋意大里亚（意大利），明万历九年（1581年）利玛窦泛海入广东，旋至京师，献方物始通中国。

清人谈及烟草或吸烟时常常引证姚旅《露书》的有关记载，这是一段涉及中国引种烟草最有影响的文字。该书大约成于1611年，卷十《错篇》载谓：吕宋国同一草，曰淡巴菰，一名旱醺，以火烧一头，以一头向口，烟气从管中入喉，能令人醉，且可辟瘴气。有人携漳州种之，今反多于吕宋，载入其国售之。当时漳州烟草竟向吕宋出口，足见生产已具相当规模了。据此可推断福建漳州地区在16世纪末或17世纪初已有烟草种植，吸烟风气已开始流行。

谈迁（1593～1656年）《枣林杂俎》中也有一段较早记载烟草的文字：金丝烟，出海外番国，曰淡巴菰，流入闽奥，名金丝烟。性燥有毒，能杀人。天启二年（1622年），贵州道梗，借径广西，始移其种。叶似薤，长茎，采而干之，刃批如丝，今世及江南北。崇祯十六年（1643年）敕禁，私贩至论死，而不能革也。

根据史籍记载推断，辽东出现烟草和吸烟现象应是17世纪初的事。晚于台湾和福建。朝鲜《李朝仁祖实录》载谓：南灵草（即烟草）日本国所产也。其叶大者可七八寸许，细截之而盛大之竹筒，或以银、锡作筒，以大吸之，味辛烈，谓之治痰消食，而久服往往伤肝气，令人目翳。此草自丙辰丁巳间（1616～1617年）越海来，人有服之者而不至于盛大行。辛酉壬戌（1621～1622年）以来，无人不服……

1980年，广西博物馆文物队在广西合浦县上窑明窑遗址发现3件明代瓷烟斗和1件压槌，压槌后刻有"嘉靖二十八年四月二十四日造"13个字。这一实物的发现对以前所有谈及中国烟草传入的说法提出了疑问，如果进一步为历史学家所证实，则表明中国在1549年以前早于欧洲许多国家已经有了烟草和吸烟的嗜好。这样，不仅在烟草传入中国的路线上有了新的说法，而且在传入时间问题上比传统的说法早了许多。不过，有学者认为合浦明窑遗址发现的是鸦片烟具。对此，还有待今后进一步考证。

20世纪80年代初，在国人众多的嗜好品中，崇洋媚外之风越刮越猛，唯独香烟这个为国家创造最大税利的奢侈品最使国人"扬眉吐气"，尽管洋烟在那个时期的中国各地也神气了一段时间，但我们的国产烟最终还是打败了这些"侵略者"。有见识的中国人从香烟中得到启示：难道我们制造不出世界一流的酒吗？我们的所有饮料都不如汽水（可乐）了吗？我们的化妆品一定不如外国的吗？我们配不出一瓶香水进入"世界十大名牌香水"吗？难道只有像烟草这种"夕阳工业"我们才能"有所作为"吗？为什么标明"中国制造"的产品就要卖低价钱呢？

高档香烟的吸引人之处在于其优美醇和的香气。同样是烟草，同样只是吸吸它的烟气而已，人们竟愿意用百倍的价钱买来享受，这同香水的情形一模一样——香气在这里起了决定性的作用。

在古代，人们认为烟草是一种神圣的植物，甚至用烟草来剿巳神，视烟草为宗教礼仪的祭品。当然，现代科学证明，烟草中含有大量的尼古丁，烟草燃烧时产生的焦油是致癌物，但至今我国仍有大量的烟民，每年用于吸烟的消费是相当惊人的。

在卷烟的香料香精配方设计中，适当的外加糖可以减轻卷烟的杂气，改善和协调内在吃味，增加烟气的丰满度。因此，糖料的使用在传统的设计中占有相当的地位。事实上，外加糖的使用，会导致卷烟总糖量的增加，测定结果表明，总糖含量每增加1%，产生的焦油量要增加近0.3毫克／支，所以，在香料香精的配方设计中使用一些天然植物萃取料来代替糖料，加入一定比例的有机钾钠类助燃剂，可以增加烟支的燃烧性能，减少燃吸口数，并使烟丝尽量完全燃烧，烟灰抱团发白，从而降低烟支焦油的产生量并使"吃味"醇和，根据风格需要，有所针对地加入一些反应物质和增香效果明显的香料，已成为一种必需。

烟草加香创始于何时，尚未见到确切可靠的记载。有人认为可能从嚼烟开始。如果用推理的角度猜测，应该早在哥伦布发现新大陆之前，加香的烟草已在南美土著民族中流行。因为烟草的植物茎叶是要经过干燥才能抽吸的。在采集和晾晒过程中，难免会混进有香味的其他植物的花、果、籽、叶、根、茎和树脂杂物，燃烧抽吸时散发出不同于单纯烟草而令人喜悦愉快的烟香风味。从偶然的发现中逐渐形成人为地、有意识地选择添加某些令人喜爱的香味物质。随着烟草向世界传播，演变成一整套烟草制品的加香技术出来。

印度尼西亚人习惯在烟草中加入丁香混制成一种雪茄烟，其他民族则对这种带着强烈辛香香气的烟不敢恭维。传说一个多世纪以前，库都斯这个地方一个名叫詹哈里的人觉得身体不适，于是在使用印尼传统的疗法——在胸部擦丁香油以减轻痛苦的时候，他想，如果将丁香油与烟叶混合到一起，也许会产生同样的效果。他尝试着这么做，而且觉得好受一些了，于是，丁香烟就产生了。

　　烟纸和过滤嘴上常常被加入香料。为了满足不同顾客的口味偏好，烟草公司的研发部开发出了坚果味、天然的稍带甜味与辛辣味的香料。有时会在丁香烟过滤嘴纸上加上精制的香料，这些纸会与一定的温度起反应，甚至在点燃丁香烟之前，在嘴里就会发出一种甜甜的、带有辣味的味道。有些公司自己将调香品加入纸中，有的则依赖供应商为自己加香料。

　　印度尼西亚法律要求，任何印度尼西亚丁香烟生产商必须既生产手工卷制的丁香烟，也生产机制卷烟产品。在印度尼西亚所销售的所有白色卷烟和丁香烟中，手工丁香烟占到了其中的40%，而且手工丁香烟在农村极为流行。

　　丁香烟对人体健康的损害比普通香烟更大，但却受哥特族们的喜爱。

　　往烟草里面加入其他植物以减少焦油和尼古丁对人体的毒害，这个想法由来已久，但加入的植物（茎叶等）"吃味"要与烟草接近，"烟民"才会接受。日本最早找到一个替代物，这就是目前风靡世界的据说能"治百病"的草本植物——芦荟。芦荟叶子烤干以后适量加入烟草中，可以大幅度降低焦油和尼古丁，而"吃味"与烟草最接近。当然，经过调香师再配一种专门的"芦荟保健烟香精"加进去以后"烟民"就更欢迎了。日本科技界称芦荟保健烟的问世是"20世纪烟草工业的一大革命"。我国也有卷烟厂研制这种芦荟保健烟。

　　从烟草制成卷烟到抽吸，烟气发生过程非常复杂。一支卷烟相当于一座微型化工厂，将烟草转变成一群复杂的、变化繁多的有机分子。在烟气中发现的化合物，已被确定的接近4000种，其中烟草热分解形成烟气专有的差不多有3000种，1000多种是烟叶专有转移到烟气中的。

　　将几千种香料化合物都合成出来调配是不可能的，也没有必要，利用现在有充足来源的天然香料和合成香料调配成非常优美的烟草香精早已在工业上实现并大量应用着。事实上，烟用香精是香精工业的大头，在中国，烟用香精占了国家整个香精总产量的40％左右，而一般人认为用途最广的"食用香精"总量才占到全国香精总产量的30％左右。即使是云南烟，除了选取质量上乘的烟草以外，还要用各种各样的烟用香精方能制出风格不一的各个名牌出来。反过来，云南烟在烟草加工过程中产生的大量碎屑又被香料厂拿去提取"云南烟浸膏"，用于配制烟用香精。除了云烟以外，其他地方出产的烟草加工过程中产生的碎屑也被香料厂拿去做成各种烟草浸膏。

　　烤烟型卷烟规定配方中使用烟叶的范围，甲级烟标准配方，使用烟叶的地区不得少于3～4个，乙级烟不少于2～3个，丙级烟也规定不得少于2个。但由于种种原因，烟厂在地区品种上很难完全满足实际需要而发生缺口。实践证明，烟用香精中添加适当的烟草浸膏，有可能解决卷烟配方中因缺少某一产区的烟叶而影响其风味品质的问题。

　　吸烟，自从成了一种"风雅"的习俗直至成了褒贬不一的"烟文化"以来，虽然"戒烟"口号震天响，烟民仍有增无减，看来，要消除香烟的危害还得另辟蹊径。目前医学界认为最好是研制出无害的"保健烟"来取代对人体健康有损的香烟，这个计划不可能一步到位，只能分段进行。首先将焦油含量降一半，再降低尼古丁含量，再降低焦油含量……直至降至对人体完全不造成损害为止。

降低焦油和尼古丁含量，讲讲容易，做起来难。你把焦油和尼古丁去掉一些，烟民们就接受不了，说是"没劲"。唯一的办法是加香，骗骗"瘾君子"的嘴巴和鼻子，让他们慢慢忘掉熟悉的气息而逐渐喜欢上对人体无害的香味化合物。"加香"当然是加天然烟草或酷似天然烟草的香味成分，云南烟既然大受赞誉，模仿云南烟的天然香气就成了中国的调香师们孜孜以求的目标。

图 99　电子烟

许多人认为"比较可行"的戒烟方法应该是：第一步，先用电子烟（见图99）、加热不燃烧型烟草制品、含烟产品等替换掉含有产生焦油、一氧化碳和多量尼古丁的香烟；第二步，再慢慢地通过降低人体对尼古丁含量的依赖，从而实现戒烟。

电子烟的戒烟原理很简单，就是采用含尼古丁（从高到低）的烟液，最后到含尼古丁浓度为0的烟液，取代普通烟解瘾，从而让人逐步摆脱对尼古丁的身体依赖，实现戒烟。简称为"尼古丁替代疗法"。现在市场号称可以戒烟的产品很多，但实际上都是利用这个原理。电子烟本身是不能100%戒烟的，戒烟更多是靠个人意志力。不过电子烟还是可以减轻戒烟过程中的一些痛苦。

加热不燃烧型烟草制品（Heat not Burn），又叫低温卷烟，是最接近卷烟的烟草制品，属于烟草制品范畴。加热不燃烧型烟草制品最早由菲莫、雷诺等国际大公司首先进行研发，但是初期市场效果不理想；加热不燃烧型烟草制品利用特殊热源对烟草物料进行加热（500℃以下甚或更低），烟草物料只加热而不燃烧，温度远低于传统卷烟，烟气有害化学成分和生物毒性大幅降低。Ploom采取了"咖啡包"式的创新：细小的、单个装满烟草物料的烟匣，装入一个时尚的、智能化的装置。但是，它不会燃烧，而是通过加热烟草物料，释放出活性成分和天然油类，形成一种微妙的蒸气。每个"咖啡包"可供连续吸食10分钟左右。

含烟产品：最主流的无烟气烟草制品形式，市场即将接近甚至超过雪茄烟；是一种湿或者半湿的粉末烟草制品，包装在一个类似茶叶袋、但比茶叶袋小的烟袋里，放在嘴唇后面与牙龈之间，可放0.5～1小时；最主要的市场是美国和瑞典。

瑞典经验显示：随着传统卷烟吸食减少和无烟气烟草制品的使用增加，瑞典男性患肺癌比率稳步下降。瑞典男性中吸烟者从40%降至15%；Snus使用者从10%上升至23%。吸烟方式尼古丁起效最快，血液尼古丁浓度5分钟即可达到峰值，作用温和，持续时间较短；口含烟尼尼古丁起效较快，血液尼古丁25分钟达到峰值，作用较为强烈，持续时间较长；贴剂等方式下尼古丁起效较慢，血液8小时达到峰值，作用强烈，持续时间很长。

　　调香师们仍在努力，目前已经制成了一种特殊的香水，战胜香烟对人们的诱惑。这种戒烟香水是用"戒烟草"、茉莉花、薄荷等多种植物提取、配制而成的。"戒烟香"含有植物中提取的持久"抑烟素"和"绝烟素"，人吸闻"戒烟香"时，就会在鼻黏膜内破坏和分解对尼古丁需求的受体，同时将体内血液里的尼古丁分解掉。经过吸闻几次后，在鼻黏膜内重新建成抑制烟瘾的新受体，受体形成后，无论再吸什么烟，都没有烟的香味，像吸水蒸气似的，并产生对烟的反感作用，让他吸烟他也不想吸了。由于其同时清除了人体内的尼古丁，从而在不知不觉中使人把烟戒掉了，以后都不会复发。戒烟香水使用方法简单，效果显著，是目前最简单的戒烟方法。

十　鼻烟

　　英国皇家艺术协会的科尔蒂斯在1935年于纽约出版的《鼻烟和鼻烟壶的历史》中说，1492年10月12日，西班牙航海家哥伦布到达萨尔瓦多，当地的印第安人赠给哥伦布的珍贵礼物是金黄色的烟叶。印第安人经常徒步，或是坐着牛车跋涉迁徙，生活十分动荡艰苦，而吸闻烟草不仅能战胜疲劳和饥渴，还可以用它医治创伤和疾病。烟草成了上帝送给人类的珍贵礼物。

　　1503年，随同哥伦布第二次探险的西班牙修道士帕尼发现了美洲印第安人的奇特习俗——吸闻鼻烟。他说，吸闻鼻烟是通过一根细管，一端放在烟末上，另一端放在鼻孔前。在吸闻中，还时常拔出细管，清洗干净。墨西哥和巴西都盛产烟叶，所以墨西哥和巴西的印第安人也有吸闻鼻烟的习惯。在巴西，有专业的鼻烟磨坊，将优质烟末掺和玫瑰花等，制成当时世界上最优质的鼻烟。

　　印第安人还以玫瑰木制成研钵和研杵，把优质烟草捣成碎末，并附加香草植物的碎叶，制成气味芬芳的鼻烟。鼻烟时常是热的，用骨制细管的下端插进鼻烟中，而以上端放在鼻孔前吸闻，以承受芳香的气味。这些玫瑰木的研钵、研杵以及吸闻"香"烟的骨制细管，都是装饰优美的手工艺品。

　　奥托玛克鼻部族的印第安人采集烟草、含羞草的枝梗切割成碎末，并将其弄湿，使之发酵，然后混合木薯粉制成鼻烟，放在盘里，用右手持叉（骨制，多为鸟形）盛起，将鼻烟放在鼻前吸闻。有的鼻烟还掺和红柳、红色硬木、紫杉、漆树等树皮以及麝香、树胶等碎末。

印第安人用动物的骨、角以及皮革、树皮等制成美丽的鼻烟壶（盒），是珍贵的手工艺品。

鼻烟传入中国是在明代隆庆年间，有四百多年的历史。据清朝赵之谦《勇庐闲诘》中提及，明万历九年（1581年），意大利传教士利玛窦携带鼻烟、自鸣钟、万国图等贡礼，进行传教活动，后进贡给皇帝，但从现存明代宫廷档案"利玛窦所献方物"的名单中未见鼻烟的记载。刚传入时中文称为"士拿乎""士那富""西蜡""布露辉卢""科伦士拿乎"等，均为外来语译音。到了雍正年间，雍正皇帝根据鼻烟是用鼻子来闻的特点，把"士那乎"命名为"鼻烟"，至此，鼻烟开始有了中国名字。鼻烟传入宫中后，随着皇帝赏赐给大臣们鼻烟以及鼻烟壶（见图100），开始向上层社会流入。

由于早期的鼻烟均为德国、西班牙、法国和泰国生产的制品（尤以德国为多），价格昂贵，所以只有官僚及贵族等上层社会才有能力购买。清道光年间五口通商后，广州有商行利用国产的烟叶原料仿制进口鼻烟，自此，鼻烟开始在社会上普及起来。到了晚清末年，鼻烟慢慢被旱烟、水烟、纸烟代替，最终被社会淘汰。

也有人认为鼻烟输入中国大概是在康熙时期，《熙朝定案》谓"康熙二十三年，圣驾南巡，汪儒望毕，进献方物，上命留西蜡，赐青仓白金"，西蜡即鼻烟瓶，康熙皇帝虽恶烟草，然于进贡方物中，得留鼻烟，足示其珍爱之意，此时宫廷皇族已盛用鼻烟，观汪灏《随銮纪恩》"七月十五日，皇太子赐鼻烟、玻璃瓶"，竟将鼻烟作宠赐之物。

至雍正年间，使用鼻烟之风气更甚，进贡者以是为贵，赏赐者以是为恩。雍正三年，意大利教皇伯纳第尔进贡方物，有各色玻璃鼻烟壶、咖什伦鼻烟罐、素鼻烟壶、玛瑙鼻烟壶及鼻烟，居六十种之多。五年，葡萄牙国王若瑟遣使麦德乐进贡方物41种，亦有鼻烟；

图 100 鼻烟壶

若干年后，葡萄牙国王若瑟复贡方物28种，各色鼻烟壶与鼻烟估有6种。当时皇帝宴会，诸王贝勒大臣以下，皆赐鼻烟与鼻烟壶，以示圣恩广大。而缙绅阶级对于鼻烟好，更可知矣。清代官吏，嗜好鼻烟，不可须臾离也……

康熙、乾隆年间闻鼻烟风行一时，朝野上下皆嗜鼻烟，从最高贵的帝王到最底层的贫民，"无论贫富贵贱无不好之，有类于饮食睡眠，不可一日缺其事。几视为第二生命，可一日无米面，而不可一日无鼻烟。可一日不饮食，而不可一日不闻鼻烟"（民国三十一年赵汝珍编著《古玩指南》）。因而鼻烟壶的制作，达到它的黄金时代。

从1949年以后，国人基本上不再用鼻烟了，但鼻烟在一些古玩店尚可以买到。20世纪60年代初期，有一位香港姓黄的女士专贩鼻烟。在北京琉璃厂革珍斋，曾见黄小姐将各种鼻烟分别倒一些在小烟碟中，吸闻鉴别。那些鼻烟均盛放在约五六寸高的玻璃瓶内，当时的价格每瓶二三百元不等。现在的消费者则主要为西藏、内蒙古等地的牧民。

鼻烟具有提神、醒脑、开窍、清心、避疫、活血的疗效。在古代，人们往往尝试用当地的烟草植物来当作药品治疗疾病，在中国鼻烟也叫"闻药"。"闻药"是中医学通嚏、宣肺、提神醒脑的一种疗法，通嚏是通过打喷嚏使鼻窍、毛穴开通，毛孔会有汗液溢出，达到解表驱寒的作用。"闻药"的芳香之气，不仅可以通窍，还可以提神醒脑，因配方的不同作用各异，主要的功能是提神、醒脑、清心、开窍、避疫。对感冒、鼻炎、头痛、晕动症、睡眠、抑郁、打鼾、老年慢性痴呆有明显的效果，中医学认为"肺朝百脉、开窍以鼻"，所以"闻药"对呼吸系统疾病有独特的作用。

闻药在中国传统医学中延续了几千年。台湾"故宫博物院"出版的《通嚏轻扬》一书，详细描述了它的历史及文化价值，由于人们生活方式的变化，曾经风靡一时的闻药已销声匿迹近五十年。随着人们健康的需要和对历史文化的抢救性保护，闻药的历史价值、科学价值已引起了有关部门和有关人士的高度重视。

吸闻鼻烟很适合于游牧、渔猎等野外流动的生活，因为闻鼻烟可起到轻度的麻醉作用，以缓解神经紧张的压力，使疲劳的身躯得到暂时的休息和松弛。蒙古族属于游牧民族，所以属于蒙古族传统的民族工艺——金属工艺制成的鼻烟壶现今存世较多。

虽然现今人们不再吸闻鼻烟，但为盛放鼻烟应运而生的鼻烟壶，却作为流传百世的精美艺术品，以至今天仍在被人谈论、研究、收藏、玩赏着，鼻烟壶的爱好者比比皆是。国内外都不乏有它的收藏者，鼻烟壶成为一种长盛不衰的热门古董。

制作鼻烟的原料为经晾晒后的富有油分且香味好的干烟叶。制作时，先拍除烟叶上的沙土，再在碾磨上磨细，筛取100目以下部分，和入必要的名贵药材，然后封储在陶缸内埋入地下，使其陈化一年以上，并窨以玫瑰花或茉莉花增加其香气。用时以手指粘上烟末送到鼻孔，轻轻吸入。

加香技术对鼻烟的制造显得极其重要，因为鼻烟只是嗅闻其香气，没有点燃抽吸，所以加入的香料也与卷烟不同。当然，那个时候只有天然香料，用化学方法制造的合成香料还没有出世呢。

高级的鼻烟是在研磨极细的优质烟草中，加入麝香等名贵香辛药材，或用花卉等提炼得到的浸膏、精油等，制作工艺十分考究。因为鼻烟放在鼻烟壶里容易发酵，所以一般把它用蜡密封几年乃至几十年才开始出售。烟味分五种：膻、糊、酸、豆、苦，以酸为佳。有黑紫、老黄、嫩黄等不同颜色，嗅之气味醇厚、辛辣，据说有明目、提神、辟疫、活血之疗效。

当您步入蒙古族家门时，就有一种清凉、芳香药品同烟混合形成的气味扑鼻而入，这就是蒙古族鼻烟。40岁以上的蒙古族男女多数都有"古壶热"，也叫鼻烟壶，壶中盛着烟粉或药粉，嗅了能提神爽志。它被当成是一种礼节用品。牧民们将"古壶热"当做一种极珍贵的佩戴饰物，经常带在身边。

蒙古族的鼻烟有自己配制的，也有在北京中药店购买的。不仅蒙古族民众使用，而且越来越多的汉族人也喜爱它。

据传说，蒙古族同胞嗅鼻烟是在喇嘛教徒中兴起的。喇嘛教在戒律中规定不许吸烟，可是已经有烟瘾的喇嘛教徒，为了过吸烟瘾，就创造了这种以嗅代吸的烟。只要抹在鼻孔内少许就同吸烟一样，既过了烟瘾又不违反戒律。这种鼻烟逐渐流传开来。蒙古族牧民常年活动在人烟稀少的大草原上，鼻烟适合他们的生活环境，烟里加入芳香通窍的药材，在缺医少药的情况下，伤风感冒时，抹少许于鼻孔或嗅上几下，几个喷嚏打过立时就见轻松，病情能逐渐好转。因此，鼻烟也就成为蒙古族牧民生活中不可缺少的一种必备品。

很久以来，西藏人就有吸鼻烟的习俗。随着这一习俗的流传，鼻烟的容器演绎了一个独特的民族器物文化的历史。鼻烟壶以艺术和实用功能完美的结合，不仅折射出藏民族的聪敏和智慧，更是显示了独具匠心的创造力。鼻烟壶因此也被热爱生活的高原人赋予了生机和灵气。

鼻烟的来源在西藏有一个美丽的传说，相传在藏王赤松德赞时期，西藏的南部地区出现了许多妖魔鬼怪，作恶多端，给众生带来灾难。为了降妖，藏王特地从印度邀请莲花生大师，莲花生大师法力无边，把妖魔镇在桑耶寺，大部分妖魔俯首称臣，掏心献师，甘愿当护法神，但仍有妖魔逃脱了法力，由于在逃跑时将血滴在地上，于是滴血处长出了烟草花，后被人们发现并制成了鼻烟。故人们把鼻烟视为秽物，吸鼻烟者对佛不敬。虽然有着这种典故，但鼻烟还是和香烟一样很快地蔓延开来。

鼻烟的制法是一种非常传统的工艺：把当地生长的麻黄烧成炭过筛，筛后的细粉为了保存方便，加水做成饼状，晒干。为防止在保存过程中出现吸潮现象，炭饼还要继续烧，直至变成纯白色为止，吸烟时拽出掰成小块，在特制的研磨器上根据个人的口味添加烟草调制，并研磨成细粉，当炭和烟草完全融合且用手摸时感觉润滑时工序才算完成。

鼻烟壶从游牧民的生活中开始流传，由于游牧民过着不定居、经常迁移的生活，从而养成了把日常生活用具如针线盒、火镰、腰刀等佩带在身上作为装饰品的习惯，鼻烟壶也是其中之一。其人数男性要多于女性，老年人多于年轻人。

鼻烟除了有吸食的实用性外，鼻烟壶因其珍贵性，代表着身份的象征，同时有着送礼馈赠、争奇斗富乃至官场贿赂的功能。男子腰间常系着鼻烟壶，有的直接系在腰上，有的则颇具讲究，用绸缎专门缝制口袋装鼻烟壶。鼻烟既可清除鼻塞，提神醒脑，又是一种特殊的"名片"。赠送和交换鼻烟壶可以使素不相识的人建立友好的兄弟关系，是表达人们爱好和平心愿的一种方式。

西藏鼻烟壶皆出自民间作坊，自然在题材经营与选择上突出民间特有的朴实风味以及崇尚自然美的观念，这也正是藏民族的性格在造型形式中的体现，更加深了鼻烟壶艺术丰富的生命情感。

鼻烟壶文化只是器物艺术文化的一个局部，但也是不可忽视的一部分，所以，了解西藏鼻烟壶器物的特点、风格、制作方法等的同时，也能够了解到藏民族的传统文化。

欧洲鼻烟原料用不同地区的烟叶配合，以褐棕色厚叶片为主。先将烟叶用盐水或糖浆浸润发酵，掌握温度到适宜时停止。有些则在阴凉库房储存多年，缓慢完成醇化过程。然后将其碾碎为烟末，再以配好的料液湿润之，有些再加香后储存。包装用金属箔、金属罐或塑料容器。

美国鼻烟分干鼻烟、湿鼻烟和细切鼻烟丝。

①干鼻烟原料用肯塔基、田纳西及弗吉尼亚的明火烤烟制作，先将烟叶干燥，再用磨机磨成均匀粉末。

②湿鼻烟是用同样原料制成的较粗颗粒。

③细切鼻烟丝在1980年前被美国农业部分类在嚼烟项下，现归湿鼻烟类，由晾烟及明火烤烟制成，所用添加剂为冬青、薄荷和覆盆子。

美国的湿鼻烟多放在腮与牙龈间品尝。

欧盟25个国家中的24个国家禁止使用湿鼻烟。1992年，在欧盟的15个成员国内，鼻烟是非法的。那时，制造商并不是很担心。主要的市场是欧盟以外的市场，在斯堪的纳维亚和北美。然而，当瑞典和挪威在20世纪90年代中期加入欧盟后，制造商担心欧盟禁令会向北扩张。这种忧虑是毫无根据的。挪威再次决定规避成员国的义务，而瑞典在签署加入欧盟之前就协商获得了鼻烟禁令的豁免权。

现在，在欧盟，鼻烟仅在瑞典是合法的，但是被使用者走私到了芬兰，芬兰在成为欧盟成员的时候并没有得到瑞典类型的豁免。在挪威和瑞典，该产品越来越流行，已经不仅仅局限于工人阶层的消费，而是吸引了越来越多的年轻人。

在英国，吸烟和健康行动甚至暗示愿意使鼻烟合法化。

相信鼻烟仍有与健康有关的危险，然而，鼻烟的危险比卷烟要低。

最近，南非卫生部已同意英美烟草公司在该国市场上推出的湿鼻烟烟罐上不再印制"导致癌症"的健康警示语。英美烟草公司对此表示欢迎，认为这将为该产品在非传统市场的顺利发展创造有利的条件。

十一 酒香不怕巷子深

酒有白酒、黄酒、果酒、啤酒、配制酒等等，与香烟、茶、香水等嗜好品一样，同一类型的酒价格可相差100倍以上，而差别仅在于风味优劣而已。

我国的白酒按风味可分成5种主要类型：浓香型，如泸州大曲、五粮液；清香型，如汾酒等；米香型，如三花酒；凤香型，以西凤酒为代表；酱香型，如茅台酒等。洋白酒有威士忌、白兰地和朗姆酒等。

白酒的香气成分有两百多种，包括醇类、酯类、酸类、羰化物、硫化物等。大曲酒含乙酸乙酯、乳酸乙酯、己酸乙酯最多，因而香气浓郁；汾酒主要含乙酸乙酯和乳酸乙酯，清香扑鼻；三花酒中各种酯类含量相对较少，香气较清淡；茅台酒中乙酸乙酯、乳酸乙酯和己酸乙酯含量比大曲酒少，但含有较多量的丁酸乙酯，有果香，而且香气醇厚持久，俗称"留杯酒"。据说用空的茅台酒瓶装入清酒，数日后饮用仍有茅台酒香，说明茅台酒留香比较久。

图 101 洋酒

白兰地含有大量的乙酸乙酯、辛酸乙酯、癸酸乙酯和乙酸苯乙酯；朗姆酒的丁酸乙酯含量特别高，其次是丙酸乙酯、棕榈酸乙酯、乙酸异戊酯、乳酸乙酯、月桂酸乙酯等。朗姆酒是用糖蜜发酵制造的，在蒸馏酒中还含有糠醛、呋喃酸酯等，它们有焦糖香气，焦糖香是朗姆酒的特征气味。苏格兰威士忌的特征风味中有一种烟臭，这与制酒时所用的麦芽曾经用泥炭烟气熏蒸过有关（见图101）。

洋白酒在木桶中放置多时，会从木材上溶出许多嗅感成分，使得洋白酒的香气组成比较复杂。如波旁威士忌多用白栎木桶储存，因而含有许多强烈的木香成分，例如4-甲基-5-丁基-2-二氢呋喃酮等，还有从木材中溶出的丁香酸、丁香醛、香兰酸、香兰素等，形成所谓的"熟化香"（见图102）。

图102　装酒的橡木桶

　　调酒（又叫勾兑）技术在白酒生产中起着关键的作用。中国酒界有一句行话：白酒"生香靠发酵，提香靠蒸馏，成型靠勾兑"。可见勾兑调味技术在中国白酒酒色、香味等典型风格形成中所起的重要作用。无论是我国，还是世界上盛产名酒的国家，调酒技术一直是由具有多年实践经验的勾兑师凭借敏锐的感官品尝和丰富的勾兑调味经验来完成的。这是一项复杂而精细的脑力劳动，由于感觉的随意性和酒的多样性，掌握此技术的调酒师必须有旺盛的创造力和丰富的想象力。所以有人说，调酒是"三分技术，七分艺术"。由于人的感官随着年龄的增长而衰退，经验丰富的老专家因视觉、嗅觉或味觉的衰退而力不从心；感官敏感的年轻人，又往往缺乏实践和经验，这个矛盾对继承和发展传统的调酒技术十分不利。

　　近年来，由于食品分析技术的发展，人们对于白酒中许多微量香味成分的作用已经有了充分的认识。在对白酒中微量香味成分与酒香、味、风格关系逐步了解的基础上，有人就开始研究勾兑调味技术，通过数字计算来调整酒中各种香味物质的含量及其量比关系，这就是计算机勾兑调味技术的前身——数字勾兑，它为计算机勾兑调味的成功应用奠定了基础。

　　要实现计算机调酒的完整与成功，必须解决下面的问题。

　　①白酒调味工艺和调酒专家经验的系统总结。

　　②通过色谱技术，分析酒中微量香味成分，结合感官品尝，确定各种香型白酒的主要理化指标体系。

　　③应用心理物理学和模糊数学方法，结合勾兑师的品酒术语，找出白酒香、味、风格描述和测量方法，并确定各种香型白酒的感官指标体系和测量表。

　　④应用复杂系统理论，探索白酒调味过程的规律性。

　　⑤建立数学模型和人工智能专家系统。

　　计算机勾兑优化系统，首先将准备使用的半成品酒用气相色谱仪进行分析，测出各种微量香味成分的含量比例，将分析结果与勾兑要求输入计算机，计算机会给出最优的勾兑方案，把不同窖池、不同批次、口味各异的半成品酒按一定比例混合起来，得到质量稳定、口味协调、风格统一的基础酒。与之相比，人工勾兑常常需要几十次勾兑试验，花几天时间；而计算机基本上一次成功，只要几分钟就可完成。同时，计算机勾兑还克服了每个人的个体差异和同一个人不同时间和状态的感觉差异，这样更有利于酒质的稳定。计算机成为现代的"调酒大师"。

黄酒是中国的特产，也称为米酒，是未蒸馏酒，按糖度分为甜黄酒、半甜黄酒、干黄酒、其他型黄酒等类型，我国著名的有古越龙山、梁祝黄酒、古越楼台、锡山特黄、惠泉黄酒、苏优黄酒、南通白蒲、妙府老酒、禾城老酒、阿拉老酒、古南丰、女儿红、西塘老酒、绍兴酒、福建老酒、谢村黄酒、湖南鄮酒、古缸黄酒、客家源黄酒等等，其香气成分比较接近白酒，但味觉成分则丰富得多。黄酒香气浓郁，甘甜味美，风味醇厚，并含有氨基酸、糖、醋、有机酸和多种维生素等，是烹调中不可缺少的主要调味品之一。温饮黄酒可帮助血液循环，促进新陈代谢，具有补血养颜、活血祛寒、通经活络的作用，能有效抵御寒冷刺激，预防感冒。黄酒还可作为药引子。

果酒主要指葡萄酒。葡萄酒按颜色可分为红葡萄酒和白葡萄酒；按糖分多少可分为干葡萄酒、半干葡萄酒、半甜葡萄酒和甜葡萄酒；还有所谓的"加强葡萄酒"（在葡萄酒中添加白兰地或酒精等）。葡萄酒的香味主要是乙酸乙酯、己酸乙酯和辛酸乙酯、乳酸乙酯、琥珀酸二乙酯、γ-内酯、乙醛、丁二酮、高碳酸、芳樟醇、香茅醇等。陈化葡萄酒最好的容器是橡木桶，因此，一些名牌葡萄酒呈现浓厚的木香。一般红葡萄酒具有优雅的天然葡萄发酵香气和浓郁醇和的风味，白葡萄酒酒味新鲜，有果实清香，风味圆滑爽口。

图103　啤酒花

其他果酒分别带着各种水果原有的香气，而酒香成分跟葡萄酒差不多。

啤酒的香气来自其中的醇类、酯类、羰化物、酸类和硫化物等，由于啤酒中含有约0.5%的二氧化碳，适量的气体有助于啤酒香气的和谐一致，当啤酒中的二氧化碳气体被除去以后，各种香气成分的辨别阈值降低，即使是细微的香气缺陷也容易被觉察出来。因此，啤酒开瓶后应现喝，否则待气体跑掉后再喝气味就不好了。啤酒的香气来自麦芽和啤酒花，由于干燥、煮沸、发酵条件不同，因而形成各具特色的啤酒香气（见图103）。

配制酒以食用酒精、糖、水、香精等混合配制而成，既有白酒、果酒、气酒、甜酒等，还有药酒（滋补酒）。除了药酒以外，配制酒的香气主要由加入的香精决定。果酒中如加入多量水果原汁，可以增加配制果酒的"天然感"，但香气主要还是来自香精。配制酒经陈化后香气比较醇和雅致，这是由于香精中各种香料成分与乙醇、糖、水等产生各种复杂的化学变化形成的。由酒精带入的"酒精味"也可在陈化后消除，但劣质酒精和气味强烈的酒精（如粗制糖蜜酒精等）靠陈化消除异臭的能力有限，因此，配制酒所用的酒精应以气味淡者为佳。

药酒是我国的传统产品之一，它是用白酒、酒精或黄酒为酒基，浸泡中草药、兽骨一定时间后，再加以调配而成的。中草药有人参、鹿茸、山药、当归、肉桂、樟叶、甘松、川芎、五加皮、山奈、木香、公丁香、豆蔻仁、檀香、砂仁、甘草、干姜、黄芪、沉香、陈皮、茴香、石菖蒲、乳香、五味子等等。愈是用酒精含量高的蒸馏酒浸渍的药酒，香味愈浓烈；浸渍时间愈长，药味愈重。在浸渍过程中，原料酒中的醇类、酯类、酸类、羰化物类成分与中草药中的各种成分发生一系列化学变化，所以刚浸渍时还可闻到原料酒的气味，数天后开始闻到的已是中草药的特征香味了。有经验的制酒师傅一闻就知道是什么药酒，而且也可以闻其气味浓淡来确定浸渍时间。药酒不但可以直接饮用，有的地方还利用其芳香而作为调味品。

不要以为只有配制酒才加入香精，几乎所有的酒包括名牌酒的生产厂都得找调香师帮忙，因为每一批发酵后的酒醪香气是不可能完全一样的，经过蒸馏、勾兑还难以做到每一批产品的香气保持一致，只有通过加香才能克服这一困难。我国每年酒用香精耗量数千吨，相当可观。

酒用香精所用的香料都是各种酒中原来含有的香气成分。如乳酸乙酯、己酸乙酯、乙酸乙酯、丁酸乙酯等，食用级香料对人安全无害，不要一听说酒加香精就不敢饮用。除非是你自己酿造的"土烧"，否则你很难买到一瓶不加香精的酒。

现在有的酒厂用紫外线及臭氧处理白酒（各种曲酒、普通白酒、液体发酵法白酒，尤其是对汾香型白酒效果更为明显），处理过的新酒，可达到自然陈化一年半至两年的老熟度，最佳效果可达三年。时间仅十几分钟，即达到了提高酒质、早熟、催陈的目的。处理过程中同步完成排杂、增香、净化、改善新酒口味。而且处理后的酒质不易反弹。

有人发明了一种高能酒类陈化机，或者称电子高效复合酒催熟陈化机，主要由高频振荡器、高压脉冲发生器、高强旋转磁化场三部分组成。高频振荡器可以使大缔合状态的液体分子结构键打断，分解成活性很强的小分子或小缔合状态的分子，从而改变其物理结构，增大分子偶极矩，促进水分子、酒分子的亲和性。高压脉冲有极化分子、杀菌的作用。高强旋转磁化场对流经的液体进行磁化，促使酒、水分子排列组合，进一步加强分子缔合。该机可以降低硬度、提高液体中的含氧量，灭菌，加强分子的缔合，达到最佳处理效果，适用于各种白酒、果酒、米酒、保健酒、新酒的催熟陈化，相当于陈化两年的效果。

利用超声波的"空化"作用有人制造出了一种超声波酒类老熟陈化机，其作用表现在如下三方面：

①促进缔合作用；

②增强各类物质的分子活化能；

③加速低沸点成分的挥发。

该设备适用于高、中、低度白酒、果酒、保健酒、香水等。

也有人利用液体磁化的原理发明了一种酒的醇化装置，这种装置的机壳顶部设有磁波开关、磁波表、磁波指示灯；机壳内设置由几个过度输送均匀管路串联的磁化罐；磁化罐内分别通有高压电极、电磁线圈和低压电极；酒入口与醇化管道之间装有流量阀和酒精感应器；酒出口处设有出口接头；机壳底部装有四个机轮；应用电子产生高能量"磁力调制波"来激化酒中的主料、辅料、酒精和水等各种分子的活性，使本来需要多年储存、缓慢进行的各种物理、化学变化过程在极短的时间里得以完成，达到自然醇化40～50年的水平，这样大大地节省了醇化时间和存储空间，也提高了酒的产量、质量，制出的酒清香纯正、口感圆润、香气醇厚、回味绵长。这种装置也可以应用于调味品、食品、保健品等领域。

十二　香喷喷的塑料制品

随着人们生活水平的不断提高，讲究时尚、品味及个性化的理念已逐步形成一种潮流，成为高质量生活的标志。释放着纯正、幽雅、沁人心脾香气的生活用品已逐渐引起人们的兴趣。加香塑料不仅能净化空气，使人心旷神怡、精神振奋，而且能激发记忆、促进联想，有人甚至认为特殊香型产生的联想可以瘦身。从塑料花卉、植物、工艺品、玩具、文具、化妆品到卧室、客厅、厨房、汽车、火车、船舶、地下室、卫生间、医院等用具，无一不可成为加香塑料的应用领域。通过改变香型制造出系列产品，还可将香精换成杀菌剂和防虫剂，用于灭菌、消毒、驱蚊、防虫等等。

市场经济的发展，商品竞争日趋激烈。在提高产品质量的同时，增加产品的各种附加功能，力求产品的新、奇、特、美，已成为商品竞争的新方向。芳香塑料制品就是一种具有新型功能的产品，由于在产品成型加工过程中加入了增香剂，使制品在使用时能散发出芳香气味，给人以新鲜、舒雅、清新的感觉，因而增添了塑料制品的使用价值，可激发顾客的购买欲望，起到促销作用，在激烈的市场竞争中达到以奇制胜的目的。另外，采用芳香剂可以掩盖树脂中固有的或在加工过程中产生的异味，使环境的、加工设备的或最终产品的气味得以改变。

芳香塑料，顾名思义就是带有芳香气味的塑料。它是热可塑性树脂与香料成分等经掺和后再做成型加工而制得的。说得详细一点，就是主体材料的热可塑性树脂与掺和料如分散剂、着色剂、稳定剂等充分混合搅拌后，经过普通或真空干燥，再加入芳香添加剂做混合搅拌，制成均匀的可塑化加工物料。然后，根据树脂的种类、制品的用途再做注射或挤出等成型加工而制成的。塑料芳香化和普通塑料的加工，在工艺方法和工艺设备方面都不必要做大的改变，也同样适合使用。

塑料芳香化加工并不是把纯香料直接加入成型树脂里做塑化加工就得到芳香塑料制品的。塑料芳香化加工，芳香寿命长短既受香料成分影响，又受制品的厚薄制约。不同的香料成分在制品里的迁移性不同又影响着制品的芳香效果，这样，在香料成分掺合量一定的情况下，制品的芳香寿命是有一定限度的。如果香料成分在树脂内部的迁移率大，散发又快，芳香寿命就短。譬如，使用柠檬香型的不同配方制品，有些制品的香味只能保留几天就消失了，而有些制品的香味却能保持几周时间。而同一香料配方的制品，因制品的厚度不同，芳香寿命也不一样。对薄的膜制品，有些只是2天或3天香味就会消失，但对较厚的铸塑成型物，却可保持半年乃至1年其香味还不全消失。因此，在塑料芳香加工过程中，除根据制品情况严格工艺配方、工艺操作之外，对其制品的后处理也采取了许多措施。如：制品表面处理或者密封包装存放等等，目的都是尽量减缓香味消失，延长芳香寿命。

选用芳香添加剂时一定要注意耐热加工温度。耐热性过低，在成型机滞留期间，容易引起热分解而使香料成分变质，制品难以达到预期的芳香效果。市售的芳香添加剂一般最低限度都能耐204～260℃的加工温度。有些在短时间内还能耐260～315℃的加工温度。

在国外，加香塑料的研制开发始于20世纪80年代初，如美国IFF公司于1982年投产的"Polviff"香味产品。在日本，近年室内芳香制品的种类逐年增加，据说已拥有数百亿日元的销售市场，"香味薄膜、飘香纸"等新型产品早已在日本市场问世。原来芳香母料的主要市场一直在薄膜、室内、汽车除臭器、注塑玩具和家庭用品方面，近年来有迹象表明，由于除臭技术的完善发展以及对芳香剂有效性的深刻认识，促使其向家电、织物、医疗用品、包装市场延伸。

塑料是高分子聚合物，分子量大，分子间距宽，在塑料分子结构中，既有分子规整排列的品区，又有无序排列的无定形区，有的还含有极性基团，这就有利于用物理方法和化学方法使增香剂的有效性成分渗透到塑料分子中，形成增香剂与高聚物结构紧密的多相体。由于低分子物的易渗透性、挥发性及相容性差别，使塑料中的增香剂不断由高浓度区域向低浓度区域扩散，再从表面挥发到环境中去，散发出芳香气味，从而达到长期散香的目的。

加香塑料的制造同一般塑料加工相似，只是在塑料配方里加了一些"芳香母料"而已。所谓"芳香母料"，是均匀地分散于热塑性树脂基料中的芳香化学品高浓度的混合物。高效芳香塑料主要由载体树脂、增香剂、添加剂三部分组成，通过一定的配方和加工工艺，使增香剂均匀地分散在特定的载体塑料中。一般使用混炼造粒法，其配方为载体树脂57%，香精20%，二氧化硅20%，聚乙烯蜡3%。

增香剂（香料）是用于增加物料香气或改善物料气味的芳香物质，是芳香塑料母料的主要组成部分。增香剂在常温下呈液态，其沸点虽然都在100℃以上，但挥发性很强，按其结构大致可分为萜烯类增香剂、醚类增香剂、酯类增香剂、醇类增香剂、醛类增香剂、酮类增香剂、羧酸类增香剂等。由于品种不同，它们有不同的耐热性和与树脂的相容性。常用树脂的成型加工温度均在150℃以上，因此，必须选择沸点较高，耐温性能好，不易与树脂及其他助剂起反应，用量少，无毒性，并与基材树脂有一定相容性的增香剂。当然，如果耐热性好而香精的释放量极低，也达不到使用要求。

由于增香剂大多具有沸点低、易挥发的特性，所以必须选择熔点低，加工性能好，易于增香剂渗透的树脂。选择母料载体的原则是：

①与基料的相容性好，且熔点较低；

②与增香剂有一定的相容性及较好的吸收性；

③载体本身的异味不能太重，以免影响香味的纯正性。

常用的载体树脂有LDPE（低密度聚乙烯）、PVC（高压聚乙烯无定形高聚物）、EVA（乙烯-醋酸乙烯的无规共聚物）、SBS（苯乙烯-丁二烯-苯乙烯的二元嵌段共聚物，也称热塑丁苯橡胶）等，它们有的虽然具有良好的透气性和香味透过性，但与增香剂的相容性较差，必须加入相容剂，以提高它与增香剂的结合能力。

十三 飘香的纺织品

衣、食、住、行的支出是普通老百姓日常生活中消费最大的部分，"衣"排在第一位。在大多数人们为三餐发愁的日子一去不返以后，衣着成为靠工资生活的人们每个月开支的"大头"。纺织工业作为我国的传统支柱产业，早已成为国民经济的重要组成部分，近年来更得到了快速的发展。芳香纺织品中芳香物质所具有的愉悦、镇静、杀菌、保健、安眠等作用，赋予纺织品特有的使用功能，深受广大消费者的欢迎，目前已成为纺织品行业发展的重要方向。

芳香纺织品的品质主要取决于香精的稳定性、吸附性、缓释性及其加香整理技术。传统的加香整理技术最早始于20世纪60年代，主要是将芳香物质（也就是香精）直接混合于整理基质中，虽然操作简便，但纺织品获得芳香物质的效率低，留香效果差，在空气中短期内就会完全挥发，经洗涤后芳香效果更是迅速下降。

加在纺织品上的香味物质，经洗涤后能部分被除去。这是由于洗涤一般是在水性洗涤液中，在机械力的作用下，通过物理化学变化去除吸附在纺织品基体和表面的香味物质。而在洗涤液中要加入洗衣粉、肥皂等表面活性剂，它们能显著降低液体的表面张力和两相间的界面张力，具有将香味物质增溶、乳化、分散等作用。洗涤液对纺织品中香味物质的去除，大致分为三个阶段：首先是诱导阶段，洗涤液通过扩散进入被洗基体中，若润湿速度快，香料分子与纺织物界面吸附较弱，就容易被洗脱；第二阶段是通过洗涤，香料分子从被洗基体表面上分离，稳定在洗涤液中；第三阶段是香料分子停止从被洗基体表面除去，或去除的速度相当缓慢。

表面活性剂分子中的亲水性基团，与水分子有较强的吸引力，促使其溶于水中。而疏水性基团与水分子之间的吸引力相当弱，在水体系中会妨碍水分子的无序结构，促使该体系能量升高而处于不稳定状态，发生疏水效应。结果，使水的表面上出现疏水性基团，替代了表面张力高的水分子，导致表面张力降低。疏水性基团对香料分子进行吸引，将其拉入水中。通过实验表明，香料分子在用洗涤液洗涤后的去除率一般为50%～65%。

采用表面吸附、渗透香料分子，加入一定量的大分子留香剂，防止其挥发，将香料分子接枝于织物上面，用其他物质对纤维进行封闭和固定（如采用加油蜡固定法等办法）等方法对于纺织加香的留香都有一定的效果，也都有人采用。

对于液态的香料溶液，最合适的加香方法是采取浸渍法，使香料分子渗入纤维内部，由于纤维分子对香料分子的吸附性强，使留香时间变长。但是由于加香液不溶于水，故加香不均匀。若再用有机溶剂稀释后浸渍，成本高，费时费工。为此，可以采用喷雾法，用喷雾装置把香料溶液雾化成为5微米以下的胶状小雾粒，直接喷射到纤维织物上。雾化颗粒愈小，喷射愈均匀，效果愈好。在室内，喷射后放置24小时，避免日晒，使香料分子和某些特殊试剂渗透进纤维内部，适当干燥后封闭其纤维结构，然后打包装袋陈化。

由于对纺织品的洗涤不可避免，香味纺织品仍存在留香时间短的问题。为解决这个问题，采用微胶囊技术对纺织品进行加香处理，并对微胶囊的制造工艺进行试验探索，制造出了可耐洗10次以上、留香一年以上的香味纺织品。经多次洗涤试验表明，只要织物表面涂固的香料微胶囊不被完全破坏，就会持续散发香味。

我国的调香师和科研人员在整理中国古代"宫廷熏衣匠"资料时得到启发，经过多年的研究、实验，首先在香精的留香、对织物的吸附性能方面取得了重大的进展，先后配制出一系列人见人爱的花香、木香、龙涎香、果香、草香、各种幻想香型、在闻香纸上可以留香达半年以上的纺织品专用香精，之后又在加香技术方面有了前所未有的突破，利用最新的科研成果，设计、制造出一种专用的"熏衣机"，不管是棉、麻、丝、绸还是各种人造纤维织物，采用这种专用的香精、专门的加香方法处理以后，香气分子可以进入到纤维分子里面并形成牢固地结合物，可耐数十次洗涤、暴晒、熨烫整理而仍旧飘香，走在整个纺织品加香行业的最前头。

服装厂给自己制造的服装加香，可以根据日加香量定制适合规格的专用加香机（几万到几十万元人民币一台）和各种香型的纺织品专用香精，香精厂可以派人到服装厂指导安装、培训操作人员，直到服装厂的加香人员能够独立操作、制出合格的加香产品为止。

随着民众生活水平的提高，人们对生活条件和环境有了更高层次的消费要求。在日用化学工业领域，香味纺织品的出现很受消费者欢迎。五颜六色、鲜艳夺目的纺织品，加上香味以后，犹如锦上添花。人们对香味纺织品的需求也日益增加着。

　　近年来，芳香商品显示出旺盛的增长活力。其中，芳香纺织品作为芳香商品的一类也有很大的发展。我国的科技人员曾用微胶囊香精对织物进行后整理，开发出多种织物加香剂，虽然芳香持久性有所提高，但不够理想，特别是在洗涤后，香气不易保持。因此，人们积极探索将香精加到纤维内的方法。20世纪80年代以来，这方面的开发研究在日本进行得很多，许多纺织化纤大企业开发出独具特色的芳香纤维。这种纤维能获得芳香强度和芳香持久性的良好结合，确保其纺丝性能和耐洗涤性，这是开发芳香纺织品的最新的一种形式。如今，这类纤维已走向市场，适合制作被絮、床垫、坐垫、枕头、窗帘、填充玩具及其他装饰类织物等。这种高附加值产品具有很好的社会效益和经济效益。我国是合成纤维的生产大国，也是合成纤维的消费大国，对这方面的研究当然也是不遗余力的。

　　芳香纤维能创造一种愉快的环境，令人赏心悦目，这与当前人们追求自然、追求舒适的风尚相吻合。因此，芳香纤维从开发到应用，很快就取得了成功。尤其是在日本，芳香纤维制品的形式、香型都在向多样化发展，且各大公司都有自己的拳头产品，例如有一个人造丝公司开发的一种芳香纤维，具有柏木的清香，可用作被褥、枕垫、床垫的絮棉，也可制成芳香无纺布，香型有茉莉香型、薰衣草香型、可可香型和柑橘香型等。其芳香徐徐释放，持久性达一年以上，主要用于制作工艺品、布玩具和用作贴身薄被絮棉。还有一种森林浴纤维，它使环境充满一种林深树密的自然气息，置身其中犹如在森林中散步一样令人心情舒畅，精力充沛。据称这种织物的"森林浴"效果可以持续三年以上。起初也作絮棉，后来逐渐扩展到装饰、地毯和服装方面，即制作芳香窗帘、芳香地毯和芳香睡衣等。

十四　香味电影、香味电视和香味电脑

　　人类具备着视觉、听觉、嗅觉、味觉和触觉这五种感官能力，通过视觉和听觉的传播可将55％以上的信息传达给对方，但仍然还留有45％的信息是由人类的味觉、嗅觉和触觉承担的。要是能将人类的"五感"联合在一起实时传输，实现"身临其境"该是多么令人兴奋的事。

　　试想一下，您在观看战争片时，硝烟弥漫的味道，子弹呼啸擦肩而过的声音……如同您就是一个英勇的战士驰骋在疆场上。可遗憾的是，现在您只是坐在座位上观看，那种硝烟弥漫的味道只能靠您丰富的想象力来完成。

　　为了实现人类嗅觉的延伸，各国的研究机构正在努力研究气味的传播。位于日本东京的丰田展览馆内有一个小电影院，在那里，气味和电影图像一起实时传递给观众席上的观众。比如电影里的男主角和女主角擦肩而过时，那种女性的飘香也将实时传递给观众。虽然这不属于通信传输，但是就气味传递的尝试方式而言已是大大进步了。

20世纪50年代，电影的艺术水平和科技水平已经达到相当高的程度，观众看电影时犹如身临其境。遗憾的是，当银幕上的人物杯觥交错、酒气冲天时，观众却闻不到一丝酒香；当电影情节中一对恋人投入大自然的怀抱充分享受"鸟语花香"的美妙时刻，观众却只听到"鸟语"，闻不到"花香"，如何使观众更能领略导演、编剧的苦心安排呢？于是有人提出香味电影的设想来，让电影在放映时，随着剧情的发展，在剧院里能按照电影情节的需要不断散发出各种特定的香味出来，使得电影的"真实感"更加具体。记得有一本那个年代中国出版的《科学家谈21世纪》里面就提出了这个设想。

在当时提出"香味电影"想法的人主要根据的是仿照色彩"三原色"原理，因为彩色照片、彩色电视都只要三种基本颜色就可"拼"出五彩缤纷的世界，如果也能找到几个"原臭"基本（气味）"拼"出世间所有气味的话，这个"香味电影"的计划实施起来不会太难。

可惜半个多世纪过去了，由于"原臭"没有找到，使得这个美好的计划迟迟未能动起手来。不过人总是有办法的，"天无绝人之路"，调香师们放弃了寻找"原臭"的努力，开始在"香气归类"上动脑筋，他们把世界上所有的气味按照"心理气味"分门别类，先把它们归纳成一百多个香型，再把这一百多个香型中的"复合香型"（能够用两个或两个以上香型合成出来的香型）一个一个地从名单中剔除掉，最后只剩下32个"基本香型"，用这32个"基本香型"可以"拼"出我们日常接触的各种气味，当然，有些"怪味"和极其恶劣的臭气不包括在内，调香师认为放映电影时少了这些极端的、为数不多的气味是不会影响观众观看电影的效果的。

"香味电影"放映时，当银幕上出现应当有香气的情节时，安放在观众座位上的"散香孔"就有几个自动打开飘出气味来，这些气味混合成与银幕上表现的情景一致的气息，例如花园里的"百花香"、餐馆里的"酒菜香"、动物园里的膻臊气、垃圾堆的"垃圾臭"、战火纷飞时的"硝烟臭"等，都让观众有身临其境的感觉。

有了"香味电影"，按同样的原理设计"香味电视"就不难了，不过家庭电视的"散香器"不必安在座位上，可以像音箱一样，放在认为最合适的地方来"放香"。当然，如果电视里出现长时间在臭味环境下的情节，观众不喜欢闻臭气也可以暂时把"散香器"关闭。

目前"香味电影"和"香味电视"还在设计阶段，相信不久我们就能享受到了。

如果你有过被飘到街上的香味诱进一家面包店的经历，你就会理解气味的促销能量。位于加利福尼亚州奥克兰市的数字香味公司希望通过一种桌面设备利用这种基本的人类本能，这种设备允许你把香味加到电子邮件和其他因特网通信中去。这个公司的香味合成器能够创造出各种复杂的气味，如同喷墨打印机色带盒可以通过混合三原色产生几千种色彩一样，在线图书馆允许你向PC下载香味配方。数字香味公司副总裁罗伯特·列文预言道，香味合成器在视频游戏和家庭影院中也会找到用武之地。

互联网上的竞争越来越激烈了，为了使用户们的体验更为生动，各公司都在绞尽脑汁，日前有公司声称他们可以使计算机上不仅有图像和声音，还有香味。

给计算机上的电子贺卡、游戏、菜谱、香水和糖果的样品加上香味，可以使计算机和香味文化结合起来，市场前景无限。美国人平均每年在香水上的消费大约在50亿美元，而在香味蜡烛上的消费可达20亿美元。因此，很多商家对此极为看好。

如果人类的嗅觉可以延伸到网络上，将是非常有意义的事。比如在上课时看植物图鉴，将植物的名称和气味一起学习，将会大大提高学习效率；在医院里早中晚分别散发不同的气味，让长期住院的患者重新恢复起来，还可实现医用香味疗法；在化妆品广告上，也可以让顾客真实感受到各种香味；在游戏上，战场上硝烟弥漫的气味将会大大激发游戏的真实感。

实现这一目标的原理很简单。将一个专门的装置（俗称"电子鼻"）装在计算机上，它在吸入这些香味之后，用气相色谱+质谱仪分析出其化学成分。这些成分都被编上代码，装在计算机上的特殊圆片就根据这些代码将香味进行组合。这种装置不仅可以安装在计算机上，还可以安装在游戏机、电视和移动电话上。到那时，人们只需插上插头，启动机器，香味就会伴随在左右。

研究人员说："数字香味使人们在网上购物的体验更为生动，网络游戏的玩家们在操作中更平添一分情趣，而且可以将互联网带进感觉的新时代。"

要在通信传输上实现图像、声音和气味的同时传输比较困难。通过光的三原色原理，几乎所有的颜色都能再现出来，实现图像传输，而嗅觉信息的构成要素可远远没那么简单。这就需要气味传感器和气味合成技术了。先通过气味传感器将所感觉到的气味数字化，通过互联网传输该数据，接受方再通过气味合成器将气味还原出来。

日本科学家发明了气味记录器，让人们可以把自己喜爱的玫瑰花香收录起来甚至传送给在远方的老祖母。这种由东京技术研究所发明的新仪器，用15个传感器分析气味，以数码形式记录下这些气味的成分，然后通过混合96种化学品复制出同样的味道，并让复制气味，汽化和挥发出来。这项技术在食品和芳香剂业大有用途，因为这些公司需要复制气味；另外在数码领域，可以通过手机里的传感器录下气味信息，然后传给地球另一端的人。借助这项技术，那些喜欢网上购物的人，可以先试试香水或鲜花的味道，然后再下订单。气味记录器成功复制出多种水果，包括橙、苹果、香蕉和柠檬的味道，还可重新编程序产生几乎所有的气味，包括臭鱼和汽油味。小型化以后的仪器，将只包括传感器，记录气味后再另外用混合器进行复制。

一种可以散发香味的计算机主机，包括机箱、主板散热风扇的计算机主机，在主机机箱侧板上主板散热风扇对应的位置设有插槽，并插接有带小孔的香料盒。本实用新型的有益效果：可以在使用计算机时散发芳香气味，并可优化环境空气，达到提神醒脑、降低疲劳的作用。

日本电报电话公司（NTT）近日开始试验一种新式服务，即通过网络下载数据来传送香味。用户只需在便携式电脑上连接一个类似水晶球的香味发生器，发生器上有一个喷嘴。随后，发生器从电报电话公司的中央服务器上接收香味数据进行读取，就可以从喷嘴发出香味了。在水晶球发生器中储存了36种天然香味，其中包括桉树、檀香木和罗勒等天然油脂。

假如你要查阅星座信息，在输入自己的出生日期之后，电脑便能够根据此人的生日和星座下载并散发出相应的香味。像巨蟹座对应的是黄春菊、薰衣草和香根草的香味，而双鱼座则对应的是薰衣草、鼠尾草和柠檬草的香味。

日本电报电话公司表示，该公司将通过手机用户试验一种能下载香味的新设备。该公司在一项声明中表示，20名利用"移动香味传输"设备的参与者，能下载与音乐和视频文件夹结合的特殊气味文件。气味目录可以在日本电报电话公司（NTT）旗下的DoCoMo公司的"i-mode"移动网站上下载。这个设备利用手机的红外线端口，将"香味数据"转移到一个跟即插即用的空气清新剂类似的专门装置内，该装置里面安装了一个基本香味单元存储器。然后该设备将气味混合在一起，生成用户选择的香味，并将它们散发出去。这个设备是为家庭和办公室香味用户提供现在香味下载服务的手机版本。日本电报电话公司还将对另一种设备进行试验，该工具能与网络相连，以便用户用手机遥控香味程序。

日本NTT通讯公司在东京展示香味发生器的样机，这款发生器的使用者可用手机在该公司的服务器上下载芳香香配方，并通过红外线发送到香味发生器上，内置有16种芳香原料的发生器便能够发出用户想要的香味来。

日本的资生堂公司正在研发一种通过网络传送香水气味的装置。它能通过电脑确认使用者所需的气味，然后通过特定装置散发出所指定的气味。

法国电信也在进行通过网络传输气味的研究。计算机需要连接上已含有各种香味的"香味发生器"，用户点击网站上所示的香水样本后，将收到一个该样本的信息，然后就可以通过"香味发生器"闻到气味了。

美国最大的计算机产品展示会"COMDEX"上就有气味传输样品的展示。这个名叫"iSmell"的香味合成装置有点像鲨鱼的鱼翅，单外形就很特别，它内置了各种气味源的匣子，通过将各种气味组成来实现各种香味，如同光的三原色组合原理一样来实现气味的组合。

以色列魏茨曼研究所日前宣布，该研究所的两名科学家已经在利用电脑发展嗅觉传播技术方面取得了一些进展，有望填补多媒体传播时代的空白。

由于印刷和音像技术的普及，人类的视觉和听觉传播已经成为信息传播的主流，触摸屏技术也使触觉传播开始登场亮相，但嗅觉和味觉却始终是传播技术的死角。

魏茨曼研究所的哈雷尔和兰切特教授表示，如果他们的技术取得成功，人们将可以在上网、看电视、电影、玩电脑游戏甚至打电话的同时接收到相应的嗅觉信号。嗅觉传播技术还将给方兴未艾的电子商务带来新的便利，因为顾客在网上购物时将可以同时闻到商品的气味，使他们有身临其境的感觉，从而刺激消费欲。

两位教授介绍说，他们的理论模型类似电视的原理，就像人类的视觉信息可以简化为红、黄、蓝三原色并通过三原色加以传播一样，嗅觉信息也可以分解成500～1000种基本形态。

由于人类的鼻子具有识别模糊性，在实际应用中，只要较少的基本嗅觉形态就能满足人类传播的需要。

美国杜克大学的神经学专家最近开发出一种具有高分辨率的成像新技术，利用它可以看到大脑对气味的感知、嗅觉的处理以及相关的学习和记忆过程。

这项新技术来源于一种称为自信号成像刺激的技术手段，这种原本用来标测大脑对各种刺激所产生的反应的方法，经研究人员本杰明·鲁宾和劳伦斯·凯茨两人改进后，其分辨率提高了10倍，从而第一次获得了活体大脑对于特定气味分子进行识别的图像细节。

如果这项技术研发出来，难道您不想首先尝试一下吗？我们将期待着人类五大感觉的全部"延伸"！

十五 香味新品层出不穷

香精的应用几乎是无穷尽的。现代民生用品几乎都可以加香以提高档次。有的商品只要加点香气，销售价甚至可以提高一倍到几倍，因为在人们的心目中，香的东西总是比较高档的。

日常使用的纸制品有许多已经加了香精，如香纸巾、卫生纸、餐巾纸、手帕纸、纸做的内衣裤、印刷制品、名片、香卡、生日卡、贺年片、信封、信纸、宣传画、传单、产品说明书、参观券等等；有的正准备加香，如书报杂志、图片、影剧入场券、公园门票、车票、各种包装用纸等。纸制品加了香精以后，不但香气宜人，还有一定的防腐杀菌作用。

女用卫生巾原来都不加香，制造厂商担心女士们不买："让人闻到香味会暴露自己的生理周期"。实践证明，这个担心是多余的，加香的卫生巾更受女士们的青睐。在夏季，卫生巾制造厂家还特地推出加了薄荷香精的产品，薄荷既能杀菌，又有凉爽的感觉。

人造花（见图104）、干花、人造盆景等加了香精以后，让人欣赏时觉得更逼真。特别是玫瑰花用玫瑰香精、水仙花用水仙花香精当然使这些仿制品更加惟妙惟肖了。人造瓜果加香后使人垂涎欲滴。

图 104　人造花

图 105　芳香蜡烛

蜡烛加香从几十年前就开始设想了，没想到竟碰上了大难题：加香蜡烛虽有香气，但点燃时不香。原来蜡烛与卫生香、蚊香不一样，熏香制品是靠"熏"散发出香气的，而蜡烛的烛芯伸出蜡油的地方全是燃烧的，香精也被烧掉了。调香师与蜡烛制造厂的技术人员花了长时间的努力"攻关"，终于找出症结，解决了这个老大难问题。但现在能在点燃时散发出香气的香烛品种还是很少的，而且制造成本较高，所以市场上的"香味蜡烛"大部分点燃时还是不够香的。"香味蜡烛"也有兼顾室内芳香、消臭和驱蚊作用的"三合一"产品，还有专门用于"芳香疗法"的"芳香蜡烛"（见图**105**）。

跟蜡烛一样，新式的"油灯"（不是以前的煤油灯或花生油灯）现在也可以加入适合的香精使之点燃时满屋生香了。这同汉代的"香灯"相似，算是一种复古吧。

卫生香当然点燃时应该是香的，但拜佛用的"神香"就不一定了。因为加了香精以后，制造成本要高得多。我国南方沿海地区特别是广东、福建、台湾、香港、澳门等地及东南亚地区的华人烧香拜佛用的"神香"大部分点燃时很香，甚至认为燃烧的香越香说明自己的心越诚，所以都舍得花较多的钱去买"高档"的香来敬佛，最近还时髦地用"印度香""泰国香""缅甸香"，这些香制作时使用了大量的香精，点燃时香气非常浓烈。

高档的内墙涂料也有加香的，用的也是"微胶囊"香精，涂在墙壁上可以留香半年到一年，最好的可以留香两年。其他建筑材料、家具、家用电器等也有许多是有香味的，它们分别是在板材（石膏板、水泥板、纤维板、胶合板、塑料板等）制造时加入香精或者在加工工序中加入液体或固体（微胶囊、粉状）香精做成的。

带香味的文具也比比皆是。据说菊花香气会使孩子们闻了更加聪明、记忆力更好，所以有许多文具如铅笔、钢笔、圆珠笔、毛笔、粉笔、蜡笔、墨水、墨汁、橡皮擦、文具盒、圆规、三角板、直尺、书包甚至连学生书桌都带上了菊花和其他各种花香、果香的香气。

几年前有一段时间全国各地的报纸、网站纷纷转载一个"信息时报"的文章，称"香喷喷的文具多有毒"，"加香文具危害健康"等等，这个观点是错的，会误导消费者！须知日用品加香是人类文明、社会进步的重要标志之一，让文具带上适当的香味对使用者来说有百利而无一害，譬如经常闻到人人喜欢的水果香味可以令人愉悦、克服焦虑情绪，茉莉花香使人精神焕发、提高工作效率、减少差错，菊花香味能增强人的记忆力，对学习很有帮助……这些都是有实验依据的，是真正的科学知识。只要是法定"允许正常使用的香料"对人都是无害的，正规厂家生产加香产品，用的是正规厂家生产的香精，而这些香精都只能用法定"允许正常使用的香料"配制，当然可以放心使用了。"杞人忧天"是没有必要的。

有的文章中提到"加入合成香料……极有可能含有苯环、醛类等物质……对孩子的健康有危害"，这句话会让所有念过化学的中学生笑死：我们人体内本来就有大量的苯环、醛类物质，例如人类"8种必需氨基酸"里面就有2个——苯丙氨酸和色氨酸——都带有苯环，而血液中的葡萄糖就是一个醛类物质！信息时报的原文中更把香味文具同住房装修时的"甲醛污染"扯到一起，说是香味文具里面有"苯、甲醛"，香料香精行业的人都知道，苯和甲醛既不是香料，也不是配制香精用的溶剂，风马牛不相及的事，不知写这篇文章的人是从哪里道听途说，或者出于什么目的瞎说一通，把众人当傻瓜。

事实上，文具加香我国自古以来就有，例如文房四宝中的"墨"，上品加入麝香、龙脑等香料，极品加入龙涎香，书写在纸上数十年后仍可以闻到"墨香"，"京墨"（或称"惊墨"）可以入药，治疗小儿急惊风等；漳州出产的"八宝印泥"也含有麝香、龙脑等宝贵香料。从未听说它们对人"有害"。

"良药苦口"，口服的中成药、西药片特别是小孩子服用的药物，包括防疫药剂都可以加香让人容易吞服，实际上早期用于小孩驱蛔虫的"宝塔糖"就做得跟糖果一样香甜，小孩子不懂得大人的用意，还吵着要多吃一些呢。

农药也要加香，特别是近来迅速发展的各种高效低毒农药不像以前的有机氯、有机硫、有机磷农药那么臭，加香后让使用者施用农药时心情愉快，不必捂着鼻子。杀老鼠药、杀蟑螂药也可以加香味让老鼠和蟑螂"上当受骗"前来送死。捕蝇纸加了苍蝇喜欢的香味当然效果更好了。气雾杀虫剂从一问世就加了香精以掩盖煤油的臭味，比蚊香的加香还早。不过农药加香要防止人类（特别是儿童）和家养动物、益鸟、益虫等误食，所以每一种农药的加香都着实让调香师们大伤脑筋一番。

钓鱼的饵料加了合适的香味更加不得了。根据各种鱼虾的嗜好，加入它们最喜欢的香味，甚至只用塑料加香精做成"饵料"也能骗贪食的鱼虾上钩。

各种灯具都可以在适当的位置放液体或固体香精，利用灯亮时的热量把香味散发出来。

电风扇的叶片涂上带香精的油漆，开风扇的时候阵阵香气随风飘来，这在几年前还是电风扇制造厂家争夺市场的"秘密武器"，现在一点也不稀奇了。

"香味闹钟"已经从"纸上谈兵"变为现实：清晨时在固定的时刻它就用一种特别的香气把你从被窝里"叫"醒，让你改掉睡懒觉的坏习惯；早餐时先飘来一股诱人的清香，令你饥肠辘辘，让你"早餐吃得饱"；上班前一股特殊的香气使你头脑清醒，路上保持警觉，注意交通安全；下班时一进家门就香味扑鼻，令你心旷神怡；进晚餐的时间快到了，又有一股香气让你食欲大增，吃得香又美；晚饭后一家人团团圆圆，在温馨的香氛里其乐融融，享尽天伦之乐；到了熄灯时刻，"香味闹钟"放出"安眠香气"，让你打着呵欠快快进入梦乡。

玩具当然也可以带上各种香味，但儿童玩具最好不用食品香味，以免小孩吞咬它。风铃，特别是"微孔陶瓷"做的可以直接浸在香精里让它吸足香精飘香更久，其他材料也都可以想办法加香。各种工艺品现在也经常可以闻到香味。扑克、麻将、棋类也都有香味制品出售，人们一面玩，一面欣赏它的香气，创造更好的"气氛"。

广告商从来都是努力吸引人们的视觉、听觉，现在竟然也打起嗅觉的主意来了：路牌广告、招贴画广告、报纸杂志广告、邮寄广告令人忍不住去闻闻它，这就上了广告商的"圈套"了。一些国际大企业所精心打造的"嗅觉品牌"和"听觉品牌"——当今世界，品牌在由制造商拥有的概念向由消费者拥有的概念转变，因此，品牌必须向消费者传递一个整体的感官和情感的体验。目前在大部分品牌表达中，都以视觉为主，不管是广告，还是终端促销，载体大部分都是以视觉为主。很少有品牌通过其他的感官表现，在全球只有少数的"听觉品牌"，基本没有"触觉品牌"、"嗅觉品牌"和"味觉品牌"，今后，视觉、听觉、味觉、嗅觉、触觉这五种感觉都将成为塑造品牌特征的因素。

机械工业与香精无缘吗？也不对。现在已有带香味的润滑油、润滑脂供应，给机械加润滑油脂时变成"美好的时刻"。

香味还可以用于防盗。法国科学研究中心为了防止名画被盗，发明了一种防盗"香水"，把这种"香水"滴一点在名画背面，人觉察不出，但是经过专门训练的警犬能在数十米之外辨出其香味。不管名画藏在什么地方，即使是在箱子内或者汽车底部均可找到。发明者说，这种"香水"对艺术品不会造成任何损坏。

有一种专门用于电话话筒的清香杀菌片已在市场上出现，经常打公用电话的人买一盒放在口袋里，使用公用电话时把它粘在话筒上，既能杀菌预防得传染病，又清香宜人。

日本精工公司还推出一种能逸出香味的女式手表，这种新式手表后面的表壳中，有一个可以装进香水的微型金属容器，这个圆盘形的容器开有极其细微的多个小孔，香味就是由此慢慢逸出的。

有许多油漆的溶剂令人闻之不舒服，甚至头昏脑涨，这些溶剂有的就是香料，例如"天那水"、"松节油"等，只是它们没有调成宜人的香气，单调的刺鼻的"化学溶剂臭"使人厌恶。油漆制造厂请来调香师解决这个问题，调香师在油漆里面再加上一些"体香"的香料，这些香料与大量的有机溶剂"头香"组成好闻的"香精"，香气就令人舒适了。现在连没有"臭味"的油漆也加了香，让它变成"香油漆"出售，深受使用者的欢迎。

洗涤剂除了洗衣皂、香皂都要加香以外，合成洗涤剂也都开始有了香味，起初是超浓缩洗衣粉、非离子表面活性剂配制的液体洗净剂因为售价较高先加了香精，现在连一般的洗衣粉、洗衣膏、浆状洗衣净等也都开始加香。洗涤碗碟筷子、水果蔬菜的洗洁精、洗碗膏也都是香喷喷的，当然，它们得用食品香精。

食品香精的用途也在日益扩大之中，面粉、大米、豆类及其制品早晚都与香精结缘。食用油也要加香，马来西亚盛产的棕榈油是营养很好的食用油，性质又比较稳定，可惜没有香味，现在给它加入适量的花生油香精、菜籽油香精、芝麻油香精就成为花生油、菜籽油、芝麻油了，当然还可以配成各种色拉油，要什么气味就配成什么气味。你不必担心这对人体会有什么危害，棕榈油本来就是可以安全食用的，香精也都全部要符合食品卫生要求。事实上，这种"调配油"比我们吃了几千年的其他食用油更安全、更符合卫生标准。比如用棕榈油调香精制成的"花生油"你更可以放心食用，至少不必担心它会有花生制品中常见的黄曲霉毒素。

图 106　手机加香机

手机加香——继换壳、镶钻、贴膜等手机美容项目后，给手机加香又成为商家的新卖点，只需10分钟，手机就能变得香香的。手机加香机（见图106）的工作原理：采用低温激活细菌病毒后，利用紫外线进行灭菌、消毒；利用超声波振荡原理，超声波在液体中传播时的声压剧变使液体发生强烈的空化和乳化，产生强大的冲击力和负压吸力，使加香剂、消毒剂渗入物品内部。加香时先将手机关掉，然后用眼镜布擦拭机身，接着用棉签蘸上香水沿着手机外壳和键盘涂抹，最后将手机放入加香机内做渗透固香。把手机放入一个类似微波炉的加香机内，半分钟后加香机会自动断电。整个清洗、消毒、加香过程完成。

现代生活中，陶瓷制品大量应用，如地板砖、墙砖以及陶瓷工艺品等等，而随着人们对生活品质的不断追求，不但要求陶瓷制品具有其本身的使用功能，也会要求其具有一定的附加功能，如人们会要求陶瓷花瓶不但可以插花，也要外表美观华丽，诸如此类。而在现有技术中，未见人们对陶瓷制品进行加香处理，即便有，其加香效果也较差，如直接将香精喷洒于陶瓷制品上等，散香时间不长，这不但与加香工艺有关，也与香精的配方关系密切。

将陶瓷制品进行超声处理加香，加香效果好，工艺简单，散香时间长，经过加香处理的陶瓷制品在自然条件下可以留香数月乃至数年。陶瓷加香利用超声波作用于液体香精时发生的空化作用，超声波作用于液体香精时，液体内局部出现拉应力而形成负压，压强的降低使原来溶于液体的气体过饱和而从液体里逸出，成为小气泡；更强大的拉应力把液体

"撕开"成一空穴，空穴内为液体蒸气或溶于液体的另一种气体，也可能是真空。因空化作用形成的小气泡、空穴随着周围介质的高频振动而不断运动、长大或突然破灭，破灭时周围的香精液体突然冲入气泡、空穴而产生高温、高压，同时产生激波，高温高压和激波压迫部分香精深入陶瓷制品内部，并在陶瓷内外部形成数量巨大、肉眼看不到的细缝，成为陶瓷制品的散香通道，但并不影响陶瓷的理化性能和工艺品质。

NTT通信公司在餐厅试用可发散香气的电子看板，通过网络通信电子看板结合广告画面和香气，对招揽顾客和销售额的效果进行测试。新开发的电子看板"芳香扩散器"采用19英寸液晶显示器、媒体通信装置。通过网络将啤酒广告画面和店内展示显示出来的同时，在午饭时间散发出橙子味道和柠檬味来增加客人的食欲，晚上散发香草味道，随着时间变换香气的味道。同时，与没有味道的电子看板交替使用来测试招揽顾客的效果。"芳香扩散器"装有450毫升3瓶香水，通过网络对香气的程度进行控制，通过超声波和蒸气散发香味。与前期发售的个人用香气散发器的18～45立方米相比，新的芳香扩散能达到500立方米的效果。

近年来，世界各地城市里先后都出现一款叫做"气味图书馆"的店铺，却并不是卖图书的地方。它里面有很多不同气味的香水，就像一个图书馆，让香水也成为一本本精致的图书。有的店里声称"图书馆"里面有1000多种"生活气息"，让顾客"串联香味与记忆"，帮助人们找回遗忘的嗅觉记忆。

加香产品三天三夜都介绍不完，就是介绍完了明天又会冒出一个新的来。你只要过一段时间到市场上逛一逛，随时都会发现又一个新产品从"平淡无奇"变成"吃香产品"了。

十六　加香产品的文化内涵

法国的香水、葡萄酒、时装都是世界第一，这是谁都不会否认的事实。是法国人的"技术高超"吗？还是"推销得力"或者它的"历史悠久"？想想好像都不是。答案只有一个：这三个产品都是"文化产品"，不能用其他民生用品或生产资料商品来衡量它们。

提起"文化产品"，你可能会想到书法、绘画等美术作品、舞台艺术剧（节）目、音像制品、文物制品、民族民间工艺品、文化旅游纪念品等等，其实这些都只是狭义的"文化产品"，也就是人们通常所说的"文化艺术品"，而香水、化妆品、葡萄酒、时装等怎么会是"文化产品"呢？这要从"文化"两个字的内涵说起了。在这里我不想讨论这个专家们正在热烈争辩的问题，只想问一句：你花几千元买一瓶"正宗"的"法国香水"，它的实际价值真有这么高吗？它的制造成本真的要几千元吗？

日本人曾在20世纪50年代提出几个在30年内"赶超世界"的计划，其中的大部分后来都实现了，唯独香水一项至今不但"赶超"不了，东京银座的香水店里也难以觅到日本人制造的产品——就连日本制造的"假冒伪劣"香水也要贴上"法国制造"的商标！

美国也是这样，论科学技术，论经济实力，论营销手段，它可都是"世界第一"的，难道造不出一瓶"好的"香水？！但现实就是这样"不讲情面"——美国人辛辛苦苦搞了几十年，只有一瓶"查理"香水算"世界有名"了，可人们只把它看作一种"廉价香水"，从来进不了法国的上流社会！

香水是什么？香水无非就是香精加酒精（还有少量的水）混合在一起，酒精和水再"好"也就是"无气味"（脱"臭"）、"高纯度"而已，所以香水的"品位"在于香精。香水香精是一种艺术作品，它的"价值"与制造成本不"成正比"。

众所周知，与人类的三大艺术——作曲、绘画和调香相对应的三大艺术产品——音乐作品、美术作品和日用香精，其"价值"有时候很难用货币来衡量，但是作为商品以后，又不得不与货币挂钩，就像唐伯虎的画，说它是"无价之宝"也行，但每一幅画也有一个"实实在在"的"价钱"，这个"价钱"是买卖双方"议定"的，也就是说，它是"买方""出得起"、"卖方"也愿意卖的"价钱"，跟"制作成本"没有关系。

化妆品、洗涤剂、蚊香、卫生香、气雾杀虫剂、空气清新剂等都是日用品，卫生香和空气清新剂是"大众香水"；蚊香和气雾杀虫剂加香的目的本来主要是"抑臭"，现在由于配制原料的改变，已经有条件也有必要转向以"赋香"为主，将来也要成为"大众香水"。随着时代的进步，全社会文明程度的提高，各种"大众香水"使用的香精档次越来越高，目前家用杀虫剂使用的香精品质已经跟上其他日用品了——最终它们都会向香水香精"靠拢"。

随便到"超市"逛逛，都会发现许多"一样"的产品，仅仅因为香味不同而价格简直有"天壤之别"——一块香皂，有的一两块钱，有的几十块甚至上百块，"差别"只是香味而已。"合理"吗？我觉得非常合理！须知现在消费者买一件商品（比如一块香皂），有时可不只是为了"实用"，也许就是一个香味打动了他，让他愿意掏腰包买下来！这个香味让他愉悦好几天，也可能让他全家都愉悦好几天，这个"价值"如何衡量？

几乎所有的轻工业产品都经历过从"不加香"到"加香"的过程，"不加香"的日用品只是满足人们的"基本需要"，虽然也有部分产品让人们从视觉、听觉、触觉等得到一些愉悦，但它们的"文化内涵"实在乏善可陈；成为"加香产品"的"初级阶段"时也只是用少量廉价的香精掩盖异味而已，仍然无所谓"文化内涵"；进入"加香产品"的"高级阶段"以后，香味的重要性就显露出来了——香味成为决定这个产品价格的最主要因素！

最早的肥皂只是简单地用油脂加碱"皂化"再加上一些添加剂如松香、泡花碱等混匀冷凝切块就成了，带有各种油脂的臭味；后来有人往里面加了一点香料（最常见的是香茅油），这就是我们现在还在大量使用的"洗衣皂"；再后来人们又进一步用各种办法"精制"皂基，得到洁白的或者透明的、气味清淡的皂粒或皂片，加上提纯后的各种添加剂，使用调香师用高超本领调配的、经过反复的加香实验、评香满意的香精，才有了我们现在看到的各种各样赏心悦目、香味四溢的"香皂"。近年来，许多城市又出现类似"陶瓷吧"的"香皂吧"店，将人们日常清洁用的香皂变成了休闲品，可以作为小工艺品来欣赏，也可以当作礼物送给好友——古老的肥皂注入了丰富多彩的文化内涵。当然，它的价格也不能与"洗衣皂"相提并论了。

任何一个日用品，只要加了香味，就赋予了这个商品特定的文化内涵。比如一个带薰衣草香味的蚊香，消费者看到后马上会想起薰衣草方方面面的事——一大片紫色（薰衣草花是紫色的），有关薰衣草的种种传说，2000年全球性的"薰衣草年"，令人愉快的香味，这种香味听说有镇静、安眠的作用……诚然，国人当前在这方面的知识还是欠缺一些，"想象力"会差一些，所以生产厂家既应该把这种蚊香染成紫色的，所有商标、内外包装都以鲜艳的紫色为主线，还应附上一本介绍薰衣草的图文并茂的小册子，让这种产品丰富的文化内涵充分发挥出来。

同样道理，消费者在柜台上看到一瓶"带有玫瑰花香味"的气雾杀虫剂，头脑中立即会显现出红色的玫瑰花，想到爱情，想到情人节或初恋情人，想到ROSE，甚至想到流行歌曲"心中的玫瑰"或者"九百九十九朵玫瑰"……买回放在家里，一家人看到这瓶气雾杀虫剂时也有种种联想——当然也跟玫瑰花有关；使用的时候，当室内弥漫着温馨的、甜蜜的玫瑰花香时，全家人仿佛看到玫瑰花园，看到园丁们在照料着娇嫩的玫瑰花朵。美好的花香给全家人带来欢乐，带来团结友爱的精神，带来积极向上的动力。因此，我要再一次诚恳地忠告所有加香产品的制造者：千万不要"贪便宜"购买廉价、低档、香气不稳定的香精，它给你带来的也许是生产出一批不受欢迎的产品，也有可能是永远不可挽回的损失！设想一下，一个声称是"带有玫瑰花香味"的加香产品，却没有令人愉悦的玫瑰花香味，甚至带有令人讨厌的"化学气息"，会给全家人带来欢乐吗？消费者以后还会上你的当吗？！

话要说回来，工业香精毕竟还不能等同于香水香精，还不完全是"艺术品"，也不是价格越高就越值得买。每一种香精都有它的"合理价位"，这个"合理价位"建立在这个香精的"三值"上。所谓"三值"，就是一个香料或者香精的香比强值、留香值和香品值，香精的前两个"值"是由组成这个香精的各种香料决定的，而第三个"值"——香品值则大有文章可做，它直接反映了创造这个香精的调香师的"艺术造诣"有多高，同样香型的香精，制作成本差不多，香品值可以是1~10，也可以达到80以上。我们知道，香精的"实用价值"或者叫做"综合评价分"等于香比强值、留香值和香品值三个值的乘积除以一个固定的系数，香品值相差一倍，它的"综合评价分"也就相差一倍。调香师的水平在这里充分显现出来。

所谓"香品值"，也就是"香气品位高低"量化的数值，目前主要用人群"感官分析"评定。一个香精的香味，大家都说好，它的"香品值"就高，大家都说不好，它的"香品值"就低，不管你用的香料是"高档"的还是"低档"的。"大家都说好"的香精就有"好"的文化内涵，也就是闻到它的香味时，带来的回忆是愉快的，想到的事物是美好的，给人的力量是积极的；"大家都说不好"的香精带来的则是相反的结果，其文化内涵只能是负的。

日化行业生产厂家众多，残酷的竞争造成利润空间越来越小，而有的原材料价格还要上升，有的生产厂把降低成本的希望寄托在香精方面，以为香精的价格是"弹性"的，还可以"压一压"。这种想法就大错特错了！诚信的香精生产厂长期以来坚持的是"一分价钱一分货"，在利润率相对固定的条件下，香精的价格与它的品质是直接相关的。压低单价，只能牺牲质量，想用低于成本的价格买到好的香精只能是幻想。至于那些贸易公司或小作坊式的"香精厂"，降低成本的办法要么是稀释，要么是使用低档香料，最终损失最大的还是贪便宜的用香厂家。

"物超所值"（综合评价分大于成交价格）的香精是调香师辛勤劳动的结果、艺术工作的结晶，往往带着较多较"好"的文化内涵，对香精制作厂来说，这样的香精"毛利润"要高一些，这是正常的，用香厂家不必眼红。正如"高级香水"带来的毛利润要比低级香水高得多一样，高级香水的文化内涵是低级香水不能相比的。

带着"好"的文化内涵的香精给了加香产品"好"的文化内涵，带着"负"的文化内涵的香精给了加香产品"负"的文化内涵，香精与加香产品的关系就是这样的。

现在的人们经常讨论芳香疗法、芳香养生的话题，芳香疗法、芳香养生的主要"道具"——各种精油已经被人们赋予了太多的文化内涵。例如芳香疗法、芳香养生常用的芳樟叶油，人们都知道它最重要的"功效"是"抗抑郁"，提起"抑郁"，话题多了，有医学方面的，有社会方面的，谈不完，也谈不倦；再加上"芳樟"的话题，美容师、按摩师巴不得把有关樟树的所有科学的、文化的内容都告诉消费者。消费者在使用的过程中，不知不觉接受了一场深刻的、有意义的科普教育。

把各种精油有机地配合在一起，就成了香精，它带着各种精油的"功效"和所有精油的"文化内涵"；这种香精用于一个日用品的加香时，这个日用品也就带上了众多的"功效"和丰富多彩的"文化内涵"了。

有着丰富多彩"文化内涵"的日用品，离"文化产品"还远吗？

当大多数人们连温饱都成问题的时候，奢谈日用品的"文化内涵"是没有意义的；当各种日用品刚开始与香味挂钩的时候，谈论它们的"文化内涵"是超前的；当所有的日用品都带上美好的香味时，人们都在议论它们的"文化内涵"了。

第六章

食物的香味

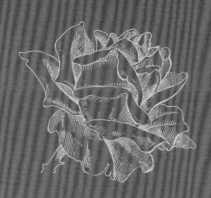

一 香和味

香和味是两个不同的概念：香是指通过嗅觉器官感受到的外界信息，而味是指通过味觉器官（舌上的味蕾）感受到的信息。国外曾有报道某人手或脚上因为长有味蕾而能感知接触到的物品的"味道"，却从来没有听说人的其他器官有嗅觉功能。

当挥发性物质的分子刺激嗅觉器官时，便会产生嗅觉，但有不少挥发性物质也会使口腔内产生味觉，因此，食物的香和味常常很难区分。

从味觉的生理角度分类，传统上只有四种基本味觉：酸、甜、苦、咸；后来发现了"鲜"味；直到最近，第六种味道——"肥"——才被发现并提出。因此可以认为，目前被广泛接受的基本味道有六种，即：酸、甜、苦、咸、鲜、肥（最近有人提出第七种味——"淀粉味"——还没有被广泛接受），它们是食物直接刺激味蕾产生的。

在六种基本味觉中，人对咸味的感觉最快，对苦味的感觉最慢，但就人对味觉的敏感性来讲，苦味比其他味觉都敏感，更容易被觉察。

与"香"比较起来，"味"要单纯些。据说除黄种人以外的其他人种对味精一类物质的感觉非常迟钝，甚至没有感觉，这可以解释为什么谷氨酸钠和核苷酸类物质的"鲜"味都是日本人最早"发现"并工业化生产出来的，还有西方人大肆宣传的所谓"中国餐馆综合征"（味精反应）发生的原因。

成年人的味蕾约有9000个，在每个味蕾上分布着味细胞。呈味物质入口以后，一部分被吸附在味细胞上，使味细胞发生电位变化，味神经产生电脉冲，有四种味神经脉冲分别对甜、酸、苦、咸做出反应。对"鲜"味的解释现在还不很清楚，因欧美各国都没有恰当的词表示"鲜"味，而把味精（谷氨酸钠）和5'-肌苷酸钠（强力味精）叫做增味剂，他们认为这是一种加入食品后能够增强食品美味效果的物质，不考虑这些物质本身的味道如何，这就像香料中的麦芽酚类物质普遍被称为"增香剂"一样，其实麦芽酚类物质自身的香气也是很强的，而且很有特色。

如果不仅按照对味细胞的刺激，同时还把对舌表面分布的神经末梢所产生的刺激也算进去的话，"味道"还应包括辛、涩、哈喇（一种刺激嗓子的味道）及其他感觉。

甜味是各种糖类物质入口时的感觉，"糖精"虽然更甜但同时还有苦味。在香气叙述时借用的"甜香"则包括醇甜（玫瑰甜）、蜜甜、焦甜、桂甜、酿甜、蜜蜡甜、橙花甜、金合欢甜、果甜、豆甜，还有木甜，与舌感的"甜味"无关。

酸味是氢离子（H^+）产生的。醋酸、柠檬酸、丁酸等都有酸味，但醋酸、丁酸等容易挥发的酸可以"闻"到酸气，这里"香"与"味"的感觉是一样的，而柠檬酸、苹果酸等不挥发的酸则"闻"不到酸味，所以不能凭嗅觉断定一种食物是"酸"还是"不酸"。

　　在味觉领域里，呈苦味的物质多得不可胜数，但在香味领域里，人们用嗅觉感到"苦"的则不多，一般常借用"苦"来表示"药香"或"药草香"，这是因为人们习惯性地认为药是苦的的缘故。

　　咸味就是氯化钠的味道，食盐的咸味是钠离子（Na$^+$）与氯离子（Cl$^-$）二者的综合味道。因此，其他含有钠离子与氯离子的盐也有咸味。在形容香气的时候，有时也用到"咸味"，例如邻氨基苯甲酸甲酯用于配制调味料时，就显出"咸味"来，但把它用于配制花香时，却显出"鲜味"来。

　　辛味即"辣"味，山葵菜的成分异硫氰酸烯丙酯和辣椒的成分辣椒素都是典型的辛味物质。英语中"辣"味用"hot flavor"表示，即"热的滋味"。辛味物质不仅对味细胞产生刺激，而且对舌表面的神经末梢也产生刺激，产生"热"的感觉。而在香气叙述时的所谓"辛香"，指的却是茴香、花椒、丁香、肉桂、肉豆蔻等辛香料发出的香气，与"辣"无关，辣椒与青椒的香气却归到"青香"里去了。

　　涩味会使舌头产生麻木感，因此又叫做"收敛味"，茶叶中含有的儿茶酸、没食子儿茶酸等丹宁类物质和酸类化合物及其配糖体（苷）都有涩味。香气表达时说"涩"味一般指像茶叶浸泡于开水中长时间而闻到的气味，或者指一些树皮、山柴散发出的气息。

　　"哈喇味"指的是使嗓子产生呛、辣感的味道，大豆蛋白和一些野菜有这种味道，油脂酸败时也有这种味，因此，香味学上就把一些闻起来不愉快的高碳酸、羰基化合物的气味叫做"哈喇"味。"哈喇"味对人来说，不管是"香"还是"味"，感觉都是不好的。

　　由于形容香气的词汇太少，人们经常借用形容味道的词语来形容闻到的香气以补不足，甜、苦、酸、咸、鲜、辛、涩、"哈喇"是舌上的味蕾感知的味觉情报，与通过鼻子的嗅细胞感知的气味情报是两回事，由于汉字中同用一个"味"字，所以人们在叙述一种食物的"滋味"时常常把二者混淆在一起，而且由于形容气味的词汇太少，人们也早已习惯了借用甜、酸、鲜等词来说明某种气味，这些词汇用于表达气味是非常模糊的概念，因而听者只能靠猜想了解言者表达的是什么意思。二者毕竟不同，不要把它们混同起来，如果以为"甜香"的物质是"甜"的，或者"辛香"的物质是"辣"的，那就大错特错了。

　　食物在人进食前要经过眼、鼻、口三道关卡，只有经过这三道关卡检验合格的食物才会被人吃下去。视觉在其他方面的重要性远大于嗅觉，但在检验食物时则不如嗅觉。苹果即使切成"苹果丁"，虽然外观已看不出是什么水果，但人们只要用鼻子鉴别确认是苹果后照样送进嘴里；而用塑胶制的苹果不管外观如何相似，成年人是不会吃它的。

　　有些食品（例如咖啡）在吃前先欣赏一下它的香气，但是它的"滋味"仍靠在口中品尝。有的食品（例如饼干）则必须入口之后才能充分感到香气，因为热加工使香气成分被封闭在饼干里面，咬碎后香气才能充分发挥出来。

　　大多数水果都在成熟时散发出诱人的芳香，这是酶（特别是酯化酶）起的作用，例如把已经开始成熟的黄绿色香蕉果肉切片上滴加异戊醇，便迅速发生酯化反应，生成乙酸异戊酯，未成熟的香蕉观察不到这种现象。苹果、草莓、桃、李、杏、柑橘、哈密瓜、葡萄、菠萝和香蕉的香味人所共知并受到大多数人的赞赏，而热带水果如荔枝、龙眼、番石榴、芒果、菠萝蜜、红毛丹、山竹、榴莲等大多香气强烈，有人不喜欢甚至厌恶之，这都是习惯的缘故。对各种蔬菜的喜恶也是一样的。

蔬菜中有许多品种气味很淡，煮熟后方显出它的特征性香气来，但香气大多数还是弱的，萝卜、白菜、空心菜、马铃薯、各种瓜类都是如此。气味浓烈的蔬菜有芹菜、芫荽、葱、洋葱、大蒜、青椒和各种菇类。

肉香，人们一提到它自然想起的是加热后牛肉、羊肉、猪肉或鸡鸭肉的香味，不会是生肉特有的腥膻气味，但人类在"茹毛饮血"的时代，一定喜欢生肉的腥膻味。使用了火以后，经过长期的"训练"，才开始喜欢熟肉味。

水产品的气味也是这样，没有经过热加工的鱼虾贝类的气味由鱼腥臭、酸臭和腐败臭等组成，挥发性成分根据鱼虾的鲜度、保藏、加工、烹调方法的不同，相应发生微妙的变化。但人们还是可以在煮熟的水产品中分出是淡水鱼还是咸水鱼，是虾还是蟹，而且同牛肉、猪肉一样，不同品种有不同品种的气味，不允许有太大的变化。人们可以容许水果、蔬菜随着种植地、季节、收获的成熟程度而有不同的气味，却不敢食用有异味的鱼和肉。

烹调也是调香，虽然色、香、味都要考虑，但香味仍然是最重要的。烹调师可以把来自植物和来自动物的食物配成美味佳肴，也可以用辛香料掩盖牛羊肉的膻味和水产品的腥味。闽菜中的"佛跳墙"连菩萨（和尚）都挡不住其诱惑，充分说明调制好的香味对食物来说多么重要。

巴甫洛夫曾说过："食欲即消化液。"味美香佳的菜肴，会使新陈代谢系统由于唾液和胃液的旺盛分泌所引起的促进作用，使整个新陈代谢功能充分地发挥。若是我们的食品既无诱人的香，又无可口的味，不仅引不起食欲，而且即使食用后，其结果也只会是使唾液和胃液的分泌减少到低于消化食品的需要量，从而使新陈代谢作用不能有效地进行。由此可见，香和味对人体生理机能具有何等的重要性！

除了无臭的气体和水以外，一切挥发性物质都应当被称为香味物质。有些香味物质在食品中相对地以较高的浓度存在着，有的虽然浓度不高，但因其香气强度大，也能产生很好的香气。食品中香味物质的总含量，在1～1000毫克／公斤之间（水果一般为10～100毫克／公斤）。

食品中的香气成分往往是非常复杂的混合物，单一香味物质在大多数情况下不能代表一个食品的香气。

水果、蔬菜的香气主要由它们各自含有的几个具有特征香气的化合物产生；发酵食品的香气主要是由于各种发酵微生物活动的结果，有一部分原料成分在发酵过程中分解产生醇、醛、酸等香气成分；水产品在新鲜时气味较淡，腥臭味是随着新鲜度的降低而增强的；动物肉新鲜时气味也较淡，加热才产生我们熟悉的"熟肉味"。大部分食品加热时都有"美拉德反应"——颜色变棕，"生味"变"熟味"——这是食品中含有的糖类与氨基酸反应的结果。

只有人类和人类饲养的一部分动物才喜欢加热后的食品的气味。

翻开任何一本中国出版的《社会发展史》，都有一段这样的话："……（早期的人类）当他们在火熄灭后回到原来的地方时，发现被火烧死的野兽的肉，不但也可以充饥，而且更为可口。被火烧熟了的植物的根茎和果实，吃起来也分外香甜。"这句话现在看起来是太过简单，也太武断了——原始人在那个时候闻到的熟食味是令人恐惧的恶臭，不但不会觉得烧熟的食物"可口"，而且根本不敢吃，吃了也不行——今天我们可以试着用烧熟的牛肉给野生的狮、虎、豹吃吃看，它们会有什么反应？躲之不及！煮熟或烧熟的食物散发的气味对从来没吃过它们的动物来说只能感觉到"恶臭"，而且是带有恐惧性的恶臭！加上其时人类的消化系统还没能适应熟食——最简单的一个例子是蛋白质加热后会"变性"，即从"易溶于水"变成"不溶于水"（你现在就到厨房煮个鸡蛋试试！），人类的消化道里还没有分解这种热变性蛋白质的酶——强迫吃下去也难以消化吸收。所以正确的说法应该是："人类在饿极了的情况下不得不强迫自己吃下这种烧熟了的动植物尸体，付出长期的、极大的代价（这个代价直到今天还在付出中）才慢慢适应甚至开始喜欢这种熟食的气味"，从而拉开了人类与其他动物的距离。

二　美拉德反应产物

大部分食物不经过"烹调"都没有什么香味，或者气味很淡，鱼肉类甚至有难闻的腥膻气味，为什么通过加热就变得香喷喷呢？这要归功于一种化学反应——非酶褐变反应——由于美拉德最早注意和研究这类化学反应，所以化学家们就把它叫做"美拉德反应"。

美拉德反应是非酶促褐变反应之一，它是指单糖（羰基）和氨基酸（氨基）的反应。和焦糖化反应比较，美拉德反应发生在较低的温度和较稀的溶液中。研究证明：美拉德反应的程度和温度、时间、系统中的组分、水的活度以及pH有关。

食品中的羰基化合物大多是还原糖，而胺类来自氨基酸或蛋白质。由于绝大多数食品都含有糖类和蛋白质（可水解成为氨基酸），因此，美拉德反应对于食品加工来说是有普遍意义的，美拉德反应产物在食物中是普遍存在的。事实上，有人在1980年就已指出，在食品中已经鉴定出的三千多种挥发性的香味化合物中，大约有2/3是美拉德反应及其后续反应的产物。通过美拉德反应生成的最丰富的香味化合物为脂肪族醛、酮、二酮和低级脂肪酸，但是含有氧、氮、硫或含有这些原子相结合的杂环化合物数目更多，对褐变食品的香味有显著作用。

美拉德反应产物根据它们的香气类型、化学结构、分子形状和工艺参数分为四类。

①含氮杂环化合物：吡嗪类、吡咯类、吡啶类、烷基和乙酰基取代的饱和氮杂环化合物——这些化合物产生玉米香、坚果香、烤肉香和面包样香气。

②环状烯醇酮：麦芽酚、异麦芽酚、脱氢呋喃酮类、脱氢吡喃酮类、环戊烯醇酮类——它们产生典型的焦糖样香气。

③多羰基化合物：2-糠醛类、2-吡咯醛类、$C_3 \sim C_6$甲基酮类。

④单羰基化合物。

后两类化合物仅仅使整个香味产生特定的细微差异，并主要是对香味轮廓有某些补充，而不是用来产生主要的香味特征。

美拉德反应目前最重要的应用是生产肉类香精，近来这些产物被称为反应香味料或过程香味料。

反应香味料的组分包括：

①一种蛋白氮源；

②一种糖类源；

③一种油脂或脂肪酸源；

④其他组分，包括辛香料、食盐、酸、碱、水、硫化钠、丁二酮、卵磷脂等。

在加工条件上，规定在180℃时不超过15分钟，在较低温度下可适当延长反应时间；pH值不超过8。

当选用L-半胱氨酸作为蛋白氮源时，产生的香气主要是牛肉的香气（L-半胱氨酸可由人发或猪毛水解得到的脱氨酸还原得到）；把L-半胱氨酸盐酸盐和甘氨酸与一个由L-阿拉伯糖、葡萄糖组成的混合物加热可以得到一种很好的烤鸡肉香味；一种人工的火腿或咸肉香味料可用相同的组分在受控pH条件下加热制得。

开发反应型肉类香精看起来很简单，因为允许使用和能够利用的原料很少。然而，由于原料组合和操作变量的变化无穷，实际上开发一个好的肉味香精是非常困难的，要经过反复试验，经历许多挫折。由于反应香精的复杂性，许多实验室的模型系统常常不能用于批量生产。

糖类与氨基酸反应，如半胱氨酸和其他来自HVP（植物蛋白水解液及其产品）或肉蛋白的氨基酸，生产不同香气风格和特征的肉类香精。一般来说，相对活跃的糖类（如核糖和木糖）用于生产牛肉香味，相对不活跃的糖类用于生产鸡肉或猪肉香味。过量的糖类产生燃烧香韵和咖啡样香气。

在反应中预先加入肉蛋白能够产生特征的肉类香精香气。

美拉德反应温度提高或加热时间增加时，表现为色度增加，碳氮比、不饱和度、化学芳香性也随之增加。

在单糖中，五碳糖（如核糖）比六碳糖（如葡萄糖）更容易反应，单糖比双糖（如乳糖）较容易反应；在所有的氨基酸中，赖氨酸参与美拉德反应，结果获得更深的色泽。而半胱氨酸反应，获得最浅的色泽。总之，富含赖氨酸蛋白质的食品如奶蛋白，易于产生褐变反应。糖类对氨基酸化合物的比例变化，也会影响色素的发生量。例如葡萄糖和甘氨酸体系，含水65%、于65℃储存时，当葡萄糖对甘氨酸的比从10：1减至2：1或1：1时，即甘氨酸比重大幅增加时，则色素形成迅速增加。

如要防止食品中美拉德反应的生成，必须除去糖类与氨基酸其中之一，即除去高糖类食物中的氨基酸化合物或者高蛋白食品中的还原糖。

在高水分活度的食品中，反应物稀释分散于高水分活度的介质中，并不容易发生美拉德反应。在低水分活度的食品中，尽管反应物浓度增加，但反应物流动转移受限制。所以美拉德反应在中等程度水分活度的食品中最容易发生。具有实用价值的是在干的和中等水分的食品中。

pH对美拉德反应的影响并不十分明显。一般随着pH的升高，色泽相对加深。在糖类和甘氨酸系统中，不同糖品在不同pH时，色度产生依次为：

pH小于6时：木糖＞果糖＞葡萄糖＞乳糖＞麦芽糖；

pH6时：木糖＞葡萄糖＞果糖＞乳糖＞麦芽糖。

在日常生活中，也经常接触到美拉德反应。面食烘烤产生棕黄色和香味，就是面团中的糖类和氨基酸或蛋白质反应的结果。这也是食用香料合成的途径之一。现今市场上大量肉类香精的合成，均离不了美拉德反应。

美拉德反应制取肉类香料，除蛋白质基料外，其配料所取糖类中，木糖必不可少。氨基酸中的含硫氨基酸、半胱氨酸是重要角色。

为了防止食品特别是含油食品氧化变质，一般均使用国家批准使用的抗氧化剂。如BHA、BHT等。随着经济发展和生活的提高，人们对化学合成抗氧化剂的疑虑日益增加，所以科技人员一直在研发低毒无毒的天然抗氧化剂，如茶多酚、迷迭香、甘草黄酮、天然维生素E等新抗氧化剂。这些天然提取物虽然安全性好，在抗氧化性能方面，能达到食物保鲜的要求，但其生产成本比化学合成的要高，难以在价格上和合成抗氧化剂相竞争。因而研究利用食物原料合成廉价的抗氧化剂来取代合成抗氧化剂，成为国内外竞相研发的热点。由于食品级氨基酸和糖类安全可靠，且来源广泛。因而利用氨基酸和糖类获得具有抗氧化作用的美拉德反应产物（MRP），引起了国内外科技工作者的浓厚兴趣。

常用的食品抗氧化剂按其功能和作用，主要是抑制和消除自由基的生成，螯合食品中有催化氧化作用的金属离子使其失去活性，清除和吸收食品中的氧，分解氢过氧化物等。

作为美拉德反应的氨基酸，自身有一定的防腐抗氧化功能。例如半胱氨酸常常用来作为果汁的防褐变剂，因半胱氨酸有巯基，能产生还原作用。有些加工食品含有微量铜、锌等金属离子，能促进含油食品的氧化，而甘氨酸、丙氨酸等氨基酸，能和金属离子螯合而使其失活。但只能达到一定的水平，尚达不到代替抗氧化剂的程度。但某些氨基酸和糖类美拉德反应的产物，能达到和化学合成抗氧化剂BHA、BHT同样的水平。

国外研究表明，美拉德反应分成几个复杂的步骤，包括形成葡基胺、生成呈味羰基化合物、含氮有色物类黑精、羰胺聚合物、杂环化合物等。其中类黑精具有螯合金属抗氧化活性，可在面包和咖啡中发现它，但尚未能对纯的类黑精进行单离和定性，是一种含酚基、分子量100000以上的物质，其碳氮比按其美拉德反应的温度、时间而不同，所以美拉德反应生成物（MRP）是一个复合物，其抗氧化作用是：破坏自由基链和延缓其生成；还原过氧化物和钝化自由基、配位重金属。

不同的糖和不同的氨基酸发生美拉德反应，获得不同抗氧化活性的MRP。要获得较高抗氧化活性的美拉德反应产物，原料中糖类以木糖最优，氨基酸以赖氨酸最佳。

美拉德反应也用来制作海鲜香气的调味品——以木薯淀粉还原性转化糖浆（淀粉糖浆）及对虾头蛋白酶解液为主要反应基质，在温度90~100℃、pH6.5~8.5、时间50min得到的反应产物为香基100.0份，加食盐1.0份、白砂糖0.4份、柠檬酸0.5份、味精0.4份、香菇2.0份、胡椒0.1份、芝麻油0.2份、淀粉2.5份、羧甲基纤维素钠1.0份、β-环糊精1.0份，即是一个优秀的海鲜味调味品。

氨基酸和糖类的美拉德反应，在生活中经常存在。随着技术的进步，美拉德反应已成为新型风味剂的重要组成和新的增长点，并将成为开发食用原料制取食品抗氧化剂的新途径。

美拉德反应并不都是好事，有些食品中的不良风味也是由于美拉德反应引起的。通过美拉德反应产生所希望的香味与在储藏过程中产生不良风味之间的主要差别是温度。储藏温度并不利于产生烤肉香、坚果香等好闻的气味，却容易产生陈腐味、酸气、青气、硫化物的气味，也就是通常说的"陈腐"气味。

淀粉糖生产时如有少量蛋白质存在，就会因美拉德反应使糖浆产生棕色，影响质量。所以淀粉糖生产用原料淀粉，其蛋白质含量有严格规定，即食品工业用为0.5％，医药用为0.35％。

抑制食品在储藏时的不良的美拉德反应最有效的措施是控制该食品的含水量，因为水也是美拉德反应的积极参与者。

三　调味品

调味品是指能增加菜肴的色、香、味，促进食欲，有益于人体健康的辅助食品。它的主要功能是增进菜品质量，满足消费者的感官需要，从而刺激食欲，增进人体健康。从广义上讲，调味品包括咸味剂、酸味剂、甜味剂、苦味剂、鲜味剂和辛香剂等，食盐、酱油、醋、味精、糖、八角（大茴香）、小茴香、花椒、芥末等都是调味品。

中国研制和食用调味品有悠久的历史和丰富的知识，调味品品种众多。其中有属于东方传统的调味品，也有引进的调味品和新兴的调味品品种。对于调味品的分类目前尚无定论，从不同角度可以对调味品进行不同的分类。

（1）依调味品的商品性质和经营习惯的不同，我们可以将目前中国消费者所常接触和使用的调味品分为六类。

①酿造类调味品：酿造类调味品是以含有较丰富的蛋白质和淀粉等成分的粮食为主要原料，经过处理后进行发酵，即借微生物酶的作用产生一系列生物化学变化，将其转变为各种复杂的有机物，此类调味品主要包括酱油、食醋、酱、豆豉、豆腐乳等。

②腌菜类调味品：腌菜类调味品是将蔬菜加盐腌制，通过有关微生物及鲜菜细胞内的酶的作用，将蔬菜体内的蛋白质及部分糖类等转变成氨基酸、糖分、香气及色素，具有特殊的风味。其中有的加淡盐水浸泡发酵而成湿态腌菜，有的经脱水、盐渍发酵而成半湿态腌菜。此类调味品主要包括榨菜、芽菜、冬菜、梅干菜、腌雪里蕻、泡姜、泡辣椒等。

③鲜菜类调味品：鲜菜类调味品主要是新鲜植物。此类调味品主要包括葱、蒜、姜、辣椒、芫荽、辣根、香椿等。

④干货类调味品：干货类调味品大都是根、茎、果干制而成的，含有特殊的辛香或辛辣等味道。此类调味品主要包括胡椒、花椒、干辣椒、八角、小茴香、芥末、桂皮、姜片、姜粉、草果等。

⑤水产类调味品：水产类调味品是水产中的部分动植物，干制或加工，含蛋白质量较高，具有特殊的鲜味，习惯用于调的食品。此类调味品主要包括鱼露、虾米、虾皮、虾籽、虾酱、虾油、蚝油、蟹制品、淡菜、紫菜等。

⑥其他类调味品：不属于前面各类的调味品，主要包括食盐、味精、糖、黄酒、咖喱粉、五香粉、芝麻油、芝麻酱、花生酱、沙茶酱、银虾酱、番茄沙司、番茄酱、果酱、番茄汁、桂林酱、椒油辣酱、芝麻辣酱、花生辣酱、油酥酱、辣酱油、辣椒油、香糟、红糟、菌油等。

（2）按调味品成品形状可分为酱品类（沙茶酱、豉椒酱、酸梅酱、XO酱等）、酱油类（生抽王、鲜虾油、豉油皇、草菇抽等）、汁水类（烧烤汁、卤水汁、急汁、OK汁等）、味粉类（胡椒粉、沙姜粉、大蒜粉、鸡粉等）、固体类（砂糖、食盐、味精、豆豉等）。

（3）按调味品呈味感觉可分为咸味调味品（食盐、酱油、豆豉等）、甜味调味品（蔗糖、蜂蜜、饴糖等）、苦味调味品（陈皮、茶叶汁、苦杏仁等）、辣味调味品（辣椒、胡椒、芥末等）、酸味调味品（食醋、茄汁、山楂酱等）、鲜味调味品（味精、虾油、鱼露、蚝油等）、香味调味品（花椒、八角、料酒、葱、蒜等）。除了以上单一味为主的调味品外，大量的是复合味的调味品，如油咖喱、甜面酱、乳腐汁、花椒盐等等。

（4）调味品的分类还可以有其他一些方法，如按地方风味分，有广式调料、川式调料、港式调料、西式调料等；按烹制用途分，有冷菜专用调料、烧烤调料、油炸调料、清蒸调料，还有一些特色品种调料，如涮羊肉调料、火锅调料、糟货调料等；按调味品品牌分，有川湘、淘大、川崎、家乐等国内品牌，也有迈考美、李锦记、卡夫等合资或海外品牌，此外，还有一些专一品牌，如李派急汁、日本万字酱油、瑞士家乐鸡粉、印度咖喱油、日本辣芥等。

另外，调味品的种类多，其中的一些产品有其专有的分类标准，如在中国，酱油可以分为酿造酱油、配制酱油等。

（5）按照我国调味品的历史沿革，基本上可以分为以下三代。

第一代：单味调味品，如酱油、食醋、酱、腐乳及辣椒、八角等天然香辛料，其盛行时间最长，跨度数千年。

第二代：高浓度及高效调味品，如超鲜味精、IMP、GMP、甜蜜素、阿斯巴甜、甜叶菊和木糖等，还有酵母抽提物、HVP、HAP、食用香精、香料等。此类高效调味品从20世纪70年代流行至今。

第三代：复合调味品。现代化复合调味品起步较晚，进入20世纪90年代才开始迅速发展。目前，上述三代调味品共存，但后两者逐年扩大市场占有率和营销份额。

开门七件事：柴、米、油、盐、酱、醋、茶，其中盐、酱、醋都是调味品，说明调味品在人们的生活中具有多么重要的意义。单一个酱字，在中国就有沙茶酱、番茄酱、蒜头酱、甜面酱、豆瓣酱、虾酱、花生酱、辣酱、爆料酱、紫菜酱、沙律酱、酸梅酱、海鲜酱等等，五光十色，记都记不完全。固态调味品除了食盐、味精、蔗糖以外，还有豆豉、虾籽、各种辛香料（山奈、白芷、豆蔻、陈皮、草果、荜拨、甘草、姜黄、丁香、茴香、砂仁、杏仁、肉桂、辣根等）。液态调味品有酱油（生抽、老抽）、鱼露（鲽油、虾油）、蛏油、蚝油、糟油、糟卤等。

上述固态、液态、酱态调味料还可配制成各种复合味用于烹调，例如海派菜常用的复合味有红油味、姜汁味、蒜泥味、椒麻味、麻辣味、麻酱味、酸辣味、怪味、芥末味、鱼香味、糖醋味、甜香味、豆瓣味、家常味、咖喱味、咸甜味、咸鲜味、糊辣味、荔枝味等；港式菜复合味有红乳麻酱料、沙茶甜酱料、甜面酱油料、椒麻葱酱料、鲜菇红酒料、粉红奶油料、薄荷酸辣料、火锅酱乳料、西柠葡汁料、各种果汁、黄汤、川汁酱、XO鲜酱、香槟汁等。

此外，中国菜烹调时还要用各种"料头"（葱、蒜、姜、辣椒、洋葱、芫荽、熟火腿瘦肉料、料菇、五柳料等）和各种汤汁（鸡汤、鸭汤、素上汤、火腿汁、干贝汁、鹅卤水、蛇汤等）。这些都是调味品。

中国烹饪艺术讲究菜肴的色、香、味、形、质俱佳，以滋味为核心，以味媚人。虽然许多天然动植物单独加工时已有一定的香和味，但不能满足人们的口腹之欲，不管什么食物，恰当地加入适量调味品烹调，总是更加令人垂涎欲滴。菜肴主要是为了"吃"，滋味美才令人爱"吃"，而滋味美离不开调味，即调香。高明的烹饪师就是食物的调香师、调味师，必须掌握各种调味品的有关知识，并善于适度把握，五味调和。

随着我国大多数家庭摆脱了贫困，又从温饱逐渐进入小康，家里厨房架上的调味品也从简单的食盐、味精、酱油、醋、葱、蒜、辣椒等寥寥几种发展到各种各样的酱料、辛香料、复合料一应俱全。每当节假日时，全家老小团聚在一起，到菜市场买来各色蔬菜、鱼肉、水果，根据每样的特色，使用各种调味品烹调出丰富多彩的美味佳肴，让全家人美美地享受一下。

烟熏味食品历史悠久，上下数千年。诱人的烟熏香味，历来为世界各地很多人所嗜好。利用烟熏的方法来熏制鱼肉和畜肉以提高它们的保质期已有悠久的历史，烟熏不仅能改善高蛋白食品的风味及外观，赋予其特有的色泽和风味，还能起到抗菌和抗氧化作用，是一种广受人们欢迎的食品加工工艺，可见，烟熏香味是人类社会所需要的重要味道之一。

传统熏制方法的熏烟是植物性材料缓慢燃烧或不完全燃烧时氧化产生的气体、液体（树脂）和微粒固体的混合物，其熏制出来的食品具有特殊的烟熏色泽、香气和味道，而且耐储存。然而，随着人们生活水平、食品安全意识的提高，传统烟熏过程中所产生的多环芳烃化合物（PAHs）受到的关注度也在不断提高。目前经过对该类物质的研究发现，有致癌作用的多环芳烃及其衍生物有200多种，其中3,4-苯并芘的致癌性较强，污染最广，一般以其作为这类物质的代表。烟中的灰烬和焦油等也会污染食品、环境、设备和管道。因此，传统的烟熏法不符合食品清洁、安全生产的要求。另外，烟的产生和使用不便，熏制不均匀，熏制时间长，且很难实现机械化连续化生产。为了解决上述问题，同时保持传统熏制品的特色，满足消费者的需求，又能避免3,4-苯并芘的危害——液熏法应运而生。

液熏法是用烟熏香味料替代气体烟熏制食品的一种方法。烟熏香味料具有木材烟熏一样的色泽和风味特点。它是将木粒、木材、木屑或竹材等可控燃烧而产生，然后用水进行冷凝，通过沉积作用去除灰分和焦油，只留下有机酸、酚类化合物及羰基化合物等有利物质，不含或很少含3,4-苯并芘，因此，烟熏香味料是一种清洁卫生的熏制材料。液熏法不仅减少了有害成分的污染，并且能精确有效地控制熏制过程，缩短熏制周期，因此，液熏技术在鱼制品、肉制品、禽制品及调味品等方面得到日益广泛的应用。

目前，世界上先进国家生产的熏制食品中，基本上都采用液熏技术，如美国90％的烟熏食品由液熏法加工，产品主要有熏肉、熏香肠和熏制鲑、鲱、鳕、鲐、带鱼、沙丁鱼、金枪鱼、三文鱼及柔鱼类、贝类等，烟熏液的用量每年超过10000吨，日本年用量也已超过1000吨，我国现在每年才使用数百吨，但发展快速。

图 107　烟熏液

烟熏液（见图107）的使用非常方便，只要把鱼肉或其他固体食品切片，用加了适量食盐、糖的烟熏液浸渍数小时，捞起后烘焙，即为色香味俱佳的"烧烤"食品，所以家庭厨房里也可以应用，烟熏液成为一种新型的"调味料"。

西方的烹调倾向于科学，中国的烹调倾向于艺术。在烹调不发达的时代，这两种倾向都只有一个目的——度命充饥，所谓"饥不择食"，科学也罢，艺术也罢，暂时靠边。而到了烹调充分发展之后，这种不同的倾向就表现在目的上了：前者发展为营养学上的考虑，后者则表现为对味道的讲究。中国烹调，不仅吃食物，更重要的是"吃味道"。所以中国才有这么多的调味品，西方国家的人们，无论从科学的角度、营养学的角度、卫生的角度、化学的角度来看烹调，都觉得不需要这么多调味品。

四　辛香料

食用辛香料一般指胡椒、茴香、肉豆蔻、肉桂、花椒、丁香、香叶、莳萝、甘牛至、砂仁等，也包括洋葱、大蒜、姜、柠檬、芫荽、芹菜、芝麻、薄荷、留兰香等。人类远在没有文字记载的史前就已大量应用这些辛香料。考古学家从金字塔墙壁上的象形文字和从基督教的圣经中，都发现人类的祖先在生活中食用辛香料的重要记载的遗迹，从而推断其悠久的历史。

公元前1世纪的《神农本草经》中将中草药分为上、中、下三品，上药应天之命，与神相通，能补养生息，无毒，长期服用无害，有延年益寿、轻身益气之功效，其中主要者为桂皮、人参、甘草和麝香；中药指有养生防病，滋补体力，充分利用其特点调整其毒性，可配合使用者，主要为生姜、当归、犀角等；下药主治各种疾病，因有毒性忌长期服用，主要的有大黄、桔梗、杏仁等。这说明中国对辛香料的应用有着非常久远的历史和科学的认识。中国菜扬名于天下与其巧妙地发挥辛香料的独特风味和诱食性不无关系。这也是中国烹饪的一大特色（见图108）。

食用辛香料是人类最早的交易项目之一，也是古代文明进化史的重要组成部分。东西方的文化交流，亦自辛香料交易开始。南宋赵汝南著的《诸蕃志》中，就将丁香、胡椒与珍珠、玛瑙并驾齐驱地列为国际贸易商品。福建泉州为世界闻名的海上丝绸之路，同时也是香料之路的起点，20世纪70年代在泉州发掘的宋代沉船中发现大量的香料，其中一大部分是辛香料。

图 108　食用辛香料

亚历山大港口在古代就是西方世界繁华的商港，其导致繁荣的主要原因是与东方进行辛香料贸易。后来威尼斯经济崛起，不久成为欧洲与印度、斯里兰卡及中国进行香料贸易的城市。由于经营香料可获巨利，寻找辛香料产地成为推动探险家发现新大陆的真正动力。哥伦布的"环球之旅"，也是为了寻找生产香料的印度，虽然没有成功，却意外地发现了新大陆，并误以为自己找到了印度，因而将加勒比海地区命名为西印度。葡萄牙、荷兰、英国、美国相继在东方建立辛香料据点，对香料贸易进行垄断。迄今，纽约成为世界辛香料贸易中心，美国也是辛香料最大的进口国家，每年占国际香料贸易总额的40％以上。

人类利用辛香料，初期多是用来保藏易于腐败变质的食物，掩盖食品存放过程中产生的怪味异臭。现代食品加工工业中使用辛香料的目的，主要则是使食品带上一种吸引人的增加食欲的香味，增进人体健康。许多辛香料是食物优良的天然防腐剂和保鲜剂。古希腊在肉类的长期储存中就使用芜荽籽；牛奶防止酸败是将薄荷叶放入其中；添加0.5克芥菜籽于100克苹果汁中，可防腐保存四个月；芥菜籽、丁香、肉桂在阻止番茄酱的腐败中防腐作用最强；在维也纳香肠制造中，添加0.2％的欧芹、肉桂、枯茗（孜然）等精油，有与添加0.2％的山梨酸同样的防止霉点产生的效果。日本正在研究利用几种辛香料配合在一起开发天然防腐剂，研究各种咸菜、色拉、煮豆、鱼糕、卤汁等使用复合调味料以及各种糕点中应用的品种，使得储藏日期延长，收到一定的成果。有人预言："人类的将来将使用气体储藏来取代现在的电冰箱。"这"气体"主要指的就是各种辛香料的"香气"。

科学家做过实验，在一个每立方米空间内含有900万个微生物的百货商店里喷洒由百里香、薄荷、薰衣草、迷迭香、丁香和肉桂等精油的混合物，半小时内，所有霉菌和葡萄球菌都被杀灭。可见辛香料含有的精油的确有强大的杀菌作用。但每一种精油只能杀死特定的一部分细菌，因此，必须将各种辛香料科学地混合起来使用，才能取长补短，将对人体有害的微生物——杀灭。

事实上，古人早已懂得将几种辛香料调和在一起使用，避免使用单一品种口味单调的缺点，这是早期的调香艺术，好的配方可以产生异乎寻常的赋香调味效果。例如众所周知的五香粉就是由花椒粉、甘草粉、八角茴香粉、小茴香粉和桂皮粉按一定的比例调配而成的，有的还加入丁香粉、沙姜粉、砂仁粉、白胡椒粉和生姜粉等。咖喱粉则是用芫荽籽粉、茴香粉、芹菜籽粉、葫芦巴籽粉、白胡椒粉、辣椒粉、姜黄粉、姜粉、肉豆蔻粉、薄荷叶粉、丁香粉、小豆蔻粉、芥菜籽粉等调配而成的。

黄曲霉毒素是可怕的致癌物质之一，而发霉的花生、稻米等食物中就含有黄曲霉毒素。台湾最近对全省的花生制品进行检验，发现百分之四十几含有这种毒素。有人做过实验，发现在烧菜时加些五香粉、肉桂粉的话，就能去除掉大部分的黄曲霉毒素。所以我们在做菜时如果放些五香粉、肉桂粉，不但能增加香味，对健康也是大有好处的。

辛香料是我国的特产植物资源，在我国已有1500年以上的种植和使用史，八角、桂皮、辣椒、生姜、葱、大蒜、胡椒、花椒、丁香等辛香料，自古以来就与人们的日常饮食息息相关，并为东方的饮食文化披上了一层神秘的面纱。

在食品特别是在肉类食品中添加辛香料，可改善食品的风味，使其更适口、更富营养，并能增进食欲、帮助消化。长期以来，辛香料的使用促成了我国各地丰富多彩的饮食习惯。

目前，我国辛香料品种数量、产销量和贸易量均居世界前列，成为名副其实的辛香料大国。据FAO统计，我国洋葱近年来出口达57万吨；辣椒出口量占世界同类商品出口量的50%；2007年，我国桂皮出口3.5万吨。我国花椒的栽培面积正迅速扩大，国际贸易年增长率也达15%以上。

辛香料资源的发展带动了加工业，也促进了食品工业的创新发展。一大批辛香料精深加工产品，如辛香料精油、油树脂及胶囊化产品等新型产品相继得到开发，以其风味可控、质量稳定、方便经济等优点迅速在食品行业得以推广。我国现已形成从辛香料生产种植、产地加工、产品精深加工到专业流通领域的多元化产、加、销体系，可以预见，未来辛香料产业的发展潜力极大，产业前景将更加光明。

辛香料作为特色经济植物、特色农产品，在区域经济和农业产业结构调整中发挥重要作用。在辛香料的标准化和规范化种植、辛香料的风味成分现代化提取、辛香料新型产品开发、辛香料资源的综合利用以及辛香料产品的安全生产等技术方面均取得突破，全面提升了我国辛香料的科技水平，尤其是辛香料的标准化工作，在近十年来有了切实的发展。

世界范围内使用的辛香料多达500多种，1997年，经国际标准化组织确认并列入标准的辛香料达110种，由专门机构——国际标准化组织（ISO）农产食品委员会（TC34）辛香料分会（SC7）负责日常管理、协调世界辛香料标准化工作，接受各成员国的各项档案，下达制标计划，批准、发布、实施和废止ISO标准，主持召开每两年一届的成员国大会。

美国农业部（USDA）和食品药品管理局（FDA）对辛香料的有关标准都有详尽的要

求，并直接指导辛香料的标准制定工作。此外，美国辛香料商业协会（ASTA）有一个质量保证委员会，将辛香料标准化技术研究和培训作为一项重要的工作内容。该协会发行了《辛香料卫生管理手册》，并在各原料生产国举办培训班，成立了"辛香料调查研究院"，除日常的调研和收取信息工作外，还将对关键的技术问题进行研究，如辛香料杀菌技术（辐照、蒸汽及其他技术）评估；辛香料原产地的卫生提高和质量管理的实践；关于辛香料植物的优良遗传因子的改良、化验方法和调查研究的开发等。

在辛香料安全性研究和评价方面，近40年来，最为重要的进展是美国食用香精和抽提物制造商协会（FEMA）创建了著名的、独立的专家评定小组来评价食用香料成分的安全性。这些包括了精油、天然净油和提取油、油树脂，以及天然和等同天然的合成香料。FEMA的专家评定小组包括了毒理学家、分子生物学家、生物化学家和微生物学家。他们一年开3~4次会，对提交GRAS（公认为安全的）批准的材料进行批准、拒绝或要求增加情况进行测试。GRAS是一个被世界上大部分卫生当局所接受的概念。FEMA的专家评定小组评定由国际食用香料研究所（IOFI）提交的食用香精成分。

五　没有加香的食品，不是好食品

食品的两大属性，一个是风味，一个是质地。人们享用食品，要么欣赏它的风味，要么欣赏它的质地。中国烹调讲究"色、香、味、形、质"俱佳。无论如何，香味是食品的第一要素。没有香味的食品，除了"饥不择食"以外，是很难让人接受的。食品香味不仅能使人们在感官上享受到真正的愉快，而且还直接影响到食品的消化吸收。巴甫洛夫指出："食欲即消化液"。没有食欲就不可能有消化液的分泌，从而消化吸收就会缓慢甚至受到阻碍。如果一个食品香气诱人，你只要嗅到它，就会引起条件反射，消化器官就能分泌出大量的消化液，帮助人体对食品的消化吸收。

香味对于食品来说，还有一个很重要的价值：人们常常用嗅闻香味来鉴定一个食品是否新鲜、成熟，加工精度如何，是哪一个品种，这比理化鉴定方便得多了，而且只要嗅觉正常就可以判别，不需要什么仪器。

不要以为古时候没有"香精"供应，人们全吃"原汁原味"的食物。只要看看食用辛香料的历史就知道人类早已用各种各样的辛香料加到食品里，以改善天然食物的色香味，并使食品在一定的保存期内不变质。

作为一个现代人，当然知道有许多食物是加了香精的，但没有想到食用香精竟使用得那么普遍。你肯定知道各种饮料和冷饮、糖果和饼干都是加香食品，但对于各类罐头食品、乳制品、肉制品、豆制品、水产品、方便面里那一包"调味料"、酒、茶、各种酱、沙司、快餐店里热的和冷的食物等是不是加了香精，心里没有底。而且由于经常看到和听到有关香精香料的不正确宣传，吃了这些食品以后总觉得有点不踏实，怕会影响自己的身体。

首先要告诉你的是，上述这些食品几乎都添加香料香精，即使现在没有添加，以后还会加入的，加香是迟早的事。最令人恶心的是商场里许多明明加了香精的食品、饮料却偏要自欺欺人地在商品的标贴上写上"不加香精"的字样。

为什么这些食品都要加香呢？保持"原汁原味"不是更好吗？错了！食品都是农副产物的加工品，农副产物由于品种、产地、气候条件、收获及初加工等存在着许许多多的可变因素，其加工品很难保证具有完全相同的风味；再者，在加工过程中产生或继续产生香气的食品也很难保证最终成品的香气完全一样，特别是通过发酵、加热等工艺制成的食品更是如此，酒、醋、酱油等以前用"勾兑"的办法使得同一种牌号的产品保持基本相似的风味，现在也越来越难以做到了；还有一个更重要的原因是：经过调香师调配后的食品风味比"原汁原味"好多了，消费者购买的热情高，恰到好处的加香食品和不加香的同种食品在市场上销售，前者要比后者好卖得多。

人们最关心的是众多食品既然都加入香料香精，我们每天经过食品摄入的香料越来越多，这会不会危害我们的身体健康呢？

香精的安全性取决于所用原料的安全性。只有构成香精的各种原料符合法规要求，它的安全性才是有保证的。一般不要求对每种香精的安全性一一进行评价。香精是科学、技术和艺术结合的产物，每种香精的创新要花费大量的人力物力，故香精配方属知识产权范畴，具有保密性。各国的法规都不要求在产品标签上标示香精的各种组分。

目前世界各国对食品香料从安全卫生方面所做的规定，主要采用"肯定名单"方式，美国、日本和我国都采用这种方式。

美国自1958年开始根据新的食品法将食品香料列入食品添加剂范围并进行立法管理。

最早美国FDA（食品药品管理局）直接参与法规的制定和管理。他们根据人们长期的使用经验和部分毒理学资料，将允许使用的食用香料列入联邦法规有关章节，当时他们仅将香料分为天然香料和合成香料两大类。在法规的第二部分共列入约1200种允许使用的食用香料，对使用范围和使用量未做规定。但这毕竟确定了用"肯定表"的形式为食用香料立法，即只允许使用列表中的食用香料，而不得使用表以外的其他香料。但是随后FDA发现新的食用香料层出不穷，用量又是那么小，仅靠国家机构来从事食用香料立法是不可能的。这一任务随之落到了美国FEMA（食品香料和萃取物制造者协会）头上。

FEMA是个行业组织，成立于1956年，它是一个行业自律性组织。FEMA组织内有一个专家组，它由行业内外的化学家、生物学家、毒理学家等权威人士组成。自1960年以来连续对食用香料的安全性进行评价（这里用的是"评价"一词，因为如上所说，不必要也不可能对每个食用香料进行毒理学试验，但必须逐个加以安全评价）。评价的依据是自然存在状况、暴露量（使用量）、部分化合物或相关化合物的毒理学资料、结构与毒性的关系等。自1965年公布第一批FEMA GRAS 3名单以来，到2003年5月已公布到FEMA GRAS 21，对每个经专家评价为安全的食用香料都给一个FEMA编号，编号从2001号开始，目前已过了4000号，即共允许使用2600多种食用香料，FEMA GRAS得到美国FDA的充分认可，作为国家法规在执行。已通过的2600余种食用香料也不是一成不变的，专家组每隔若干年根据新出现的资料对已通过的香料进行再评价，重新确立其安全地位。到目前为止已进行过两次再评价，撤去GRAS（通常认为安全）称号的只有极个别化合物。

美国FDA的名单及FEMA名单不仅适用于美国，它在世界上有广泛的影响。

欧盟虽然没有真正法规意义上的食用香料名单，但它有Council of Europe Blue Book（称为COE蓝皮书），包括一份可用于天然食品香料的天然资源表，天然资源表中活性成分的暂时限制已有规定，它指出了使用于饮料和食品的最高浓度。蓝皮书还包括一份可加到食物中而不危及健康的香味物质表和一份暂时能加到食物中的物质表。每种食用香料都有一个COE编号，目前共有1700余种。由此可见，欧盟对天然和天然等同香料是采用否定表形式加以管理的，即只规定哪些天然和天然等同香料不准用或限量使用。对人造食用香料才用肯定表形式加以管理，即只有列入此表的人造食品香料才允许使用。但是这一蓝皮书不是法律文件，而是一批专家的准备报告。此专家组于20世纪90年代初已停止工作。

目前欧洲大多数国家实际上采用IOFI（International Organization of Flavor Industry）的规定。该组织成立于1969年，现有成员国20余个，绝大多数为发达国家（如英、美、日、法、意、加等）。IOFI的《Code of Practice》（实践法规）对于天然和天然等同香料采用否定表加以限制，而对人造香料才用肯定表来规定，目前列入此肯定表的约有400种人造香料。由此看出欧洲国家对食用香料的立法和管理不是靠政府而是靠行业组织，以行业自律为主。食用香料和香精的安全性实行的是行业负责制。事实上没有一个企业愿冒不依据实践法规的规定来生产产品的风险，一旦违规被揭露就受到欧洲香料香精行业协会EFFA的查处，严重的会倾家荡产。

由于世界各国食用香料的法规并不完全一致，FAO/WHO的CAC（食品法典委员会）下有一个食品添加剂联合专家委员会（简称JECFA）对食品添加剂的安全进行客观的评价，这一机构评价的结果具有世界最高权威。对食品香料的安全评价采用与其他大宗食品添加剂不同的评价方法（JECFA的有关文件）。又由于食用香料品种太多，从人力物力上来说不可能对每种食用香料加以评价，只能根据用量，和从分子结构上可能预见的毒性等来确定优先评价的次序。到目前为止只评价了约900种食用香料，从评价的结果看更证明FEMA GRAS是正确的，FEMA GRAS并未真正受到JECFA的挑战。

我国也是采用"肯定表"的形式，至2004年已列入GB 2760的食用香料共有1293种，只有列入此表的食用香料才允许使用。其中"允许使用"和"暂时允许使用"的香料都经过大量的、反复的、长期的安全性（包括是否有潜在的致癌致病可能性）测试，可以保证它们在规定的使用量范围内对人体不造成任何危害。

与其他食品添加剂不同的是：食用香料、香精在实际使用时用量不大，一般也不会过量太多，因为气味太过浓烈时人们会拒绝食用。所以我们最应该感谢的还是自己的鼻子！鼻子不单是我们（寻找食物时）的侦察兵，还是我们（享用食物时）最忠实的卫兵！

六 食用香精

香料香精可以分出两大类——日用香料香精和食用香料香精，我国也是这样划分的，但在实践中，我国实际上是把香料香精分出四大类的——日用香料香精、食用香料香精、烟用香料香精和饲料香料香精，后两类一般可以把它们纳入食用香料香精里面，但有时候却不得不把它们分开——因为有些烟用或饲料用的香料（香豆素就是一个常见的例子）不能用于配制食用香精。

随着社会的进步和人民生活水平的不断提高，消费者对食品的要求也越来越高。消费者选购食品，除看重其营养价值外，更多的是追求健康和生理、心理上的享受。只有色、香、味、形、营养俱佳的食品，才是消费者最欢迎的。为了改善或增强食品的香气和香味，模仿某种香型，人们通过对香气的理解，调配出各种逼真的香精。当代工业化加工生产出来的食品，不仅要求具有稳定的质量和长的保质期，而且还必须芳香美味。所以绝大部分工业化加工生产出来的产品中都必须添加合适的食品香精，才能保持其产品的美味佳香，这是一个众所周知的事实。

然而，"食品香精"的含义常常得到误解，消费者经常对食品香精感到怀疑，因为他们害怕那些食品添加剂可能会危害健康。出于对食品香精的介绍没有足够的认识，致使这些怀疑和误解不断增长。人口快速增长和市场日益繁荣，消费者对大众食品的以及精美食品的要求日趋上升，消费者更明确地需要能提供质量不变、口味一致、价格稳定、保质期长、整年都有供应的产品。显而易见，这种要求将不可能通过传统的家庭式制造食品的方法来达到。消费者还由于改变生活习惯和工作时间面对额外的一些问题，如短的午餐时间，弹性的工作和妇女参加工作的比例增加等，这些因素合在一起促使食品制造向工业化方向发展。

如今，在西方工业国家70%的大众食品和精美食品是由工业化生产的。在评价这类食品质量水平时，有一个共同的要求，除了它的质量稳定外，香和味是两个十分重要的指标。许多工业化生产的食品如不添加合适的食品香精，它们的质量就难以想像。正是由于这类食品有增加香味的要求，从而导致与食品技术相平行的食品香精发展为一个特殊的领域，它能为食品生产提供大部分各种不同类型的香味。也正是由于这些食品多样化、大规模的发展，才使得我们今天比20～30年前有更多的选择余地。例如，来自异地、异国的品种目前已能在家庭中出现，不再需要长途运输。

食品、饮料、烟草生产中为什么要使用食品香精，有以下四种理由。

①食品香精作为一种必不可少的成分——不加香精，某些食品将变得单调乏味，如软饮料、冰淇淋、糖果糕饼产品、奶类甜点心、口香糖等。

②食品香精作为加工中损耗的弥补——食品加工过程中损失的香味，如加温杀菌后的食品、糖浆，加热过的食品（烘焙食品）等必须加入香精以弥补。

③食品香精作为某种食品的一种特征——各种不同的食品必须给予特殊的香味特征以区别于其他同类产品，如柑橘型饮料、薄荷糖、点心、酸奶、乳酸奶或日化领域中的牙膏、洗洁精等。

④加入食品香精得到新的食品产品——高营养、低味觉的原料能通过适当加入香精开发成对人们有营养的食品，这方面特别适用于食品短缺和严重营养不良的地区，最好的例子是以大豆蛋白制成的产品，如豆浆、豆腐、大豆肉等。

"食品香精"具有两种含义。

一般来说，"食品香精"是指食品、饮料、烟草和饲料的香和味，是指产品全部的印象，如一个梨子的香味，一杯咖啡的香味。工业中的食品香精是一种由香气和香味料物质制成的浓缩产品，加或不加溶剂或载体，它广泛应用于食品，给予特殊的香或味，增强或改进它的香或味。咸、甜、苦和酸的味感并不包括在此定义的范围。食品香精是不能被消费者直接消费的，如香蕉香精、梨子香精、咖啡香精、牛肉香精等等。

作为食品组分具有重要作用的香味料物质有些并不属于食品香料或食品香精，例如味精、盐、果酸等，天然芳香原料或被加工的制成品（如果实、果汁、药草、香辛料、酒、醋、烘焙咖啡和可可），这一些也不是食品香精，但是它们可以作为食品香精的基础原料或成分来使用。

天然一词的含义极为复杂，我们的最终目的是要创制出尽量接近天然的食品香精，这种产品往往是原天然香味的缩影。草莓由超过400种、咖啡约由700种不同的物质组成，一块烤牛排的诱人香味由至少2500种不同的物质组成，这些物质给人构成一个总的印象。

相比之下，食品香精是由30～50种成分，很少情况由100种成分组成。

食品香精的基础成分称为香味料物质，即具有明确能发出香味特征的化学物，这些化学物不被消费者直接使用。如今，食品调香师能有1500～2000种化学物选择使用，通过熟练和巧妙的调和和多年的实践经验，能创制出范围极为广泛的各种食品香精。

香味料物质可分为四类。

（1）天然香味料物质。天然香味料物质可从植物的果、叶、花、茎、根、皮、树脂和动物的各部分原料等用物理方法取得，方法如下。

①萃取。从天然植物和动物的各部位中采用适宜的萃取剂（如水、乙醇、石油醚、丙酮等）在选择性溶解、淋溶或洗涤下进行提取。天然植物和动物以及萃取剂可以是固体、液体或气体。热脂肪浸出法、吸收法、渗滤法和浸泡法等方法可以用于固体植物和动物的提取。

②蒸馏。从一个混合物中分离出不同的物质。简单蒸馏中起始原料常常是一种液体，加热至沸点，由此不同的物质在不同的温度下蒸发，每一个物质具有它特定的沸点，气体在冷凝器中冷凝并收集于接受器。非水溶性的高沸点物质的提纯，常常使用水蒸气蒸馏法，这种方法可遵循物理定律按照它们的蒸气压力在接近水的沸点时将物质与水一起蒸馏出来。

对在高温下易分解的许多物质，使用真空蒸馏法，此方法以降低压力为主要特点，从而能将沸点降低 $100 \sim 150 ℃$。

③精馏。即使在低于沸点的温度下，任何可挥发的物质均有蒸发的趋势。采用精馏塔能实现无数次的重复蒸馏，塔是一支装在锅顶的高而直的管子，塔内装有各种各样的障碍型填料，只有挥发度最大的气体才能到达塔顶并被冷凝，冷凝液回流入塔，然后再与塔内上升的气体进行热交换，首先又将易挥发物质汽化。

④浓缩。浓缩是一种将水或乙醇的萃取物或果汁进行浓缩的方法。为了防止香味或色泽的损失和变化，此方法最有效的是在真空下并在温度低于 $40℃$ 时进行处理。为此目的使用的蒸发器需附设一个特殊的自动冷却器，它能使易挥发香味料的成分冷凝下来（如苹果汁浓缩液）。

（2）天然等同香味料物质。天然等同香味料是从天然产品通过合成或化学方法单离制得的，它们的化学结构是与人们消费的未加工或加工过的天然产品中存在的物质相等同。

在这个领域，香兰素是一个很好的例子，市场上主要有两种合成产品：

——以木质素作为原料，它是从造纸生产中的亚硫酸溶液中取得的；

——以愈创木酚为原料，它是一种酚衍生物，是一种百分之百的合成产品。

最早的合成方法是以丁香油的主要成分丁香酚来合成的，该合成方法在1874年被发现。由于香兰素已被发现存在于天然产品中，所以香兰素应属于天然等同香味料。

（3）人造香味料物质。人造香味料是用化学合成方法制得的，到目前为止，它还未在人们消费的未加工或加工过的天然产品中被发现，重要的人造香味料物质是乙基香兰素和乙基麦芽酚，至今尚划分在人造香味料中，若一旦在天然产品中被发现，则将其归类于天然等同。

（4）微生物生产的香味料物质。这一类香味料物质是由发酵或酶反应制得的，此类反应的优点是使用的原料常是便宜的，反应温和而又产生很少的废料，常在液相中进行，但浓度低可能是一个缺点。

1. 食品香精成分

食品香精主要有液体或粉末两种剂型，黏稠和浆状产品（常含有浓缩果汁）不很重要。

液体和粉末食品香精是由香味料和溶剂或载体物质等组成的，后者使用的目的是得到标准的产品（良好的可溶性、剂量的一致性），这样可与食品产品容易混合。在食品香精配方中，溶剂和载体占有最大的比例。

（1）液体食品香精。溶剂主要使用1，2-丙二醇、乙醇（多数用于天然食品香精）、三醋酸甘油酯和水，天然精油（如甜橙油、柠檬油）有时也可用作溶剂。丙二醇是使用最多的溶剂，所有的工业化国家均批准使用。

（2）粉末食品香精。过去数十年间，随着消费者需要的改变，目前已能简单快速制备的脱水产品需要量增加，这种产品需要粉末状的食品香精，目前，品种繁多的具有不同载体的产品均有供应。

①喷雾干燥的食品香精。这种香精是由具有载体的水溶液经乳化后，在喷粉塔内用热风干燥制得的，食品香精被包裹于载体中成为胶囊。最重要的载体物是阿拉伯胶和麦芽糊精。选用哪种载体是由使用的香味料物质的性质和食品香精如何在食品中方便使用以及立法情况来决定的。喷雾干燥食品香精的优点是更好地防止氧化和挥发的环境影响，它能广泛使用于食品中。其缺点是在生产过程中受到高温（为了将水蒸发掉），包裹了相对比较少的食品香精（液体香味料在粉末中的量，一般为5%～30%）和更多挥发性物质的损失。

②吸附型的食品香精。液体的食品香精是利用机械搅拌的方法将之与载体拌和成粉末状，最常用的载体是蔗糖、盐、淀粉、糊精等。此法的优点是温度低和成本低，低挥发香味料物质特别适用。另外，吸附型的食品香精的缺点是食品香精暴露在载体表面，受光、空气和热的影响，当使用水溶性食品香精时，香味料可能与水相分离，最后造成最终产品表面浮油。

其他干燥方法有真空皮带干燥法、冷冻干燥法、微胶囊法和挤压法，这些方法仅供密度大的香味料干燥时使用。

2. 食品香精种类

（1）天然食品香精。这些产品长期以来是每一个食品香精制造厂的支柱，不管在合成食品香精方面取得了多大的技术进步，但从心理和立法等因素考虑，天然食品香精仍是重要的，然而一些负面因素必须考虑。

①质量的变化。质量变化发生在每年不同收获期的产品。

②原料的损失。为了得到相应的天然食品香精，必须常常消耗原料，例如萃取1000公斤草莓，仅得到80～90公斤草莓浓缩物。柑橘果实是个例外，因为提供给食品香精工业的精油是取自果皮，而果肉和果汁能用于其他用途。

③有限的供应。耕作面积缩小形成库存减少，以及产量的波动或失收（如旱灾）等可使原料供应波动，往往价格受变动而高低。

④低浓度。除天然精油外，绝大多数天然食品香精的香味相对淡薄，往往一方面存在技术性问题而无法使用于食品，而另一方面，天然食品香精常常是成本高昂。

（2）天然等同食品香精。虽然这些产品也可能使用天然成分，但主要含有合成香味料物质。在某些情况下，使用合成香味料要服从法规上的限制，然而这类香精较之天然食品香精具有更多的好处。

（3）人造食品香精。除了天然和天然等同成分外，此类香精至少含有一个人造香味料物质。在大多数国家使用人造食品香精会受到严格的限制，若手边无替代品（一种天然或天然等同食品香精），人造食品香精仅作为推荐使用。

（4）美拉德反应产物。由不具有真正香味料性质的原料（一般指氨基酸和糖）混合物一起加热而制得，时间不超过15分种，温度不超过150℃。

（5）烟熏香味料。由烟熏方法制备，用于烟熏食品的需要。食品烟熏保藏是指利用木材不完全燃烧时产生的熏烟及其干燥、加热等作用，使食品具有较长时间的储藏性，并使之具有特殊的风味与色泽的食品保藏方法。烟熏制品在我国及国外均有悠久的历史，传统烟熏工艺是利用木材闷热燃烧产生的烟雾来熏制食品，需要设置烟熏发生器、熏炉和其他附属设施，操作主要凭经验，产品质量较难控制，且烟熏中的焦油沾污设备、管道和食品表面，而且熏制的食品受烟雾中的致癌物质3，4-苯并芘的污染，危害食用者。

目前的烟熏食品使用的烟熏液——木醋液、竹醋液、秸秆醋液等，在食用香料目录中称为"焦木酸"——是采用各种植物材料干馏制炭时得到的液体物质精制而成的，不含3，4-苯并芘等有害物质。烟熏液的香味主要来源于酚类成分，其次是酸、醛、呋喃和酯类。众多的化学成分相互作用，使烟熏液的烟熏香味浓郁、持久、诱人，并有增进食欲的作用，羰基化合物同氨基酸反应可形成褐色物质，酚、有机酸对色泽的形成也有协同作用，酚类具有强烈的抗氧化和杀菌作用，有机酸、羰基化合物和醇也有一定的杀菌作用，即烟熏液的防腐保鲜作用。

崇尚自然、回归自然已成为世界性的不可抗拒的潮流，食品香料与香精的发展也无法摆脱这一潮流。回归自然的潮流为天然产品的生产者创造了快速发展的机遇，也为他们创造了发财致富的机会，因为消费者为了"安全""健康""长寿"愿意付出高于合成产品的几倍至几十倍的价格购买天然产品——例如天然香兰素就比合成香兰素贵100倍！"天然的就是安全的"或"天然的至少比人造的更安全"的观念根深蒂固。但是，从香料化学家的角度看来，这是毫无根据的。一种天然香料与一种化学结构和纯度完全相同的合成香料（香兰素就是一个实例）相比，在毒理学上、营养学上和感官作用上是没有任何差别的。

七　茶香也醉人

　　茶是东方人的饮料，是世界三大著名饮料之一，是国人最早最普遍的嗜好品，茶叶加工最早也起源于我国。据考证，茶的原产地是中国云南省，始饮于该地区，也种于该地区。在古代，我国对茶的称谓有荼、茗、荷等等。古汉语荼与茶同读dra，中国南方方言发音都接近dé（闽南话）、tó（莆仙话）、da（苗语）、batu（贵州语），而北方方言则接近普通话cha，如tsai（满语）、xay（哈萨克语）、tsay（吉尔吉斯语）等。茶叶和饮茶习惯通过陆路和海路两条不同的路线传至国外，凡是从陆路出去的都读成cha或接近cha的发音，如俄罗斯chai、阿拉伯shai、波斯chay、罗马尼亚ceai、土耳其cay等；而从海路传出去的都读成de或接近de的发音，如德国tee、法国the、英国tea、荷兰thee等。说明茶的故乡是中国，"茶香"从中国飘向世界。

　　茶叶的品质高低取决于香气，"茶文化"就是"品茶"，也就是"品茶香"。茶的香气成分是相当复杂的，目前已知的超过300种，醇、酚、醛、酮、酸、酯、萜类化合物都有，它们组成了茶的芳香油，含量占茶叶干重的0.02％左右。

　　根据制造工艺的不同，可将茶分为非发酵茶（绿茶）、半发酵茶（乌龙茶）和发酵茶（红茶）三大类。三类茶叶的性能相差很大，其香气也有极大的不同。

　　绿茶的茶香成分大部分是鲜茶叶中原有的组分，还有一部分是因烘焙受热而转化生成的芳香产物。春茶以前者为主，夏茶以后者为主。

　　春茶又叫新茶，在绿茶中最名贵，香气也最好，呈现强烈的青草、嫩叶香气，还具有玉兰花、百合花、玫瑰花香和苹果香，闻之青香鲜爽。久储的春茶逐渐失去青香，留下花香。因青香成分沸点较低，而蒸气压较高，因而易于逸失。所以，名贵的绿茶一定要用金属罐或玻璃瓶密封储存，以免香气损失。

　　夏茶的香气不如春茶，但通过烘焙后香气成分大大增加，这些香气成分来自茶叶中的氨基酸与还原糖的美拉德反应、糖的焦化反应和类胡萝卜素、维生素等的热降解。如果烘焙温度过高，焦糖气味会掩盖绿茶的清香。加工得好的夏茶有紫罗兰和玫瑰的花香。

　　我国十大名茶中的龙井茶、碧螺春、黄山毛峰、君山银针、六安瓜片、信阳毛尖、都匀毛尖是绿茶中的珍品。

白茶是一种微发酵茶，清香淡雅、消热解暑。著名的有闽北白牡丹、白毫银针等。

乌龙茶是将绿茶叶经短时间日晒使之凋萎，再放到室内继续凋萎，直至生成特有的花香时再上锅炒制而成。安溪铁观音、武夷"大红袍"、永春佛手、台湾冻顶茶久负盛名。乌龙茶香有茉莉花、紫罗兰花、玫瑰花、百合花、玉兰花香。

安溪铁观音是我国著名的乌龙茶之一，产于福建省安溪县，历史悠久，素有茶王之称。据载，安溪铁观音茶起源于清雍正年间（1725～1735年）。安溪县境内多山，气候温暖，雨量充足，茶树生长茂盛，茶树品种繁多，姹紫嫣红，冠绝全国，一年可采四期茶，分春茶、夏茶、暑茶、秋茶。制茶品以春茶为最佳。铁观音的制作工序与一般乌龙茶的制法基本相同，但摇青转数较多，凉青时间较短。一般在傍晚前晒青，通宵摇青、凉青，次日晨完成发酵，再经炒揉烘焙，历时一昼夜。其制作工序分为晒青、摇青、凉青、杀青、切揉、初烘、包揉、复烘、烘干9道工序。品质优异的安溪铁观音茶条索肥壮紧结，质重如铁，芙蓉沙明显，青蒂绿，红点明，甜花香高，甜醇厚鲜爽，具有独特的品位，回味香甜浓郁，冲泡7次仍有余香；汤色金黄，叶底肥厚柔软，艳亮均匀，叶缘红点，青心红镶边。

绿茶和半发酵茶加入各种鲜花如茉莉花、玉兰花、树兰花、珠兰花、金银花、玫瑰花、桂花、玳玳花等窨制即为"花茶"，所以又称窨（熏）花茶、香花茶、香片等。它以精制加工而成的茶叶（又称茶坯），配以香花窨制而成，属再加工茶，是我国特有的一种茶叶品类。

花茶集茶味与花香于一体，茶引花香，花增茶味，既保持了浓郁爽口的茶味，又有鲜灵芬芳的花香，有"可闻春天气味"的美誉。花茶窨制主要是鲜花吐香和茶胚吸香的过程，利用茶叶吸湿吸味的特点，让茶叶吸收花的香气，使茶香花香相得益彰。譬如花茶中销售量最大的茉莉花茶，就是采用7～8月的待放花苞，此时温度高，光照足，花苞最为饱满，香气最为浓郁。因此，每年立秋过后，是花茶大量上市的季节。

茉莉花茶是用特种工艺造型茶或经过精制后的绿茶茶坯与茉莉鲜花窨制而成的茶叶品种。在茶叶分类中，茉莉花茶既属于绿茶，又属于半发酵茶。茉莉花茶在绿茶和乌龙茶的基础上加工而成，特别是高级茉莉花在加工的过程中其内质发生一定的物理化学作用，如茶叶中的多酚类物质、茶单宁在水湿条件下的分解，不溶于水的蛋白质降解成氨基酸，能减弱喝绿茶时的涩感，功能有所变化，其滋味鲜浓醇厚、更易上口，这也是北方喜爱喝茉莉花茶的原因之一。

各类茶叶其保健本质大同小异，各有特色，茉莉花茶除了具备绿茶的某些性能外，还具有很多绿茶所没有的保健作用。茉莉花茶有"去寒邪、助理郁"的作用，是春季饮茶之上品。根据我国中医学及现代药理学对茶叶的保健功效的研究认为：茶叶苦、甘，性凉，入心、肝、脾、肺、肾五经。茶苦能泻下、祛燥湿、降火；甘能补益缓和；凉能清热泻火解表。茶叶含有大量有益于人体健康的化合物，如儿茶素、维生素C、维生素A、类胡萝卜素、咖啡碱、黄烷醇、茶多酚等，而茉莉花茶也含有大量的芳香油、香叶醇、橙花叔醇、丁香酚酯等20多种对人体有益的化合物。根据茶叶独特的吸附性能和茉莉花的吐香特性，经过一系列工艺流程加工窨制而成的茉莉花茶，既保持了绿茶浓郁爽口的天然茶味，又饱含茉莉花的鲜灵芳香，因此，它是我国乃至全球现代最佳的天然保健饮品。《中药大辞典》中记载茉莉花有理气开郁、辟秽和中的功效，并对痢疾、腹痛、结膜炎及疮毒等具有很好的消炎解毒作用。常饮茉莉花，有清肝明目、生津止渴、祛痰治痢、通便利水、祛风解表、疗瘘、坚齿、益气力、降血压、强心、防龋防辐射损伤、抗癌、抗衰老之功效，使人延年益寿、身心健康。

花茶也是一种古老而又年轻的茶类，其起源可以追溯到一千多年前的宋代初期，在当时就有人在上等的绿茶中加入一种香料——龙脑，作为进贡给皇帝的饮料。宋朝《茶录》提到"茶有真香，而入贡者微以龙脑和膏，欲助其香"。这种饮茶方法，可以说是花茶生产的原型。

到宋宣和年间，在茶叶里加入"珍菜香草"已很普遍。明代花茶生产有所扩展，无论是对茶叶与香花的选择，还是用花量与茶叶的配比，都较前更为成熟。明代顾元庆（1564~1639年）《茶谱》一书中较详细地记载了窨制花茶的香花品种的制法："茉莉、玫瑰、蔷薇、兰蕙、桔花、栀子、木香、梅花，皆可作茶。诸花开时，摘其半含半放之香气全者，量茶叶多少，摘花为茶。花多则太香，而脱茶韵；花少则不香，而不尽美。"其制作之考究，品质之优异由此可想而知。清咸丰年间（1851~1861年），福州开始大规模生产商品花茶，已成为花茶窨制中心。畅销东北华北一带，到1890年花茶生产已较普遍。1939年起，苏州发展为另一花茶制造中心。如今，广西、福建、四川、云南为花茶主产区，原来的浙江、江苏已很少生产。

花茶曾非常流行，尤其是在北方，譬如过去的老北平，如果你不会品饮香片，是要被茶客们耻笑的。梁实秋先生早年曾在北平任教，回忆往事，他在一篇名为《喝茶》的文章中就特意提到了花茶，以及北平的饮茶习俗。

红茶是将鲜茶叶经过凋萎、揉搓、发酵、二次干燥等工艺过程而制成的，由于经过深度发酵，茶叶成分发生很大的变化，香气与绿茶完全不同。我国著名的祁门红茶具有浓厚的玫瑰花和木香香气，斯里兰卡的乌瓦红茶有清爽的铃兰花香和茉莉花香，印度的达吉宁红茶是从我国的祁门红茶移植育成的品种，其香气特征和成分介于祁门红茶和乌瓦红茶之间。

黑茶和紧压茶是比较粗老的后发酵茶，颜色黑褐，香味浓重。云南沱茶和重庆沱茶、七子饼茶可为代表。

普洱茶是云南特有的地方名茶，以云南省一定区域内的云南大叶种晒青毛茶为原料，经过后发酵加工而成的散茶和紧压茶。其外形色泽褐红或略带灰白，呈猪肝色，内质汤色红浓明亮，香气独特陈香，滋味醇厚回甘，叶底褐红，不但有保健减肥作用，还有药理作用，据《本草纲目拾遗》记载："普洱茶性温味香……味苦性刻，解油腻牛羊毒，虚人禁用。苦涩逐痰，刮肠通泄。普洱茶膏黑如漆，醒酒第一，绿色者更佳，消食化痰，清胃生津，功力尤大也。"

新鲜的普洱茶菁那股青叶香，经过长期陈化后，由青叶香而转为"青香"。那些种植在芳樟树下的茶树，得到芳樟香的参化，芳樟香较弱者而融合青香为兰香；芳樟香较强而盖过了青香者，则成为芳樟香普洱茶香。较嫩的三至五等普洱茶菁所含芳樟香较弱，多为兰香的茶香。兰香是普洱茶中最珍贵的茶香。

对兰香普洱茶接触较多的人，常常会把青叶香和芳兰香混在一起，误把青叶香当作兰香。青叶香会刺鼻熏脑，茶叶在萎调、茶菁或是一开始烘焙时，都会吐出大量的青叶香，闻多了会使人有窒息感，头脑也会因而迟钝。兰香是一种幽然之香，清爽幽雅，全身感受舒畅，使人生成一种强烈饮用的欲望。

还有生长在越南、泰国和缅甸北部，多半不在芳樟树下生长的普洱茶，俗称"边境普洱"。这些普洱茶中，有许多属于上等的好普洱茶，只是缺少兰香和樟香。但幼嫩的茶菁也有清淡荷香，较壮的茶菁却有一种特殊的"青叶香"。经过长期陈化后，留下了"青香"。

青香是普洱茶的好茶香，青香和芳樟树根的香气混合一起，形成普洱茶的芳樟香。当嗅到普洱茶芳樟香时，刻意避开芳樟香，也可以闻到青香。

将药物与茶叶配伍，制成药茶，以发挥和加强药物的功效，利于药物的溶解，增加香气，调和药味。这种茶的种类很多，如"午时茶"、"姜茶散"、"益寿茶"、"减肥茶"等。

绿茶可以提取绿茶浸膏和绿茶精油，用于调制高级的食用和日化香精。绿茶酊加入烟丝中，可赋予清香花香。红茶酊也用于烟草的加香，对改变烟草的香味是有一定影响的，尤其是在混合型卷烟的加香中可以发挥更大的作用。

图 109　老鹰茶

在我国西南还有一种常见的茶叫做"老鹰茶"（见图109），它不是山茶科植物，而是樟科植物中的"豹皮樟"（见图110），也有人说是"川黔润楠"或"贵州润楠"。原产大娄山，始饮于大娄山，现在仍处于野生和半野生状态。老鹰茶又叫大树茶，指明与灌木茶种不同，可用茎片作饮料，又指老鹰欢喜栖息之大树所制之茶。老鹰茶的汤色金黄带红，有强烈的樟科植物芳香油味及樟脑味。在炎热的盛夏，老鹰茶有明显的防馊、防癌作用，有消渴去

图110　豹皮樟叶

图111　虫茶

暑、止泻、止嗝和消食解胀之功能。根据采摘部位、加工方法和加工程度的不同，老鹰茶可分为"老鹰茶"、"白茶"、"大树茶"和"虫茶"四个品种。四个品种的色香味基本一致，唯以大树茶的色香味最浅，虫茶最浓而已。

虫茶（见图111）是我国特有的林业资源昆虫产品，是传统出口的特种茶。虫茶是由化香夜蛾、米黑虫等昆虫取食化香树、苦茶等植物叶后所排出的粪粒。虫茶约米粒大小，黑褐色，开水冲泡后为青褐色，几乎全部溶解，像咖啡一样，饮用十分方便。当地山民收集干粪，经特殊处理后，得到颗粒细圆、油光金黄的"虫茶"。泡出茶来，香气四溢，喝上几口，味道醇香甘甜，沁人心脾，令人回味无穷。

虫茶的制作过程很奇特——苗族人利用谷雨前后采集的当地野生苦茶、樟树或是化香树、糯米藤、黄连木、野山楂、钩藤等野生植物的鲜嫩叶，稍加蒸煮去除涩味后，待晒至八成干，再堆放在木桶里，隔层均匀地浇上淘米水，再加盖并保持湿润。叶子逐渐自然发酵、腐熟，散发出扑鼻的清香气息。生产虫茶的昆虫很多，而以化香夜蛾分布最广，这种化香夜蛾在树叶香味的引诱下蜂拥而来，并在此产卵。经过10多天后，一条条暗灰色的夜蛾幼虫便破卵而出，布满了叶面，一边蚕食着腐熟清香的叶子，一边排泄着"金粒儿"。这些小毛毛虫食量惊人，不消多长时间就会把木桶里的腐叶吃光。这时，主人便收集这些"金粒儿"，剔除残梗败叶，晒干过筛，就得到粒细圆、油光亮、色金黄的"化香蛾金茶"，即"虫茶"。更为讲究的是，经阳光暴晒后，还要在铁锅里经180℃高温炒上20分钟，再加上蜂蜜、茶叶，才成为优质的虫茶。用虫茶泡出的茶水清香宜人，沁人心肺，馥郁甘冽，饮之令人顿感心旷神怡。

茶叶加香值得调香师和茶叶专家大做文章。除了各种花茶以外，是否还可以在茶叶中加入其他香味物质呢？十几年前曾有报道说国内某公司有一批茶叶出口到欧洲，由于在码头未能及时进仓而受到风吹日晒雨淋，没想到这批茶叶在当地大受欢迎，报道说可能是包装用的木箱有特殊香气（有人说是樟木香），加上日晒雨淋后同茶叶的香气通过一定的发酵产生出一种混合在一起的当地人喜欢的"茶香"出来。这个报道提醒我们对"茶叶加香"的研究还做得不够！

近年来，福州、厦门、广州、上海等地已开始有部分新型的加香茶叶出口，如荔枝茶、柠檬茶、甜瓜茶、芳樟茶等，受到一些国家和地区的人们的欢迎，令国内的茶叶制造商们受到鼓舞，正在组织力量实验，希望能有更多的加香茶叶出口。

在传统的绿茶、茉莉花茶、乌龙茶和红茶等茶叶制品中加香以提高品质也是最近调香师们感兴趣的话题。有人详细分析了安溪铁观音（乌龙茶中的"茶王"，一公斤卖到几十万元人民币）和低级乌龙茶的香气成分后，把低级乌龙茶香气成分不足的部分（香料）配成一个香精，将它按一定的比例加入低级乌龙茶后，其香气就与高级乌龙茶非常接近了，连品茶师一下子也闻不出两者的区别。不过泡茶以后一喝，"低级茶"还是露出马脚来——味道不行。如果在"口味"（酸甜苦辣咸鲜涩）方面再加把劲也许还能更进一步，不过这一步是很难跨出的，品种、采收、加工、分拣等都直接影响茶叶的"苦"与"涩"味，即使下几年工夫也不一定能有多少改善。

研究归研究，"乌龙茶香气改良香精"已经大受茶叶制造商的欢迎，他们把它适量加入较低级的茶叶里面，即可提高两三个等级，而每公斤只花人民币一角多钱就可以多卖几元到几十元。如此高利润怎么不会让商人们趋之若鹜呢！

乌龙茶已经跨出了一步，绿茶、红茶的加香也是迟早的事了。

八 猫屎咖啡

"坚果香"有咖啡、可可、芝麻、花生、杏仁、榛子等，它们的一个共同特征是"生料"的气味很淡或者不是人们最喜欢的气味，需要经过高温烘烤才散发出令人垂涎欲滴的香味出来。

西方人熟知咖啡有三百年的历史，然而在东方，咖啡在更久远前的年代已作为一种饮料在社会各阶层普及。咖啡出现的最早且最确切的时间是公元前8世纪，但是早在荷马（希腊诗人，生于公元前744年）的作品和许多古老的阿拉伯传奇里，就已记述了一种神奇的、色黑、味苦涩，且具有强烈刺激力量的饮料。

公元10世纪前后，阿维森纳则用咖啡当作药物治疗疾病。

世界上第一株咖啡树是在非洲之角发现的，而咖啡的种植始于公元15世纪。几百年的时间里，阿拉伯半岛的也门是世界上唯一的咖啡出产地，咖啡树花是也门的国花。在公元6世纪前，也门一直被称为阿拉伯，因而从他们运至其他地方的咖啡树也被称为阿拉伯咖啡树。咖啡这个名称则是源自于阿拉伯语"Qahwah"，即植物饮料的意思，另一个说法是"咖啡"一词源自埃塞俄比亚的一个名叫卡法（kaffa）的小镇，在希腊语中"Kaweh"的意思是"力量与热情"。后来咖啡流传到世界各地，就采用其来源地"Kaffa"命名，直到18世纪才正式以"coffee"命名。在也门的摩卡港，当咖啡被装船外运时，往往需用重兵保护。同时，也门也采取种种措施来杜绝咖啡树苗被携带出境。尽管有许多限制，来圣城麦加朝圣的穆斯林香客还是偷偷地将咖啡树苗带回了自己的家乡，因此，咖啡很快就在印度落地生根。当时，意大利的威尼斯有无数的商船队与来自阿拉伯的商人进行香水、茶叶和纺织品交易。这样，咖啡也就通过威尼斯传播到了欧洲的广大地区。许多欧洲商人渐渐习惯饮用咖啡这种饮料了。

后来，在许多欧洲城市的街头，出现了兜售咖啡的小商贩，咖啡在欧洲得到了迅速普及。17世纪，荷兰人将咖啡引到了自己的殖民地印度尼西亚。与此同时，法国人也开始在非洲种植咖啡。时至今日，咖啡成了地球上仅次于石油的第二大交易品！

在无数的咖啡发现传说中，有两大传说最令人津津乐道，那就是"牧羊人的故事"与"阿拉伯僧侣"。

传说有一位牧羊人，在牧羊的时候，偶然发现他的羊蹦蹦跳跳手舞足蹈，仔细一看，原来羊是吃了一种红色的果子才导致举止滑稽怪异的。他试着采了一些这种红果子回去熬煮，没想到满室芳香，熬成的汁液喝下以后更是精神振奋，神清气爽，牧羊人把这件事报告给了一位修道士，这位修道士将一些浆果煮熟，然后提炼出一种味苦、劲足、能驱赶困倦和睡意的饮料。从此，这种果实就被作为一种提神醒脑的饮料，且颇受好评。

也门是世界上第一个把咖啡作为农作物进行大规模生产的国度。今天的也门摩卡咖啡的种植和处理方法与数百年前的种植和处理方法基本上相同。在大多数也门的咖啡种植农场中，咖啡农依然抵制使用化学肥料等人工化学制品。咖啡农们栽种杨树来给咖啡提供生长所需的阴凉。咖啡树种植在陡峭的梯田上，以便能够最大限度地利用较少的降雨量和有限的土地资源。也门栽培咖啡的历史已有2000多年。

现在世界三大主要咖啡栽培生长地区是：非洲、印度尼西亚及中南美洲，据统计，全世界有76个国家栽培咖啡。我国咖啡最早是于1884年引种于台湾的，1908年，有华侨自马来西亚带回大粒种、中粒种种在海南岛，目前，主要栽培区分布在云南、广西、广东和海南。茶叶与咖啡、可可并称为世界三大饮料。咖啡树属茜草科常绿小乔木，日常饮用的咖啡是用咖啡豆配合各种不同的烹煮器具制作出来的，而咖啡豆就是指咖啡树果实内的果仁，再用适当的烘焙方法烘焙而成。

古时候的阿拉伯人最早把咖啡豆晒干熬煮后，把汁液当作胃药来喝，认为有助于消化。后来发现咖啡还有提神醒脑的作用，同时，由于回教严禁教徒饮酒，于是就用咖啡取代酒精饮料，作为提神的饮料而时常饮用。15世纪以后，到圣地麦加朝圣的回教徒陆续将咖啡带回居住地，使咖啡渐渐流传到埃及、叙利亚、伊朗和土耳其等国。

咖啡进入欧洲大陆应归因于土耳其当时的鄂图曼帝国，由于嗜饮咖啡的鄂图曼大军西征欧陆且在当地驻扎数年之久，在大军最后撤离时，留下了包括咖啡豆在内的大批补给品，维也纳和巴黎的人们得以凭着这些咖啡豆和从土耳其人那里得到的烹制经验而发展出欧洲的咖啡文化。战争原是攻占和毁灭，却意外地带来了文化的交流乃至融合，这可是统治者们所始料未及的。

传统的Espresso咖啡，味道香浓的同时也奇苦无比，不过许多人正是被这双重味道迷倒而爱上它。喝的时候，将一大口咖啡含在口中，让它的香气尽情散发，再细细品味。不喜欢苦味的人们用咖啡加牛奶用机器打成泡沫，在杯口撒上一层肉桂粉，饮用时就"香甜可口"了。

图112　猫屎咖啡

猫屎咖啡（见图112）产于印度尼西亚，是全世界最贵的咖啡之一。猫屎咖啡只是别名，它的正式名称为Kopi Luwak，Kopi是印尼语"咖啡"的意思，Luwak则是一种叫麝香猫的野生动物。猫屎咖啡的产量非常少，亦因此特别昂贵，在售卖地更是少之又少。麝香猫咖啡的数量极稀少，全球年产量不超过400千克。2012年世博会上，印尼馆展示了猫屎咖啡，一杯4安士的咖啡可以卖到168美元（约人民币1400元）。猫屎咖啡的香味较一般咖啡容易流失。

猫屎咖啡是由印尼椰子猫（一种麝香猫）的粪便作为原料所生产的，该种动物主要以咖啡豆为食，在椰子猫胃里完成发酵后，破坏蛋白质，产生短肽和更多的自由氨基酸，咖啡的苦涩味会降低，再排出来的粪便便是主要原料，由于咖啡豆不能被消化，会被排泄出来，经过清洗、烘培后就成了猫屎咖啡。

有咖啡评论家说猫屎咖啡："酒香是如此的丰富与强烈，咖啡又是令人难以置信的浓郁，几乎像是糖浆一样。它的厚度和巧克力的口感，并长时间地在舌头上徘徊，纯净的回味。"

印尼麝香猫喜欢挑选咖啡树中最成熟香甜、饱满多汁的咖啡果实当作食物。而咖啡果实经过它的消化系统，被消化掉的只是果实外表的果肉，坚硬无比的咖啡原豆会被印尼椰子猫排出体外。经过这一消化过程，咖啡豆产生了变化，风味独特，味道特别香醇。

九 巧克力的"性感"

巧克力是一个外来词Chocolate的译音（曾被译为"朱古力"），它的主要原料是可可豆（像椰子般的果实，在树干上会开花结果），起源于墨西哥。盛极一时的阿斯帝卡王朝最后一任皇帝孟特儒创造了一个崇拜巧克力的社会，那时的人们喜欢以辣椒、胡椒、香荚兰豆和其他香料添加在饮料中，打起泡沫，并以黄金杯子天天喝一杯，这种属于宫廷成员的饮料学名Theobroma，有"众神的饮料"之意，被

图 113　可可豆

视为贵重的强心、利尿的药剂，它对胃液中的蛋白质分解酶具有活化作用，可帮助消化（见图113）。

1519年，以西班牙著名探险家科尔特斯为首的探险队进入墨西哥腹地。旅途艰辛，队伍历经千辛万苦，到达了一个高原。队员们个个累得腰酸背疼、筋疲力尽，一个个横七竖八地躺在地上，不想动弹。科尔特斯很着急，前方的路还很长呢，队员们都累成这样了，这可怎么办呢？

正在这时，从山下走来一队印第安人。友善的印第安人见科尔特斯他们一个个无精打采的，立刻打开行囊，从中取出几粒可可豆，将其碾成粉末状，然后加水煮沸，之后又在沸腾的可可水中放入树汁和胡椒粉。顿时一股浓郁的芳香在空中弥漫开来。

印第安人把那黑乎乎的水端给科尔特斯他们。科尔特斯尝了一口，"哎呀，又苦又辣，真难喝！"但是，考虑到要尊重印第安人的礼节，科尔特斯和队员们还是勉强喝了两口。

没想到，才过了一会儿功夫，探险队员们好像被施了魔法一样，体力得到了恢复！惊讶万分的科尔特斯连忙向印第安人打听可可水的配方，印第安人将配方如实相告，并得意地说："这可是神仙饮料啊！"

1528年，科尔特斯回到西班牙，向国王敬献了这种由可可做成的神仙饮料，只是，考虑到西班牙人的饮食特点，聪明的科尔特斯用蜂蜜代替了树汁和胡椒粉。

"这饮料真不错！"国王喝了连声叫好，并因此封科尔特斯为爵士。

从那以后，可可饮料风靡了整个西班牙。一位名叫拉思科的商人，因为经营可可饮料而发了大财。

一天，拉思科在煮饮料时突发奇想：调制这种饮料，每次都要煮，实在太麻烦了！要

是能将它做成固体食品，吃的时候取一小块，用水一冲就能吃，或者直接放入嘴里就能吃，那该多好啊！

于是，拉思科开始了反复的试验。最终，他采用浓缩、烘干等办法，成功地生产出了固体状的可可饮料。由于可可饮料是从墨西哥传来的，在墨西哥土语里，它叫"巧克拉托鲁"，因此，拉思科将他的固体状可可饮料叫做"巧克力特"。

拉思科发明的巧克力特，是巧克力的第一代，欧洲人视它为迷药，掀起一股狂潮。大约在16世纪，西班牙人将可可粉及其他香料拌和在蔗汁中，成了香甜饮料。到了1876年，一位名叫彼得的瑞士人别出心裁，在上述饮料中再掺入一些牛奶，这才完成了现代巧克力创制的全过程。不久之后，有人想到，将液体巧克力加以脱水浓缩成一块块便于携带和保存的巧克力糖。1828年，由荷兰的万·豪顿（Van Houten）想到将其脂肪除去2/3，做成容易饮用的可可亚。

西班牙人是很会保密的。他们严格保密可可饮料的配方，对巧克力特的配方也守口如瓶。直到200年以后的1763年，一位英国商人才成功地获得了配方，将巧克力特引进到英国。英国生产商根据本国人的口味，在原料里增加了牛奶和奶酪，于是，"奶油巧克力"诞生了。奶油巧克力是巧克力的第二代。

当时，巧克力的味道虽说不错，但和现在的口感无法相比。这是因为可可粉中含有油脂，无法与水、牛奶等融为一体，因此，巧克力的口感很不爽滑。直到1829年，荷兰科学家万·豪顿发明了可可豆脱脂技术，才使巧克力的色香味臻于完美。

经过脱脂处理后生产出来的巧克力，爽滑细腻，口感极佳，是巧克力的第三代，也就是我们现在所享用的巧克力。

现代的巧克力是由可可糊、可可脂、糖、奶粉在加热下混合加工而成的。将生可可豆发酵、焙烤、粉碎后便得到可可糊，再除去可可脂即得可可粉，巧克力的香气主要是可可豆发酵、焙烤产生的香气成分和奶粉的香气成分以及二者含有的蛋白质水解得到的氨基酸与糖进行美拉德反应产生的香味物质的混合体。哺乳动物在断奶后仍然怀念和喜爱母奶的香味，而可可豆发酵再加以焙烤产生的优美香气也无与伦比，因此，巧克力食品不但深受儿童们的喜爱，连大人闻到它的香味时也会垂涎欲滴（见图114）。

图114　巧克力

巧克力的整体风味，即"滋味"——英文flavor，一个含义丰富的单词，中文里面实在找不出对应的准确的词汇——由可可粉、奶粉、糖加热产生的特征香气和一种特殊的、人们不但不厌恶反而喜爱的苦涩味以及低熔点的可可脂在口中融化时产生的滑腻感三部分共同组成。因此，即使调香师能够配制出极其逼真的巧克力香精，也难以完全不用可可、奶粉而制造出惟妙惟肖的"人造"巧克力来。

生可可豆的香味物质含量是很少的，在发酵前，作为发香的前驱体物质尚未产生，而在发酵时，大分子的糖、酯等发生降解作用（酶的催化作用），产生了低分子量的单糖、氨基酸等，同时也产生了大量的挥发性组分，主要是醇（约40％）和酯（约30％），其中苯乙醇含量达20％左右，3-甲基丁醇-1也有17％之多。有少量的吡嗪化合物生成，因此，发酵豆稍稍带可可和巧克力香气。焙烤时，糖和氨基酸的美拉德反应产生了大量的香气物质，其中吡嗪类化合物可达到40％，脂肪醛类达到20％～25％。发酵越好的可可豆生成吡嗪类物质的机会越大，因而香味也越浓。

巧克力的香气同香荚兰豆的香气（香气成分主要是香兰素）是最佳搭档，虽然巧克力本身的香气具有鲜明特征，很有魅力，但只有香荚兰豆的香气最能充分利用它的特征并加以发挥使它更加美好，所以巧克力——这种糖果从一开始就与香荚兰豆结下不解之缘，没有香荚兰豆香气的参与，巧克力不可能取得世界性的成功。虽然出于增加花色品种的目的，有时也使用柠檬、橙、果仁、薄荷、咖啡等香料，但都仅限于特殊需要。

由于巧克力的主要原料——可可豆的价格昂贵而且变动大，所以食品制造商要求调香师调出尽量逼真的巧克力香精，采用部分代用品仿制巧克力，在巧克力点心、巧克力冷饮等取得较大的成功，但巧克力糖果目前大多还是"真材实料"的才受欢迎，仿制品还是容易"露馅"、难以立足的。

真材实料的巧克力有利于心脏健康——巧克力中的多酚广泛存在于可可豆、茶、大豆、红酒、蔬菜和水果中。赋予巧克力独特魅力的成分就是多酚。与其他食物相比，可可豆中多酚的含量特别高。研究表明，多酚具有与阿司匹林相似的抗炎作用，在一定浓度下可以降低血小板活化，转移自由基在血管壁上的沉积，因而具有预防心血管疾病的功能。

巧克力增强免疫力——巧克力中的类黄酮物质具有调节免疫力的作用。通过药物手段调节免疫功能有一定的风险。好在巧克力和其他食物既安全美味，又可以提高人体免疫力。

巧克力降低血液中的胆固醇水平——可可豆中天然存在的可可脂可以使巧克力具有独特的平滑感和入口即化的特性。研究表明，可可脂中含有的硬脂酸可以降低血液中的胆固醇水平。另外，巧克力中的单不饱和脂肪酸中含有的油酸具有抗氧化作用。橄榄油中也含有相同的物质。

巧克力有利于牙齿的保护。科学家们发现，可可豆中的单宁可以减少牙菌斑的产生，并有助于预防龋齿。牛奶巧克力中含有丰富的蛋白质、钙、磷、钾等矿物质。这些物质都对牙齿的珐琅质有好处。巧克力引发龋齿的可能性更小，这是因为巧克力在口腔中被清除的速度较快，从而减少了它和牙齿接触的时间。

巧克力具有抑制忧郁、使人产生欣快感的作用，尤其是可可含量更多的黑巧克力，它含有丰富的苯乙胺——一种能对人的情绪调节发挥重要作用的物质。很多医生甚至把巧克力作为抗轻微忧郁症的天然药物，因为巧克力含有丰富的镁元素（每100克巧克力含410微克镁），而镁具有安神和抗忧郁的作用。根据最近的一次民意调查显示，34%的法国女性和38%的加拿大女性承认，她们喜欢通过吃巧克力来提高性快乐的程度。

巧克力的甜蜜"诱惑"具有神奇的魔力——在远古玛雅文明时期，人们坚信是天神将可可豆赐予人类，他们认为可可豆的芳香使人精神振奋并能刺激情欲。现代社会也有同样的研究报道，适量食用巧克力可以帮助爱人们享受甜蜜的"性福"。

人们喜爱巧克力无可抗拒的美味，更多的人从巧克力的美味中体会到对生活的感悟。在很多人心底的美好记忆中，幸福的感觉就像巧克力的美味一样令人回味无穷，丝丝萦绕。有人说巧克力是甜的，有人说她是苦的，有人说她是快乐，有人说她是分享。巧克力给人带来的精神感受已经超越了作为一种食品的价值。

十 可口可乐

1886年5月8日，美国佐治亚州亚特兰大市一名普通药剂师约翰·斯泰斯·潘伯顿博士在自家后院里一把三个支脚的黄铜壶里调制出了第一瓶可口可乐，上市头一年，平均每天卖出9杯。1888年，潘伯顿博士把他的发明和全部股份卖给制药商埃萨·坎德勒。1892年，埃萨·坎德勒和弗兰克·罗宾逊及另外两名助手一起成立了可口可乐公司。1893年1月31日，美国国家专利局登记新商标——Coca-Cola。1895年，"美国所有的州都喝上了可口可乐"。1919年，埃萨·坎德勒把公司卖给银行家厄内斯特·伍德鲁夫为首的一个投资集团，可口可乐逐渐成了世界软饮料之王，现在它的销量占世界市场的一半以上，还没有哪一家公司敢于宣称在剩下的那一半中哪怕是占到一半的份额！设在160多个国家的可口可乐装瓶生产线天天开足马力运转着，每天产量达几亿瓶。

可口可乐的配方自1886年在美国亚特兰大诞生以来，已保密达130年之久。法国一家报纸曾打趣道，世界上有三个秘密是为世人所不知的，那就是英国女王的财富、巴西球星罗纳尔多的体重和可口可乐的秘方。

为了保住这一秘方，可口可乐公司享誉盛名的元老罗伯特·伍德拉夫在1923年成为公司领导人时，就把保护秘方作为首要任务。当时，可口可乐公司向公众播放了将这一饮料的发明者约翰·潘伯顿的手书藏在银行保险库中的过程，并表明，如果谁要查询这一秘方必须先提出申请，经由信托公司董事会批准，才能在有官员在场的情况下，在指定的时间内打开。截至2000年，知道这一秘方的只有不到10人。

　　而在与合作伙伴的贸易中，可口可乐公司只向合作伙伴提供半成品，获得其生产许可的厂家只能得到将浓缩的原浆配成可口可乐成品的技术和方法，却得不到原浆的配方及技术。"7X商品"成绝对秘密。

　　事实上，可口可乐的主要配料是公开的，包括糖、碳酸水、焦糖、磷酸、咖啡因、"失效"的古柯叶等，其核心技术是在可口可乐中占不到1%的神秘配料——"7X商品"。"7X"的信息被保存在亚特兰大一家银行的保险库里。它由三种关键成分组成，这三种成分分别由公司的3个高级职员掌握，三人的身份被绝对保密。同时，他们签署了"决不泄密"的协议，而且，连他们自己都不知道另外两种成分是什么。三人不允许乘坐同一交通工具外出，以防止发生飞机失事等事故导致秘方失传。

　　"可口可乐"的众多竞争对手曾高薪聘请高级化验师对其公开配方"7X100"进行过破译，但从来没有成功过。科研人员通过化验得知，可口可乐最基本的配料是水，再加上少量的蔗糖、二氧化碳等。有些公司也曾按此如法炮制，但配制出来的饮料的口味却大相径庭。人们由此才醒悟过来，可口可乐中存在着占总量不到1％的"神秘物质"，才使得可口可乐维系了一个多世纪的荣光。

　　可口可乐的魅力在于它既"味美爽口"，又有"醒脑提神"之功效，它那神秘的配方长期以来一直是世人津津乐道的话题，吸引了众多的调香师和药剂师要解开它的谜底。动用现代最先进的分析仪器也只能测出百分之八九十的成分，其余的微量成分得靠猜测，为什么会这样呢？念过有机化学和生物化学的人都知道，任何一个天然香料里面的成分都有几百个甚至几千个，如果往一个混合物的配方里加入几个天然香料，仪器分析只能告诉你配方中含量较大的成分是什么，至于它的来源只有发挥调香师的想象力。调香师可以调出"惟妙惟肖"的可口可乐香精，但配成饮料以后，对于"立场坚定"的可口可乐嗜好者来说，味道还是有那么一点点"不纯正"。因此，世界各地至今出现成千上万种"可乐"型饮料，还是没有一种可以与"可口可乐"匹敌！

　　欧洲食品科学研究院院长、食品化学研究专家玻尔莫和他的搭档——生物学家瓦尔姆特女士在一本名为《大众饮食误区辞典》的书中说，他们经过长期的研究，解开了可口可乐配方的秘密。他们透露，可口可乐中99.5％的成分是含有二氧化碳的糖水，其中占极小比例的物质是一种香料混合剂，正是它奠定了可口可乐的独特口味。这种香料混合剂包括野豌豆、生姜、含羞草、橘子树叶、古柯叶、桂树和香荚兰皮等的提炼物、过滤物和染料。不过，他们指出，在不同国家和地区内所生产的可口可乐的配方不完全相同，以适应各地顾客的口味。可能是出于商业秘密的考虑，玻尔莫和瓦尔姆特并未公布如何生产这些组成成分和如何将它们调制成可口可乐。

　　可惜连可口可乐公司有时自己也忘乎所以，不懂得珍惜它的"上帝"们这份执着的爱。1985年，公司宣布要改变一直被视为最高商业机密的配方，生产全新口味的可口可乐。新产品通过了复杂的检验，但无法使消费者接受。在美国人看来，可口可乐不仅是一种饮料，它的独特口味带来的感觉和体验实际上成了美国生活方式的一部分。消费者差点砸了公司的牌子，强烈的反应使可口可乐公司不得不立即恢复原配方。

从"可口可乐现象"可以看出，人们对某种气味的喜恶主要来自于习惯，这种习惯一经形成就难以改变它。联想到20世纪70年代末，可口可乐在"阔别了二十几年后"又重新进入我国的一些大城市时，有的人喝了一口就骂它"像喝药一样"，现在还有几个人在骂呢？再看看"麦当劳"和"肯德基"快餐店，刚来的时候，人们都在说味道实在不敢恭维，预料它们都会是短命的，可"麦当劳"和"肯德基"照样在中国大行其道，畅通无阻。国人到该坐下来好好研究一下"洋味"到底是怎么回事的时候了。

第七章

气味与环境

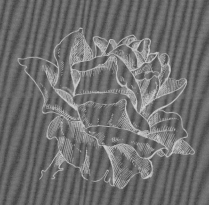

　　气味有香有臭。植物的花、叶、茎、根有香味扑鼻的，也有臭不可闻的；动物园最吸引小孩子，但臭味往往会挡住不少想带孩子进去玩的大人；人群拥挤的地方尤其是夏天臭气也不亚于动物园；鱼肆、垃圾场、厕所、禽畜养殖场、大量有"三废"排出的工厂和污水道则臭气冲天，令人难以容忍……地球表面上大量的臭气很多是"人造"的，是人糟蹋了环境。

　　人既能污染环境，也一定能治理污染、美化环境。最早商品化生产的环境用香当推抽水式马桶厕所用的"绿泡泡"消臭赋香剂，使用了铜盐（吸收氨味）、活性炭（吸附硫化合物和低碳醛、酸等）、花香和果香香料（遮盖臭味），后来又进一步发展了室内芳香剂、汽车香水、香精丸等新产品上市。

　　不久前有人在报纸上发表文章提出"香味污染"问题，这似乎有些危言耸听。全世界几百年来还没有出现一例由于用香而发生的中毒事例，这应归功于调香师们的自律和联合科研，国际精油协会组织、美国FDA、各国的调香师协会每年都发表大量的香料测试报告，凡是有一点点怀疑对人体有害的香料很快就被剔除，例如早先常见的食品香料——香豆素仅仅因为一些动物实验觉得有问题就被食品调香师拒用了；具有优美麝香香气的葵子麝香由于有轻微的"光致敏性"也被化妆品调香师忍痛割爱。香料工业的国际协同作战为其他行业科技"世界大同"的实现起了示范作用。

　　不过，由于人们对各种香气的喜恶不一，如果有人在上班时或乘坐在密闭的空调车厢里时使用浓烈的香水也会引起周围人们的反感，这是礼貌问题，不能称为"香味污染"。

　　至于香料厂特别是合成香料生产时存在着废气和废液、废渣散发的臭气污染问题，也不能叫做"香味污染"，因为合成香料和天然香料的提取、加工都是化工过程，同其他化工厂一样有"三废"的存在，要求这些排放"三废"的工厂积极研究"三废"的综合利用和处理、减少，直至杜绝"三废"的排放。现代化的香料厂大都已建成花园式工厂，绿树成荫，风景如画。香料厂工人的平均寿命比其他行业工人的平均寿命长，许多传染病进不了香料厂，这是由于不少香料有杀菌和抑制有害细菌繁殖的作用。

　　所谓"香味污染"问题，真的是"天下本无事，庸人自扰之"。

一　香与臭

　　香和臭是一对矛盾的对立统一体。通常人们把自己感觉舒适的气味叫做"香"，把感觉不好的气味叫做"臭"，但"香"和"臭"二者并没有界线，而且常常混淆。不同的人对一种气味有不同的感受，因而就有不同的评价，甚至同一个人在不同的环境、不同的情绪时对一种气味也有完全不同的感受和评价。例如驾驶员对于汽油味，有时说它是"香"的，有时又说它是"臭"的。在有关化学化工的书籍里，介绍一种有气味的化合物，有时说它"有特殊的臭味"，有时又说它"有特殊的香味"。

绝大多数的香料直接嗅闻之都是臭的，甚至世人公认的"香后"茉莉花和玫瑰花提取出来的茉莉浸膏、玫瑰浸膏的气味也不好闻。用酒精或其他溶剂把它们稀释到一定的浓度时才发出芳香。有的人拒绝某些香型，例如芫荽（香菜）的气味就有许多人不喜欢；不吃辣椒的人不喜欢辣椒味，甚至连青椒都不喜欢，所有带"椒青"的香料他们都"不敢恭维"，通通排斥，即使稀释到仅能勉强闻得到的浓度也还不行。

各种动物有各自喜爱与厌恶的气味，可以想象，猫闻到老鼠的气味一定是"味道好极了"，而老鼠闻到猫的气味肯定是恐怖性的恶臭，赶快逃之夭夭。所有哺乳动物（包括人）都喜欢带奶味的食物，因此，巧克力（用奶粉、可可粉和糖制作）不单大人小孩喜爱，猪、狗、猫和老鼠也都爱吃，在这一点上，猫和老鼠没有矛盾。

这个世界上只有一些食物散发的香味能得到大多数人的喜爱，例如刚煮熟的米饭、热馒头、煮咖啡、泡茶等等，鱼、肉之类煮熟时的气味一般人也都喜欢，但也有不少人厌恶之，这里有先天的问题，也有后天的因素（宗教、家教、人文环境等等）。"臭豆腐"的气味相当恶劣，但吃过的人就不厌恶它。欧洲各国的"臭奶酪"也是如此。蔬菜中主要是辛香类蔬菜诸如葱、蒜、芫荽、芹菜、姜、辣椒等有人爱，有人不爱，全都是习惯的因素在起作用，很容易改变。水果里面，一般寒温带的水果（苹果、梨子、桃、李、柑橘等）由于到处可见，不喜欢的人不多，但热带水果就大不一样了，番石榴、芒果、菠萝蜜都是有人爱，有人怕。最有趣的是榴莲，其味实在是太糟糕了，可以同小孩子消化不良拉出的粪便相比，南洋人确也叫它"三保屎"（郑和在南洋被呼为"三保公"），宾馆、机场都不让进。据说在家里吃一个榴莲，一个月后还可以闻得到"臭"味。因此，初次到南洋的人都是仗着胆子强迫自己吃一个看看，没想到吃过以后就不怕了，而且越吃越爱吃，马来人称它是水果王，宁愿"当了纱笼买榴莲"。纱笼是马来人的裤子，你看为了榴莲，可以连裤子都当掉，说明马来人喜爱榴莲的程度。

香水就更难说了，至今没有一种香水能有80％的人说它好。明星花露水在中国已有将近一个世纪的历史，几乎每个中国人都认识它，有人用它做了"民意测验"，发现真正喜欢这种香味的人还不到50％，而且说它"太难闻了"的人比例还不少。这就像欣赏一幅图画一样，有人把它捧上天，有人又把它贬得一文不值。

人们对香水的感受和评价很容易改变。20世纪80年代初，我国的许多地方刚刚迎来第一批外国人的时候，大多数中国人对外国人身上喷洒的香水气味不能接受，现在不但改变了，不少人还趋之若鹜呢。

对人的"体臭"应该怎么看呢？有一个实例能帮助我们理解这个问题：美国沃彻斯特

有一对男女，自小就有一种古怪的"鱼臭综合征"，他们的肝脏不能好好地分解一种叫做"三甲胺"的物质，因而身体发出腐败鱼的臭味。在校上学时，因为他们身上有腐臭味遭到同学们的歧视，长大后又难以就业。女的好不容易才找到了一份在鱼店的工作，男的也总算在一艘出海打鱼的船上觅到工作。他两在从事买卖鱼的生意中一见钟情，结为"臭味相投"的恩爱夫妻。

有人说杨贵妃有狐臭，唐明皇不但爱杨玉环丰腴的肌肤，还喜欢闻她的狐臭，这话看来不无道理，"情人眼里出西施"的古话也可以改为"情人鼻子里出玫瑰花"！

在调香师的心目中，确实无所谓"香"，也无所谓臭，只要大多数人说是"香"的就是香的，如果大多数人说是"臭"的也就是臭的了。几乎所有的香料在高浓度时都是"臭"的，调香师把这些"臭烘烘"的香料调成"香精"时让外行人闻的时候也不一定能够欣赏，要等到稀释以后或者用到产品里面时香气才飘散出来，这时候如果大多数人还说它"不香"甚至还说"有臭味"的话，调香师自己再认为是香的也没有用——评香师会把这个香精"枪毙"掉或者让它"束之高阁"，待到以后流行这种香型时再拿出来。

总之，所谓香臭，就是一种气味，如果大多数人说它是"香"的，它就是香的；如果大多数人说它是"臭"的，它也就是臭的。电脑永远当不了"评香师"的道理也就在这里。

1."闻时臭吃时香"的臭豆腐

臭豆腐是一种在全中国及世界许多地方常见的豆腐发酵制品，但在各地的制作方式、食用方法均有相当大的差异，一般分成臭豆腐干和臭豆腐乳两种。在上海、广州、香港、台湾等地，臭豆腐也是颇具代表性的小吃。

臭豆腐的原料豆腐干本来就是营养价值很高的豆制品，蛋白质含量高达15%～20％，与肉类相当，同时含有丰富的钙质。经过发酵后，蛋白质分解为各种氨基酸，有增进食欲、促进消化的功效。臭豆腐乳的饱和脂肪含量很低，又不含胆固醇，还含有大豆中特有的保健成分——大豆异黄酮，因此被称为中国的"素奶酪"，它的营养价值甚至比奶酪还高。

臭豆腐以优质黄豆为原料，经过筛选、脱壳、浸泡、磨浆、过滤、煮浆、点浆、成型、划块、发酵等十道工序。呈贡臭豆腐质地软滑，散发异香。有人赞誉云："味之有余美，玉食勿与传。"它不仅有很高的营养价值，而且有较好的药用价值。古医书记载，臭豆腐可以寒中益气，和脾胃，消胀痛，清热散血，下大肠浊气。常食者，能增强体质，健美肌肤。所以有人说，姿色越佳的美女越中意吃臭豆腐。

"臭豆腐"其名虽俗，但外陋内秀、平中见奇、源远流长，是一种极具特色的休闲风味食品，古老而传统，一经品味，常令人欲罢不能，一尝为快。长沙和绍兴的臭豆腐干相当闻名，其制作方法及味道差别很大，但都是闻起来臭，吃起来香，这是臭豆腐的特点。

长沙的臭豆腐称为"臭干子"，以火宫殿为官方代表。火宫殿选用上等黄豆做成豆腐，然后把豆腐浸入放有干冬笋、干香菇、浏阳豆豉的卤水中浸透，表面会生出白毛，颜色变灰。初闻臭气扑鼻，用油锅慢慢炸，直到颜色变黑，表面膨胀以后，就可以捞上来，浓香诱人，浇上蒜汁、辣椒、香油，即成芳香松脆、外焦里嫩的臭干子。

长沙街头也有很多民间制作臭干子的能手，例如南门口与劳动广场附近的"五娭毑"臭干子，深受长沙民众的喜爱，在下班时间经常需要排队一个小时才能买到几片酥香味美的臭干子。在以吃为特色的长沙文化里，火宫殿是臭干子的代名词，而"五娭毑"则是街头巷尾老少皆知的民间品牌。

武汉街头的臭豆腐多以"长沙臭豆腐"为招牌，但制作方式与长沙并不相同，是用铁板浇油煎，中间不空并且为淡黄色。天津街头多为南京臭豆腐，为灰白豆腐块油炸成金黄色，臭味很淡。

绍兴油炸臭豆腐是用压板豆腐切成2.5厘米见方的块状，放入霉苋菜梗配制卤中浸泡，一般夏季浸泡约6小时，冬季浸泡约2天，然后捞起，用清水洗净，晾干水分，投入五成热油锅中炸至外脆里松即可，颜色为黄色，可蘸辣酱吃。

北京闻名的王致和臭豆腐为臭豆腐乳（见图115），与南方流行的臭豆腐干是两种不同的食品。王致和臭豆腐乳不能油炸，为馒头和大饼等面食的配品。有人形容北京的王致和臭豆腐的臭是"绵里藏

图115　王致和臭豆腐

针"型：质地软滑，臭味剧烈，口感像豆腐乳，却臭得侠骨雄风，"顶风臭出三十里，顺风一臭下江南"。和上海式的臭豆腐的"如坐春风"相比是一"文臭"一"武臭"。

关于臭豆腐的"发明"，民间有许多版本。有人说是朱元璋出身贫寒，年少时当过乞丐，还当过和尚，有一回因饿得无法忍受，拾起人家丢弃已久的豆腐，以油炸之，一口塞进嘴里，那种鲜美味道刻骨铭心。后来他当了军事统帅，军队一路顺利地打到安徽，高兴之余，命令全军共吃臭豆腐庆祝一番，臭豆腐之美名终于广为流传。

而明代学者何日华在他的一本著作中说，安徽黟县人喜欢在夏秋之际用盐使豆腐变色生毛，擦洗干净投入沸油中煎炸，有海中鳄鱼的味道。

北京的说法是：清康熙八年，由安徽来京赶考的王致和金榜落第，闲居在会馆中，想返归故里吧，交通不便，盘缠皆无；欲在京攻读，准备再次应试吧，又距下科试期甚远。无奈，只得在京暂谋生计。王致和的家庭原非富有，其父在家乡开设豆腐坊，王致和幼年曾学过做豆腐，于是便在安徽会馆附近租赁了几间房，购置了一些简单的用具，每天磨上几升豆子的豆腐，沿街叫卖。时值夏季，有时卖剩下的豆腐很快发霉，无法食用，但又不甘心废弃。他苦思对策，就将这些豆腐切成小块，稍加晾晒，寻得一口小缸，用盐腌了起

来。之后歇伏停业，一心攻读，渐渐地便把此事忘了。

秋风送爽，王致和又想重操旧业，再做豆腐来卖。蓦地想起那缸腌制的豆腐，赶忙打开缸盖，一股臭气扑鼻而来，取出一看，豆腐已呈青灰色，用口尝试，觉得臭味之余却蕴藏着一股浓郁的香气，虽非美味佳肴，却也耐人寻味，送给邻里品尝，都称赞不已。

王致和屡试不中，只得弃学经商，按过去试做的方法加工起臭豆腐来。此物价格低廉，可以佐餐下饭，适合收入低的体力劳动者食用，所以渐渐打开销路，生意日渐兴隆。后经辗转筹措，在延寿街中间路西购置了一所铺面房，自产自销，批零兼营。据其购置房屋的契约所载，时为康熙十七年冬。从王致和创造了独一无二的臭豆腐以后，又经多次改进，逐渐摸索出一套臭豆腐的生产工艺，生产规模不断扩大，质量更好，名声更高。清朝末期，传入宫廷。传说慈禧太后在秋末冬初也喜欢吃它，还将其列为御膳小菜，但嫌其名称不雅，按其青色方正的特点，取名"青方"。

臭豆腐"闻着臭"、"吃着香"是因为豆腐在发酵腌制和后发酵的过程中，其中所含的蛋白质在蛋白酶的作用下分解，含硫氨基酸也水解产生硫化氢，硫化氢具有刺鼻的臭味，因而"闻着臭"；而蛋白质分解后产生的氨基酸具有鲜美的滋味，故"吃着香"。

臭豆腐闻起来臭、吃起来香，有些人对它敬而远之，有些人则将吃它当成了一种嗜好。有人说，臭豆腐属于发酵豆制品，制作过程中不仅会产生一定的腐败物质，还容易受到细菌的污染，从健康角度考虑，还是少吃为好。

分析研究证明，豆制品在发酵过程中会产生甲胺、腐胺、色胺等胺类物质以及硫化氢，多吃确实对健康有害。此外，胺类物质存放时间长了，还可能与亚硝酸盐作用，生成强致癌物亚硝胺。

臭豆腐的制作流程比较复杂，必须经过油炸、加卤和发酵等几道程序。整个制作过程一直在自然条件下进行，对温度和湿度的要求非常高，一旦控制不好，很容易受到有害细菌的污染，轻者会引发人体胃肠道疾病，重者还会导致肉毒杆菌大量繁殖，产生一种有毒物质——肉毒毒素。这是一种嗜神经毒素，毒力极强，近年来曾报道过的臭豆腐中毒事件，就是由这种毒素引起的。

因此，臭豆腐长期以来被认为是"不健康"的食物，如今却摇身一变成了好东西了。台湾《康健》杂志报道，臭豆腐中富含植物性乳酸菌，具有很好的调节肠道及健胃功效——该报道称，臭豆腐中含有植物性乳酸菌，跟酸奶中的一样。有"植物性乳酸菌研究之父"之称的日本东京农业大学冈田早苗教授发现，臭豆腐、泡菜等食品当中，含有高浓度的植物杀菌物质，包括单宁酸、生物碱等，而植物性乳酸菌在肠道中的存活率比动物性乳酸菌高。

吃臭豆腐对预防老年痴呆还有积极作用。一项科学研究表明，臭豆腐一经制成，营养成分最显著的变化是合成了大量的维生素B_{12}，每100克臭豆腐可含10微克左右。缺乏维生素B$_{12}$可以加速大脑的老化进程，从而诱发老年痴呆。除动物性食物如肉、蛋、奶、鱼、虾含有较多的维生素B$_{12}$外，发酵后的豆制品也可产生大量的维生素B$_{12}$，尤其是臭豆腐的含量更高。所以老人常吃臭豆腐，可以增加食欲，还能起到防病保健的作用。

看来，吃臭豆腐有利有弊，医学专家提醒，如果对臭豆腐真的难以割舍，建议大家吃时最好多吃新鲜的蔬菜和水果，它们含有的维生素C可阻断亚硝胺的生成。

绍兴臭豆腐的制作方法如下。

首先制造臭卤水，配方是：苋菜梗25公斤，竹笋根25公斤，鲜草头（苜蓿）1公斤，鲜雪菜56公斤，生姜79公斤，甘草4公斤，花椒1公斤，再加冷开水80公斤，食盐1公斤。以苋菜生长季节为起始开始下料，各种物料可以根据生长季节的不同，分别按照5公斤鲜料加4公斤冷开水和0.5公斤食盐的比例逐一下料。按配方将当季的鲜料（不包括雪菜）洗净、沥干、切碎、煮透和冷却后放入缸中，如有老卤在缸中更佳。甘草用刀背轻轻砸扁切成长为5～10厘米。另按比例加入花椒、食盐和冷开水（如有笋汁汤则可以直接代替冷开水）。如有雪菜则不必煮熟，直接洗净、沥干、用盐暴腌并切碎后加入。配料放入缸中后，让其自然发酵。在自然发酵期内，要将卤料搅拌2～3次，使其发酵均匀。一年后臭卤产生浓郁的香气和鲜味后，方可使用。

使用时，取去卤汁后，料渣仍可存放于容器中，作为老卤料，让其继续发酵。这对增加卤水的风味很有好处。如果年时过久，缸中的粗纤维残渣过多，可捞出一部分，然后按比例加入部分新料。臭卤可以长期反复使用下去，越陈越值钱，味道越浓郁，炮制的臭豆腐味道越好。

绍兴臭豆腐坯的制作方法如下。

①点浆：制作工艺与普通盐卤豆腐相仿，但豆腐花要求更嫩一些。具体办法是：将盐卤（氯化镁）用水冲淡至波美度8%作凝固剂，点入的卤条要细，只能像绿豆么大。点浆时用铜勺搅动的速度要缓慢。只有这样，才能使大豆蛋白质网状结构交织得比较牢固，使豆腐花柔软有劲，持水性好，浇制成的臭豆腐干坯子有肥嫩感。

②涨浆：开缸面、摊布与普通豆腐相仿。

③浇制：臭豆腐干的坯子要求含水量高，但又比普通嫩豆腐牢固，不易破碎。在浇制时要特别注意落水轻快，动作利索。先把豆腐花舀入铺着包布厚度为20毫米的套圈里。当豆腐花量超过套圈10毫米时，用竹片把豆腐花抹平，再把豆腐包布的四角包紧覆盖在豆腐花上。按此方法一板接一板的浇制下去。堆到15板高度时，利用豆腐花自身的重量把水分缓慢地挤压出来。为保持上下受压排水均匀，中途应将15层豆腐坯按顺序颠倒过来，继续压制。

④划坯：把臭豆腐干坯子的包布揭开后翻在平方板上，然后根据规格要求划坯。（每块体积为5.3厘米×5.3厘米×2.0厘米）。

⑤浸臭卤的方法：将豆腐坯子冷透后再浸入臭卤。坯子要全部浸入臭卤中，达到上下全面吃卤。浸卤的时间为3～4小时。50公斤臭卤可以浸泡豆腐坯300块，每浸一次应加一些食盐，以增加卤的咸度。连续浸过2～3次后，可加卤2～3公斤。

⑥保存：产品由于浸卤后含有一定的盐分，因此不易酸败馊变，在炎热的夏季，可保存1～2天。

2. "一臭到底"的奶酪

中国有臭豆腐，外国有奶酪（见图116），臭豆腐形形色色，奶酪也花样繁多。两臭相衡，各有千秋。而且双方对于"臭"的理论依据都层出不穷，"考证"起来的文稿足够你看一辈子。好好的东西吃起来不过瘾，非要弄臭了才吃得香。而且要起劲地大力论证这"臭香"非一般的香，臭得有层次，有世故，有沧桑，有渊源。蕴含了五味之精，炼精化气，炼气化神，炼神返虚。实在不知食物的香味应该升华到什么境界才好，于是就成为臭味了——应了中国的一句老话："物极必反。"

图116　奶酪

奶酪这东西是纸老虎，闻着臭，吃着不算臭。只是中国人常常不习惯那一股奶臊味。比如烟熏的荷兰古达奶酪，还有很多软奶酪如卡门贝奶酪，蓝奶酪可是真臭，闻着臭，吃着也臭，据说吃到肚子里打嗝时还在臭。有勇气直接一块块吃蓝奶酪的老外并非多数，大部分人都是掺着其他配料做成酱，蘸胡萝卜、西芹或炸鸡翅膀吃。

确实有很多奶酪的味道很刺激，外观上去也吓人，比如一些奶酪带着青色、蓝色的纹路或霉斑，足以吓退第一次吃它的人。

奶酪的来源传说：4000多年前，一个阿拉伯人独自横越沙漠，唯一的旅伴是一头骆驼。临行前，他把新鲜牛奶倒进一个用羊胃制成的皮囊里。在漫漫旅途中，沙漠的骄阳不断地照射在羊胃皮囊上。羊胃皮囊本身带有的凝乳酵素慢慢地把牛奶变成了奶酪。奶酪虽然源于西亚，但奶酪的风味却是由欧洲开始酝酿的。到了公元前3世纪，奶酪的制作已经相当成熟。经过几千年的历史与无数产地所孕育而成的奶酪，已经成为风行世界的美食。

其实奶酪的起源，普遍认为它是由中国蒙古或格鲁吉亚草原的游牧民族发明的，具体不详。他们早先将鲜牛奶存放在牛皮背囊中，但往往几天后牛奶就发酵变酸。后来他们发现，变酸的牛奶在凉爽湿润的气候下经过数日会结成块状，味香而鲜，变成极好吃的奶酪，于是这种保存牛奶的方法得以流传。奶酪也一直是这些游牧民族的主要食物之一。

奶酪一般呈乳白色到金黄色，有"奶黄金"的美称。大多数奶酪都有特殊的奶臭味，臭味最重的奶酪是外皮用盐水、白兰地或啤酒洗泡过的。布洛涅软干酪在地窖中熟化两个月的过程中，外皮被涂上啤酒，使它呈现独特的橙色色泽和恶臭味。

奶酪是一种发酵的牛奶制品，其性质与常见的酸牛奶有相似之处，都是通过发酵过程来制作的，也都含有可以保健的乳酸菌，但是奶酪的浓度比酸奶更高，近似固体食物，营养价值也因此更加丰富。每公斤奶酪制品都是由10公斤的牛奶浓缩而成的，含有丰富的蛋白质、钙、脂肪、磷和维生素等营养成分。就工艺而言，奶酪是发酵的牛奶；就营养而言，奶酪是浓缩的牛奶。

传统的干酪含有丰富的蛋白质和脂肪、维生素A、钙和磷。奶酪是已知食品中含钙量最高、钙质最容易被吸收的食品，吸收率高达80%以上。奶酪中含有的不饱和脂肪可降低人体的血清胆固醇，对预防心血管疾病十分有益。奶酪中的乳糖会被乳酸菌分解，因此，对于喝牛奶有胀气、腹痛、腹泻等乳糖不耐症状的人来说是相当理想的食品。现代也有用脱脂牛奶作低脂肪干酪的。

目前欧洲奶酪的消费量很高，估计年人均消费量在10公斤以上。酷爱吃奶酪的法国人和荷兰人，奶酪年消费量高达二三十公斤。瑞士人被称为"奶酪动物"，一天不吃奶酪就不舒服，每人每年也要消费奶酪20多公斤。美国每人年均吃掉约11公斤的奶酪。

奶酪，分生奶酪和熟奶酪两种。

生奶酪的做法是，把鲜奶倒入筒中，经过翻搅提取奶油后，将纯奶放置在热处，使其发酵。当鲜奶有酸味后，再倒入锅中煮熬，待酸奶呈现出豆腐形状时，将其舀进纱布里，挤压除去水分。然后，把奶渣放进模具或木盘中，或挤压成型，或用刀划成方块，生奶酪就制作成功了。大多人都在行囊中放几块奶酪，以防不测，备以充饥解渴。

熟奶酪的做法与生奶酪的做法略有不同。制作熟奶酪时，先把熬制奶皮剩下的鲜奶，或经过提取奶油后的鲜奶放置几天，使其发酵。当酸奶凝结成软块后，再用纱布把多余的水分过滤掉，放入锅内慢煮，并边煮边搅，待呈糊状时，将其舀进纱布里，挤压除去水分，然后，把奶渣放进模具或木盘中，或挤压成型，或用刀划成不同的形状。奶酪做成后，要放置在太阳下，或者通风处，使其变硬成干。

虽然奶酪比较耐储藏，但奶酪其实始终处于发酵过程中，所以时间太长了也会变质。尽管这种变化很慢，但是总有一天奶酪会变得无法食用。

奶酪的种类如下。

新鲜奶酪：不经过成熟加工处理，直接将牛乳凝固后，去除部分水分而成，质感柔软湿润，散发着清新的奶香与淡淡的酸味，十分爽口，但储存期很短，要尽快食用。

白霉奶酪：表皮覆盖着白色的真菌绒毛，食用时可以保持表皮的霉、菌，也可以根据口味去除，质地十分柔软，奶香浓郁，一般这种奶酪不用于做菜。

蓝纹奶酪：在青霉素的作用下形成大理石花纹般的蓝绿色纹路，味道比起白霉奶酪来显得辛香浓烈，很刺激。

水洗软质奶酪：成熟期需要以盐水或当地特产酒频繁擦洗，表皮呈橙红色，内部柔软，口感醇厚，香气浓郁。

硬质未熟奶酪：制造过程中强力加压并去除部分水分。口感温和顺口，容易被一般人接受。由于它的质地易于溶解，因此常被大量用于菜肴烹调上。

硬质成熟奶酪：制作时需要挤压和煮，质地坚硬，香气甘美，耐人寻味，可以长时间运送与保存。

山羊奶酪：最经典的山羊奶酪的制法与新鲜奶酪的制法相同，可新鲜食用，或去水后食用，体积小巧，形状多样，味道略酸。

融化奶酪：一种以上经过挤压的奶酪团，经融化后加入牛奶、奶油或黄油后制成。不同的产品可以添加不同的成分，如香草、坚果等。味道不浓烈，可以长期保存。

现在，奶酪的种类和食用方法越来越丰富。除了制作西式菜肴，奶酪还可以切成小块，配上红酒直接食用，也可加在馒头、面包、饼干、汉堡包里一起吃，或与色拉、面条拌食等。随着对外交往的日益增多，越来越多的年轻人对奶酪的营养价值有了更清楚的认识。也许你吃过麦当劳的吉士汉堡、奶酪时光的比萨（传统口味），这些美食中有一种非常重要的调味配料就是奶酪。

奶酪也是中国西北的蒙古族、哈萨克族等游牧民族的传统食品，在内蒙古称为奶豆腐，在新疆俗称乳饼，完全干透的干酪又叫奶疙瘩。

奶酪对西餐来说必不可少。世界上的奶酪多达2000余种，仅法国生产的奶酪就有350多种。多样化的种类、历史悠久的制法是法国奶酪最诱人的特质，所以法国又被称为"奶酪之国"。法国前总统戴高乐将军曾经说过："叫任何人来治理拥有325种奶酪的国家，都算强人所难"，可见法式奶酪的种类之多。

臭奶酪，就像中国的臭豆腐、东南亚的榴莲一样，闻着奇臭无比，但吃在嘴里却刺激诱人，因此成为一些好此味者的至爱，也就造就了世界上最臭奶酪的产生。一项调查显示，由科学家用鼻子和与电脑连接的"电子鼻"鉴定了15种奶酪的气味浓度，结果，高居

"恶臭榜"前10名的都是产自法国的奶酪，被英国研究人员封为"世界上最臭的奶酪"。

　　法国香水世界最香，法国奶酪世界最臭，怎么解释这两个"极端"的现象呢？果真要研究、"追究"的话，恐怕会得出两个更"极端"的结论来：要嘛法国人嗅觉最好，要嘛法国人嗅觉最差！

3. 极臭又极香的榴莲

　　榴莲（见图117），又名韶子、麝香猫果，台湾俗称"金枕头"。属木棉科热带落叶乔木，树高15～20米，一般认为东印度和马来西亚是榴莲的原产地，以后传入菲律宾、斯里兰卡、泰国、越南和缅甸等国，中国海南也有少量栽种。榴莲叶片长圆，顶端较尖，聚伞花序，花色淡黄，果实足球大小，果皮坚实，密生三角形刺，果肉是由假种皮的肉包组成，肉色淡黄，黏性多汁，头一次食用榴莲时，那种异常的气味可使许多人"望而却步"，但是，也有许多人自从吃了第一口以后，就会被榴莲那种特殊的回味和质感所吸引。榴莲果肉含有多种维生素，营养丰富，香味独特，具有"水果之王"的美称。

图117　榴莲

榴莲果实的香味成分有硫化氢、乙基氢化二硫化物、几种二烷基多硫化物、乙酸乙酯、1，1-二乙氧基乙烷和乙基-2-甲基丁酮酸酯等。果实（包括果皮、果肉和种子）的脂肪酸成分有棕榈酸、花生酸、棕榈炔酸等。榴莲的营养价值很高，除含有很高的糖分外，含淀粉11%，糖分13%，蛋白质3%，丰富的蛋白质和脂质对机体有很好的补养作用，是良好的果品类营养来源，还有多种维生素、脂肪、钙、铁和磷等。榴莲属热性水果，因而吃过榴莲后九个小时内禁忌喝酒。榴莲全身都是宝，果核可煮和烤着吃，味道像煮得半熟的甜薯，煮榴莲的水能治疗皮肤敏感性的疮痒。榴莲壳与其他化学物可合成肥皂，还能用作治皮肤病的药材。

　　榴莲气味浓烈，爱之者赞其香，厌之者怨其臭，所以旅馆、火车、飞机和公共场所都是不准带进的，马来西亚的许多酒店明令禁止榴莲进入。这种表皮多刺的水果因味道过重，可能让游客望而却步，但许多马来人却喜欢它那种黏黏的口味。郁达夫在《南洋游记》中写道："榴莲有如臭乳酪与洋葱混合的臭气，又有类似松节油的香味，真是又臭又香又好吃。"从未吃过榴莲的人只要首次大胆尝试第一口后，甜美沁心的食味却会叫你越吃越想吃。许多观光客在尝到过榴莲的美味后，都会回味无穷，甚至上瘾，因此，每年泰国榴莲销到世界各地。

　　榴莲为卵圆球形，一般重约2公斤，外面是木质状硬壳，内分数房，每房有3～4粒如蛋黄大小的种子，共有10～15枚，种子外面裹一层软膏就是果肉，为乳黄色。味道甜而喷香。

品种名贵的榴莲，每个价值达三四百铢，一般品种也需一百铢左右。从表皮可认识榴莲的优劣，凡锥形刺粗大而疏者，一般都发育良好，果粒多，果肉厚而细腻；如刺尖细而密者，则果粒少，果肉薄而肉质粗。

榴莲是木棉科植物，为热带最高大的果树，树干高达25～40米。一棵树每年可产80个榴莲。榴莲从树上摘下来后，10天就可成熟。泰国榴莲有200个品种，目前普遍种植的有60～80种。

其中最著名的有三种：轻型种有伊銮、胶伦通、春富诗、金枕和差尼，4～5年后结果；中型种有长柄和谷，6～8年结果；重型种有甘邦和伊纳，8年结果。它们每年结果一次，成熟时间先后相差1～2个月。

其中为人们比较熟悉的有以下几种。

①"金枕头"，（蒙通），是目前最受欢迎的一种，肉多且甜，果肉呈金黄色，经常其中有一瓣比较大，称为"主肉"，因为气味不太浓，很适合初尝者"入门"吃这种又臭又香的水果。现在金枕头一年四季都可吃到，可是随季节变化价格不一，旺季时价格最便宜，也是最好吃的时候。

②"差尼"，以其中叶子小个头小、肉多、核小的较受欢迎，价格上比金枕头要便宜，果肉以深黄色为佳。

③长柄：因为此种榴莲的果柄比其他品种要长而得名，此品种柄长且圆，整颗榴莲也以圆形为主，果肉、果核也呈圆状，皮青绿色，刺多而密，果核大，果肉少但细腻而味浓。

④谷夜套：肉特别细腻，其甜如蜜，核尖小，为"食家"所欢迎，是销售价最高的一种榴莲。泰国榴莲的产地广阔，从中部暖武里府至东部罗勇府都有出产，巴真武里府的榴莲曾获得冠军。泰国南部榴莲较中部和东部的逊色，核大肉少，但因成熟较迟，在其他榴莲盛季过后，便"物以稀为贵"了。

关于泰国榴莲的起源有两种说法，一种是它原产在马来西亚，大城王朝时代传入泰国；另一种说法是它是从缅甸的他怀、玛立和达瑙诗等地引进来的。对此也有两种传说，其一是公元1787年暹罗军进攻缅甸时，意图夺取他怀，但无法攻克。在围城期间，由于运输困难，军中粮草缺乏，将官只好命令士兵四处寻找野果充饥，士兵在林中找到一种硕大而有刺的果实榴莲。当他们设法剖开尝试之后，出乎意料的香甜可口。后来回师曼谷时，官兵中不少人把榴莲果核随身带回，在自己房屋周围种植。

马来语称榴莲为"徒良"，泰语至今也是这样的叫法。据传，明朝三宝太监郑和率船队三下西洋，由于出海时间太长，许多船员都归心似箭，有一天，郑和在岸上发现了一堆奇果，他拾得数个同大伙一起品尝，岂料多数船员称赞不已，竟把思家的念头一时淡化了，有人问郑和："这种果叫什么名字"，他随口答道："流连"。以后人们将它转化为"榴莲"。其实中文名"榴莲"并非源于"流连忘返","榴莲"是音译词。

据说，以前在曼谷地区，曾到过缅甸的官兵后代庭院中，多生长有100～150年的榴莲树，由于1871年和1942年先后发生过两次大水灾，这些榴莲树死亡殆尽。其二是说由往返于泰缅之间的商船传入泰国南部，后来从素叻他尼府传到曼谷等地。

榴莲有特殊的气味，不同的人感受不同，有的人认为其臭如猫屎，有的人认为香气馥郁。榴莲的这种气味有开胃、促进食欲之功效，其中的膳食纤维能促进肠蠕动。

广东人称："一个榴莲三只鸡"。《辞海》和《本草纲目》中都说，其"可供药用，味甘温，无毒，主治暴痢和心腹冷气。"但一次不可多吃，因其丰富的营养，肠胃无法完全吸收时会上火。患有某些疾病的人食用甚至会引起猝死。泰国卫生部劝告公众一天不要食用超过两瓣榴莲。如不慎榴莲吃过量，以致热痰内困、呼吸困难、面红、胃胀，应立即吃几个山竹化解，因为山竹属至寒之物，可克制榴莲之热。只有水果王后才能降服水果之王。也可用榴莲皮加盐水煎服。

榴莲是木棉科榴莲属果树，一般认为原产东印度、马来半岛一带，是亚洲热带雨林树种。从原产地首先传到邻近的菲律宾、斯里兰卡、泰国、越南、缅甸及印度等地，因其果形巨大，果肉具有特殊的浓郁香味，吃过之后留香唇齿之间，深受当地群众的喜爱，有"果中之王"之称，成为有名的热带水果。我国海南省有零星种植，在海南省东南部的兴隆农场和南部的保亭热带作物研究所有大树，个别年份能开花结果。

二　"闻臭师"——神圣的职业

在人类生活、工作、进行一切活动的空气中有时会出现一些来历不明的臭气，即使仪器也无法识别。如此不明臭气就催生了一种新职业："闻臭师"。

"闻臭师"（见图118）这个名字实在不雅，但事实上它却是被人尊敬的、令人神往的职业，不是一般人可以干得了的。除了要有鼻子的"天才"（灵敏的嗅觉）以外，有关环境各方面的专业知识也都要掌握。有些国家的环境卫生部门的有关专家每三个月就要给他们考核一次，用精密仪器检验其鼻子是否保持理想的灵敏度，并实行优胜劣汰。

闻臭师的职业称呼应该叫"嗅辨员"。放着先进的设备不用，偏要用人来测试臭味？

专家解释说："仪器、设备一般只能测量出单一气体的浓度，综合性异味的浓度往往就无法判断了。如果有人反映某地区某企业有臭味排放，但仪器测量结果是有害气体未超标。这种情况下，就可以通过人嗅辨的方法进行测试，最后判定臭味是否超标。"

许多人以为，"闻臭师"的主要工作就是动动鼻子，这是一份看似没有技术含量的工

图118　闻臭师在工作

作，但事实却恰恰相反。

　　根据国家规定，"闻臭师"的录取条件为18～45周岁之间，不吸烟，不喝酒，不能涂化妆品、不能有鼻炎，甚至不能穿刚刚涂完鞋油的皮鞋，嗅觉器官无疾病，嗅觉检测合格，再经过特殊培训，保证应聘者能分辨出花香、汗臭、甜锅巴气味、成熟水果香和粪臭这5种单一气体，随后才能上岗。

　　"闻臭师"的工作范围非常广泛，可以对工厂、企业，也可以对公厕、河道、餐饮单位等某一个固定场所散发的臭味进行鉴定。

　　中国暂时还只有专业环境监测人员从事该职业，没有对普通市民开放。另外有一点格外要注意的是：嗅觉特别灵敏的人并不适合这项工作。鼻子超常灵敏的人，在别人没有闻到臭味时就闻出臭味，这种情况并不能定性有臭味。

　　"闻臭师"的正式称呼为嗅辨员，除中国之外，美国、英国、荷兰、比利时、日本等也设有这项职业。

　　作为专业技术人员，中国"闻臭师"的鼻子定期接受有关部门的考核，以保证嗅觉的灵敏度。至于该职业的收入情况，则参照普通公务员标准，以刚入行的应届大学毕业生为例，月薪一般在两三千元左右。

　　如果经常抽烟，鼻子里会留下一股烟味，再去闻别的味道就会"力不从心"。只要接到任务，自己就得从各个细节注意，以免身上沾一丝异味。期间，万一不小心感冒了，他就得暂时"离岗"，由别的同事替代。

东京环保当局招募的"闻臭师"在地铁、车站、公厕等发现异味，可立即向环保当局报告，以责成专人限时除臭。从事这项工作的人员月薪可高达50多万日元。与此同时，我国的重庆等地区也已招聘"闻臭师"，对地区内空气受污染情况进行监督。

与"闻臭师"不同，闻香师的嗅觉要求特别灵敏，且有良好的嗅觉记忆。一般人只能分辨出十几种不同的气味，而闻香师则可以分辨并记忆400多种气味，好的闻香师至少要能熟悉2000种气味，出色者还可以记住3000种气味。

目前全世界的专业"闻臭师"约1.2万人，主要分布在美国、英国、荷兰、比利时、日本等国。这些"闻臭师"大多五十几岁，男性约占2/3。

美国的"闻臭师"每天穿行在熙熙攘攘的人群中，闻着他人身体上散发出的异味，为美国人体体味研究实验提供详细的资料。同时，他们还将体味情况整理成书面资料，供美国气象部门作为研究参考，例如气温、日照、风向、风速、云情、雨况等变化对人体体味的散发会有什么样的影响。

荷兰的"闻臭师"每天上班的地点，是分布在工业区及居民区边缘的小屋。他们一天中要不时将头伸出窗外，认真嗅闻空气中是否有令人讨厌的气味。如果有哪怕一点点的异味，他们便立即向环境监测中心报告，然后再做随机抽样，以便及时控制大气污染。

日本的"闻臭师"则是专门针对公共厕所而设的，人数较少。他们每天的工作就是"逛"公共厕所，每当闻到认为已超出臭味指标的气味时，就同卫生清洁管理部门联系，责成厕所管理员限时除臭。如果到期臭味还是"超标"时，管理部门就会对厕所管理人员处以高额罚款。日本人称"闻臭师"为"卫生监察员"，十分尊敬他们。

随着人们环保意识的不断提高，加上生活质量向高档化发展，"闻臭师"这个职业必将越来越受到重视，"闻臭师"队伍也日益壮大起来。

为了训练新兵对战场的适应性，美国陆军和海军陆战队将使用气味模拟器，让即将部署在伊拉克的士兵提前接触各种特别难闻的气味，这些气味包括熔化的塑料、腐烂的尸体等。模拟器中发出的气味能够用来教授受训者识别某些危险：闻到电线烧焦的气味，可能意味着飞机的电路出了问题；闻到了抽烟的味道，则表明建筑物中很可能藏有敌人。

三　除臭剂

香料香精的三大功能是：

① "盖"臭——把未加香半产品的"原臭"尽量掩盖住；

②赋香——让加香后的产品带上令人愉悦的香味；

③增效——有可能时增强加香产品的功效，例如增加洗涤剂的去污能力，加强蚊香的驱蚊效果等等，至少加了香料或者香精后不能影响或降低功效。

我们先来谈谈"盖"臭——有人想当然地以为：就像酸碱中和一样，香味和臭味也能"中和"变成没有气味。实践证明这是不可能的。事实上，所有的臭味都是掩"盖"不了的，用香料或者香精"盖"臭只是部分"遮"住臭味而已，细细地嗅闻，臭味马上又"露馅"了（否则调香师怎么闻出一个香精配方里面那些不太令人愉快的气味呢？）。当然，聪明的调香师可以采用一些香料让"臭味"与这些香料的气味组成让人能够接受甚至令人愉悦的气味出来，例如不太浓烈的硫化氢臭味可以用一些带熟食香味的香料同它组成"熟肉香"；吲哚的"鸡粪臭"可以用一些花香气味同它组成"茉莉花香"等。如果"原臭"很浓的话，再用香料或香精来"盖臭"就不行了。此时只能先把"原臭"尽量除去，再来考虑能否"赋香"了。

有臭味的物质包括无机化合物和有机化合物，大部分分子中含硫、氮、卤素等。许多香料在高浓度下气味也不好，甚至是恶臭的，如吲哚、糠硫醇等；冰醋酸、丁酸有刺激臭；低级脂肪醛有窒息臭；硫化氢、硫醇有腐败臭，闻之使人作呕；各种动物的臭味、人的体臭、食物发霉的霉臭都令人不快。

如果按场所区分的话，厕所臭气中含有氨、胺类、硫醇、硫化氢等成分；垃圾臭气中含有胺类、丙烯醛、低碳醛、脂肪酸等成分；鱼肆中的臭气含有三甲胺、脂肪醛、脂肪酸、甲硫醇、二甲硫醚等成分；肉铺里的臭气含硫化氢、甲硫醇、乙硫醇、乙醛、丙酮、丁酮、甲醇、氨等；猪圈、鸡舍等饲养场的臭气中有吲哚、酚类、胺类、硫醇、氨、硫化氢等；工厂废气中含有二氧化硫、硫化氢、氯气、"芳香化合物"（苯、萘等及其衍生物）；各种人造板材（刨花板、纤维板、胶合板等）中由于使用了黏合剂，因而可含有甲醛；新式家具的制作，墙面、地面的装饰铺设，都要使用黏合剂，凡是大量使用黏合剂的地方，总会有甲醛释放；此外，某些化纤地毯、油漆涂料也含有一定量的甲醛；甲醛还可来自化妆品、清洁剂、杀虫剂、消毒剂、防腐剂、印刷油墨、纸张、纺织纤维等多种化工轻工产品。……这些臭气物质中有许多对人体有害，有的让人闻到后觉得不快、情绪不好、心情不安甚至无名火起，对人都是不利的，因此需要把它们消除。

甲醛俗称福尔马林，是无色、具有强烈气味的刺激性气体，其35%～40%的水溶液通称福尔马林。甲醛是原浆毒物，能与蛋白质结合，吸入高浓度甲醛后，会出现呼吸道的严重刺激和水肿、眼刺痛、头痛，也可发生支气管哮喘。皮肤直接接触甲醛，可引起皮炎、色斑、坏死。经常吸入少量甲醛，能引起慢性中毒，出现黏膜充血、皮肤刺激症、过敏性皮炎、指甲角化和脆弱、甲床指端疼痛、孕妇长期吸入可能导致新生婴儿畸形，甚至死亡，男子长期吸入可导致男子精子畸形、死亡，性功能下降，严重的可导致生殖能力缺失，全身症状有头痛、乏力、胃纳差、心悸、失眠、体重减轻以及植物神经紊乱等。

为了防止甲醛对人造成危害，应注意下列几点。

①新房装修后最好暂时不要入住，因为家装后的第一年，特别是前半年是甲醛、苯等有害气体的强释放期。

②在室内甲醛含量超过国家标准1倍以下的条件下，可以采用每天强制通风，种植有一定去甲醛能力的花草如吊兰等来解决，还有个不错的方法就是摆放活性炭或竹炭，但是这些方法都是作用于室内空气中的有害气体，不作用于污染源，所以适用于甲醛等有害气体含量较小的情况下。

③在室内甲醛含量超过国家标准1倍以上时，就需要从根源上去除甲醛了。

消除甲醛危害的方法有以下几种。

（1）光触媒。它就像光合作用一样利用自然光能催化分解甲醛、苯等多种有害气体，并且光触媒的主要成分二氧化钛是非常安全的，允许微量添加到食品与化妆品中。目前市场上品牌较多，日本在光触媒的发展比较好。光触媒使用时用什么涂料或"载体"至今还是一个很难克服的技术问题。

（2）活性炭或竹炭吸附。活性炭是国际公认的吸毒能手，炭口罩、防毒面具都使用活性炭。利用活性炭的物理作用除臭、去毒，对人身无影响，吸附慢，容易饱和。活性炭分很多种，市面上有椰壳炭、竹炭、果壳炭、煤质活性炭等。吸附饱和后的炭会把甲醛再释放出来，这是炭吸附法最致命的缺点。

（3）化学清除剂。利用一些化学品与甲醛的反应消除甲醛污染是可能的，但这些化学品必须无毒无害，反应产物也必须无毒无害，以免过量使用时造成二次污染。

（4）空气净化器。空气净化器（见图119）不但能起到加湿室内空气的作用，而且在室内空气有轻微污染的情况下，能起到一定的净化室内环境的作用。

甲醛去除是一个缓慢的过程（家庭装修中的甲醛释放周期一般是3～15年）。人体接触可以用清水冲洗。工作环境中有甲醛可以戴防毒口罩。家庭装修尽量不要使用太多的装饰。简单就是美。

（5）植物吸收。可通过养植物来吸收空气中的有害气体，或用微生物、酶进行生物氧化、分解，这也是消除装修污染的小窍门。

一叶兰、龟背竹可以清除空气中的有害物质；虎吊兰和吊兰可以吸收室内20%以上的甲醛等有害气体；芦荟是吸收甲醛的好手；米兰、腊梅等能有效地清除空气中的二氧化硫、一氧化碳等有害物；兰花、桂花、腊梅等植物的纤毛能截留并吸附空气中的飘浮微粒及烟尘。常青藤、铁树能有效地吸收室内的苯；吊兰能"吞食"室内的甲醛和过氧化氮；天南星也能吸收40%的苯、50%的三氯乙烯。玫瑰、桂花、紫罗兰、茉莉、石竹等花卉气味中的挥发性油类物质还具有显著的杀菌作用。

香味世界（第二版）

图 119　空气净化器

（6）精油消醛。这是目前室内外消除甲醛污染最方便也是最有效的方法，民众也乐于接受。起初用于车、船、飞机等驾驶舱内，因为驾驶舱内的甲醛污染也是比较严重的。后来开始推广到家庭和办公室使用。其消醛原理是精油里有一些天然的"活性成分"能与甲醛起化学反应变为无毒无害。精油里的这些成分被空气中的甲醛消耗掉，余下的香料成分给环境带来清香。可以用喷雾、也可以用"香包"自然散香的办法彻底消除甲醛污染。

其他臭气的除臭方法也有很多，物理方法有溶剂吸收、活性炭吸附、油膜覆盖、紫外线杀菌等；化学方法有酸碱中和、氧化、还原、分解、加成、缩合、聚合、药品杀菌、焚烧等；生物方法有酶法、噬菌体法、对抗性微生物法等；还有用香料中和及掩蔽臭气的感觉方法等等。但是通常所说的除臭剂除臭法是指在发出恶臭的物质中加入少量药剂，通过化学反应达到除臭目的的方法和使用强芳香物质从感觉上掩蔽臭气的方法，在大多数情况下两种方法同时采用。

除臭剂通常用于厕所、厨房、化工厂、公共设施等。早期的除臭剂有苯、对二氯苯、樟脑、松节油、松油、焦木酸等。近代的除臭方法是使恶臭物质发生化学变化，使其转化成不挥发、无臭或者恶臭气减弱的化合物。因此，目前广泛采用的防臭、除臭剂大多数属于反应型除臭剂。加香的香型侧重于清凉感和柑橘类果香，近来又出现向温和的花香型发展的倾向。加香的除臭剂目前都被称为"空气清新剂"。

日本有一家公司别出心裁地制造出一种叫做"卡雅麦克斯绿"的除臭树，能使房间里

的恶臭很快被驱除，而且使用寿命长，外观像盆栽植物——蔷薇、草莓、天竺葵等。高度
1.2 ~ 2米不等，吸气口和吸气管装在人造树叶里，外面不容易看得出来。换气机装在除臭
树下面的座盒里，换气时发出的声音很轻微。

人体由于出汗，特别是腋下分泌出来的含脂质和蛋白质多的汗，受细菌分解、腐败产
生臭味，这就是体臭，严重者被叫做"狐臭"。防止体臭的化学方法有三种：使用止汗剂
抑制排汗；使用杀菌剂阻止细菌活动；用香精香气掩盖。市售的"夏露"、"狐臭灵"等是
这三种方法结合在一起的除臭剂产品。

日本有家公司曾经开发成功一种除臭剂，可消除口臭和体臭，还可用于消除冰箱、厕
所、车内的臭气，对人无害无毒，绝对安全。它的原料是——百分之百的乌龙茶！

也许是受到乌龙茶除臭的启发吧，我国的科技人员用芳樟树叶提取精油后的"残渣"
萃取得到"樟多酚"一类物质，它的性质与茶多酚接近，用这种樟多酚配制的"芳樟消醛
清新剂"喷洒或"自然散香"于室内空间，可以在短时间内除尽甲醛并起到清新空气、杀
菌除臭的作用。

四 空气清新剂

空气清新剂也可以称为"环境香水"。随着进入小康生活的人们逐渐增加，他们追求
生活质量的愿望也与日俱增，所以，近年来各种空气清新剂、除臭剂大行其道，并迅速普
及起来。

通常所说的除臭剂除臭法是指在发出恶臭的物质中加入少量药剂，通过化学反应达到
除臭的目的和使用强烈的芳香物质从感觉上隐蔽臭气的方法，有许多有效的除臭药物可以
同香精同用，因此可以制成既除臭又芳香的空气清新剂。

芳香剂的使用现在越来越普遍了，办公室、卧室、卫生间、车上都经常用它来增加香
味。不过，如果用香味的场合不对，效果就会适得其反。那么，什么场合应该用什么香味
的芳香剂，芳香剂有哪些类型，芳香剂的使用是否会影响人体健康呢？

芳香剂也可称为"公众香水"或"环境用香水"，虽然它不一定是"水"。广义的芳香
剂包括所有专门对环境起到消"臭"、赋香作用的产品。按照外观形态、"发香"形式，它
们大致被分为几类，即液体型芳香剂、气雾剂、凝胶型芳香剂、升华型芳香剂、塑料型芳
香剂、香蜡烛、煮水型芳香剂、电热散香器和卫生香。

煮水型芳香剂是近年来较为流行的一种室内散香方法——放几滴香精在清水里，下面
用蜡烛火加热，水在微沸的状态下把香料带出散香。有人把它叫做"现代熏香炉"。其造

型多样，以陶瓷制作的为多，年轻人趋之若鹜。塑料型芳香剂是用透气性良好的热塑性树脂和香精、增塑剂等混合热压成的"香塑料"，可以做成各种形状，摆设在家里、办公室等地方散香。

绝大多数人相信闻到令人愉悦的香味对人有好处，但也有人认为，现在面市的各种芳香剂在使用中易产生一些难以预料的化学反应，有可能对人的呼吸道、皮肤及中枢神经产生不良作用。其实，这种说法有点危言耸听，容易造成不必要的恐慌。

现在市场上销售的各种芳香剂，除了假冒伪劣产品外，对人体都是健康安全的。正规厂家生产芳香剂使用的香精是经过调香师精心研究、做了大量"加香实验"、工厂严格按照调香师拟定的配方配制而成的。只要有实验指出某种香料毒性大或者有"潜在"的危险，即使"证据还不充分"，调香师也宁可不使用它，曾经被大量使用的硝基麝香类香料目前被淘汰就是一个很好的例子。专家建议，在挑选芳香剂的时候最好在正规商店购买正规厂家生产的，这样质量会更有保证。

按照调香师的分类法，自然界各种气味可以分成4大类型：果香、草木香、粉香和蜜甜香。每个人都有自己特别喜欢的香味，到底有没有"人见人爱"的香味呢？答案是肯定的。一般认为，生长在寒温带到亚热带的一些水果如苹果、梨、甜橙、柠檬等的香味可以得到大多数人的喜爱，在公共场合使用这些香味一般不会引起不满。而热带水果有许多就不行，榴莲、芒果、菠萝、番石榴、荔枝等的气味都是有人爱、有人怕，最好不要在公共场合使用。

卫生间是人们最迫切需要使用芳香剂的地方，卫生间的臭味最好用草香或果香来掩盖，洗衣皂的草香味掩盖粪臭和尿臭是有效的，效果最好的当推薄荷和留兰香，它们都属于草香香料。古龙水也可以用于卫生间祛臭赋香，一瓶古龙水就可以香几个月了。绝大多数香水（不管是高档、中档或低档）都不适合于卫生间使用，因为它们或多或少都含有一些"动物香"香料（如麝香），会加重粪尿的臭味，而且越是高档的香水动物香含量越多。

其实自己也可以动手解决卫生间的臭味问题。在卫生间的小架子上放置一个盛着柠檬酸（化工商店都有卖）的杯子或小碗，杯子旁边再放几块香皂（去掉包装纸）或洗衣皂，酸能吸收并中和掉氨和三甲胺，肥皂的游离碱会吸收硫化氢，这样就可以有效去除卫生间里主要的臭味成分了。

卫生间的除臭、赋香也是香料工作者比较关心的话题。许多人买来"洁厕宝"、"香精丸"放在马桶里、小便槽上，这两个商品的香气成分主要是对二氯苯，气味强烈，令人不悦，闻久了会头晕，更严重的是对二氯苯已经被列为"潜在的致癌物质"，对儿童的伤害更大。

把令人愉悦的香味物质做成固体产品并不难，难的是最好这些固体物质能够全部升华或者挥发散尽，不污染环境。现在这个难题已经解决了——不含对二氯苯等成分、完全用日用香料配制的卫生间专用的"清香片"、"清香块"已经开始进入超市，不久你就可以看到了。

不同的场合应当使用不同香味的芳香剂。客厅里的芳香剂最好是"温馨浪漫"香型的，玫瑰花、茉莉花、铃兰花香都是首选。卧室里使用哪一种香型应因人而异。临睡前闻薰衣草、檀香的香味有催眠作用。另外，西方人士认为玫瑰花香有"调情"作用，东方人士则普遍认为麝香的香味最能"调情"，这可能都是心理作用。真正有科学依据的能够"调情"的香味却是铃兰花香。因为科学家们已经通过实验证实：人类精子在接触到铃兰花的香味成分时游得更快。

办公的时候闻茉莉花和柠檬香味可提神，提高工作效率。夏天使用空调机，可在空调机的出风口处放一盒凝胶型芳香剂或者蘸上香精的布条，大家就可以共同享受同一个香味了。开车的时候闻到薄荷等清凉气味可以清醒头脑。柠檬、甜橙香的水果香味都比较能掩盖汽油的臭味和人身上散发出来的汗臭，闻久也不生厌。市售的空气清新剂有许多种剂型可供选择，若按外观形态区分的话，可分为固体、液体和气雾剂三种。

固体的空气清新剂又可分为升华型、塑料型、发蜡型和凝胶型等四种，又以第四种最普及。

液体的空气清新剂一般是用毛毡条或滤纸条等作为挥发体插入液体芳香剂的容器中，用来将液体吸上来挥发散香。汽车驾驶室里驾驶台上放的"汽车香水"就是这种产品。其缺点是容器被打翻时液体会洒出来。因此，近来又有厂家生产用"微孔陶瓷"做的容器，可以在装入香精后用盖子密封瓶口，香气从容器壁慢慢散发出来。

气雾型空气清新剂是目前最受欢迎的，它有许多优点：容易携带、使用方便、快速散香等。

空气清新剂常用的香型有单花香型（茉莉花、玫瑰花、桂花、铃兰花、栀子花、百合花等）、复合花香型、瓜果香型（苹果、菠萝、柠檬、哈密瓜等）、青草香型、"海岸"香型、"香水"香型（素心兰香）等。我国各地都有人喜欢把喷雾型花露水当空气清新剂使用，这是正确的，因为花露水中70％浓度的酒精可以杀灭空气中的细菌，起到消毒空气的作用，所以"国产花露水"香型（玫瑰麝香香型）也颇受欢迎。

五　让汽车尾气香起来

在工业发达的国家和地区，汽车尾气的污染相当严重。纯净的汽油如能完全燃烧，只生成二氧化碳和水蒸气，但汽油中有杂质、添加剂（如四乙基铅等），加上内燃机不管怎样改进，总免不了一部分汽油未能完全燃烧，这些因素共同造成汽车尾气的劣化，硫、氮的化合物和烷烃的氧化物、热裂化物是汽车尾气中臭味的成分，不用含铅汽油、进一步降低汽油中的含硫含氮化合物、添加助燃剂、设置尾气处理器都不能将尾气的臭味除尽。

据报道，法国托塔尔石油公司曾求助于化妆品经销商解决"汽油的臭味"问题，化妆品经销商建议在汽油加油时适量使用香料（以使加油时刻成为令人感到愉快的时刻）：可以在普通的汽油里加一点带酸味儿的香料，在高级汽油里加水果和香草味的香料。法国格拉斯有一位出名的调香师叫做维赖曼，能从3000种不同的气味中辨识出其中的2000种气味，他加入美国的BBA集团研究让汽油味道变得宜人，方法是：先将汽油内具有臭味的分子抽离出来，再混入一种香水。德国也有人提出往汽油里加芒果等水果味香精使汽油带香味。这些方法都只是让汽油的气味宜人，但汽油经过内燃机燃烧后产生的尾气还是没有改变。

我国已从"自行车王国"逐步变成"汽车王国"，汽车尾气的污染已经够严重的了，今后几年到几十年还将更加严重。这个问题引起国内调香师们的注意，经过多年的努力，千百次的实验，终于有了结果。实验显示，在汽油中添加合适的香精，可以让汽车尾气消除异臭而带上令人舒适的香味，其加香成本相当于汽油价的5％左右。国内几个风景优美的旅游城市正准备进行这个走在世界前列的有重大意义的工作。

除了汽车以外，其他用汽油为燃料的动力机器也都可以用上述方法使排气带香味，摩托车当然也不例外。可以想象，当一辆摩托车从你身旁开过去时，飘来一股香水气味，你对摩托车和骑车人一定会露出满意的笑容。

柴油的气味和汽油不一样，平均分子量较大，杂质含量一般也比汽油多，燃点高，柴油内燃机也同汽油内燃机不一样。燃烧更不容易完全，因而柴油机尾气污染更加严重。直接把用于汽油的香精添加于柴油中消除柴油机尾气的臭味，效果不理想。调香师们还在努力攻关，相信不久的将来这个问题也能解决，让柴油机尾气也香起来。

六 赋臭剂

早期的煤气是很臭的，因为其中含有大量的硫和氮化合物，当泄漏时很容易被人发觉。但从20世纪50年代起，城市煤气的原料逐渐变为石油类的高热量气体（石油气、丙烷气体），而欧美等国城市煤气逐渐向天然气（甲烷）发展，并且随着精制后气体质量的改善，煤气的原有臭味减弱，泄漏时人们会无所知觉，易发生爆炸、中毒等悲惨事件。为了防止发生这类事故，在煤气泄漏时人能利用嗅觉作用及早发觉，现在最有效的办法是在这些气体中加入赋臭剂，其作用是发出危险信号，所以其气味是一种令人不快、厌恶难闻的警告臭。

日本"煤气事业法"规定煤气中的臭气浓度必须达到当发生漏气时足以使有正常嗅觉的人容易察觉的程度，并且规定如果煤气中的臭气浓度达不到上述要求时有义务设置赋臭装置。

美国"联邦气体法"规定：管道供应的可燃性气体中必须加有臭气物质，其含量以使可燃性气体在大气中的浓度达爆炸下限的1 / 5（稀释率1％）时有正常嗅觉的人容易察觉为准。

英国也在1956年规定了无臭气体的赋臭问题。

赋臭剂首先必须具有可以识别的直感的煤气臭，并希望具备下列性质：对人体无害、无毒；和一般臭气（生活臭气）有明显区别；在极低浓度时便能使人察觉；化学性质稳定；完全燃烧，燃烧后无臭、无害；在导管中不凝结；无腐蚀性；不溶于水；价格低廉；土壤中的透过性大。

基本符合上述条件的一种合成化合物——四氢噻吩（THT）目前在赋臭剂中占主要地位，它的臭味与煤气相近，对人几乎无害，化学性质非常稳定，具有良好的赋臭剂性质，现在广泛使用。

城市煤气赋臭时是把液体状的赋臭剂直接注入煤气气流中，使它在煤气中气化、扩散。赋臭剂的注入量随煤气流量变化。

所以说，香料有香料的价值，"臭料"有"臭料的价值"。

七　臭气毒气也有利有弊

硫化氢有刺激性（臭鸡蛋）气味，是强烈的神经毒物，对黏膜有强烈的刺激作用。大量吸入会引起中枢神经系统的机能改变，气管、支气管黏膜刺激症状，大脑皮层出现病理改变。小鼠长期接触低浓度硫化氢，有小气道损害。

硫化氢很少用于工业生产中，一般作为某些化学反应和蛋白质自然分解过程的产物以及某些天然物的成分和杂质而经常存在于多种生产过程以及自然界中，如采矿和有色金属冶炼等。煤的低温焦化，含硫石油开采和提炼，橡胶、制革、染料、制糖等工业中都有硫化氢产生。开挖和整治沼泽地、沟渠、印染、下水道、隧道以及清除垃圾、粪便等作业，还有天然气、火山喷气、矿泉中也常伴有硫化氢存在。

早在几个世纪以前，科学家就已经清楚硫化氢会对人体造成哪些危害。如今，对于油田和气田井口、输送管道沿线、石油加工厂和炼油厂的工作人员来说，这种气体已成为引发职业病的首要因素。人的鼻子能觉察到浓度为0.0047ppm（1ppm为百万分之一）的硫化氢。当浓度升至500ppm时，我们的呼吸会受到抑制。如果浓度达到800ppm，人在5分钟内就会死亡。但是有一点你可就不知道了——人类的生存离不开硫化氢！

近年来，越来越多的研究发现硫化氢在哺乳动物体内广泛存在，而且具有重要的细胞保护作用。它是继一氧化氮和一氧化碳之后被发现的第3种气体信号分子，在动物体内具有舒张血管、调节血压等多种生理功能，其代谢异常与心脏病和高血压等多种心血管疾病有关。

硫化氢在对抗缺氧、缺血引起的心肌损伤中的作用日益受到重视。布里克新等人报道，内源性硫化氢能保护大鼠心脏对抗缺血-再灌注引起的损伤。比安等人也指出，硫化氢在缺血预处理的适应性心肌保护中发挥着重要的作用，此作用与硫化氢激活蛋白激酶C及肌膜ATP敏感钾通道有关。另外，硫化氢的供体硫氢化钠能促进大鼠心肌细胞的增殖。

上述研究结果表明硫化氢在调节心肌的生理及病理生理过程中具有重要的作用。研究证实，人体与大鼠的血管都会产生硫化氢，它有哪些功能呢？研究证实，它在人体内具有重要的生理功能，这一发现将催生治疗心脏病等多种疾病的新方法。

人体内会产生微量的毒气硫化氢，很多证据表明，这种气体对心血管系统和人体其他组织的健康很有好处，基于这些发现，科学家正在开发基于硫化氢的疗法，用于治疗从心血管疾病到肠易激综合征的一系列疾病。

想象一下，当你走进医院急诊室，映入眼帘的是挂着消毒洗手液、表面擦得一尘不染的墙壁，扑鼻而来的却是一阵臭鸡蛋味。听起来，这种视觉和嗅觉上的不协调可能会让我们感到不舒服，但在将来，具有臭鸡蛋气味的有毒气体硫化氢很可能会成为医疗机构的常用药物。

科学家发现，在人体的很多生理过程中，硫化氢都起着不可或缺的作用，比如调节血压和新陈代谢。研究表明，如果合理利用，硫化氢有助于治疗心肌梗死，还能维系创伤患者的生命，以免他们在接受输血或手术前死去。

人体为何会依赖于这种恶臭气体？让我们回到2.5亿年前去寻找答案吧。当时，二叠纪行将结束，一场有史以来规模最大的物种灭绝正在上演，地球生命前景堪忧。一种主流灭绝理论认为，这场劫难由西伯利亚火山大规模喷发导致，此过程释放的二氧化碳引起一系列环境改变，海洋中的氧含量降至非常危险的水平，使地球生命逐步滑入死亡深渊。

对于需氧海洋生物而言，海水化学组成发生上述改变无疑是个坏消息，但在这种环境下，绿色硫细菌之类的厌氧生物却迅速繁盛起来。厌氧生物占据优势后会释放大量的硫化氢，进一步改变海洋环境，更加不利于剩余的绝大多数需氧生物的生存。上述灭绝理论认为，这种致命气体从海洋扩散到空气中，也威胁到陆地上的植物和动物的生存。二叠纪结束时，95%的海洋生物和70%的陆地生物都已灭绝。

硫化氢在人类生理过程中的重要作用可能就是从2.5亿年前延续下来的，因为只有能忍受、甚至在某些情况下能利用硫化氢的物种，才可能在这场浩劫中幸存下来。人类则部分继承了早期生命对硫化氢的"亲和性"。

实际上，硫化氢并非已知的唯一会在人体内发挥作用的"毒气"。20世纪80年代，科学家找到的一些证据表明，人体会产生低浓度的一氧化氮（NO），作为信号分子影响细胞行为。美国药理学家罗伯特·F·菲希戈特、路易斯·J·伊格纳罗和费里德·穆拉德曾在研究中发现，一氧化氮具有扩张血管、调节免疫系统、传递神经信号等功能，他们因为这项研究获得了1998年的诺贝尔生理学或医学奖。另一种无色无味、被称为"沉默杀手"的一氧化碳（CO）也具有类似的生理效应。

一氧化氮是一种不很稳定的气体，在空气中很快转变为二氧化氮而对人产生刺激作用。氮氧化物主要损害呼吸道。吸入初期仅有轻微的眼及呼吸道刺激症状，如咽部不适、干咳等。常经数小时至十几小时或更长时间的潜伏期后发生迟发性肺水肿、成人呼吸窘迫综合征，出现胸闷、呼吸窘迫、咳嗽、咯泡沫痰、紫绀等。可并发气胸及纵隔气肿。肺水肿消退后两周左右可出现迟发性阻塞性细支气管炎。一氧化氮浓度高可致高铁血红蛋白血症。慢性影响则主要表现为神经衰弱综合征及慢性呼吸道炎症。个别病例出现肺纤维化。可引起牙齿酸蚀症。

1998年，穆拉德因发现一氧化氮能促使心血管扩张而荣获1998年诺贝尔生理学医学奖，他的这项发现还导致了抗阳痿药物"伟哥"的发明。

"揭示硝酸甘油对扩张人体血管的作用，本意是用来治疗心血管疾病，没有想到竟成了伟哥风靡全球。"30年前，穆拉德发现了硝酸甘油对心绞痛病人有显著的疗效。后来，他的研究进一步揭示，硝酸甘油和一些相关心脏药品使用时，可以导致一氧化氮的形成，从而使得体内血管直径增大，确立了一氧化氮是心血管系统中传递信息的分子的医学理论。再后来，人们发现，该理论研制出的伟哥对阴茎的血管扩张效果更加明显，对于治疗阳痿的效果更加显著，于是歪打正着地成了"世界医学界的奇迹"，穆拉德也被誉为"伟哥之父"。

一氧化氮起着信使分子的作用。当内皮要向肌肉发出放松指令以促进血液流通时，它就会产生一些一氧化氮分子，这些分子很小，能很容易地穿过细胞膜。血管周围的平滑肌细胞接收信号后舒张，使血管扩张。

一氧化氮也能在神经系统的细胞中发挥作用。它对周围神经末梢所起的作用，正是西地那非功能的基础。大脑通过周围神经发出信息，向会阴部的血管提供相应的一氧化氮，引起血管的扩张，增加血流量，从而增强勃起功能。在一些情况下，勃起无力是由于神经末梢产生的一氧化氮较少所致。"伟哥"能扩大一氧化氮的效能，从而增强勃起功能。

免疫系统产生的一氧化氮分子，不仅能抗击侵入人体的微生物，而且还能够在一定程度上阻止癌细胞的繁殖，阻止肿瘤细胞扩散。

20世纪60年代，人们就知道身体组织受毒素、紫外线辐射、激素和药物等侵害时，血红素加氧酶-1（简称HO-1）会及时对抗相应的受伤和感染，此时体内会自然地产生少量的一氧化碳。不过，当时人们都认为一氧化碳是组织代谢的副产品。

一氧化碳是无色、无臭、无味、难溶于水的气体，进入人体之后会和血液中的血红蛋白结合，由于一氧化碳与血红蛋白的结合能力远强于氧气与血红蛋白的结合能力，进而使能与氧气结合的血红蛋白数量急剧减少，从而引起机体组织出现缺氧，导致人体窒息死亡。因此，一氧化碳具有毒性。常见于家庭居室通风差的情况下、煤炉产生的煤气或液化气管道漏气或工业生产煤气以及矿井中的一氧化碳吸入而致中毒。

然而，美国科学家所罗门·辛德在1993年提出，一氧化碳在人体中扮演了一个有意义的角色，它有协助一氧化氮管理人体内部器官的功能，例如大肠的收缩、胃的排空等。但是，研究人员做了很多的努力之后，还是没有检查出一氧化碳在人体中的准确作用。

由于一氧化碳对人体有益，一些科学家想把它用于临床治疗。然而，一氧化碳是有毒气体，使用稍有不当，就会对人类造成危害。一氧化碳能紧紧结合红细胞中的血红蛋白，形成羧化血红蛋白，使氧气无法载运到全身。当人体内20%左右的血红蛋白转变成羧化血红蛋白时，就会出现恶心、呕吐和晕倒的情况；当人体内40%左右的血红蛋白转变成羧化血红蛋白时，就会夺人性命。因此，有科学家反对把一氧化碳引入对人类的临床治疗。但美国的奥古斯丁·乔和弗里茨·贝奇称，医药界不该这么快拒绝一氧化碳的治疗潜力，一氧化碳疗法是紧急情况下最好的方法。

2001年上半年，乔和贝奇领导的研究小组指出，患者吸入微量的一氧化碳有助于防止器官的排斥反应。他们在进行老鼠心脏移植时，用一种叫"卟啉"的化学药品将HO-1封闭，一星期内老鼠有排斥移植的反应产生。但如果将老鼠置于含微量一氧化碳的空气中，则可以幸存。也就是说，吸入动物体内的微量一氧化碳可以完成HO-1所能完成的任务。这个实验也说明，20世纪60年代人们在研究HO-1时发现的一氧化碳不是代谢废物，而是在HO-1的作用下，人体为生理防御反应所产生的气体。

2001年年底，美国的大卫·平斯基的实验表明，一氧化碳对肺移植手术也大有帮助。平斯基改变了一些老鼠的遗传特性，使它们缺少制造HO-1的基因，然后让它们和正常的老鼠一起进行模拟的肺移植手术。平斯基用夹子截断供应到老鼠左肺的血流，1小时后让它们重新恢复流动。结果正常老鼠的生存率为90%，而所有改变过基因的老鼠皆死于产生在肺中的血块。在进一步的实验中，当平斯基给改变过基因的老鼠呼吸微量的一氧化碳后，只有一半老鼠死于非命。目前，每年有数千人进行肺移植手术，失败率为30%，比其他器官移植的失败率要高，比如，肾移植的失败率只有10%。因此，医药学家希望把一氧化碳的治疗作用引入到肺移植手术中。目前也有一些医生把一氧化碳用于临床手术中，取得了一定的效果。

氨也是一种无色气体，有强烈的刺激性气味，同时，它还具有腐蚀性等危险性质。氨对地球上的生物相当重要，它是所有食物和肥料的重要成分，又是许多药物直接或间接的组成成分。氨有很广泛的用途，是世界上产量最多的无机化合物之一，多于八成的氨被用于制作化肥。但氨仍然是医生们常用而且喜欢的药物之一（"阿摩尼亚"），对昏迷、麻醉不醒者，嗅闻氨气有催醒作用。另外，氨也常用于手术前医生手的消毒等。

八　"书香"与"铜臭"

你知道以前读书人家庭为什么叫做"书香门第"吗？原来，古时的读书人因为怕珍贵的书籍被虫咬坏，找到了一种叫做"芸香草"的植物，将这种小草晾干后放进书橱中，可驱赶咬食书纸的蛀虫，这种草气味芬芳，书房里由于放多了这种草而有一种特别的香气，进入读书人的家就闻到这种气息，渐渐地，人们就把读书人家庭叫做"书香门第"了。

芸香草亦称芸草，为多年生草本植物，产于我国西部，有特异的香气，可以入药，嚼之有辛辣和麻凉感觉。因为古人常在书籍中放这种草避蠹驱虫，所以除"芸人"指农人，"芸芸"指众多外，与"芸"字有关的词多与书籍有关。如"芸编"指书籍，"芸帐"指书卷，"芸阁"指藏书之阁，"芸署"为藏书之室，"芸香吏"则指校书郎。

沧桑逝水，风习递嬗。随着时间的推移，现代的普通读书人早已不太容易见到芸草了，即使防蠹，人们也多是使用樟脑丸、檀香片之类。书香情怀对于善于想象与怀旧的文人来说，恐怕更多的只是书卷里所蕴藏、积淀的一种不尽的历史记忆与个人缅想罢了。氤氲陶醉之中，书香具体为何物，恐怕谁也说不清。

医家说旧书散发出的异味是一种有毒的东西。但文人是天生的嗜怪主义者，书香那种"难以形容的怪味"，总是让他们甘愿沉迷，兴奋不已，甚至整个生命与其相融也浑然不觉，乐此不疲。明清古籍《增广贤文》训蒙增广改本就有"家熟不如国熟，花香不及书香"的记载。

梁实秋曾说"书香是与铜臭相对立的"，这倒是大众的同感。"铜臭"一词，出自《后汉书·崔实传》。汉代权臣崔烈，名重一时，但他仍不满足于现状，而在卖官鬻爵的腐败中以五百万钱买得司徒一职，从而得享"三公"之尊。有一日他问儿子崔钧："吾居三公，于议者何如？"崔钧如实回答："论者嫌其铜臭。"由此人们便以"铜臭"一词来讥讽俗陋无知而多财暴富之人。千年以来，书香铜臭，人们有着截然不同的褒贬好恶。

　　书而有香，我们愿意认为这是指书中文字的内容，而不仅仅是图书纸张、油墨以及装帧中掺进的有形成分。气功界的说法有时让人大开眼界。据说有道行高深者，只要闻一闻纸上文字的香臭之味，即可知文字的好坏高下。湖湘近代学者叶德辉，劣绅恶行，最终在众怒之中被处死，但他在文化上的贡献却是今天的读书人绕不过去的。作为近代有名的藏书家，他对书籍版本的稔熟，简直达到了匪夷所思的化境。据说他无需打开一本书，也不需用眼睛扫描——而只需用鼻子闻闻，就能对书的良莠做出精到的判断。千年著书，泛滥成灾，流品不齐，良莠混杂，但朴素地说，书的好坏未尝不可以拿香臭这一简单标准一分为二。我们一向说"读书"、"看书"，其实何尝不是在以心灵来感应书本里的文字呢？！

　　欧洲人很早就用薰衣草作为衣物保护材料，在衣橱中只要放入一束薰衣草，就可驱赶各种昆虫，并使衣物带上一股清爽的香气——这也是"薰衣草"名字的来源。现代科学分析已经确认在薰衣草的香味成分中有芳樟醇、乙酸芳樟酯、桉叶素、龙脑、萜烯等，这些成分可以驱逐各种无脊椎动物，并有一定的杀菌作用。从薰衣草中提取的薰衣草油是调配素心兰、古龙、馥奇、薰衣草水、花露水等香精的主要香料，价值较高。因此，在法国南部大面积栽培，其他地中海国家也有一定的栽培面积。我国新疆、陕西、河南、四川、山东、浙江、甘肃也有一定规模的生产基地。

　　在云南、四川、广东、广西、湖北、福建闽西和台湾野生着一种小小的香草——灵香草，以前不大受重视，只在野生地被当地人们偶尔采来作为熏香材料和某些草药方的配伍成分。由于从灵香草提取的浸膏能陈化烟草的特征性香气，被我国的调香师发现而鼓励大量种植提取用来配制烟用香精。最近发现灵香草有强烈的驱赶昆虫和杀菌作用，比薰衣草还胜一筹，先被用来制作衣物防护剂，后引起文物保护部门的注意，将它开发作为文物保护的天然珍品受到青睐。

　　讲到衣物、书籍和文物保护用品，不能不提到樟脑、萘和对二氯苯。樟脑是人们最早用来作为衣物驱虫物质的，所以直到如今还有不少人把驱虫物品都叫做樟脑丸。樟树的树干、枝叶、根都含有大量的樟脑，可将它们用水蒸气蒸馏的办法提出精油，然后冷冻析出樟脑。现在可以用松节油中的蒎烯经过几步化学反应制造"合成樟脑"，不必砍伐樟树提取了。后来人们发现从煤焦油里析出的一种白色物——萘也有良好的驱虫性质，将它制成各种形状出售——例如小圆球状的人们就叫"臭丸"、"卫生球"或"樟脑丸"。由于价廉，萘逐渐取代了樟脑。十几年前科学家发现萘有致癌性，特别是对于儿童的毒性更大，因此，先进国家又推出一种化学品——对二氯苯取代萘。因为对二氯苯气味较好，除了作为衣物、书籍和文物保护之用外，还用于卫生间祛臭散香。

　　正当发展中国家推广对二氯苯取代萘和樟脑时，科研人员却又发现对二氯苯仍有潜在的毒性，其中包括致癌的可能性。

人类兜了一个大圈子，从天然品到化学品，再从化学品又回到天然品来。薰衣草、灵香草等仍然是最安全可靠的衣物、书籍、文物的"保护神"！

九　金钱与粪便

人来到世上最初的气味，就是女人内脏以及其中流动的血的气味。据说婴儿在出生两天后便能辨别母亲乳房与脖子的气味。在教育和实践的影响下，当小孩尝试用两只脚站立时，通过排泄物气味所获得的快感经历了最初的变化：他不喜欢、甚至厌恶那种气味了。随着清洁感的发展，他的兴趣开始发生转移，转移到经过多次除臭处理和脱水的其他物体，如泥土、沙和小石块上。当他对泥土的兴趣完全消失以后，就对制成品发生了兴趣。此时的小孩会收集玻璃球、扣子、玩具等。最后，当小孩渴望拥有某种更加清洁的东西时，他"发现"（教育和实践的结果！）闪闪发光的硬币对自己来说更有意义。

于是他的兴趣转移到硬币上来。在关注这些光滑的小圆块的感觉中，眼睛喜欢它的光泽，耳朵喜欢它的叮当声，触觉喜欢与它们的接触，味觉喜欢它们淡淡的金属味道，唯独嗅觉"一无所获"，这与粪便有着天壤之别。弗洛伊德的继承者、著名的精神分析家桑多尔·费伦齐指出："发展的最后，金钱的象征物成了儿童最感兴趣的东西。与肠道物有关的乐趣变成了因金钱而获得的快感。我们已经看到，这些钱币只是经过除臭处理、脱水并发光的一些粪便。但是金钱不是粪便。"

费伦齐还通过一个女（精神病）人的"实话实说"证实了金钱与粪便的无意识联系。她认为自己是喜欢目前比较富裕的丈夫的，当她回忆起曾经爱恋的一位年轻男子吻她的手时，她感到极度不适，"我闪过一个念头：不久前我上卫生间，但没有洗手，他或许闻到我手指上的粪便气味。我的焦虑如此强烈，以至于我不得不立即把鼻子凑近手指闻它们的气味。那时，我还觉得在场的一位女友似乎在用嘲笑的神色看着我。"费伦齐揭示说，实际上，她害怕的是年轻男人在她身上"嗅出"这种联姻的真正原因。在无意识中，无疑可用下面的这句拉丁语表达：**Pecuniaolet**，也就是说：

金钱 = 粪便

事实上，市场上琳琅满目的香水更是准确地体现了金钱与粪便的关系：越是价格昂贵的香水，它的粪便气息就越是强烈（麝香、龙涎香、灵猫香、海狸香等"四大金刚"在浓度高时都呈现粪便的气味）！

卫生间是人们最迫切需要使用芳香剂的地方，许多人在卫生间里喷香水，想要掩盖卫生间的臭味。其实绝大多数香水（不管是高档、中档或低档）都不适合于卫生间使用，因为它们或多或少都含有一些"动物香"香料（如麝香、灵猫香、海狸香、龙涎香等），会加重粪尿的臭味，而且越是高档的香水动物香含量越多。卫生间的臭味最好用草香或果香来掩盖，洗衣皂的草香味掩盖粪臭和尿臭是有效的，效果最好的当推薄荷和留兰香，它们都属于草香香料。古龙水也可以用于卫生间祛臭赋香，因为"正宗的"古龙水的主要成分是香柠檬油和橙花油。

芳香疗法和芳香养生

世界卫生组织根据近半个世纪的研究成果，将"健康"定义为"不但是身体没有疾病或虚弱，还要有完整的生理、心理状态和社会适应能力"。据专家介绍，中国符合世界卫生组织这个关于健康定义的人只占总人口数的15％，与此同时，有15％的人处在疾病状态中，剩下70％的人处在"亚健康"状态。通俗地说，就是这70％的人通常没有器官、组织、功能上的病症和缺陷，但是自我感觉不适，疲劳乏力，反应迟钝、活力降低、适应力下降，经常处在焦虑、烦乱、无聊、无助的状态中，自觉活得很累。

抽样调查结果显示：我国亚健康人数超过7亿人，其中主要以中年群体居多，占48%~50%。亚健康状态在城市居民、青年学生、知识分子、机关干部和军人中普遍存在。

亚健康是指非病非健康状态，是介于健康与疾病之间的一种生理机能低下的状态。故又有"次健康""中间状态""灰色状态"等称谓。亚健康人群普遍存在六高一低，即高负荷（心理和体力）、高血压、高血脂、高血糖、高体重、免疫功能低。长期夜生活的颠倒、以车代步、缺少锻炼、饮食肥甘厚味、微量元素及维生素不足和激烈的社会竞争等都是造成亚健康状态的重要诱因。

最容易处于亚健康状态的主要有6类人群，包括精神负担过重、压力大的人；脑力劳动繁重者；人际关系紧张的人；长期从事简单、机械化工作又缺少外界沟通的人；生活无规律的人；饮食不平衡、吸烟酗酒的人。

亚健康状态产生的原因，是由于自身存有先天不足，有不良生活习惯、性格刺激等，有工作和生活节奏紧张、环境污染、气候恶劣等。体检时常有血压、血糖、血黏和体重偏高以及免疫功能偏低等现象。正如疾病的多种种类和症状，亚健康状态也多种多样，几乎每种疾病都可能有与之相近的亚健康表现。医学界，包括医学教育界应将工作的重点从单纯的防病、治病转到关注健康、关注亚健康上来，把70％的亚健康人群争取到健康队伍中来。

"亚健康"影响工作、影响学习、影响人们的生活质量，打针吃药解决不了问题，医生也不同意。有人提出了"音乐疗法""体育疗法""旅游疗法""森林浴疗法""芳香疗法"等，实践已经证明，现在已被老百姓广泛接受并且容易做到的是"芳香疗法"。

"芳香疗法"这个词是法国医生金·华尔奈特于1964年首次提出的，但这并不说明"芳香疗法"是法国人"发明"的。我们只要回顾一下香料发展的历史便不难发现，我国早在5000年前就已应用香料植物驱疫避秽。公元前1500年，古巴比伦和亚述人便懂得用熏香治疗疾病，公元前1350年的埃及人在沐浴时已使用香油或香膏，认为有益肌肤，把玫瑰水和玫瑰花的花瓣作为镇静剂和治疗头痛的药品，撒在卧室，敷在头上，甚至口服。古埃及人把菖蒲、香茅、肉桂、薄荷、藏红花、杜松等碾研成粉，浸渍在葡萄酒中，再加进蜂蜜，最后再与没药等芳香树脂熬炼，从而制成称之为"基福"的一种炼香，用于诱眠，它还具有解除烦恼、镇静安神的功效。

大约在100年前，德国有人利用温泉和原始森林开辟自然疗法，对患者进行安详疗法，取得异乎寻常的效果。通过科学研究发现，森林中茂密的植物散发出各类芳香气息，具有消炎、杀菌的作用，于是这种疗法便流传开了，人们给这种独特的治疗方法起了一个形象化的名称——"森林浴"。

日本曾对蒎烯（松节油的主成分）减轻疲劳的作用进行试验，他们把女性分成两组，一组接受蒎烯试验，即在她们的寝室中置放一只加了蒎烯的酒精灯，用小型鼓风机使之发散，让这些女性每天从晚上到清晨均浸浴在蒎烯香气之中，另一组不接受蒎烯试验作为对照。经过一段时期，从记录的情况表明，她们中接受蒎烯试验者很少有因为疲劳而产生视觉机能降低的现象，头重、全身疲倦、腰痛、不舒服的情况呈减少趋向。

日本秋田大学心疗中心在20世纪70年代已开发了一种独特的"闻香疗法"，通过治疗可以达到松弛精神、去除紧张情绪、使注意力集中的目的。他们采用这一方法对15岁以上的30名心身症患者（男女各15名）进行实验性治疗，发现该方法对精神不安、易怒、紧张、神经过敏、失眠、头痛、头重感等具有理想的效果。

日本甚至在某些教科书里添加特殊的香味物质，据说这样可以使学生集中注意力；在监狱里使用香气，可以稳定犯人的情绪，减少暴力行为。

"芳香疗法"既是"复古"，又是创新。其神奇的疗效正吸引着众多的科学家进入这个领域研究和探索。

一　古代的芳香疗法

古人用芳香疗法来医治疾病，绝大多数是采用熏蒸法，特别是四大文明古国的宗教徒们在礼拜时，常常点燃艾叶、菖蒲、乳香、沉香、檀香、玫瑰花等芳香物，用以驱逐秽气、杀虫灭菌，对一些病人的治疗也有一定的效果。

埃及艳后克里佩脱拉睡觉用的枕头里装满玫瑰花瓣，据说这能使她躺下后很快进入梦乡。

所罗门国王让侍者在他睡觉的床上铺洒香料，像没药、芦荟、肉桂等，这些香料的气味使他精神松弛、舒畅。

古希腊和罗马人也早就知道使用一些新鲜或干燥的芳香植物可以令人镇静、止痛或者精神兴奋。

古代的芳香疗法常常用于治疗一些非严重性的疾病、传染病、慢性病。但中世纪则是人们使用芳香植物和香料从瘟疫中拯救了人类的时代。当时人们把乳香、素馨、薰衣草、肉豆蔻、苦艾、没药、沉香、月桂、迷迭香、紫苏鼠尾草、玫瑰花、接骨木等香料加到篝火中燃熏，有效地阻止了瘟疫的蔓延。

公元17世纪时，英国流行瘟疫黑死病——鼠疫，英国有一个小镇伯克勒斯伯是当时的薰衣草贸易中心，由于小镇的空气中总是弥漫着薰衣草的芳香，所以，该镇当时竟奇迹般地避免了黑死病的传染和流行。

我国很早就懂得焚烧艾叶、菖蒲等来驱疫避秽，每年端午节熏燃各种香料植物以杀灭越冬后的各种害虫以减少夏季的疾病一直流传至今。举行各种宗教仪式和重大的宫廷活动中也要焚香以清新空气、消毒环境。富贵人家在重大活动前要沐浴更衣、焚香，这些都有益于身心健康。

三国时期的名医华佗就用麝香、丁香等制成小巧玲珑的香囊，悬挂在病人的居处，可以治疗肺痨（肺结核）、吐泻等症。

康复大家张子和在《儒门事亲》中记载："以兰除其陈气"。他还用桃花使病人"神日冒，气血日和"。我国古代人喜欢在寺庙中养病，这不是迷信可得菩萨的保佑，其实是因寺庙中植树种花甚多，如晋代永乐寺和永福寺辟地植林40亩，命名"桃花庵"，就是利用香花为人治病。

我国早在5000年前就已应用香料植物驱疫避秽；古巴比伦和亚述人在3500年前便懂得用熏香治疗疾病；3350年前的埃及人在沐浴时已使用香油或香膏，并认为有益肌肤；古希腊和罗马人也早就知道使用一些新鲜或干燥的芳香植物可以令人镇静、止痛或者精神兴奋。

屈原在《离骚》一诗中涉及芳香疗法与芳香养生的就有51句之多，如"扈江离与辟芷兮，纫秋兰以为佩"，"昔三后之纯粹兮，固众芳之所在"，"杂申椒与菌桂兮，岂维纫夫蕙茝"，"余既兹兰之九畹兮，又树蕙之百亩"，"畦留夷与揭车兮，杂度蘅与方芷"，"朝饮木兰之坠露兮，夕餐秋菊之落英"，"户服艾以盈要兮，谓幽兰其不可佩"，"苏粪壤以充帏兮，谓申椒其不芳"，"兰芷变而不芳兮，荃蕙化而为茅"，"何昔日之芳草兮，今直为此萧艾也"，"余既以兰为可侍兮，羌无实而容长"，"委厥美以从俗兮，苟得列乎众芳"，"既干进而务入兮，又何芳之能祗"，"芳菲菲而难亏兮，芬至今犹未沬"等佳句，可以想象春秋战国时期人们对香味和香料植物给予人的心理作用已有了深刻的认识，时人还把香料作"佩帏"（香囊），以植物的"香"或"臭"喻人和事物。

以纪念屈原为始的我国端午节活动更是把芳香疗法推广成为"全民运动"，节日期间人们焚烧或熏燃艾、蒿、菖蒲等香料植物来驱疫避秽，杀灭越冬后的各种害虫以减少夏季的疾病，饮服各种香草熬煮的"草药汤"和"药酒"以"发散"体内积存的"毒素"。

司马迁所撰的《史记·礼书》中有"稻粱五味所以养口也。椒兰、芬芷所以养鼻也。"说明汉代人已讲究"鼻子的享受"。长沙马王堆一号汉墓出土文物中发现了一件竹制的熏笼。

《汉武内传》描述朝廷"七月七日设座殿上，以紫罗荐地，燔百和之香"。当时熏香用具名目繁多，有香炉、熏炉、香匙、香盘、熏笼、斗香等。汉代还有一种奇妙的赏香形式：把沉水香、檀香等浸泡在灯油里，点灯时就会有阵阵芳香飘散出来，称为"香灯"。

盛唐时期不单各种宗教仪式要焚香，在日常生活中人们也大量使用香料，并将调香（调配天然香料）、熏香、评香、斗香发展成为高雅的艺术，后来传入日本衍变成"香道"流传至今。

明朝李时珍在《本草纲目》中详细记载了各种香料在"芳香治疗"和"芳香养生"方面的应用。值得注意的是，《本草纲目》中谈到古代人们用薰香法止瘟疫同中世纪欧洲人的做法是一样的，说明古代东西方在"芳香疗法"和"芳香养生"方面是有联系、互相学习、共同提高的，例如宗教焚香、香料枕头、烹调用香、食物保存、香料治病、尸体防腐、香料驱虫、沐浴按摩等都有相似的地方，古代中国对外联系的四条通道——北丝绸之路、南丝绸之路、海上丝绸之路和通过西藏的"麝香之路"——后三条现在都被学者称为"香料之路"，"芳香疗法"与"芳香养生"也随着这些"香料之路"互相交流、相辅相成地发展起来。

18世纪末，天然香料及由天然香料制取的各种精油仍然被医学界广泛使用着，进入19世纪后，由于化学的发展，动植物及微生物提取物和合成化学品的药效又强又快，芳香疗法在医学界的地位逐渐风光不再，偶尔有人提起或使用芳香疗法也被人视为"落后"、"古怪"，上不了"大雅之堂"。芳香疗法就这样被冷落了一百多年。

二　现代芳香疗法

古代的芳香疗法，经过文艺复兴时期，又渐渐被人遗忘。到了公元20世纪，由于大量使用合成的化学药品出现了不少副作用，加上"一切回归大自然"的呼声不断，人们重新评价天然物质的医疗作用，"芳香疗法"又进入了现代人的生活中。

1928年，法国医生加特斯特首次在临床治疗中使用芳香疗法。而在此之前的19世纪末，德国就已经开始把"森林浴"的效果应用到医疗领域上来。当时有人利用森林中天然的温泉泉水、郁郁葱葱的林木、鸟语花香开辟自然医疗区，对患者进行"安详的治疗"。

20世纪60年代初，法国政府在进行肺结核病普查时，发现蔻蒂（Coty）香水厂的女工们没有一个患有肺病。这个现象促使人们对各种香料，特别是天然精油的杀菌抑菌作用重视起来并加以深入研究。已经证实的有：精油中的苯甲醇可以杀灭绿脓杆菌、变形杆菌和金黄色葡萄球菌；苯乙醇和异丙醇的杀菌力都大于酒精；龙脑和8-羟基喹啉可以杀灭葡萄球菌、枯草杆菌、大肠杆菌和结核杆菌；鱼腥草、金银花、大蒜等挥发油对金黄色葡萄球菌等有显著的抑制作用；黄花杜鹃、满山红、百里香等芳香植物的挥发油有镇咳、祛痰、平喘等作用。

一些芳香植物具有抗癌作用。例如香叶天竺葵油对抑制肿瘤尤其是宫颈癌具有较好的疗效。

现在的芳香疗法是指通过内服或外用，将植物的芳香物质吸入体内，发挥芳香物质所具有的生理和心理方面的作用，使人体的生理机能和心理平衡得以恢复。

国外有一个疾病防治所，专门对病人采取芳香疗法：在环境如画的森林公园中，让病人舒适地坐在安乐椅上，一面聆听悦耳悠扬的音乐，一面嗅闻各种芳香植物溢出的阵阵幽香，使病人沉静轻松，处于无忧无虑的状态，以调节人体机能，尽快恢复健康。

日本长谷川直义介绍过用以治疗心身症的嗅香疗法，利用麝香的嗅香疗法可达到治疗眩晕症的目的，而桧树对平衡失调症有疗效。

大茴香油、春黄菊油、桉树油、云杉籽油等可治疗咳嗽、支气管炎等症；薰衣草香气具有镇静药类的镇静效果；茉莉、康乃馨、桂花的香气能够净化空气，抑制结核菌，使用丁香和檀香也可辅助治疗结核病；薄荷和紫苏的香气能抑制感冒，减轻鼻塞、流鼻涕；欧薄荷油、蔷薇油、桉树油、薄荷醇等可治疗口臭；棕榈油、酒花油、蔷薇油等可用以按摩、淋浴或制成药枕等方法来治疗神经系统病。

在医院里，也有采用"闻香法"给病人治病的，具体做法是：屋内备几种用于闻香治疗的特定芳香剂，然后由5～8名心身病患者与一名医生、一名护士组成的治疗组围桌而坐。护士先给每名患者分发一张记录纸，医生再从箱子里取出芳香剂，给患者闻香。芳香剂按一定的顺序循环，最后归集到护士手中。患者仔细地闻辨之后，把香气的名称记在纸上，然后由医生评分，成绩优秀的则给予鼓励。用这种方法，一般每种芳香剂一星期使用2次，各种芳香剂每使用12次为一个疗程。目前日本已有15种不同的芳香剂可用于闻香治疗。

对于年老行走不便、卧床不起的心身病患者，可采用置香的方法来达到治疗的目的。例如，给患者4种芳香剂，让他们置放于常用桌子的抽屉里、皮夹里、枕头下和揣系在怀里，每次置放3个月以上。病人经常闻到有益的香气就可早日恢复健康。

进入秋季，人们很容易产生焦虑、烦躁不安的情绪，这样很容易诱发偏头痛，而偏头痛的痛苦体验又让患者更加焦虑。最近有研究证明，香味可以有效缓解偏头痛，其中苹果的香味效果最为明显，薄荷香味、茶香味等也具有类似的镇痛作用。人们很早以前就发现偏头痛和嗅觉的关系，两者是可以相互影响的，某些嗅觉刺激可以诱发偏头痛。苹果的香味能够减轻患者头痛时的焦虑情绪，分散注意力，使颈部、头部肌肉由紧张收缩变得松弛，从而起到"镇痛"作用。因此，偏头痛的患者在不需要药物治疗的时候，可以选择香味治疗法试一试。

三　香味养生

"芳香养生"比"芳香治疗"更有意义，可惜目前还未引起广泛的注意。事实上，我们的祖先早就留意并应用香气于养生了。战国时期屈原就将某些具有芳香气息的药草和白兰等天然香料装入香袋中，随身佩带，以此健身。在嵇康的《养生论》中就有"合欢蠲忿，萱草忘忧"之说。令人愉悦的香气会给人们带来安宁、幸福的感觉，有益于人们的身心健康。

菊花含有龙脑、菊花环酮等物质，人吸入后，能改善头痛、视力模糊等症状，对高血压的疗效也很好；茉莉花香可以有效减轻鼻塞、头晕等种种不适；丁香花的香气中含有丁香酚油，杀菌能力是石炭酸的5倍，可以净化空气，并且具有芳香醒脑、止牙痛的作用；当你感到烦躁不堪、情绪低落时，不妨闻一闻百合花、郁金香的香味，这种花香可以排除烦躁情绪，是辅助治疗焦虑症和抑郁症的一剂良方；而天竺花香具有镇静安神、消除疲劳、促进睡眠的作用，有助于治疗神经衰弱；桂花的香味沁人心脾，可以减轻疲劳感；牡丹花的香味可使人产生愉快感，心情不好的人可以多闻闻。此外，多闻闻水果的香味对人体健康也很有帮助，苹果香有助睡眠；橙子、橘子的香味可以提神醒脑。丁香花在夜间会散发出刺激嗅觉的微粒，高血压和心脏病患者不宜栽种；百合花香味刺鼻，会使人中枢神经过度兴奋而引发失眠，睡眠不好的人最好不要养；而郁金香多含有毒碱，接触过久会加快毛发脱落，过敏体质者最好不要养，而可以适当用一些精油代替。因为精油是花的精粹，精油的芳香，不仅使环境更加怡人，也能促进人身体与心灵的平衡与健康。有些精油甚至比鲜花的作用还大，如玫瑰精油有疏肝减抑的作用，能够让人心情愉悦；茉莉花精油可以减轻产后抑郁的情绪等。

康乃馨和杏仁的香味，很容易使人回忆起令人愉快的、欣慰的往事，淡忘现实生活中的烦恼和忧虑，老年人和心事重的中年人特别适合使用这种香味。

水仙花和紫罗兰的香味会使人感到温馨、舒畅，女性最适宜。

菊花和薄荷香气可激发儿童的智慧和灵感，使之萌动求知欲和好奇心。儿童在菊花和薄荷香气环境中学习，会思路清晰，增强记忆，有益于提高学习成绩。因此，现在有人提出应在学校中多种植菊科植物和薄荷草，也有一些公司准备让学生的书包、文具、书桌等地方散发出菊花和薄荷香气来。

水仙花香可使人的大脑机能保持平衡，并能消除疲劳。长期从事脑力劳动的人在房间里使用水仙花香精，能减轻大脑疲劳，提高工作效率。

柠檬香气会使人感到愉悦，适用于客厅。日本的鹿岛建设公司和资生堂公司合作研究和开发了通过气传系统施放"工作香气"的方法，收到意想不到的效果。鹿岛建设公司在上午8～10时用柠檬香气"唤醒雇员"，然后用淡花香气"让雇员集中精力"，午饭停放香气，饭后放树木香气使人放松，再放柠檬香气使犯困的雇员精神振作，接下来又放淡花香气，最后，在下班前放柠檬香气使疲劳的雇员振作精神，准备回家。

有人做过实验，证明打字员在闻到茉莉花香气时可以提高打字速度，而且减少差错。

据报道，日本已有"香氛处理器"上市。"香氛处理器"是一个携带式箱子，按其中一个键就散发出一种香味，人们可以根据需要按动自己在工作、学习、休息、娱乐时适合的香气按键，让它散发出不同的香气来。

美国雅芳公司推出一种叫做"平静的片刻"的产品，使人们在紧张的工作之余，能得到片刻的心旷神怡的休息。这也是应用"芳香心理学"研究中的一个成果做出来的产品。

在驾驶室里置放薰衣草香精，能提高司机的注意力，保证其安全驾驶。将这种香精用于监狱囚房，能稳定犯人情绪，减少暴力行为。

澳大利亚的研究人员发现，闻橘子或薰衣草的香味，心情会变得更平静，态度更积极，焦虑程度大大降低。

在卧室里放一个橘子，清新的气味能够刺激神经系统的兴奋，让人神清气爽，清除污浊的空气，美化室内环境。

从中医的角度来说，橘子所具有的芳香味可以化湿、醒脾、避秽、开窍，除了醒脑提神外，当感觉乏力、胃肠饱胀、不想吃东西时，适当闻闻橘子的清香，可以缓解不适症状。

另外，芳香的气味还能够使人镇静安神，把橘子放在床头，也有利于睡眠。而橘子柔和的色彩，会给人温暖的感觉，因此，橘子是冬季室内的"巧摆设"，尤其是把橘子皮放在暖气片上，热量将有助于芳香味的挥发。

英国诺桑比亚大学的科研人员发现，闻过迷迭香的大学生在记忆力测试时表现良好，头脑清醒度高。

迷迭香原产于地中海，自古即被视为可增强记忆的药草，早在三国时期就被引进中国，西方香草茶是用叶片泡茶，而中医是用全草入药的。传说迷迭香是魏文帝曹丕从西域引种的，魏文帝非常喜欢迷迭香，曾邀请王粲、曹植、陈琳等人一起作《迷迭香赋》。

迷迭香有令人头脑清醒、心情愉悦的香气。迷迭香性温，能催眠，也能用于更年期催经之用，还能发汗、止头痛。

迷迭香可增强脑部的功能，恢复脑部疲劳；增强记忆力，改善记忆衰退；减轻头痛症状，对宿醉、头昏晕眩及紧张性头痛也有舒缓作用；还有改善脱发、减少头皮屑的作用。

浓烈的芳香能刺激神经系统，促成注意力集中，记忆力集中，并且能止痉挛、助消化、活化脑细胞。

抵御电脑辐射，精神、身体疲劳时饮用此茶可以让全身活力再现。

迷迭香兼具美容功效，可减少皱纹的产生，去除斑纹，被视为恢复青春的好帮手。

这种香味能缓解头痛，和止痛药、退烧药的效果差不多。下次头痛时，在手绢上滴几滴，随时闻一下。美国威林耶稣大学的研究证实，薄荷气味还能增加运动员的力量、速度和自信。

薄荷是常用中药之一。它是辛凉性发汗解热药，治流行性感冒、头疼、目赤、身热、咽喉、牙床肿痛等症。还可用于治疗神经痛、皮肤瘙痒、皮疹和湿疹等。薄荷不仅是一味中药，也可以做菜，还可以泡茶。

薄荷可以兴奋中枢神经系统，使皮肤毛细血管扩张，促进汗腺分泌，增加散热，从而起到发汗解热作用

薄荷能刺激神经末梢的冷感受器而产生冷感，并反射性地造成深部组织血管的变化而起到消炎、止痛、止痒作用。

韩国科研人员发现，经期前的妇女每天做15分钟的香精油按摩，经期各种不适感将减少50%。

用抗痉挛的精油在腹部轻轻按摩，通常可以很快地化解通经。除了能消解身体上的疼痛之外，精油还可以照顾到情绪上的问题。

抗痉挛效果最好的前三种精油依次是马郁兰、薰衣草和洋甘菊。有几种抗痉挛的精油同时还具有调经的功效，也就是说，这些精油可以促使月经周期正常或增加经血流量。

经血流量正常或偏高的妇女，要避免使用这类精油来治疗痛经，以免误使经血流量增大。这类精油包括快乐鼠尾草、没药和鼠尾草，而其他像罗勒、杜松、茴香和迷迭香等精油可能也有类似的功效。

有些妇女的经血流量总是特别多，这让她们非常困扰。丝柏、天竺葵或玫瑰精油都具有调节经血流量的功能。各类月经问题都非常适合使用玫瑰精油来处理，因为它不会直接增加或减少经血量或者改变月经周期，相反的，它可以调整月经周期，还具有调顺子宫的效用。

同时，痛经有时会伴随便秘的发生，可以选用的精油有以下几种：洋甘菊、丝柏、天竺葵、薰衣草、鼠尾草、薄荷、马郁兰、玫瑰、迷迭香。

兹将各种常见的香料对人的作用列举如下，供使用"芳香养生"时参考。

①具有兴奋作用的香料：薄荷油、桉树油、柠檬油、香茅油、马鞭草油、丁香罗勒油、白千层油。

②具有催眠作用的香料：橙花油、黄菊油、檀香油。

③具有增进食欲作用的香料：紫苏油、月桂油、柠檬油、洋葱油、大蒜油、甘牛至油。

④具有节制食欲作用的香料：艾蒿油、桉树油、没药油、迷迭香油、百里香油、樟脑油。

⑤具有抗抑郁作用的香料：薰衣草油、薄荷油、柠檬油、香柠檬油、茉莉油、玫瑰油、橙叶油、肉桂油、丁香油。

⑥具有忌烟作用的香料：柑橘油、柠檬油、香柠檬油、丁香油、肉桂油、肉豆蔻油、姜油。

香味养生的方法简单而多样：可以采用香袋、香精瓶、药枕、按摩油、浴剂、香蜡烛、香织物、香纸张、香塑料、香橡胶、香涂料、卫生香、空气清新剂甚至特制的香皂、香妆品、加香人造花等，在不同的场合下闻各种有益的香味，达到养生的目的。广义地说，利用室内和阳台、庭院多种芳香植物，经常到郊外、公园特别是林木茂盛的地方呼吸大自然的气息、享受鸟语花香也是"香味养生"的重要内容。

俗语说：养生贵在养心，心平则气和，神清则气爽。常闻对人有益的令人愉悦的香气，实是"养心"最简便快捷又最行之有效的方法。

四　气味增肥和减肥

"楚王好细腰，宫中多饿死"。胖一点美还是瘦一点美，从来没有定论。号称"沉鱼落雁闭月羞花"的中国古代四大美女就有胖有瘦，"病西施"应该是瘦的吧，而杨贵妃则肯定是胖的。大凡天灾人祸、兵荒马乱、饿殍遍野时人们饿得皮包骨头，幻想着吃得饱穿得暖的时代，自然以肥胖为富有的象征，说是"福相"、"富贵相"，胖一些觉得美；和平时代，莺歌燕舞、饱食终日时却羡慕"身轻如燕"、行动自如的瘦者，以瘦为美；蒙古人和满人骑着战马南征北战，入关后数十年都保持着"以健康为美"的优良传统。只要身体健康，略胖一点或者略瘦一点都是"美"的。

在正常情况下，胖瘦与遗传因素有关。如果大吃大喝又少参加体力劳动和体育锻炼，营养过剩造成皮下脂肪过多，一部分人也会不正常地得了"肥胖症"；反过来，长期营养不良又厌食少饮，就是有遗传基因要让他胖也胖不起来，这是不正常的瘦，也是病症。所谓"减肥"、"增肥"，应该是这两种不正常的人才值得做的。

厨师一般都比较胖（瘦的较少），人们开玩笑说厨师"贪吃"吃胖了，这当然冤枉了厨师们。其实厨师的工作非常辛苦，整天在烟熏火烤中呛着油烟，往往对吃不感兴趣，胃口不好。怎么还会贪吃呢？厨师发胖的真正原因就是"闻香"，经常闻着"山珍海味"的食物香气，内分泌功能大大增强，把吃进去的食物都尽量消化吸收，因而比较容易发胖。其次，厨师一般都比较乐观开朗，心情愉快，为什么呢？因为想当厨师的人都比较热爱生活，不管是山菇野菜、珍馐海鲜，都把它调制成美味佳肴，经过自己辛勤劳动烹调的菜，看到众人高高兴兴地享受着，自己心里也是乐滋滋的。所以说"心宽体胖"是厨师发胖的第二个原因。

由此可见，瘦的人想要使自己"增肥"胖一些，需要做到两点：第一，热爱生活，知足常乐，晚上睡好，心宽自然体胖；第二，三餐前多闻闻可以增加食欲的香味，不去想那些令人烦恼的事情，吃的食物营养搭配"科学"一些，不要偏食，挑食。只要做好了这两点，身体可能就会慢慢胖一些，达到正常的水平。

实践证明，能够增进食欲的香料有香紫苏油、甘牛至油、百里香油、月桂油、刺柏子油、柠檬油、肉豆蔻油、姜油、洋葱油、大蒜油、香芹酮、榄香脑、草蒿脑等。

丹麦科学家发现鼠的大脑内有一种蛋白质可以影响食欲，使鼠产生饱的感觉，减少进食。这种蛋白质或许对人体也能起到类似的作用。

科学家们说，这种名叫CART的蛋白质是由大脑产生的，它与脑中的激素相互作用，可以产生饱足感。与此相反，大脑产生的另一种名叫神经肽D的物质会产生饥饿感。他们认为，这两种物质彼此抗衡，起着调节食欲、控制体重的作用。

由于目前只在鼠身上进行动物实验，科学家对CART是否也能控制人类食欲仍持保留态度。但他们表示，由于基本原理相同，这种可能性很大。

德国慕尼黑技术大学的化学家迪特里希·瓦布纳教授认为，香味具有增肥或减肥作用是完全可能的。人们的嗅觉是反应最快的知觉，香味在一刹那间就能进入大脑。大脑在短时间内产生CART或神经肽D。

芝加哥味觉与嗅觉治疗研究基金会的创始人艾伦·赫希博士说，闻起来很舒服的气味可以帮助抑制食欲。研究发现，超重的人饥饿时闻青苹果或香蕉的味道，减肥效果会更突出。

美国神经学家针对肥胖者开展了一项研究，让他们在嘴馋时闻香蕉和苹果，结果显示，闻这些气味的受试者能减掉更多的体重，原理就是这些气味有抑制食欲的作用。

晚饭前闻一闻，可以吃得少一些，如果晚饭吃得太饱会加重消化负担，导致睡眠激素——褪黑激素的分泌量减少，褪黑激素能降低体温和身体活动能力，并促进睡眠。

此外，另一项研究也显示，每两小时闻一次薄荷，可以让人每天少摄取350千卡热量，相当于2两米饭。

苹果香缓解精神压抑：美国医学家的研究证实，苹果的香气对人的心理影响很大，它具有明显的消除心理压抑感的作用。临床证明，让精神压抑患者嗅苹果香气后，可使其压抑感消失。

苹果香有镇静作用：失眠患者在睡前吃一个苹果或嗅一会苹果香味，对神经中枢有镇静作用，能较快地安静入睡。

香味之所以具有减肥作用，是因为嗅觉与大脑中的饮食中心是直接联系在一起的，不吃食物，只闻到食物中的香味就会使人有"我已经饱了"的感觉。

汉堡的营养心理学家韦斯滕赫费尔则对特种香味饮食具有减肥效果做了另外的解释，他说：每次闻到香味就会联想到要减肥，因而有意识地少吃食物。所以这不是香味的作用，而是使用食物的香味来引起减肥的意识使人变得苗条。

国外用于减肥的不愉快气味有各种硫醇、甲酚、高浓度的喹啉和吡啶、各种胺类等。常嗅闻这些气味，使人食欲减退，体重下降。据说，在这些试验中，参加试验人员的食量可以减少70％。

用于节制食欲的香料还有艾蒿油、迷迭香油、桉树油、没药油、苯乙酸酯、愈创木酚、吲哚、苯硫酚、对二氯苯、樟脑、氨、硫化氢等。

五　精油——21世纪的"全能"药物

中国是世界上最早把芳香物质用于医药并加以系统研究的国家之一，中医自古就有"芳香开窍"的理论，并在临床上成功地运用。有资料表明，中国早在两千多年前就已熟悉并运用芳香药物治病，名医扁鹊、华佗等都有用芳香物质——麝香等让病人"起死回生"的本领。明朝时民间已盛行用芳香（精油）植物治疗疾病，李时珍在《本草纲目》中有详细记载。

土耳其民间自古以来利用玫瑰及其产品用于医治皮肤病、肠胃病、眼病、呼吸道病、妇科病等。

古希腊和罗马人也知道使用一些新鲜或干燥的芳香植物，使人镇静、止痛或者兴奋精神。

欧洲民间在古代就用酒花枕来治疗失眠症。

古今中外，芳香疗法一直伴随着人们的生活，有资料表明，中国早在两千多年前就已熟悉并运用芳香药物治病。传说中埃及艳后克里佩脱拉睡觉用的枕头里装满玫瑰花瓣，所罗门国王睡床上铺满香料，土耳其民间用玫瑰及其产品治疗皮肤病、肠胃病等，而"虎标万金油"更是家喻户晓。但是，"芳香疗法"（aromatherapy）这个词直到20世纪60年代才由法国医生金·华尔奈特提出，而后在欧美澳洲乃至全世界流行开来。

什么是"芳香疗法"呢？其实也就是通过天然植物的芳香，使人舒爽、愉悦、安宁，达到身心健康的自然疗法。它通过人吸入香气后在心理方面起作用来调动人体内的积极因素抵抗一些致病因子，来治疗、缓解、预防各种病症与感染，已被实践证明是一种对"亚健康"行之有效的方法。

　　现代的芳香疗法主要指的是"精油疗法"。精油一般指的是天然香料油，早期并不被人们当做治疗药物使用，可是随着时代的变迁，科学的进步，精油的医疗效果不断被证明，芳香疗法精油也逐渐被人们接受，使用的频率增加了，应用的范围也越来越广。

　　同中医学一样，芳香植物和精油很早以前就在希布克拉底斯医学和阿由尔贝达等传统医学中被大量使用着。希腊时代传说中的香料"麦厄莱翁香"据说可以治"任何炎症"，认为"椴楟的花精对消化不良有效，葡萄叶子做的香料可用于净化精神，白堇做的香料对胃有益"。古希腊医师们把各种芳香物质作为药来使用，依靠芳香物质熏蒸便是他们治疗疾病的一种手段。17～18世纪精油的蒸馏技术大为进步，是精油大量用于医药、化妆的时代。19世纪中叶开始，精油与药用植物一样，是不被人们当做治疗药物的时代，可是科学进步反过来又证明了精油的医疗效果。巴黎巴斯德研究所襄布鲁等人的研究报道：鼻疽和黄热病的细菌，使用芳香油可以轻而易举地加以杀灭。据报道，最有效的是肉桂油、麝香草油、苦艾油、马鞭草油、薰衣草油、广藿香油、当归油、杜杉油、白檀油、柏木油等。

　　法国医生金·华涅以体液病理学说作为根据，在治疗中采用精油，并且以几种精油形成中心治疗物质，治愈是依靠激发机体本身的治愈力来达到的。

　　贝莱彻的著作将药物芳香疗法置于有根据的位置，解除了公众对精油疗效的疑虑。因为早期的"精油和芳香植物治病"基本上都建立在经验之上，有些经验不能完全被证实。在对精油抗微生物有效性的广泛作用进行分类中，贝莱彻引进了香气指数，它是将精油在

一大批临床病例中抗不同微生物中等有效性测量数平均而得的，按香气指数值从大到小依次排列为：牛至油、百里香油、肉桂油、丁香油、白千层油、玫瑰油、松木油、小茴香油、薰衣草油、香桃木油。这些都是常用于治疗疾病的天然精油，其中牛至油的香气指数值为0.873，香桃木油为0.250，表明牛至油的综合杀（抑）菌能力最强最有效（见图120）。

图120　小茴香

　　单单用古希腊的体液病理学说和抗微生物作用来解释精油作为未来的全能药物是不够的。中医学说认为不论何种疾病，都要循着"扶正祛邪"、"固本培元"的途径，标本兼治，不可一味偏重局部而忽略了人体原有的正常协作与防卫机序的维护与恢复。从最近三十几年来对精油治病的研究成果看，各种动植物提取出来的精油（包括树脂、浸膏等）除了广谱的抗病菌作用、止痛作用、解毒作用、愈创作用、促进新陈代谢及内分泌作用、促进血行作用、调整血压作用、健胃整肠作用及各种直接的治疗作用和激发机体本身的治愈力作用以外，更重要的是在精油治疗过程中，从鼻子进入大脑的香气直接作用于人体的

"最高司令部"，使得大脑及时调动全身的防御和自卫体系，扑灭病症，达到"扶正祛邪"、"固本培元"，并使人体长期处于与周围环境协调的平衡的状态中，用于疗病的精油本身无毒无害，用量又极少，而且起作用后立即被人体排除，无任何残留毒性且能清除"宿便"（日本医学界认为人在摄取食物维生时免不了会在体内积存一些体内毒素，称为"宿便"，是影响人体健康、生病和不能享受长寿的根源，如能将它清除，人便不会得病，能活到理论上的125～175岁，报道过许多植物精油都能清除"宿便"），这才是精油将成为未来"万能药物"的真正原因。

六 精油里的科学

古今"芳香疗法"都有两个含义：

①有香物质直接进入人体或与人体直接接触（内服或外用）起到治疗作用；

②有香物质的香气通过嗅觉影响人体心理或（和）生理状态起到治疗作用。

按照第一个含义，这些有香物质是药，不管是"中药"还是"西药"，都已经进入现代的"科学"范畴，我们可以讨论得少一些；第二个含义是大家更关心的内容，即香气通过嗅觉到底能对人体产生哪些确定无疑的作用？是否真正有治疗作用？

从20世纪90年代开始，国内外大大小小的商家们看到了芳香疗法巨大的商机，纷纷把大量的资金投入到这个领域中来，由于这是一个尚未被科学家们"充分"研讨过的处女地，有关芳香疗法的"科学"依据太少，商家们便使出浑身解数，给了芳香疗法太多玄而又玄的"理论"，有的说是天然精油"吸收了日月精华"，具有所谓的"能量场"；有的说"植物的根就相当于人的脚，所以从植物根部得到的精油可以治疗人的脚病"，"推理"延伸下去，"植物枝干得到的油可以治手病"，"树皮得到的油可以治皮肤病"；有的说只有用水蒸气蒸馏提取的精油才是"真正的精油"，才有"疗效"；有的说天然精油对人只有好处，绝对没有任何危害……使得稍有化学知识的人们更加迷惑，反而不相信真正的芳香疗法了。

其实用化学家的眼光看待芳香疗法和芳香疗法使用的各种精油，并不是复杂到深不可测的地步，也不需要故弄玄虚——你只要看看这些精油里含有哪些成分，这些成分各自对人的心理和生理有哪些影响，再从宏观的角度综合分析，就能断定它们各自的"疗效"了。

有的精油化学成分比较简单，例如纯净的冬青油含有99％以上的水杨酸甲酯，已知水杨酸甲酯有收敛、利尿、减轻肌肉痛感等作用，人嗅闻到它的香气时有兴奋感，可令 α -

脑波的振动频率从每秒8~10次增加到每秒10~12次，我们便可推知冬青油也有收敛、利尿、减轻肌肉痛感等作用，人嗅闻到它的香气时也有兴奋感，也可令α-脑波的振动频率从每秒8~10次增加到每秒10~12次。桉叶油（"尤加利"）含有60%~70%的桉叶油素，已知桉叶油素有止呕吐、抗昏迷、抗偏头痛、杀菌作用，其香气可令人兴奋、提神，有消除疲劳、节制食欲的作用，桉叶油也有这些作用。薄荷油含有70%~80%的薄荷脑，薄荷脑有抗抑郁、抗偏头痛、杀菌、止呕吐、抗昏迷、舒解感冒头痛等作用，其香气对人有凉爽、清香、兴奋、安抚愤怒、提振疲惫作用，薄荷油也具有这些作用。纯种芳樟叶油含有90%以上的左旋芳樟醇，桉叶油素和樟脑的含量都在0.2%以下，左旋芳樟醇的香气令人愉悦、镇静，有一定的安眠作用，可以抗抑郁、抗菌、治疗偏头痛，我们可推知纯种芳樟叶油也有这些作用；而从杂樟油通过精馏得到的"芳油"、"芳樟油"和"芳樟叶油"不一定有这些作用，因为它们含的芳樟醇有左旋的，也有右旋的（右旋芳樟醇的疗效见下面内容），而且桉叶油素和樟脑的含量太高，这些杂质损害了左旋芳樟醇的香气，也破坏了左旋芳樟醇对人的镇静和安眠作用。

大多数天然精油成分复杂，有的甚至没有一个"起主导作用的成分"，下面列出芳香疗法常用精油的主要成分（按含量多寡排列）。

（正）薰衣草油：乙酸左旋芳樟酯，左旋芳樟醇，薰衣草醇，乙酸薰衣草酯。

穗薰衣草油：1,8-桉叶油素，左旋芳樟醇，乙酸左旋芳樟酯，樟脑，龙脑。

杂薰衣草油：左旋芳樟醇，1,8-桉叶油素，乙酸左旋芳樟酯，樟脑。

大花茉莉花油：乙酸苄酯，左旋芳樟醇，吲哚，苯甲酸苄酯，植醇，异植醇，乙酸植酯。

小花茉莉花油：乙酸苄酯，左旋芳樟醇，α-金合欢烯，邻氨基苯甲酸甲酯，乙酸叶酯。

玫瑰花油：香茅醇，香叶醇，苯乙醇，橙花醇，左旋芳樟醇。

蓝桉油：1,8-桉叶油素，蒎烯，苎烯。

迷迭香油：1,8-桉叶油素，蒎烯，乙酸龙脑酯，樟脑。

天竺葵油（香叶油）：香茅醇，香叶醇，左旋芳樟醇。

香茅油：香叶醇，香茅醇，香茅醛，乙酸香叶酯。

香紫苏油：乙酸左旋芳樟酯，左旋芳樟醇，乙酸香叶酯。

佛手柑油：苎烯，乙酸左旋芳樟酯，左旋芳樟醇。

姜油：姜烯，橙花醛，香叶醛，莰烯，芳姜黄烯。

松油：蒎烯，松油醇，松油烯。

广藿香油：广藿香醇，广藿香烯，布黎烯，布黎醇。

愈创木油：愈创木酚，布黎醇。

百里香油：百里香酚，左旋芳樟醇，伞花烃。

岩兰草油（香根油）：香根醇，香根酮，香根烯。

茶树油：松油烯-4-醇，1,8-桉叶油素，松油烯。

依兰依兰油：左旋芳樟醇，对甲酚甲醚，石竹烯，大根香叶烯，苯甲酸甲酯。

丁香油：丁香酚，乙酰丁香酚，石竹烯。

丁香罗勒油：丁香酚，1,8-桉叶油素，石竹烯。

八角茴香油（大茴香油）：茴香脑，甲基黑椒酚。

肉桂油：桂醛，丁香酚，甲氧基桂醛，乙酸桂酯。

肉桂叶油：丁香酚，桂醛，左旋芳樟醇。

甜橙油：苧烯，月桂烯，左旋芳樟醇。

柠檬油：苧烯，松油烯，蒎烯，橙花醛，香叶醛。

白柠檬油：苧烯，松油醇，松油烯，左旋芳樟醇。

香柠檬油：苧烯，乙酸左旋芳樟酯，左旋芳樟醇。

圆柚油（葡萄柚油）：苧烯，月桂烯，癸醛。

柚子油：苧烯，松油烯，月桂烯，左旋芳樟醇。

鼠尾草油：樟脑，守酮，1,8-桉叶油素。

牡荆油：桧烯，1,8-桉叶油素，石竹烯。

当归油：水芹烯，蒎烯，环十五内酯。

罗勒油：甲基黑椒酚，左旋芳樟醇，1,8-桉叶油素。

橙花油：左旋芳樟醇，乙酸左旋芳樟酯，邻氨基苯甲酸甲酯，橙花叔醇，金合欢醇。

玳玳花油：乙酸左旋芳樟酯，左旋芳樟醇，邻氨基苯甲酸甲酯。

玳玳叶油：左旋芳樟醇，乙酸左旋芳樟酯，桧烯。

柚花油：乙酸左旋芳樟酯，左旋芳樟醇，橙花叔醇。

冷杉油：蒎烯，乙酸龙脑酯，水芹烯。

松针油：乙酸龙脑酯，樟脑烯，蒎烯。

柠檬草油：香叶醛，橙花醛，甲基庚烯酮，月桂烯。

山苍子油：香叶醛，橙花醛，甲基庚烯醛。

玫瑰草油：香叶醇，乙酸香叶酯，左旋芳樟醇。

玫瑰木（见图121）油：左旋芳樟醇，1,8-桉叶油素，松油醇，香叶醇，樟脑。

白兰花油：左旋芳樟醇，邻氨基苯甲酸甲酯，苯乙醇，乙酸苄酯，吲哚。

白兰叶油：左旋芳樟醇，石竹烯。

柏木油：柏木烯，柏木脑。

缬草油：缬草醛，缬草烷酮，榄香醇，莰烯，蒎烯。

图 121 玫瑰木

图 122 龙蒿

甘松油：广藿香烯，古芸烯，马榄烯，马兜铃烯醇。

胡萝卜籽油：红没药烯，细辛脑。

艾叶油：守酮，乙酸桧酯。

白草蒿油：守酮，樟脑，1,8-桉叶油素。

龙蒿（见图122）油：甲基黑椒酚，桧烯，罗勒烯。

黄花蒿油：蒿酮，樟脑，1,8-桉叶油素。

留兰香油：香芹酮，苧烯，1,8-桉叶油素。

芹菜籽油：苧烯，蛇床烯，瑟丹内酯。

芫荽子油：右旋芳樟醇，香叶醇，茴香脑。

月桂叶油：1,8-桉叶油素，乙酸松油酯，桧烯。

肉豆蔻油：桧烯，蒎烯，肉豆蔻醚，松油烯-4-醇。

春黄菊油：当归酸甲基戊酯，当归酸甲烯丙酯，异丁酸甲基戊酯。

檀香油：檀香醇，檀香醛，檀香烯。

甘牛至油：1,8-桉叶油素，松油烯-4-醇，左旋芳樟醇。

桂花油：紫罗兰酮类，左旋芳樟醇，氧化芳樟醇，丙位癸内酯。

杜松（见图123）油：杜松烯，甜旗烯，木罗烯。

樟脑油：樟脑，1,8-桉叶油素，黄樟油素。

松节油：蒎烯，长叶烯。

薄荷油：薄荷脑，薄荷酮，乙酸薄荷酯，苧烯。

椒样薄荷油：薄荷脑，薄荷酮，1,8-桉叶油素，乙酸薄荷酯。

在家庭里，也可以自己把几种精油混合起来使用，这也属于"复配精油"，需要一定的技巧，如把令人兴奋和令人安静的精油混合使用，显然有问题。下面介绍几例常用的

香味世界（第二版）

图123 杜松

图124 香柠檬

"配方"，读者可以参照使用，举一反三。

安眠：薰衣草油3滴，香柠檬（见图123）油2滴，柏木油1滴，檀香油2滴。

图125 椒样薄荷

清醒：薄荷油3滴，桉叶油2滴，甜橙油3滴，柠檬油1滴，茉莉花油1滴。

减轻压力：薰衣草油3滴，玫玖花油2滴，玫瑰油2滴，纯种芳樟叶油3滴。

克服烦闷不安：薰衣草油3滴，纯种芳樟叶油2滴，甜橙油2滴，香柠檬油2滴。

抗忧郁：柠檬油3滴，椒样薄荷（见图125）油2滴，茉莉花油2滴，玫瑰油1滴。

压惊：甜橙油3滴，依兰依兰油2滴，纯种芳樟叶油2滴，香叶油2滴。

增强记忆：迷迭香油3滴，椒样薄荷油2滴，菊花油2滴，茶树油2滴。

消除疲劳：薰衣草油3滴，香叶油2滴，茉莉花油2滴，杜松子油2滴。

清净空气：椒样薄荷油3滴，桉叶油2滴，甜橙油2滴，柠檬油2滴。

驱虫：穗薰衣草油4滴，桉叶油2滴，丁香油2滴，樟脑油2滴。

可以看出，其实在家庭里实施芳香疗法和芳香养生，只要有二十几种精油也就够了，它们是——薰衣草油，香柠檬油，柏木油，檀香油，薄荷油，桉叶油，甜橙油，柠檬油，茉莉花油，玫瑰油，玫玖花油，纯种芳樟叶油，椒样薄荷油，依兰依兰油，香叶油，杜松子油，丁香油，穗薰衣草油，樟脑油，迷迭香油，菊花油，茶树油。

七 纯露

纯露又称水精油（hydrolat），是指精油在蒸馏萃取过程中，在提炼精油时分离出来的一种100%饱和的蒸馏原液，是精油生产时的一种副产品，成分天然纯净，香味清淡怡人。

植物各器官在蒸馏萃取过程中油水会分离，因密度不同，精油会漂浮在上面或沉在水底，分层后取出精油，留下的部分就叫纯露。纯露中除了含有少量精油成分之外，还含有植物器官可挥发的水溶性物质。其低浓度的特性容易被皮肤所吸收，一般温和而不刺激，因此，纯露可以每天使用，亦可替代纯水调制各种面膜及化妆品等。

有些纯露例如芳樟叶油纯露、薰衣草纯露和玫瑰花纯露具有优良的消炎杀菌及平衡调整肌肤油脂分泌等功效，对于油性皮肤非常适合。在洁肤后，可以代替爽肤水，它也可以促进细胞再生，达到预防暗疮和淡化暗疮印的功效，还可以改善脆弱、疲劳的肌肤，在家也可以当作花露水使用，治疗蚊虫叮咬。

玫瑰花纯露——具有平缓、静心、抚慰、抗发炎、止痒和延缓衰老的特质，它是很温和的杀菌剂和收敛剂，这些特性都使它成为良好的皮肤保养剂。最敏感的皮肤也可以安全地使用玫瑰纯露，并且它还是干性皮肤极佳的保养液。有保湿、美白、亮肤、淡化斑点等作用。用玫瑰纯露沾湿棉片，轻敷在眼睛上，可以让眼睛更明亮。所含的香料成分主要为左旋芳樟醇、苯乙醇、香叶醇和香茅醇等。

薰衣草纯露——薰衣草作为"万用"花草，其纯露具有优良的消炎杀菌及平衡调整肌肤油脂分泌等功效，是混合性皮肤和偏油性皮肤的首选。在洁肤后，可以代替爽肤水，它也可以促进细胞再生，对预防暗疮和淡化暗疮印有很好的功效，还可以改善脆弱、疲劳的肌肤，被蚊虫叮咬后涂抹也可以止痒消毒。喷洒在枕头边，可促进睡眠。其香料成分主要为左旋芳樟醇等。

芳樟纯露——其香料成分主要也是左旋芳樟醇，而含量比薰衣草纯露高得多，所以功效也比薰衣草纯露更加卓著，安全性也更高。其香气淡雅，令人百闻不厌，是目前纯露极品中的极品。

薄荷纯露——促进细胞再生，柔软皮肤，平衡油脂分泌，清洁皮肤，消毒抗菌，避免感染，促进青春痘和小伤口迅速愈合，防止留下疤痕，并能保湿、收敛毛孔，非常适合用于调理易生粉刺或毛孔粗大的肌肤。特殊的清凉感觉，令人清醒，提高工作效率。对瘙痒、发炎、灼伤的皮肤有缓解的功效。

洋甘菊纯露——具有安抚、保湿、均衡、宁神、舒缓、养肤的作用，任何皮肤都适用，尤其是对于缺水及敏感脆弱的皮肤效果更明显，眼部皮肤也可使用，长时间使用可以修复红血丝。能减轻烫伤、水泡、发炎的伤口疼痛，有柔软皮肤、治疗创伤的作用；能镇定晒后红肿肌肤，避免肌肤晒伤，防止黑色素沉淀；健全修复角质、抗过敏、加强微循环、收敛排水、加强新陈代谢作用等。

茉莉花纯露——气味迷人清新，消炎，镇定，适合所有类型的肌肤，有促进循环的效果，对于干燥缺水的肌肤较为有效，能使皮肤柔软，有弹性，改善小细纹，并且使皮肤细嫩明亮，具有优越的保湿、抗老化效果，并且对容易燥热的、甚至是有瘢痕的肌肤，都有出乎意料的效果。有效收缩毛孔，可以平衡皮肤的油脂分泌，帮助清洁肌肤，赶走油腻并去痘。对老化干燥肌肤有帮助。

迷迭香纯露——可以对抗皮肤衰老，激活老化皮肤细胞再生、促进皮肤血液循环，亮丽皮肤。对皮肤细胞再生、平衡油脂分泌功效较强。对油性或混合型肌肤的pH值调节功效较好。用于头发保养可使油腻发质清爽柔顺；并能改善头皮皮肤，去除头屑，刺激毛发再生。

檀香纯露——东印度檀香木提取液，可增加皮肤活力，具有调节、补水、净化、收敛、保湿、抗敏、养肤、抗衰老作用，干性、成熟性皮肤适用。檀香纯露适合老化、干燥及缺水皮肤，能治疗蜂窝组织炎，具有促进皮肤细胞生长的作用，对伤口或疤痕可以迅速复原，进而具有弹性、紧缩作用。对干燥的肌肤、变硬的皮肤角质、干燥性湿疹、创伤等都可以去使用。具有抗菌功效，改善皮肤发痒、发炎，改善面疱、疖和感染伤口。使皮肤柔软，是绝佳的颈部滋润产品。檀香纯露适合任何肤质，可以说是一款全效的纯露。

橙花纯露——有增强细胞活动力的特性，能帮助细胞再生，增加皮肤弹性，抗衰老。适合干性（缺水）、敏感及成熟老化型肌肤，橙花纯露极佳的收敛效果适合用来处理脆弱、敏感肤质以及混合偏油肤质，快速补充皮肤水分，瞬间让皮肤充满活力，增强皮肤弹性，温和的美白效果能淡化斑点，消除肤色不均和暗沉，对于其他的皮肤问题也都有帮助。橙花纯露促进细胞再生和振奋皮肤，对皮肤和女性非常有益，通常用于成熟、老化、皱纹皮肤，以起到修复或改正作用，对于敏感的皮肤也有良好的镇静作用，对暗疮皮肤留下的凹洞和疤痕也有良好的镇定作用。

另外，橙花是主要的抗忧郁及镇静剂，对于中枢神经系统有轻微的放松作用。

金盏菊纯露——金盏菊又名万寿菊，富含矿物质磷和维生素C等，它也是功效强大的药草，以治疗皮肤的疾病及创伤为主，外用具有消炎、杀菌抗霉、收敛、防溃烂的效果，并减轻晒伤、烧烫伤等。可促进肌肤的清洁柔软。适合于干性、中性、敏感皮肤，舒缓的功效比较显著。

依兰依兰花纯露——可增加皮肤活力，具有净化、平衡、保湿、养肤作用，使干性皮肤增加分泌，使油性皮肤减少分泌，油性、混合性皮肤适用。

茶树纯露——澳洲茶树提取液，具有调节、净化、抗炎、收敛作用，可使油性皮肤减少分泌，使暗疮伤口加快愈合，油性、暗疮皮肤适用。

有人用精油加水搅拌后静置分层，取出水层当作纯露，这是不行的，须知纯露与精油的成分并不完全一样，纯露含有的成分比较"亲水"，醇类香料一般较多，香气也不一样。例如薰衣草纯露里芳樟醇与乙酸芳樟酯的比例肯定跟薰衣草油里的比例不一样，玫瑰花纯露里苯乙醇的含量比香叶醇、香茅醇都多，而玫瑰花油里苯乙醇的含量比香叶醇和香茅醇都少。

八　精油沐浴

精油一般指的是天然香料油。把天然香料油滴在热的洗澡水里，古已有之，最近在国内外又流行起来。一般人只知道洗澡水里滴加香料油可以在洗澡时觉得香喷喷的，洗完澡后身体也带上香气，仅此而已，不知道精油沐浴也是现代芳香疗法的一种极佳形式。

对于身体略感不适、精神疲乏、食欲不振、睡眠不足、腰酸腿疼、感冒初起、轻微中暑等，只要选择合适的天然香料油沐浴，都可以收到意想不到的效果。

兹将常用的几种精油的治疗作用介绍于下，供参考。

薰衣草油有镇静、促进胆汁分泌、愈创、利尿、通经、催眠、降血压、发汗等作用，香气又极佳，"像香水一样"，是目前备受推崇的天然精油。主要产于法国，后从地中海阿尔卑斯山移植到世界各地，现意大利、俄罗斯、匈牙利、英国、保加利亚、南斯拉夫、西班牙、澳大利亚、美国均有栽培，我国新疆、陕西等地也有基地生产，质量不错。

迷迭香油有镇咳、祛风、治疗低血压、健胃作用，也有促进胆汁分泌、利尿、通经、发汗作用。它清凉、尖辛的药草香气，有些像薰衣草、桉树叶、樟脑、肉豆蔻油的香味，给人以清爽之感，香气强烈、透发，而且留长。欧洲人比较喜欢，原产于地中海区诸国，我国原来只有各地的花圃中有零星栽培，目前有几个地方准备扩大种植面积，形成基地。

柠檬油有祛风、清净、利尿、解热、行血、止血、降血压、清凉作用，原产我国或印度，传至欧洲、地中海沿岸各国，现在产量较大的有意大利、美国、塞浦路斯、西班牙、巴西、几内亚等国。我国四川产的冷榨油质量很好，云南、广西也有少量生产。要注意柠檬油和香柠檬油的香气是不一样的，疗效也不一样，不要混淆。

香柠檬油目前只知道有镇静作用，所以不受重视。

丁香油也有祛风、愈创、健胃作用，香气也较好。主产于马达加斯加、坦桑尼亚、马来西亚的槟榔屿、印度的摩鹿加等地，我国也引种并少量生产供应，丁香油有花蕾油、叶油、梗油、净油（由丁香花蕾浸膏提取）之分，花蕾油与净油的疗效较好。

薄荷油有祛风、通经、健胃作用。我国出产的是亚洲薄荷油，而美国与欧洲各国产的是椒样薄荷油，后者香气较好，清甜优美，但疗效二者差不多。

肉桂油有通经、止血、健胃作用，产于我国广东、广西，是我国较早出口的著名精油之一。《神农本草经》将肉桂列为上上药。肉桂油香气辛烈而暖甜，深受欧美人士的喜爱，但亚洲人觉得"药味太重"，较少用于沐浴。

百里香油有祛风、促进胆汁分泌、利尿、通经、去痰、治疗低血压、健胃、发汗作用，主产于西班牙、摩洛哥、土耳其等国。我国也有出产。百里香油的香气强烈粗糙，是清凉带焦干的药草香，具有强的杀菌力，所以用百里香油沐浴还可杀灭水中及皮肤上的病菌，对一些皮肤病有疗效。

其实精油沐浴疗效最好的是大蒜油，有杀菌、抑菌、镇静、祛风、愈创、治疗茧皮、利尿、解热、降血压、驱除寄生虫、健胃、扩张血管等作用，只可惜大蒜的油气味辛辣峻烈，还有些催泪作用，影响了它在现代"芳香疗法"中的地位。

其他常用于沐浴的精油还有大茴香油、罗勒油、春黄菊油、葛缕子油、胡荽油、龙蒿油、艾叶油、海索草油、牛膝草油、牛至油、鼠尾草油、马鞭草油以及各种鲜花（如茉莉、玫瑰、玉兰、栀子、水仙、依兰依兰、米兰、橙花、玳玳花、康乃馨、桂花、金合欢、风信子等）提取的精油，它们以各自的特色疗效被人们选用，这里不一一详述了。用鲜花提取的精油都比较昂贵，例如玫瑰花，用水蒸气蒸馏花朵再复馏（精制），得率才0.015%～0.040%（10000公斤鲜花只能得到1～4公斤油），全世界年产才一万多公斤而已，比黄金还贵，一般人是用不起的，而玫瑰花油的疗效平平，早先"公认"玫瑰花油有镇静、催眠作用，现在也被实验否定了。

不过香味对人情绪的影响也是精油沐浴的重要内容，情绪低落、萎靡不振虽然不算是病，也是人的"第三状态"（处在健康与疾病之间的一种过渡状态），用带有自己特别喜欢的香味的精油沐浴，洗完澡后精神大振，甚至把小伤小病都忘掉了，又能全身心地投入到工作、学习和娱乐中去，这也是精油沐浴的一大功效。

单一种精油只对几种症状有效，如果有意识地把几种精油调配起来使用，有时候可以利用其协同作用提高疗效，扩大治疗范围，但调配时还要考虑混合后的香气好不好，这就要请教调香师了。

九 万金油

提起万金油，人人都会想到"虎标万金油"及其创始人胡文虎、胡文豹兄弟俩。万金油是"芳香疗法"的杰作，正如广告说的"居家旅行必备良药"。当时人们习惯把万金油（难以买到正宗的"虎标万金油"，人们把"清凉油"也叫做"万金油"）当作万应药物使用，头痛医头，脚痛医脚，虽"治标不治本"，却也管用。

万金油的主要成分是薄荷脑、薄荷油、桉叶油、樟脑、丁香油等，现代科学已经确定，这些成分有抗偏头痛、抗抑郁、止呕吐、抗昏迷、兴奋和止痛作用，当它们以一定的配方组合在一起时，药效由于协同作用而得到加强，比单一成分强得多。经过将近一个世纪的实践和验证，胡氏兄弟"虎标万金油"的配方仍被认为是"最佳配伍"，说明当时胡文虎一家对"万金油"配方的研究是相当深入的，没有千百次的实验做不到这一步。

与"万金油"、"清凉油"相近的医药化学品还有"二天堂"、"祛风油"、"风油精"、"白花油"等等，它们的主要成分都极相似，只是剂型不同、惰性填充料不同而已，有的产品加入适量的薰衣草型香精有利于推广普及。天然薰衣草油和薰衣草香精都有镇静作用，可抵销薄荷脑等成分引起的兴奋作用，而且香气优雅，所以有的风油精广告说："好香啊，像香水一样。"

虎标万金油和白花油、部分风油精、祛风油可以内服。实验证实：内服少量薄荷油有兴奋中枢神经的作用。间接传导至末梢神经，使皮肤毛细血管扩张，促进汗腺分泌，使机体散热增加，故有发汗解热作用；樟脑对胃肠黏膜具有缓和刺激的作用，使胃部感到温暖舒适；桉叶油对金黄色葡萄球菌、白色葡萄球菌、卡他球菌均有较强的抑制作用，对绿脓杆菌、宋内氏痢疾杆菌均有中等程度的抑制作用；丁香油可治胃痛、胃寒呕逆、吐泻，并有驱蛔作用，对葡萄球菌、结核杆菌和常见的致病性皮肤真菌有显著的抑制作用。

薄荷脑和樟脑制剂涂于皮肤上时，可使皮肤、黏膜的冷觉感受器产生冷觉反射，引起皮肤、黏膜血管收缩；薄荷油对皮肤有刺激作用，并可慢慢渗透入皮肤内，因此引起长时间的充血，同时也反射性地引起深部组织的血管变化，调整血管的功能，从而达到治疗作用；樟脑还有止痒、止痛和局部麻醉作用。因此，涂抹万金油、白花油、风油精等后会感到冰冷而有麻感，同时局部皮肤发红，这都是正常的现象。

薄荷脑、樟脑、桉叶油、丁香油等对蚊、蠓、蚋、虻、蝇和马蜂等飞虫有强烈的驱逐作用。因此，在炎热的夏季，人们还常常在暴露于外的皮肤上涂抹万金油，可以睡个安稳觉而不被蚊虫吵醒。

夏日午后有午睡习惯的人们、开长途车的司机、值夜班的工人在头上太阳穴等处涂抹万金油驱赶睡魔，这是应用薄荷脑等香料能增强a-脑波作用的原理，与"司机清醒剂"的作用机理相似，效果也是不错的。

利用薄荷脑、樟脑、桉叶素对皮肤局部的冷觉刺激作用，把万金油涂在人体的一些重要穴位如印堂、人中、太阳、肚脐眼、中脘、足三里、三阴交、涌泉等处，可起到同针灸一样的效果，对于常见的小伤小病如头晕、偏头痛、腹胀、肚子疼、伤风感冒等的疗效是相当不错的。从这个意义上来讲，近代的"芳香疗法"还是华人开创的。

十 香味和记忆

"记忆"是非常神秘的生理现象，有的人"书过目即成诵"，而有的人却常常连自家的电话号码都记不住。"记忆"到底是什么，这个问题人们探讨了两千多年，认识还是非常肤浅，没有触及它的实质。直到20世纪20年代初，科学家在猕猴身上进行的观察试验才开始有了实质的进展。研究者发现猕猴大脑皮层前额叶的一些脑细胞的电活动（放电频率增减状况）有一定的规律性，即某些脑细胞对来自左侧的刺激信号很敏感，并做出相应的反应，另一些细胞对来自右侧的信号敏感并有反应。现代生理学家认为，记忆与大脑半球内侧深部的"海马"有密切关系。左侧的与语言材料的记忆有关，右侧的与语言的图形材料的记忆有关。因此，切除了"海马"的人，短时记忆就被损害，从而失去了学习新事物的能力。来自外部的信息，通过各种感官首先到达"边缘系统"的"海马"，然后经穹窿、乳头体、乳头视丘束、视丘前核、扣带回，又回到"海马"，这种传递信息的通路被称作记忆回路。信息的记录可能由两套机构分别完成：外部信息到达"海马"后，先在"海马"-乳头体这个小回路中形成短时记忆；然后在"海马"的影响与作用下，经记忆回路继续传递，最后将信息转为长时记忆，储存在大脑各部位的神经细胞中。

大脑是一个完全遗传的回路，回路中的"电线"勾通的各条通路都已具雏形，只是未全部"焊接"。对于长期记忆，需要一种持久巩固的通路，则应用一种"焊剂"来"焊合"；而短时记忆无须用"焊剂""焊合"，因为它的通路可以是不固定的。

已发现用于长时记忆的"焊剂"是由一种特殊的细小蛋白质分子——多肽组成的，多肽是由一系列氨基酸分子有秩序地排列组合而成的复杂生物分子，每种排列次序和组合结构则代表着一种记忆力。

根据以上原理，加拿大医生赫伯特·温加特纳研制成一种能大大改进人的记忆和学习能力的肽类化合物，由于口服会在消化道中分解，因此制成喷鼻剂，用其喷鼻治疗忧郁症能获得较好的疗效，对于暂时性遗忘症患者在特定情况下，用此剂可增进记忆力1倍以上，对常人能使其记忆力提高20％左右。

在喷鼻治疗时，发现不少香味化合物也有提高记忆力的作用，日本的冈本明大博士研制出一种可以防止阿尔茨海默症用的香料组成物，让160名（男、女各80名）65岁以上的老人随机分成两组，一组嗅闻这种香料组成物，另一组为对照组，每日嗅闻5次，每次2分钟，疗程一个月。应用这种香料组成物使阿尔茨海默症的症状减轻的男女合计占全体的86％，其中完全复原者达到15％，具有令人难以置信的惊人的防治效果。

动物的嗅觉十分敏锐，与各种记忆器官有密切联系，而人类的嗅脑则自数万年以至数十万年前开始逐渐退化，现在仅有小指尖大小的痕迹残留，虽然如此，可以认为当时原始人类对周边环境的各种记忆现在仍然继承下来，因此，给人类嗅闻各种推测是相当于太古时期的生活环境的气味，则使人本能地追寻尽可能早的记忆，并且颇为清楚地记起幼少时期的各种念头，不知不觉地开始发挥记忆的再归作用。由此使大脑、小脑、间脑等一齐活化，输送到脑细胞的血液增多，大量供给氧和必需的营养成分，其中包括合成多肽的各种氨基酸。每日多次嗅闻这些香味，可使脑部反复地进行活化，记忆回路畅通无阻，因而可防止或延迟阿尔茨海默症的前驱症状发生，并使痴呆症状的发展受到抑制，也有可能回复健康。

人通过五官得到的信息重现时都会引起回忆，但由于从视觉和听觉得到的信息重现太过频繁，一般不受大脑的重视，唯独闻到某种不常闻到的气味时，能引起种种回忆、浮想联翩，这是人人都有过的经验，古人读书时有焚香帮助记忆的做法，也是这个道理（见图126）。

图 126　焚香读书

我们都听说过一目十行、过目不忘，这是视觉对记忆的帮助；也知道很多盲人朋友有超强的听力，能惟妙惟肖地模仿很多名人的声音，这是听觉对记忆的帮助。似乎我们很少将气味、嗅觉和记忆联系在一起。难道嗅觉也会帮助记忆？这是真实的吗，还是只是我们的一种幻觉？答案可能出乎我们的意料，这一切不是天方夜谭，最近，科学家发现在我们的记忆过程中，气味起了至关重要的帮助作用，甚至可以毫不夸张地说，我们是靠气味来记忆的。

美国的科学家针对小鼠进行了一个有趣而又很能说明问题的实验，他们让这些小家伙在睡眠状态下记住一些特定的气味，比如它们喜欢的食物的味道，其他小鼠的气味等等，之所以选择小鼠睡着的时候，是为了排除其他的干扰因素。因为小鼠醒的时候会有视觉味觉触觉等一起帮助记忆，在这个实验中要排除这些，单独考察嗅觉的作用。当小鼠清醒后，科学家观察到，小鼠在接触到特定的那些气味时，表现出了异常的行为动作。更加特别的是，科学家又通过仪器检测了小鼠大脑中负责记忆的部分，观察了相关理化数据的变化，进一步从微观的细胞水平来验证气味是否帮助记忆的产生。实验结果也印证了小鼠在睡着接触气味时，大脑中的神经元接通了记忆存储体，将睡眠时闻到的味道输送并储存到了大脑中的特定区域。醒来后，这种气味带来的记忆依然非常有效。证实了小鼠确实记住了睡眠时的气味，也就是说，记忆是靠气味形成的。

（请注意上一段话——我们睡觉的时候，视觉、听觉、触觉、味觉也都睡了，只有嗅觉没有睡！）

　　这很好地解释了为什么我们的回忆很多都是和气味连接在一起的。当闻到某一种气味时会突然想起以前的一些事情，比如端起一杯香热的巧克力饮料，想起了最初品尝巧克力的情景，将一块黑褐色的糖放入嘴中，浓浓的滑滑的，有一些甜蜜和温馨；再比如，夏天在暴雨来临之前，浓郁的泥土和小草的味道，会不会让你回忆起小时候因为没有拿伞被大雨淋透的感觉，甚至串联起回家挨揍的记忆，屁股上还有点火辣辣的痛。而当我们想起过年，鼻腔里是不是也会有厚厚的爆竹烟火味道，仿佛立马置身于热闹的大年夜。尤其是在社交活动中，我们经常会因为某一种味道想起一个熟悉的人，甚至是几十年没见的老朋友。

　　气味帮助记忆的例子其实不少，最突出的当数《闻香识女人》——老牌明星艾尔·帕西诺主演退伍军人史法兰中校，在一次意外事故中双眼被炸瞎，长期的失明生活使得史法兰中校对听觉和嗅觉异常敏感，尤其是嗅觉，他凭着女人使用的香水味道，不仅能说出香水的牌子，甚至能道出对方的外形，甚至头发、眼睛的颜色及嘴唇的细节。艾尔·帕西诺精湛的演技不仅帮助他第6次获得奥斯卡金像奖提名，并最终获得了1993年第65届奥斯卡最佳男主角奖，登上了影帝宝座，更是淋漓尽致地贴合了闻香识女人的主题，表现了气味如何能帮助一个人深刻的记忆，特别是在社交场合，究竟靠什么记住了周围的人，毫无疑问，这是对气味帮助记忆的绝好阐释。

　　另一个好例子就是国产的一首歌《味道》——当你在夜深人静的时候，关上卧室的灯，闭着眼睛躺在床上，婉转幽咽，由辛晓琪来倾情演绎，配上她那独特的嗓音，把无奈、思念、哀怨都演绎得丝丝入扣。相信每个人都不会忘记其中的那几句：

> 想念你的笑，
>
> 想念你的外套，
>
> 想念你白色袜子，
>
> 和你身上的味道，
>
> 我想念你的吻，
>
> 和手指淡淡烟草味道，
>
> 记忆中曾被爱的味道。

　　虽然歌曲中一直没有出现歌手所期待的男主角，但歌词分明是通过这种种味道将一个男人的形象刻画得丰满真实，无疑是用气味来代替了人物，代替了令歌者难以磨灭的一段记忆。

　　人的嗅觉与大脑联系最直接的部位称为边缘系统，是扁桃核及海马回，负责将讯息加以解析，是情绪和大量个性化行为的控制中心、记忆中枢。来自嗅觉神经球的信息通过神经冲动传导到边缘系统，也就是说，气味刺激与记忆材料有非常紧密的连接，气味的刺激可以提高边缘系统的兴奋程度，从而提高记忆效果。气味分子在空气中被专门负责站岗侦测的气味受体所捕获，这些气味受体分布于嗅觉细胞上，作为敬业的哨兵，气味受体具有高度的专一性，同一类型的受体只能够对少数种类的气味分子感兴趣。它们将捕获的气味交给嗅觉细胞，然后经由四通八达的神经突起将讯息直接传递到边缘系统，由大脑最后将所有接收到的资讯汇编整理，并加以存储，而且这种通过气味得到的记忆因为嗅觉与大脑的非常关系而变得更加深刻。于是，我们可以通过一个简单而独特的气味回忆起几十年前的情景，或者喜悦或者悲痛。这也就是为什么我们因为一个坏水果吃坏肚子，几年后闻到这股味道依然会勾起那段痛苦的回忆，打心底厌恶，甚至会不由自主地大吐酸水。

　　以色列科学家研究发现，无论是对孩子还是对成人，有气味的物体会在他们的大脑中留下鲜明的印记，这就是为什么气味往往能勾起回忆的原因。以色列魏茨曼科学研究所的雅拉·耶舒伦等人在新一期美国《当代生物学》杂志上发表论文说，无论是香味还是臭味，大脑都能"铭刻"最初的记忆，但这种记忆仅限于气味。

　　为测试与气味有关的记忆，科学家向一组自愿接受测试的人展示了一些物品，这些物品或能发出气味，或能发出声音，其中有些物品的气味或声音是令人愉悦的，如梨和吉他，还有一些是令人反感的，如死鱼和动力钻。科学家利用磁共振成像技术对被测试者的大脑进行扫描，他们发现，当被测试者遇到可发出气味的物体时，大脑海马区和扁桃核都会产生明显的反应。但遇到可发出声音的物体时，就没有出现这种现象。一周后再要求他们回忆所遇到的物体，被测试者大多能回忆起有气味的物体，而不是可发出声音的物体。大脑海马区对人的学习、记忆能力等有重要作用，而扁桃核是大脑控制情绪的中心。这两个部位有反应，表明大脑对与气味有关的物体更敏感。科学家称，此项研究成果有可能帮助人们找到改善记忆力甚至治疗早期脑部创伤的新途径。

　　法国上塞纳省卡尔什市医院的嗅觉治疗实验室已开始尝试通过气味治疗法帮助患者寻找失去的记忆。有一些病人因大脑受外伤失忆，而治疗这类病人的失忆症是医疗界的一个难题。科学家利用了气味帮助记忆的原理，通过一定的气味帮助患者恢复某些回忆。这家实验室拥有强大的后方支援，在硬件方面，世界著名的专业从事香味研究和制造的IFF集团提供了200多种气味以供研究治疗。这家医院准备的气味多种多样，有各种植物的香味、食品的味道、自然界的气息，还有我们不是很喜欢的汽油、煤气等味道，以及一些非常特别的气味，比如死老鼠的味道。针对不同的患者，先去了解每个人的背景和生活，对周围的人和事、现在和过去的经历做一个详细的收集，然后进一步分析，从而选择最能激发其记忆的气味来展开治疗。作为法国第一家嗅觉治疗实验室，此项工作具有极大的挑战性和前瞻性，虽然困难重重，但每一例成功的案例，每一次当患者找回一点一滴的记忆都是莫大的鼓励，而且事实证明，这一治疗方案也已取得了很好的治疗效果。

　　对于普通人来说，气味和记忆的关系也有着很大的指导作用。这体现在日常的交往中，尤其是在恋人中。当参加相亲的双方想给对方留下一个好印象，让对方牢记自己，除了穿着和言谈举止之外，可能被我们忽视的气味却是最重要的。美国西北大学的研究人员发现，人们在初次见面时，左右着第一印象，决定你在对方心目中地位的关键是自己的味道，哪怕是极其微弱的味道。如果你想让对方牢牢记住自己，并顺利开始下一次的交往，那么，让自己闻起来顺鼻则相当重要。

已开始交往一段时间的恋人，则已经熟悉了彼此的味道，气味在对方记忆中的作用更加显著。德国心理学家沃勒发现了"气味慰藉"现象。他调查了208名年轻男女，当男友离开或不在时，2/3的女孩穿过对方的衣服睡觉，通过男友衣服的气味来保持男友在身边的感觉。而高达4/5的女孩会通过嗅闻对方的衣服取得快感。科学家也证实，对于两地分居或已分手多年的恋人，或许很多重要的事情都已经淡忘了，但彼此的体味却会深深地印刻在脑海中。

我们在影视及文学作品中经常看到这样的片段：当已婚男女感情出轨时，对方一般都是从发现对方身体气味的变化开始的，这说明每个人的嗅觉已经适应了对方的体味，而且对气味的识别能力很强，一点点的变化也很敏感。

科学家通过实验证实，在睡眠时给予一定的气味刺激暗示，可以重新激活白天的新记忆，并将这些记忆进一步巩固。也就是说，当我们睡着的时候，在屋里摆上一盆鲜花或者喷洒一点香水，或许可以帮助我们巩固白天学习的知识，加强学习效率。

英国研究人员表示，光照疗法和芳香疗法可能有助于舒缓阿尔茨海默症等痴呆症患者的失眠和焦虑症状——英格兰曼彻斯特皇家医院的艾伦在一次老年医学会议上表示："连续两周每天早上在明亮灯箱前坐两个小时的（阿尔茨海默症）患者，与那些相同时间内坐在昏暗光线里的患者相较，睡眠时间会更长，而且睡得更沉。"

艾伦在国际老年精神医学会大会中表示，光照疗法在冬季对改善患者的睡眠品质效果最显著，因为冬季日照相对较少。

一项为期四周、针对芳香疗法对老年痴呆病患者影响的研究显示，在使用柠檬精油按摩的病患中，有1/3焦虑次数有所减少，相比之下，使用无气味向日葵精油按摩的病患，只有1/10有此效果。

此项研究的领导者、纽卡斯尔大学的巴拉德在大会中表示："接受柠檬精油按摩的病患在生活品质上也有显著提升，包括对社交活动的退避行为减少，而且建设性行为增多。"

通过对啮齿类动物模型的研究，科学家们获得了发丝般粗细的嗅觉结构——"小球"的图像，由于活跃的细胞消耗的氧多，能够将携带氧的氧合血红蛋白转变为还原血红蛋白对红光的吸收更强烈的现象，科学家们将红色光透过动物的颅骨投照到嗅觉结构上成像，便可分辨出有活性的小球在成像图上呈现为极其明显的黑点。

实验中，科学家们将动物置于多种浓缩的气味中，以标测嗅觉小球的感知活动。研究表明，闻上去像是香蕉、香菜、薄荷的化学物质以及花生酱这样的混合性化学气味，可以"点亮"嗅觉小球的不同区域，嗅球一侧所显示出的激活类型与另一侧相吻合，且不同动物的激活类型也非常相似。

劳伦斯·凯茨表示："我们已能观察到单个的嗅球，这是以前从未达到的分辨率。更令人兴奋的是，我们可以看到不同气味所产生的活性区域的特征，此项技术可用来揭开嗅觉反应的秘密，甚至可以帮助我们了解大脑的高级嗅觉处理区。"

气味的感知对于学习和记忆的过程非常关键，新的嗅觉可视系统为研究学习过程的机制提供了有力的工具。劳伦斯·凯茨强调说："我们相信，我们可以在嗅球水平看到学习的早期阶段，由于我们的系统非常快速而且是非接触性的，我们认为它提供了一个研究学习的特别途径。"

下面介绍一个行之有效的用精油防治老年痴呆症的方法。

用具："芳香疗法精油"（30瓶，分别装着薰衣草油、茉莉花油、玫瑰花油、纯种芳樟叶油、蓝桉油、香茅油、姜油、大蒜油、丁香油、八角茴香油、肉桂油、甜橙油、柠檬油、玳玳花油、松针油、山苍子油、白兰叶油、柏木油、甘松油、艾叶油、留兰香油、芹菜籽油、芫荽籽油、肉豆蔻油、檀香油、桂花油、安息香净油、松节油、薄荷油、沙枣花油）一套；闻香纸数本；《香味世界》（林翔云著，化学工业出版社出版）；笔记本30～50本；书写笔30～50支。

活动场所：可容纳30～50人听课或开会的教室或会议室。

准备工作如下。

①参加活动的人做一个有关记忆力、精神状态方面的测试，比如让每一个人在笔记本上做1+2+3+4+5……＝？限定10分钟完成。有人可以完成几百个数字相加，有人只能完成几十个数字相加，都记录在案，不奖不惩。

②在参加活动的人里选出（也可以专派）一个比较会讲故事的人当"指导员"，他要在每一天活动前做好"备课"——熟悉一下本书中的一小节内容，以便"演讲"。

活动时间：每天上午、下午各1～1.5小时，连续30天。中间允许间断。

活动内容：由指导员随便取出一瓶精油，开盖后把一张闻香纸的一头插入精油（约0.5厘米深处），取出后发给一个人，如此重复做到参加的每一个人（包括指导员）手头都有一张沾上精油的闻香纸，每一个人都要一面猜"这是什么香料？"一面听指导员"讲故事"，讲的内容主要是本书中的一节，指导员可以发挥自己的水平、结合平生所见所闻添油加醋讲得生动活泼一些。讲解完毕，参加的每一个人在笔记本上写下猜的香料名称。猜到与猜不到也是不奖不惩。上午下午的活动内容一样，使用同一瓶精油，但下午活动完毕时可以公布香料名称。

总结：30天的活动后再次测定参加的每一个人的记忆力和精神状态，照样可以采用连续相加或连续相减的办法，但不要与"准备工作"时的测试方法完全一样，以便比较。所有参加者有什么反应和建议都要记录在案。由指导员或另定一人写总结报告，以便汇总、提高。

注：①本书中的每一小节都是一个独立的故事，讲解的目的是引导参加者回忆往事，"接通"大脑中的"记忆回路"。所以其中的章节可以随便抽讲，讲多少算多少，不一定要全部讲完（余下内容留到第二系列活动时再讲）。最好按照书上的顺序由浅入深、结合当地土生土长和常用的香料讲解效果会更好一些。

②闻香纸有两头，可以使用两次。如参加人数多，闻香纸不够时，可到当地印刷厂取白纸板切制代用，并不影响使用效果。

③本法在中日两国多次实验显示：老年痴呆症的患者参加1个系列（30天）的活动后，治愈率16%～17％，有效率达85％；参加2个系列的活动后，治愈率24%～25％；有效率可达90％以上；在预防老年痴呆症方面效果更加显著。所以，应该发动所有上了年纪的人参加这种有益于身心健康而又轻松愉快的活动。

十一　香味和睡眠

人的一生有1/3的时间是在睡眠中度过的，因此，如何睡得香甜自古以来就吸引了不少研究者。遗憾的是，直至今日，我们对睡眠的了解还是微乎其微的。众所周知，睡眠是大脑的事，研究睡眠必先研究大脑，但研究大脑又不能伤害大脑，解剖学家无能为力。而研究大脑的各种生理活动过程感到最棘手的就是睡眠，因为人在清醒时能说出自己的感觉，睡着了就不知所以，对研究者不能提供任何线索。醒来时依稀记得一点点梦里的零乱景象，也说不清楚。

失眠，是脑神经递质与神经肽双重失调。近代睡眠医学专家通过大量的研究指出：大脑神经系统是专门负责调节机体平衡的器官。所谓调节，就是神经细胞"突触"放出"递质"，传递信息的过程。大约50％的突触里的神经递质为$\gamma-$氨基丁酸，它是中枢神经系统最重要的一种神经递质，与人的睡眠和情绪有紧密关系。"受体"是非常重要的信息接收器，在"受体"因为失去活性而变得不敏感的时候，"递质"接收信息不充分，信息传递就会不灵。失眠就是"受体"不能与"递质"充分结合，"想睡觉"这个信息传递中断，医学叫"睡眠障碍"。

加利福尼亚大学的研究小组新发现一种蛋白质——神经肽S（NPS）是失眠的真正内源，神经肽S也是"失眠障碍"的克星，它通过激活其同源受体（NPSR），引发细胞内Ca^{2+}动员，进而调控失眠和忧虑。从欧洲缬草中提取的缬草稀酸物质，可以有效诱导神经肽S的分泌，缩短激活同源受体（NPSR）的过程，迅速引发细胞内Ca^{2+}动员，恢复主动睡眠和消除抑郁和焦虑。

日本发凯尔公司中央研究所的一项研究也表明：自古以来民间传诵的有镇静、加深睡眠作用的草本植物缬草，提取其成分加入食品食用后，对睡眠不佳者，如入睡困难、睡眠不深、醒后睡不着和整个睡眠质量差等成年人有良好的改善作用。该研究采用受试者自己评价睡眠质量状态的统计学调查方法进行评估和分析，结果为：在摄食含有缬草食品的全体受试人员中都显示了改善睡眠质量的有效性。

尽管关于缬草的化学成分的探讨还没有完全得到定论，科学家已经从其中分离出了超过150种的植物化学物质。其中的倍半萜烯（包括缬草酸）、生物碱、自由氨基酸（如GABA-γ-氨基丁酸）、酪氨酸、缬草盐成分被认为和缬草的功效有联系——临床试验表明，缬草可以起到抗焦虑、镇静的作用是因为缬草中的缬草盐和GABA可以直接对大脑中枢神经系统上的GABA神经传递素起作用。缬草根含挥发油0.5%～2.0%，主成分为异戊酸龙脑酯；还含龙脑、l-莰烯、α-蒎烯、d-松油醇、l-柠檬烯、吡咯基-α-甲基甲酮、α-葑烯、月桂烯、l-石竹烯、γ-松油烯、异松油烯、雅槛蓝树油烯、别香橙烯、荜澄茄烯、γ-芹子烯、缬草萜烯醇、橙皮酸、缬草烯酸、山萮酸、缬草萜醇酸、异戊酸、缬草酮、缬草烯醛、甘松香油醇、乙酸龙脑酯、l-桃金娘醇、乙酸桃金娘酯、异戊酸桃金娘酯、β-甜没药烯、α-姜黄烯、喇叭醇等，又含缬草碱、鬃草宁碱、缬草生物碱A、缬草生物碱B、猕猴桃碱、缬草宁碱等生物碱，尚含缬草三酯、异戊酰氧基二氢缬草三酯、缬草环臭蚁醛酯苷、咖啡酸、绿原酸、鞣质、树脂、β-谷甾醇等。吸入缬草和玫瑰的香气会明显延长由戊巴比妥引起的睡眠时间，缬草的作用特别明显。而吸入柠檬的香气会明显缩短睡眠时间。

闻着玫瑰花香入睡有助于增强人的记忆力。人在深度睡眠时，其大脑皮层负责思考和计划的部分会向大脑深处主管记忆的海马状突起传递信息，而玫瑰花的香气能刺激大脑皮层的活动，增强它向海马状突起发出信号的能力，从而可强化人的记忆力。此外，玫瑰花香还可使人的心情变得沉静，缓解人紧张烦躁的情绪，起到安神镇静的作用。

1924年，德国的精神病学家贝格尔发明了测脑电波的方法，让受试者安详自在地躺在试验台上或坐在靠背椅上，头皮上贴着一些金属电板，红红绿绿的几十根电线连到一架仪器中，仪器上的指示灯忽闪着，随着一阵轻轻的嗒嗒声，尺余宽的纸带从仪器里送出来，上面描记着若干条水波纹般的曲线，这就是人的脑电图。

正常人的脑电波可分为 γ 波、β 波、α 波、θ 波和 δ 波五种。

γ 波：又称兴奋波，每秒超过30赫兹的波。

β 波：又称紧张波，每秒14～30赫兹的波。

α 波：又称安静波，每秒8～13赫兹的波。

θ 波：精神恍惚波，每秒4～7赫兹的波。

δ 波：又称熟睡波，每秒2.5～3赫兹的波。

　　人在清醒闭目养神时，α波每秒8～11赫兹，当嗅闻到某些香味时，α波可以慢慢下降到每秒6～7赫兹，即进入精神恍惚状态，也就是"打瞌睡"，进而再降至每秒4～5赫兹，安然入睡；相反地，当嗅闻到另一类香味时，α波可以迅速增加至10～13赫兹，此时人完全清醒，如闻到强烈的刺激性气味，甚至会出现β波，大脑进入紧张状态，指挥全身防止"不测"。大脑长期处在紧张状态下是不行的，因为这容易引起疲劳。

　　根据以上实验的结果，调香师配制出两种"香水"，一种是闻过后可以使人的脑电波慢慢降至产生θ波，使人容易进入梦乡的"安眠香水"；另一种"香水"闻过后可以使人的脑电波迅速提高1～3赫兹／秒，使人处于清醒状态，但又不进入紧张状态，这种"清醒香水"的用途很广，对于值夜班的工人，下午容易打瞌睡的学生，特别是对开长途车的司机来说，可以在一定的时间内保持清醒的头脑，减少差错，避免交通事故，因此，人们又把它叫做"司机警觉剂"或"驾驶员清醒剂"。日本有资料显示，自从这种"司机警觉剂"问世以后，由于疲劳开车引起的交通事故减少了一半。

　　利用香味对大脑的特殊作用发明的"安眠香水"和"清醒香水"对人体无毒无害，长期使用也不会上瘾或失效，是目前任何一种安眠药品和兴奋剂无法与之比拟的。

　　把"安眠香水"做成膏状物，叫做"睡意宝"，涂抹于人中穴位，助眠效果更加出色；把"清醒香水"做成气雾剂，俗称"清醒灵"，在疲乏时喷一喷，清醒效果也更显著——这两种产品现在也都已上市了。

十二　健康、亚健康与抑郁症

　　世界卫生组织的一项全球预测性调查表明，目前全世界真正健康的人只占5%，患病的人占20%，75%的人处于亚健康状态。因此，亚健康已经成为当今全球医学研究的热点之一。

　　亚健康状态是指无器质性病变的一些功能性改变，又称第三状态或"灰色状态"。因其主诉症状多种多样，又不固定，也被称为"不定陈述综合征"。它是人体处于健康和疾病之间的过渡阶段，在身体上、心理上没有疾病，但主观上却有许多不适的症状表现和心理体验。

　　"亚健康"是一个新的医学概念。20世纪70年代末，医学界依据疾病谱的改变，将过去单纯的生物医学模式，发展为生物-心理-社会医学模式。1977年，世界卫生组织（WHO）将健康概念确定为"不仅仅是没有疾病和身体虚弱，而是身体、心理和社会适应的完满状态"。80年代以来，我国医学界对健康与疾病也展开了一系列的研究，其结果表明，当今社会有一庞大的人群，身体有种种不适，而上医院检查又未能发现器质性病变，医生没有更好的办法来治疗，这种状态称为"亚健康状态"。

现代医学研究的结果表明，造成亚健康的原因是多方面的，例如过度疲劳造成的精力、体力透支；人体自然衰老；心脑血管及其他慢性病的前期、恢复期和手术后康复期出现的种种不适；人体生物周期中的低潮时期等等。

在中国医学里，很早就有"治未病"的说法："上医医未病之病，中医治欲病之病，下医医已病之病"。"未病"，实际上指的就是亚健康状态。专家指出，人体存在着一种非健康和非疾病的中间状态，这种状态即为亚健康状态，具有向疾病或向健康方向转化的双向性。

医学心理学研究表明，心理疲劳是由长期的精神紧张、压力过大、反复的心理刺激及复杂的恶劣情绪逐渐影响而形成的，如果得不到及时疏导化解，长年累月，在心理上会造成心理障碍、心理失控甚至心理危机，在精神上会造成精神萎靡、精神恍惚甚至精神失常，引发多种心身疾患，如紧张不安、动作失调、失眠多梦、记忆力减退、注意力涣散、工作效率下降等，以及引起诸如偏头痛、荨麻疹、高血压、缺血性心脏病、消化性溃疡、支气管哮喘、月经失调、性欲减退等疾病。

心理疲劳是不知不觉地潜伏在人们身边的，它不会一朝一夕就置人于死地，而是到了一定的时间，达到一定的"疲劳量"，才会引发疾病，所以往往容易被人们忽视。

当"疲劳量"还不足以引发明显的疾病，而个人又处于身心不愉快的状态时，人就是处在亚健康状态。

据医学调查发现，处于"亚健康"状态的患者年龄多在20～45岁，且女性占多数，也有老年人。它的特征是患者体虚困乏易疲劳、失眠及休息质量不高、注意力不易集中，甚至不能正常生活和工作……但在医院经过全面系统的检查、化验或者影像检查后，往往还找不到肯定的病因所在。

有关资料表明：美国每年有600万人被怀疑患有"亚健康"。澳大利亚处于这种疾病状态的人口达37%。在亚洲地区，处于"亚健康"疾病状态的比例则更高。有资料表明，不久前日本公共卫生研究所的一项新调研发现并证明，接受调查的数以千计的员工中，有35%的人正忍受着慢性疲劳综合征的病痛，而且至少有半年病史。在中国的长沙，对中年妇女所做的一次调查中发现60%的人处于"亚健康"疾病状态。另据卫生部对10个城市的工作人员的调查，处于"亚健康"的人占48%。据世界卫生组织统计，处于"亚健康"疾病状态的人口在许多国家和地区目前呈上升趋势。有专家预言，疲劳是21世纪人类健康的头号大敌。

世界卫生组织提出"健康是身体上、精神上和社会适应上的完好状态，而不仅仅是没有疾病和虚弱"。

亚健康是一种处于健康与疾病之间的状态，其部分表现与抑郁症很相似，但它们是两种不同的疾病。亚健康状态可以包括躯体和心理两方面，在心理方面可以出现情绪低落、休息不好、全身无力等现象，但抑郁症是独立的疾病，是以情绪障碍为主要症状表现。最可怕的是抑郁症患者没有求治欲望或表现，有很强的负罪感，觉得自己是社会的负担，自杀死亡率很高。而亚健康人群却往往相反，他们会积极求治，只不过平时工作忙而没有时间去看病。

抑郁症是一种十分常见的精神疾病，其基本症状就是大家都曾体验过的情绪低落、沮丧等情绪，但是有这些抑郁情绪并不代表就患抑郁症了。

典型的抑郁症状表现为"三低"，即情绪特别低落、思维迟缓、动作或行为减少。怎么理解呢？就是说一个人总是高兴不起来，即使遇到比如涨工资、中奖也高兴不起来。这种状况在抑郁症患者身上完全有可能，出现这种状况就要引起注意。还有就是兴趣减退，每个人都有方方面面的兴趣，但是在抑郁症患者身上是减退的。再一个就是精力减少，也就是这个人看起来特别累，一点精神都没有。

根据大多数调查，女性抑郁症患者是男性的两倍。因为妇女必须面对月经、怀孕、生育、绝经和避孕等一系列生理过程，体内激素的变化对情绪会造成影响。

在心理方面，与男性相比，女性具有自己独特的性格特点，如比较细致、敏感、依赖性强、情绪不稳定等。在遇到挫折时对她们的影响更大，更易患抑郁症。

自杀是严重的抑郁症状。据统计，有自杀念头但不实施的抑郁症患者占70%；有1/3的抑郁症患者有自杀行为，其中有15%的患者身亡。

专业医生在诊治心理或精神疾病时，有时也会参照一些测试表，譬如抑郁/焦虑问卷，但是像抑郁症这些精神疾病，在医学上还没有定量诊断，它不像测血常规，从白细胞的数量参考判断有没有细菌感染。抑郁评定量表的测试结果，不能作为抑郁症的诊断指标，只是供专业医生参考。对老百姓来说，在做这些测试时，对于有阳性结果的测试，可以提示我们可能存在情绪的困扰，但不一定就是抑郁症，需要专科医师来进行明确的诊断。

抑郁症的发生原因或诱因可以是生物学的，也可以是心理上的或社会的。各种女性发生抑郁症的诱因各不相同，但是在心理上可以归结为两类：一种是压力过大的，另一种是压力太小的（或者说没有压力）。

导致抑郁症发生的病因，一般以明显的精神创伤为诱因，如生活中的不幸遭遇、事业上的挫折、不受重用、人际关系不和等。抑郁症也与人的性格有密切联系，病人的性格特征一般为内向、孤僻、多愁善感和依赖性强等。抑郁症对人的危害是很大的，它会彻底改变人对世界以及人际关系的认识，甚至会以自杀来结束自己的生命。有学者研究认为，自杀身亡的前苏联著名小说家法捷耶夫、日本著名小说家川端康成、美国著名小说家海明威和台湾女作家三毛等人，身前都患有抑郁症。因此，对抑郁症病人进行及时治疗是很重要的，其治疗方法以心理治疗为主，以药物治疗为辅。对由于家庭和工作问题造成人患抑郁症的，应进行社会治疗，即以心理医生为主，在病人亲友和单位领导的配合下，开导病人，从各方面关心病人，改变病人的工作环境，让病人的领导和同事等人改变对病人的错误看法，树立病人的生活信心，这往往可以收到很好的疗效。

以色列科学家说，女性过量喷涂香水可能是患抑郁症的征兆，因为抑郁者的嗅觉会受到一定的损伤，易导致涂抹香水过量。特拉维夫大学的一个研究小组发现，某些疾病会导致患者的嗅觉受损。因此，嗅觉不灵可能是患上严重疾病的征兆。该大学的教授耶胡达·舍恩费尔德说："我们研究发现，患抑郁症的女性嗅觉也受到损伤，导致她们过量涂抹香水。"

研究人员认为，抑郁症不仅是心理问题，也存在生理原因。先前的研究证明，抑郁者病情好转时，嗅觉也随之增强。舍恩费尔德说，这项研究结果不仅适用于抑郁症，也适用于自身免疫性疾病。医生可以利用嗅觉检测辅助确诊这些疾病。

这项研究也表明，芳香疗法存在科学根据，可能对抑郁者起一定作用。但先前有研究认为，抑郁症是嗅觉受损的结果，而并非导致原因。

强迫症是以强迫症状为中心的一种心理疾病。病人常有不能自行克制地重复出现某种观念、意向和行为，而又无法自拔，因此，病人感到非常痛苦和不安（见图**127**）。

图 127　强迫症

疑病症是以疑病症状为主要临床特点的一种神经症。病人对自身的健康状况或身体的某一部位和某一部分功能过分关注，怀疑患了某种躯体方面或精神方面的疾病，但与其实际健康状况不符，医生对病人"疾病"的解释或医院对病人的身体检查通常不足以消除病人的看法。

焦虑症是一种心理疾病，它是以突如其来的和反复出现的莫名恐慌和忧郁不安等为特征的一种病症，一般伴有植物神经功能障碍。焦虑症又有急性焦虑症和慢性焦虑症之分（见图**128**）。

恐惧症是对某一特定的恐怖现象产生持续的和不必要的恐惧，并不得不采取回避行为为特点的一种神经症。恐怖对象可能是单一的或多种的，常见的有动物、广场、高地、社交场所等。这样的患者明知其反应不合理、没必要，但反复呈现，难以控制，因此，自身感到很痛苦（见图**130**）。

人格障碍，又称病态人格，是指人格发展的异常。其偏离正常的程度已远远超出了正

香味世界（第二版）

图 128　焦虑症

图 129　恐惧症

常的变动范围。

　　应激，就是心理紧张或心理压力。应激性生理障碍是指心理刺激因素影响到躯体而产生了生理功能的紊乱。

　　以上列举的这些"症状"在早期或"不太严重"时都属于"亚健康"，"亚健康"状态通过自我的身心调节是完全可以恢复的。

　　英国广播公司会计部的工作人员最近频频抱怨，说办公室太安静，让人感到寂寞。为此，专家建议在大厅内不断播放专门录制的生活背景音响，包括聊天、打电话，甚至偶尔发出的笑声。数天的实践证明，专家的这一招果然十分有效。

　　心理学家称，人们长期在过于宁静的环境中工作会感染落叶综合征。而声音可激发起人们的不同感情。负面心理通过优美的声乐可以转化为正面的生理效应。

　　有些人，尤其是老年人长期生活在极其安静的环境中，没有人与之聊天、谈心，也听不到富有生活气息的声音，时间长了就会变得性情孤僻，对周围的一切漠不关心，从而丧失生活的信心，健康状况日趋下降，甚至过早离开人世。

　　声响蕴含的情感极其丰富，有病需要声响，无病也需要声响。特别是那些处于亚健康状态、工作特别紧张而又没有时间休息的人们，通过音响效果松弛调整，使人的大脑深度放松，将会产生意想不到的效果。

　　上面是用"声响"或"音乐"治疗亚健康的例子，类似的还有"体育疗法"、"艺术疗法"、"旅游疗法"、"听故事疗法"等等，但几十年来的实践证明，治疗亚健康和抑郁症最有效和最容易被接受的方法是"芳香疗法"。

　　下面介绍一个行之有效的用精油抗抑郁的做法。

　　用具、活动场所、准备工作、活动时间、活动内容都和前面"精油防治老年痴呆症"一样，只是把30瓶精油换成：纯种芳樟叶油、玫瑰木油、薰衣草油、香柠檬油、甜橙油、柠檬油、迷迭香油、柠檬草油、山苍子油、玫瑰油、茉莉花油、白兰花油、白兰叶油、玳玳花油、玳玳叶油、菊花油、桂花油、依兰依兰油、香紫苏油、香叶油、安息香油、缬草油、甘松油、肉桂油、茴香油、檀香油、柏木油、杉木油、桧木油、香根油。

在30天的活动内容结束后再加一个活动：让参加者每人用上述30瓶精油在调香师的指导下，10天内调配出一个香水香精，调配香精时可以使用任何一种能够密封的小瓶子，用滴管吸取精油滴入瓶里，记录滴下的滴数。每人每天调配1～2个香精，可以带回家同家人、朋友"研究"以提高技术水平。10天后全体参加者在调香师的指导下品评每个人自己选出的最佳"作品"，设1～3个奖，并给予一定的奖励。

抗抑郁最好的办法是让患者改变原来的生活方式，轻松愉快地接受一个新的"挑战"并在一定的时间内千方百计地想要完成它，"自己配制一个香水香精"活动就是按这个思路设计的。其实没有抑郁症的人员参加这样的活动也是只有百利而无一害的，对身心健康是极其有益的，读者不妨一试。

十三　芳香疗法的科学依据

芳香疗法是以吸入挥发性物质来治疗、缓解、预防各种病症及感染的一种方法，精油按摩和精油沐浴也可视为芳香治疗的又一种方法，因为操作时鼻子对芳香也有少量的吸入。有人对芳香疗法的效果持怀疑态度，认为通过鼻子吸入的物质含量太少，达不到治病的目的，这个看法是错误的。须知"芳香疗法"与药物疗法有着本质的不同，芳香疗法的实质是人吸入香气后在心理方面起作用，它可以调动人体里面的积极因素抵抗一切致病因子，达到治疗、减轻和预防疾病发生的效果。

由芳香治疗学延伸出的芳香心理学是专门研究人吸入香料后与人的心理状态内在关系的科学，它用实验和各种测量仪器的测量结果来证实芳香疗法的效果，能定量地表示出来，使芳香疗法走上科学的道路。

兹将近年来芳香治疗学的主要科研成果简要介绍于下。

①脑电波：发现薰衣草油、桉叶油、檀香和α-蒎烯的香气会引起人的α波活动性增加，而茉莉花香气会增强人的β波活力（见图130）。

②伴随性阴性脑电波变化（简称CNV）：这是脑电图上记录的一种慢的向上移动的脑电波。发现茉莉花香气在大脑皮层前部和左中部的CNV引起明显的增加，同喝咖啡后的CNV变化是同一方向，这是兴奋的表现；而闻了薰衣草油香气CNV呈显著的下降，说明有镇静作用。柑橘味和有些花香也会增加CNV，表示快乐、兴奋，麝香、檀香等香气则使

图130　脑电波采集

图131　心率表

CNV下降。

③心脏收缩期血压：当一个人受到一点轻微的生理压力时，典型的表现是心脏收缩血压升高，适度吸入肉豆蔻油、橙花油、缬草油的香气后会明显地降低这种升高了的血压。

④微小振动：温血动物的一种细微的抖动，受肌肉扩张的影响。人在闻了橘子、薰衣草油后会减少微振的频率和振幅，表示得到了松弛，而茉莉、甘菊、麝香气味则会增加这个参数。

⑤心率：1991年，Kikuchi探测出柠檬香味会使心率减速，而玫瑰香气会使心率加快。心率和CNV在同一香气条件下的变化趋向是一致的（见图131）。

⑥瞳孔扩大：发现所有香气刺激后都会诱起瞳孔扩张，表示激动。

⑦大脑的血液流动：人在吸入1,8-桉叶醇（桉叶油的主要成分）的香气时，大脑血液流动都增加，说明大脑皮层活力增加了，连不能辨别嗅觉的人也一样，说明这不是条件反射的结果。实验同时测定血液中增加吸入香料的浓度，表示吸收是很快的，从4分钟到20分钟，桉叶醇在血液中的浓度几乎成直线上升，直到最高值275纳克/毫升，一旦吸入停止，在静脉血液中的香料浓度也立刻下降，证明这样使用香料对人体来说是非常安全的，不会成瘾。

从以上结果可以看出，香味对人的心理和生理作用都是巨大的，不可忽视的。可以这样理解，由于鼻子是大脑唯一暴露在外面的部分，大脑直接"闻香"，不同的香气刺激大脑立即做出反应，而大脑是人体的"最高司令部"，它指挥着全身所有的组织和器官有秩序的工作和应付各种紧急状况。因此，少量的香料分子就能通过大脑这个"最高司令部"对全身各处"发号施令"，做到药物所不能做的事。

许多现象表明，某些植物的芳香物质对人的生理和心理会产生各种影响。为了科学地评价这些作用，除了动物参照实验，直接以人为对象的测试计量方法也不断地推陈出新，进步。生物测试技术的进步推动了日本芳香生理心理学的发展。

　　动物参照实验——一些胁迫性实验无法直接以人为对象进行测试，只能利用动物进行实验，以提供参照数据。动物参照实验表明某些芳香物质可以提高肝脏的解毒功能。供试老鼠被注射安眠药后，放在一个铺有某种刺柏木材刨花的实验小室内（老鼠不接触刨花），对照实验的小室内则不铺。比较两种情况下老鼠的睡眠时间，结果显示，在铺有这种刺柏木材刨花的小室内，老鼠的睡眠时间缩短。经调查确认，这是由于刺柏木材刨花的气味使肝脏细胞色素酶P-450的活性增大2～3倍的缘故。用该种刺柏的主要成分α-杜松烯做实验，结果表明，α-杜松烯可使肝脏细胞色素酶P-450的含量和活性增大。芳香物质的作用效果与其作用浓度密切相关，测定浓度不同，其作用效果往往会表现出较大的差异，甚至出现相反的结果。其关键在于必须考虑承受阈值。在1ppm（$\times 10^{-6}$）以下的落叶松叶油挥发物的空气环境中，供试白鼠的运动量增大，在0.08ppm（$\times 10^{-6}$）时，运动量的值最大；与此同时，摄食量也增加。而在1ppm（$\times 10^{-6}$）以上的测试浓度下，供试白鼠的运动量减小，摄食量也减少，浓度的增加成为疲劳的原因。

　　芳香物质对人体生理机能的影响——随着芳香生理心理学研究的发展，人体生测计量方法也不断地丰富完善，借此得以科学、定量地评价芳香物质对人体生理机能的影响。用指尖容积脉波计测定指尖血流量，用皮肤电位反射计测定精神性发汗量等，以此了解人的生理和心理状态的变化。如低浓度的α-蒎烯可使人因紧张而引起的精神性发汗量减少，指尖血流量增加，脉搏少而稳定。低浓度的α-蒎烯抑制了交感神经的兴奋，促进副交感神经的作用，使人体趋于放松。台湾扁柏材油的芳香气味，可使人的血压降低，提高工作效率，R-R间隔即脉搏的每拍间隔的变动系数减少。这说明台湾扁柏材油的芳香气味可使人集中注意力。还可通过测量冷却后指尖温度的回复速率，了解芳香物质对自律神经调节功能的影响。实验表明，依兰依兰油、薰衣草油的芳香可增强自律神经的调节功能，提高健全人指尖温度的回复速率。

　　芳香物质对人的想象能力的促进作用——其测试方法类似于心理学测试，现援引一测试实例加以说明。测试所使用的香料是迷迭香、薄荷香、橙香，以无香料空气为对照。测试的内容是"易拉罐的使用方法"，让被测者发挥想象力尽可能多地将答案写出来，当思考发生困难时，让被测试者闻香气，调查芳香物质对人的想象能力的促进作用。将答案分成柔软和独创型两类。柔软型的答案仅将易拉罐作为容器来使用，如烟灰缸、花瓶、储钱罐等，独创型的答案又可分为两种，一种抛开易拉罐容器的功用但仍局限于其原型如乐器、风铃、握力计等，另一种答案则不仅抛开容器功用的束缚而且能突破其原型，答案如刀、锯子、保险丝等。实验结果显示，香料组和无香料组做出柔软型回答的人数相差不多，而闻了迷迭香、薄荷香的一组，做出独创型回答的人数增多。对于独创能力较低的人，芳香物质对其想象力的促进作用表现得更明显。

　　芳香物质的抗菌作用——目前使用的抗菌物质其中很多来源于植物。有关植物精油或芳香成分的抗菌作用的报道，其实验方法是将精油或芳香成分混入琼脂培养基中，有效浓度一般为100～1000ppm（×10^{-6}），而在挥发状态则难以表现出抗菌效果。近年来，日本市场抗菌产品方兴未艾、名目繁多，芳香的抗菌产品尤为受人青睐。有关芳香物质抗菌作用的研究报告很多。有关大环状麝香系香料的抗菌报告较为引人注目。大环状麝香系香料对腋臭原菌以及导致过敏性皮炎等皮肤病的黄色葡萄球菌表现出很高的增殖阻碍作用，因为麝香系香料的沸点较高，不易挥发，有望长期保持抗菌作用。

芳香物质对人情绪的影响——1/f摇摆是自然界中可见到的张弛有度、节律微妙的摆动。1/f摇摆曲线是指以摆动频率为横坐标，以不同频率的摆动所对应的能量为纵坐标，做图而得的双曲线。若两轴用对数表示，则可得一斜率为–1的直线。令人心情舒畅的微风、波涛声、古典音乐以及当人心情愉快，身体处于放松状态时，身体所发出的信号，其节奏也是时紧时缓，与1/f摇摆曲线相符，并不是机械地固定于某一频率。有实验表明，当人疲劳时，吸入宜人的香气，α脑波比对照（不吸入香气）可较早地恢复到1/f摆动状态。因此，可通过观察和捕捉身体信号的变动规律来评价芳香物质对人情绪的影响。

芳香物质的镇定与觉醒作用——植物的芳香物质通过嗅觉器官感觉后，通过嗅觉神经直接将全部的信息传到大脑，所以脑波的变化常用来评价作用效果。早期的实验大多观察闭眼安静状态下自发的脑波变化，主要观测α波的变化，以此来评价人体吸收芳香物质后的放松状态。最近的实验较多地从事件关联脑波的方向加以研究，伴随性阴性变动（CNV）是其中之一。CNV是大脑的事件相关电位之一，一般认为它与人的注意、期待、预期等心理过程以及意识水平的变化密切相关。CNV早期成分的变化可用来评价芳香物质的镇静与觉醒作用。如薰衣草、檀香木、柠檬、侧柏、莳萝等植物的精油能导致CNV早期成分减少（表现为镇静作用）；茉莉、百里香、迷迭香、薄荷、留兰香等植物的精油能导致CNV早期成分增加（表现为觉醒作用）。

科学的进步使人体检测技术与手段不断提高，新的仪器和装置不断涌现。如正电子断层装置（PET），这种装置可将大脑的活动图像化，可以观察身体各部位的机能、化学变化。这将成为脑科学研究的有力武器，也将有助于更进一步了解芳香物质对人体生理和心理的影响。

人是高级的复杂的社会性动物，每个人都有各自的生活经历，处在不同的生活环境。

以人为对象进行研究，其困难可想而知。目前在芳香生理心理学研究领域处于领先地位的日本，其研究也只是处于兴起和发展阶段，仍有许多问题有待解决，研究的手段与技术也有待发展与提高。随着研究的进一步深入，研究数据的积累，芳香物质对人体的作用将逐渐得以阐明。

下面是近年来国内外已发表的关于芳香疗法科学依据的论文摘要。

"大多数研究表明平息焦虑的积极作用。没有报告不良事件。建议使用芳香疗法作为

焦虑症患者的补充疗法。"（2011）

"使用芳香疗法提供循证护理干预，以改善适应证，减少乳腺活检妇女的焦虑症。"（2017）

"这些结果表明芳香疗法按摩对焦虑和自尊有积极的作用。"（2006）

"音乐和芳香疗法组的心率和血压比对照组低。"（2017）

"芳香疗法治疗后，实验组焦虑意义明显低于对照组。"（2014）

"在这项研究中，使用薰衣草和迷迭香精油香囊可以降低研究生护理学生的考试压力，焦虑测量、个人陈述和脉搏更低可以证明其效果。"（2009）

"芳香疗法中的母亲的焦虑程度明显低于对照组。"（2014）

"总之，我们的研究结果表明，silexan与成人GAD（广泛性焦虑障碍）同劳拉西泮一样有效。还证明了silexan的安全性。由于薰衣草油在我们的研究中没有显示出镇静作用，并且没有药物滥用的可能性，所以silexan似乎是一种有效且耐受性良好的替代苯二氮䓬类药物（benzodiazepines）以改善广泛性焦虑症的选择。"（2010）

"吸入天竺葵精油香气后，平均焦虑评分显著下降。舒张压也有显著的下降……天竺葵精油的香气可以有效减少生育过程中的焦虑，可以作为分娩期间的非侵入性抗焦虑辅助药物推荐。"（2015）

"基于*S. brevicalyx*和*S. boliviana*精油的芳香疗法以及正念冥想单独或协同应用可被认为是焦虑的替代治疗方案。"（2017）

"结果表明，苦橙表现出抗焦虑作用，减少慢性骨髓性白血病患者和焦虑有关的体征和症状。"（2016）

"与对照组不同，暴露于测试香气的个体（三滴和六滴）在治疗后立即呈现状态焦虑和主观紧张程度的降低。此外，虽然他们对任务显示了焦虑的回应，但是与对照组不同，他们在5分钟内就完全恢复了。这项实验表明，非常短暂地暴露于这种香气中会产生一些抗焦虑作用。"（2015）

"结果表明，利用晚香玉（*Polianthes tuberosa*）精油进行芳香疗法有效降低了学生的焦虑。"（2016）

"由玫瑰或甜橙精油引起的嗅觉刺激：①使正常前额叶皮层氧合血红蛋白浓度显著降低；②舒适、轻松和自然的感觉增加。这些研究结果表明，玫瑰或甜橙精油引起的嗅觉刺激引起生理和心理放松。"（2014）

"这项研究的结果清楚地支持了健康成人志愿者精油调理心理和认知表现的观点。"（2008）

"芳香疗法显示有可能被用作一种有效的治疗方案，以缓解各种各样的受试者的抑郁症状。特别地，芳香疗法按摩显示出比吸入芳香疗法更有益的效果。"（2017）

"芳香疗法按摩似乎是减少住院儿科烧伤患者痛苦的非药物治疗方法"（2012）

佛手柑精油芳香疗法对41个健康女性的情绪状态，副交感神经系统活动和唾液皮质醇水平的影响："这些结果表明，与水蒸气一起吸入的佛手柑精油在相对较短的时间内会产生心理和生理影响。"（2015）

"薰衣草精油芳香疗法从产后第一小时开始，与不使用精油的群体相比，身体和情绪状况更好。"（2017）

"与接受安慰剂治疗相比，学生接受香气治疗时，压力水平显著降低。芳香嗅吸可能是高中生非常有效的压力管理方法。"（2009）

"芳香疗法（吸入苦橙叶精油）可以提高工作场所的表现。这些结果可以通过苦橙叶主要成分（乙酸芳樟酯，芳樟醇和月桂烯）的联合作用，通过交感神经/副交感神经系统的自主平衡来解释。最终的效果可能是通过降低压力水平和激励参与者的注意力水平的组合来改善心理和情绪状况。"（2017）

"尽管两个小组对于精神疲劳和中度倦怠的觉知都有降低，芳香疗法组的降低效果非常明显，结果表明，吸入精油可能会降低精神疲劳/倦怠感觉水平。"（2013）

"在每次按摩之前和之后，使用视觉模拟记录受试者的情绪，焦虑和放松水平，然后在最后一次按摩之后再次记录6周。在总共八位受试者中的六位医院焦虑抑郁量表显示了改善。比较视觉模拟量表结果时，所有方面都得到了改善。"（2003）

"这些研究结果表明，迷迭香所含的化合物通过不同的神经化学途径独立地影响认知和主观状态。"（2012）

"干预组神经性疼痛评分明显下降……芳香疗法按摩是一种简单有效的非药物性护理干预，可用于治疗神经性疼痛并改善疼痛性神经病变患者的生活质量。"（2017）

"我们可以得出结论，香蜂草精油具有潜在的抗炎活性，这也解释了这种植物在传统上应用于治疗与炎症和疼痛相关的各种疾病的原因。"（2013）

"结果表明，两组干预前后的生产疼痛具有显著差异性。薰衣草精油的芳香疗法可能是生产妇女疼痛管理的有效治疗方法。"（2016）

芳香疗法中茉莉花精油和鼠尾草精油对未生育过和已生育妇女的疼痛严重程度结果的效果比较："干预30分钟后，使用鼠尾草精油的芳香疗法组的第一阶段和第二阶段的疼痛严重程度和持续时间显著降低。"（2014）

"目前的研究表明，吸入薰衣草精油可能是偏头痛急性治疗中有效和安全的治疗方式。"（2012）

"在每次芳香疗法和治疗结束后，应用大马士革玫瑰的芳香疗法组的疼痛评分与安慰剂组相比显著降低。"（2015）

薰衣草精油对冠状动脉旁路移植后动脉硬化相关疼痛强度的有效性"研究结果表明，

干预30～60分钟后病例组疼痛感知强度低于对照组，结果表明，芳香疗法可用作术后疼痛减轻的补充方法，因为它减轻了痛苦。"（2015）

"芳香疗法中大马士革玫瑰精油的嗅吸可有效缓解烧伤患者敷料后引起的疼痛。因此，可以将其作为烧伤患者的补充疗法，以缓解疼痛。"（2016）

芳香疗法按摩和反射疗法对类风湿关节炎患者的疼痛和疲劳的影响：随机对照试验芳香疗法按摩和反射组与对照组相比，"疼痛和疲劳评分显著降低。"（2016）

"芳香疗法（与安慰剂或治疗作为常规对照相比）从视觉模拟量表报告上看，在减少疼痛方面有显著的积极作用。"（2016）

"这些研究结果表明，使用作为非药物治疗方法的芳香疗法作为常规治疗方法的佐剂将有助于减轻疼痛，特别是在女性患者中。"（2015）

"干预前后MAS值的比较表明，实验组10个运动区域有显著改善。这一发现表明，实验组比对照组更好。本研究中开发的精油霜可用于改善颈部疼痛。这项研究似乎是第一个通过使用PPT和MAS量化这一点的。"（2014）

"根据研究结果，薰衣草的局部应用在透析针插入期间减轻了中度强度的疼痛。因此，薰衣草精油可能是插入血液透析针后减轻疼痛的选择。"（2015）

"本研究的结果揭示（体内）薰衣草精油的镇痛和抗炎活性，并表明其重要的治疗潜力。"（2015）

"总之，在全膝关节置换术后吸入桉叶精油有效减少患者的疼痛和血压，表明桉叶精油的吸入可以是减轻全膝关节置换术后的疼痛干预护理。"（2013）

"总而言之，我们证实了肉桂、秘鲁香脂和红色百里香精油比选择重要的抗生素更有效地消除假单胞菌和金黄色葡萄球菌生物膜，使其成为生物膜治疗的有趣候选者。"（2012）

"从玫瑰草提取的精油在测试的精油中显示出对革兰氏阳性和革兰氏阴性细菌的最高活性……所有精油中玫瑰草精油显示出最有效的抗菌活性。"（2009）

各种精油的不同浓度对牙龈卟啉单胞菌的抗菌效果："在100％浓度下，所有测试的油具有抗癣菌的抗微生物活性，桉树油最有效，其次是茶树油、洋甘菊油和姜黄油。"（2016）

在肉仔鸡中使用迷迭香、牛至等复方精油混合物，体外抗菌活性和对生长性能的影响："通常，含有迷迭香、牛至等精油可替代生长促进剂抗生素。"（2012）

"从这项研究中，肉桂树皮精油有可能通过两个途径逆转大肠杆菌J53 R1对哌拉西林的抗性；改变外膜的渗透性或细菌QS抑制。"（2015）

使用罗勒和迷迭香精油作为有效抗菌剂的潜力："结果表明，两种测试的精油对来自大肠杆菌的所有临床菌株都具有活性，包括广谱β-内酰胺酶阳性细菌，但罗勒油具有较高

的抑制生长的能力。"（2013）

"研究得出结论，作为天然产物的TTO（茶树精油）与克霉唑相比，在口腔真菌感染的治疗中是一种更好的无毒方式，并且在口腔保健产品中的潜在应用具有前景。"（2016）

"精油和甲醇提取物使用微量肉汤稀释法显示出对大多数病原体有前景的抗菌活性。针对金黄色葡萄球菌、蜡状芽孢杆菌和普通变形杆菌观察到百里香和洋茴香精油和甲醇提取物的最大活性。精油和甲醇提取物的组合显示对大多数测试病原体，特别是铜绿假单胞菌的添加作用。"（2008）

"桉叶精油及其主要成分1，8-桉树脑对许多细菌〔包括结核分枝杆菌和耐甲氧西林金黄色葡萄球菌（MRSA）〕、病毒和真菌（包括念珠菌）具有抗微生物作用。"（2010）

"百里香精油强烈抑制了临床细菌菌株的生长。"（2012）

"对于白百里香、柠檬、柠檬草和肉桂精油，观察到大量有效的抑制区。其他精油也显示出相当的效力。值得注意的是，几乎所有被测试的精油都显示对医院获得性分离物和参考菌株的效力，而来自对照组的橄榄油和石蜡油没有产生抑制作用。如体外证明，精油代表一种便宜且有效的抗菌药物局部治疗的选择，即使是抗生素抗性菌株，如MRSA和抗霉菌抗性假丝酵母属。"（2009）

"含有柠檬草和百里香精油的卡波姆940凝胶适用于人体皮肤时对MRSA具有良好的抗菌活性，并且不会出现皮肤刺激。"（2013）

"在这项研究中，我们发现白千层提取物具有抗氧化和抗菌活性。结果表明，两种提取物具有显著的抗氧化和自由基清除活性。两种提取物对金黄色葡萄球菌、表皮葡萄球菌和蜡状芽孢杆菌具有抗菌活性。"（2015）

"白千层属精油在体外对从多种抗生素耐受的下肢伤口分离的菌株具有抗菌性。"（2015）

"这些结果表明，精油对幽门螺旋杆菌具有杀菌作用，而没有发展出耐药性，这表明精油可能具有成为新型和安全的抗幽门螺旋杆菌的潜力。"（2003）

"因此，香蜂草精油能够对疱疹病毒产生直接的抗病毒作用。考虑到香蜂草精油的亲油性，使其能够穿透皮肤，并具有高选择性指数，香蜂草精油可能适用于局部治疗疱疹感染。"（2008）

"欧白芷精油及其与细胞毒性活性相关的主要成分所显示的活性证实了它们作为抗真菌剂的潜力，这种抗真菌药物经常涉及人类真菌病，特别是隐球菌病和皮肤真菌病。与商业抗真菌化合物的联合可以带来益处，对生殖管形成的影响，并用于黏膜皮肤念珠菌病的治疗。"（2015）

"结果表明，使用精油的吸入方法可以被认为是一种有效的护理干预措施，可减少心理压力反应和血清皮质醇水平，以及原发性高血压患者的血压。"（2006）

"实验组与安慰剂组和对照组相比，唾液皮质醇浓度显著降低（P=0.012）。总之，吸入精油对家庭收缩压（SBP）、白天血压和压力降低产生立即和持续的影响。精油可能具有控制高血压的松弛作用。"（2012）

"柠檬型鼻喷雾剂是治疗常年性和季节性过敏和血管舒缩性鼻窦炎的常规药物的良好替代品。"（2012）

"薰衣草精油抑制过敏性炎症和黏液细胞增生，抑制T-helper-2细胞因子和Muc5b在哮喘小鼠模型中的表达。因此，薰衣草精油可能作为支气管哮喘的替代药物是有用的。"（2014）

"柠檬香味可以有效减少怀孕的恶心和呕吐。"（2014）

"两组对呕吐发作次数的差异具有统计学意义。吸入姜精油对术后恶心呕吐具有积极作用。"（2015）

"总的来说，我们的研究结果表明，奥卡那根薰衣草精油（Okanagan）可以通过微生物免疫联系来防止结肠炎，而且作为一种药理剂，在这种情况下，奥卡那根薰衣草精油会改变正常的肠道微生物群。"（2012）

"结果表明，姜黄和姜精油可减少大鼠胃的胃溃疡并从胃溃疡指数和胃组织病理学观察到。此外，发现由乙醇产生的氧化应激也因姜黄和姜精油而显著降低。"（2015）

"2周后，75％接受薄荷精油的人减轻了与过敏性大肠综合征IBS相关的疼痛严重程度。"（2001）

"研究结果表明，芳香疗法按摩增强了外科重症监护室患者的睡眠质量，并导致其生理参数的一些积极变化。"（2017）

"数据分析显示，通过芳香疗法熏蒸薰衣草精油后，两组实验组和对照组的睡眠质量均值有显著差异性。芳香疗法熏蒸薰衣草精油后，缺血性心脏病患者的睡眠质量明显改善。"（2010）

"大马士革玫瑰通过芳香疗法可以显著提高重症监护室住院患者的睡眠质量。"（2014）

"这些结果表明芳香疗法的嗅吸对老年痴呆症患者睡眠障碍症状的积极作用。"（2017）

"芳香疗法具有统计学显著的积极影响……芳香疗法是改善急性白血病患者常见的失眠症和其他症状的可行手段。"（2017）

"干预组有对于改变的显著统计学差异……薰衣草精油提高了睡眠质量，降低了患者的焦虑程度……作为非侵入性，便宜，易于适用，成本效益高，独立的护理干预，适合心脏病人，薰衣草精油可用于ICU。"（2017）

"结果表明，薰衣草干预对自我健康评估的三个领域，能量、活力和睡眠有积极影响。"（2016）

"本研究表明，薰衣草芳香疗法作为潜在的治疗方式可以缓解经前期的情绪症状，至

少部分归因于副交感神经系统活动的改善。"（2013）

"吸入鼠尾草精油后，皮质醇水平显著降低，而5-羟色胺（5-HT）浓度显著增加。"（2014）

"使用薰衣草芳香疗法2个月可能有效降低原发性痛经的疼痛严重程度。"（2016）

"这些结果表明，芳香疗法有效减轻月经痛、持续时间和月经过多。可以提供芳香疗法作为非药物性疼痛缓解措施，以及为遭受痛经或月经过多的女孩提供护理服务的一部分。"（2013）

"当比较薰衣草按摩和安慰剂按摩时，发现薰衣草按摩的视觉模拟量表评分在统计学上显著降低。这项研究表明按摩有助于减轻痛经。此外，这项研究表明，芳香疗法按摩对疼痛的影响高于安慰剂按摩。"（2012）

"嗅吸0.5%的橙花精油组的收缩压显著低于对照组。与对照组相比，两个橙花精油组的舒张压显著降低，倾向于改善脉搏率、血浆皮质醇和雌激素浓度。这些研究结果表明，吸入橙花精油有助于缓解绝经期妇女的绝经症状，增加性欲，降低绝经后妇女的血压。橙花精油可能有潜力作为减轻压力和改善内分泌系统的有效干预措施。"（2014）

"干预组的潮红数显著低于对照组……这项研究表明，使用薰衣草芳香疗法可减少更年期潮红，似乎这种简单、无创、安全和有效的方法用于绝经妇女有明显的收益。"（2016）

"这是第一个通过实验证明茶树油可以减少组胺诱导的皮肤炎症的研究。"（2002）

与用皮质类固醇处理的动物相比，使用洋甘菊处理的动物显著加快了伤口愈合。根据本研究的条件，我们得出结论，"洋甘菊与皮质类固醇相比，促进伤口愈合过程更快。"（2009）

"茶树油凝胶与安慰剂在总痤疮计数（TLC）改良方面有显著差异，也涉及痤疮严重程度指数（ASI）的改善。局部5%茶树油是轻度至中度痤疮的有效治疗方法。"（2007）

"总之，精油对几种病理学目标有效、并在动物模型和人类受试者中提高了认知能力。因此，精油可以被开发为具有更好的功效，安全性和成本效益的神经障碍的多效药物。"（2017）

"我们的研究结果支持了橙花和薄荷精油对运动性能和呼吸功能参数的有效性。"（2016）

"这项研究表明，香蜂草精油的慢性给药在糖尿病痛觉过敏的实验模型中显示出有效性。因此，香蜂草精油可能会有希望作为糖尿病神经性病变疼痛的治疗方案。"（2015）

"结果表明，芳香疗法能对斑秃进行安全有效的治疗。这些精油的治疗比单独使用载体油的治疗更显著有效。"（1998）

"总之，我们发现芳香疗法是一种有效的非药物治疗痴呆症的方法。"（2009）

"由芳香疗法、足底和反射疗法组合起来的治疗方式似乎对缓解终末期癌症患者的疲劳是有效的。"（2004）

"甜马郁兰是最大的单一精油，使平均疼痛变化为−3.31单位（95％CI：−4.28，−2.33），而薰衣草和甜马郁兰使平均焦虑程度相当于−2.73单位，姜是单一精油，使恶心的平均变化在−2.02单位（95％CI：−2.55，−1.49）……精油通常根据其预期用途导致显著的临床改善，尽管每种油也显示出对其他症状的辅助益处。"（2016）

"数据显示，芳香疗法可有效促进副交感神经活化，降低血压和心率。因此，芳香疗法可能有助于缓解工作压力。"（2011）

"研究结束时，干预组的平均不宁腿综合征评分显著下降，而对照组的评分依然保持不变。薰衣草油按摩有助于改善血液透析患者的不宁腿综合征。没有不利影响，具有实用性和成本效益。"（2015）

"因为在本研究中观察到唾液腺功能的改善，我们的研究结果表明芳香疗法在预防治疗相关唾液腺疾病方面的疗效。"（2016）

"香熏指压比芳香疗法对痴呆症患者的焦躁有更大的影响。然而，两组患者的焦躁均得到改善，使痴呆患者变得更加轻松。"（2015）

"丁香花苞、匍枝百里香和红百里香精油是最有效的——当分别稀释至3％时能排斥83％、82%和68％的蜱。含有1.5％浓度的百里香和香茅草的混合物比3％浓度的单种精油显示有更高的驱避性（91％）。"（2017）

"研究表明，精油显示出抗发作效应。抗发作效应可归因于精油中萜烯的存在。"（2010）

"虽然香蜂草组和葵花子油（安慰剂）组经历了显著的躁动减退（CMA），但是用香蜂草膏治疗有更大的减少。"（2002）

"最终，黑胡椒精油提取物的酚含量、抗氧化活性和α-淀粉酶、α-葡萄糖苷酶和血管紧张素转换酶活性的抑制作用可能是精油可以控制的机制的一部分，或预防2型糖尿病和高血压。"（2013）

十四 嗅商

智商、情商众所皆知，"嗅商"你可能第一次听说。简单地说，智商决定你能否成为科学家，情商决定你适合不适合当政治家。而嗅商呢？它与你一生是否过得幸福而有意义息息相关。

嗅商的英文SQ（smell quotient），就是鼻子嗅闻、辨别香气的能力。哺乳动物一生下来就有了嗅觉，就会寻找母乳，嗅觉灵敏的生存能力较大，嗅觉迟钝的生命常常受到威胁。人也是这样，虽然在婴儿时期由于父母家人的宠爱，嗅觉是否灵敏好像"不那么重要"，但在成长的过程中，嗅觉随着生存、避灾、教育、文化、择偶、社交等需要发展起来，嗅商开始分出高低：有的人天生嗅觉灵敏，兴趣广泛，对世间万物充满着好奇，更加热爱生活，热爱周围的一切；而嗅觉迟钝的人则昏昏吞吞，整日无精打采，做一天和尚敲一天钟，对日常的生活、工作、学习、社交等毫无乐趣可言。不管家庭出身是穷是富是贵是贱都是如此。这是为什么呢？

我们先从快乐说起——人最快乐的时刻是期待中的事马上就要来到。比如爬山，即将到达顶峰的那一刻最令人愉快，真正爬到山顶时，又是一句"不过如此"；饥肠辘辘时，闻到可口的饭菜香味，比后来的狼吞虎咽幸福多了；在沙漠里旅行，微风吹来远处清泉的芳香，可能是你一生难以忘怀的回忆；喜欢抽烟的人闻到香烟的味道比吸抽时还要愉快；闽南、潮州一带的"功夫茶"据说有24道工序，其中最重要也最令人愉快的是"喜闻高香"；闻到异性的体香，不用说大家心里也有数——拿破仑打胜仗后写信给他的情人约瑟芬，叫她最近不要洗澡——闻到情人的汗水味比打胜仗还令人愉快！……视觉、听觉、触觉、味觉都曾经伴随着我们的期待，但宣布这一刻的到来往往是由嗅觉捕捉到的信息。香味与"最快乐的事件"联系得最紧。

人的五大感觉——视觉、听觉、嗅觉、味觉、肤觉（触觉），只有嗅觉得到的信息不必传入大脑而直接进入下丘脑（下丘脑既是一高级植物神经中枢，也是一功能复杂的高级内分泌中枢，下丘脑与垂体功能、性腺活动、情绪反应、体温调节、食欲控制及水的代谢均有极密切的关系），从而快速地影响到人的行为——例如当你在接电话时闻到"煤气味"时会立即放下电话去检查煤气有没有泄漏，而如果有人告诉你"煤气漏了"时你还要分析一下他说的话是不是真的——人人都是这样，我们把这称之为"本能"：闻到"好吃"的食物香味会垂涎欲滴，闻到好的花香会"情不自禁"地多吸一口气，这是与生俱来的"本领"，"无师自通"，属于嗅觉的"灵敏度"范围，无所谓"嗅商"。嗅觉灵敏的人在日常生活中比常人多一些乐趣，也多一些麻烦。但嗅觉还有一个"辨别力"高低的问题，这是后天"修炼"的结果——没有经过专门训练的人即使嗅觉灵敏度再高，闻到一个"感觉很好"的香水味道时，仍旧说不出一个所以然来，也就不可能好好地欣赏、享受它。诚然，嗅觉灵敏度高的人要"修炼"成高嗅商者有着先天的优势，也就是说，嗅觉灵敏度高者有嗅商方面的"天才"。"成功=1％的天才+99％的勤奋"在这里照样没错。

送给你一瓶My Givenchy香水（见图132），打开闻一下，你想到了什么？请看它的广告词：My Givenchy前味散发出红橙阳光般充满活力的灿烂明快，梨花唤起内心深处充满自然的感受，而小红莓则是露出了酸酸甜甜的小俏皮；中味迷人的紫罗兰带来一抹纯净的女性优雅，羞涩的黄色含羞草呈现迷人的女性娇柔，些许的蜜桃花则有掩不住的温柔女性的浪漫特质！优雅的后味吐露低调幽香的白麝香及淡淡的广藿香，衬托出My Givenchy那股浑然天成的迷人自信。一般人想得出这么丰富的词汇吗？

第八章　芳香疗法和芳香养生

笛卡尔有一句名言"我思故我在"，有人在前面加上一句"我闻故我思"，也成了现代名言。不闻不问当然也就没有思想，只是现代人把"闻"误作"听"。须知"道听途说"不如嗅觉得到的信息来得真实。嗅觉不会骗人，也不容易受骗，而耳朵有"轻重"之分，"轻耳朵"容易上当受骗。视觉更容易被骗——塑料做的苹果可以乱真，只有拿到鼻子前嗅闻时才会"露馅"。台湾出产的高级水果"莲雾"，没有吃过的人以为是"蜡烛苹果"（candle apple），待到有机会"欣赏"时才发现"都是视觉惹的祸"。我们看报纸、听新

图132　My Givenchy香水

闻，使用的是眼睛、耳朵，而分析时事靠的是"政治嗅觉"。"政治嗅觉"这个词，意思是"政治"只能靠嗅觉辨别真伪，视觉和听觉得来的信息都是不可靠的。看电视节目，听主持人或"资深评论员"讲得口沫乱飞，我们很难判别他说的是不是真心话，假如能坐在他身边听讲，嗅商高的人单凭演讲者散发出的"体味"也能断定他有没有说谎。

唐代"贞观之治"繁华之时，长安的达官贵人、社会名流、富裕人家除了把现实生活中的各种活动改造成了各种各样的"文化"享受，对嗅觉有意识的训练也成了许多名人的爱好，他们利用各种场合举行"香味鉴赏会"、"赛香会"，其中的一种形式被鉴真大和尚带到日本后发扬光大衍变成了现代的"香道"（熏香鉴赏会）。古代埃及、罗马、雅典等地也曾经都有类似的"赛香"活动。现在有这种"特殊爱好"的人可以成为"评香师"或人人羡慕的"调香师"，其"嗅商"非一般人可比。他们是现实生活中的强人。

一个人单单智商、情商高是不够的，秦桧、汪精卫的智商、情商够高吧？但他们只落得"遗臭万年"！只能说他们的"嗅商"不高，分不清"香"还是"臭"，或者说他们本身就是"臭"的，只能逐臭，也只能与同类"臭味相投"。更可怜的是众多的"嗅盲"们，也是分不清"香"还是"臭"。本来，香代表着文明、进步，臭代表着落后、愚昧，这是常识。但在"十年浩劫"期间竟然把所有的香味都说成是"资产阶级"的，必须批判；而衣衫褴褛、身上散发着牛粪臭味的才是"劳动人民的本色"；把所有的知识分子通通叫做"臭老九"，通通打倒。

狗和猫的嗅觉都比人类好得多，我们经常看到它们碰上带有气味的物品时闻得"津津有味"，羡慕它们可以进入一个一般人不曾拥有的"香味世界"。其实"嗅商"高的人也照样有个"香味世界"。举一个例子，厨师在一般人群中算嗅商比较好一些的，技术高超的厨师工作再忙也是乐在其中，再苦再累也毫无怨言，因为此时他们已经进入这个"香味世界"了；看着人们津津有味地欣赏（吃）着他的"杰作"时，快乐自在心里，自己就是不吃也饱了。美食家、品茶师、品酒师、品烟师的嗅商都比较高，他们的工作热情和生活质量也都比常人高出一等，因为他们也拥有一个"香味世界"。调香师无疑是嗅商最高的人，他们嗅闻一个香水，如同欣赏一首诗歌、一篇散文，"鼻中自有黄金屋"、"鼻中自有千钟

粟"、"鼻中自有颜如玉"，不是一般人所能理解的。每一个调香师都认为自己是世界上最快乐的人。

其实只要嗅觉正常的人经过训练，嗅商都可以大幅度提高，成为"快乐的人"，这跟听觉、视觉的训练是一样的。文化程度低一些的人，经过训练也可以记住数千种自然界里已有的各种气味，以后拿到一朵鲜花、一瓶香水时也能说出许多"道道"来，从而提高自己对世间万物的知识和兴趣，也能激发学习其他各门学科的"能量"出来；文化程度高的、已掌握"足够"化学知识的人再经过鼻子的训练以后，对这个世界的认识就更加"深远"，也更有"博爱"精神——学化学的人总是觉得这个世界"干巴巴"的、就那几个分子原子在那里不断地"运动"变化，把鼻子训练好以后才发现原来这个世界是这么丰富多彩、日新月异！

怎样提高人的嗅商呢？我们可以从早期法国和现代美国、日本培养调香师的过程一观端倪：早期法国的调香师主要是"父传子、子传孙"的方式，调香师有意识地在自己的孩子里面物色嗅觉灵敏、兴趣广泛、聪明善交者（用现在的话来说就是"嗅商"、"智商"和"情商"都比较高的人）刻意培养，从小施与大量的香味训练，并要求学习、掌握一定的化学知识；而美国、日本的培养方式则相反，他们是挑选化学成绩优异的学生（大专、本科、研究生均可）、嗅觉灵敏度正常或优秀者，经过7年左右的嗅觉训练，再当一段调香师的助手，跟了导师几年以后，其中的佼佼者才能成为名副其实的调香师。为什么这里还要强调"佼佼者"呢？因为10个"调香师助手"里未必能产生1个优秀的调香师，9个以上还会半途而废——他们还缺"博爱"二字！天天面对着数千种"臭烘烘"的"香料"（香料几乎都是"臭"的），得强迫自己喜爱它们，还要把它们调配成"香喷喷"的香精，谈何容易！经过这样苦行僧一般"修炼"以后的真正的调香师，更加热爱大自然，热爱生活，热爱周围所有的人。在他的眼里，世间万物都是可爱的、值得赞赏的；所有的人都是值得尊敬的、应该歌颂。他赞美造物主，赞美人类，赞美整个世界。他要用自己的双手给这个世界增加一些香味，让人间处处充满香、充满爱。达到这种境界的调香师，这种被穆罕默德赞为"世界上最宝贵的"人，全世界能有几个？

对于一般人来说，经常接受各种"芳香疗法"、参加各种"芳香养生"活动就可以慢慢提高自己的嗅商；有条件的人可以参加各种"香文化"活动，或者各种与嗅闻香味有关的活动，如品酒、品茶、品烟、烹调、赏花等等，如果有亲戚朋友在香料、香精、香水、化妆品、气雾剂、食品、香烟等与香味有关的企业工作的话，你应当主动去参加这些厂家经常举行的各种"评香"活动，同时也接受他们的训练，又可"免费"测试嗅商。在家"自学成才"也是可以的：买几本介绍香水、香花、香料、香精的科普书和几十种"芳香疗法"常用的精油，每天细细嗅闻一个精油的香味，"钻研"这个精油的特点、用途、"功能"等有关知识，掌握并熟悉这几十个精油的知识和香味特征后，可以动手试调几个香水香精（先按照书上介绍的前人使用的配方，然后"独创"几个新配方出来），"手艺"慢慢精通时，你的嗅商也就达到一定的水平了。

在现实社会中，医生会告诉你：大多数的人一生中都是在"似病非病"中度过的，或者说，在一般人群中，真正无病的人大约只有5％，有病的人大约有20％，其余75％的人都经常处在所谓"亚健康"的"第三状态"中。不明原因或排除疾病原因的体力疲劳、虚弱、周身不适、性功能下降和月经周期紊乱，不明原因的脑力疲劳、情感障碍、思维紊乱、恐慌、焦虑、自卑以及抑郁、神经质、冷漠、孤独、轻率，甚至产生自杀念头，对工作、生活、学习等环境难以适应，对人际关系难以协调，世界观、人生观和价值观上存在着明显的损人害己的偏差等都是"亚健康"的表现。"亚健康"影响工作、影响学习、影响人们的生活质量，打针吃药解决不了问题，医生也不同意。有人提出了"音乐疗法"、"体育疗法"、"旅游疗法"、"森林浴疗法"、"芳香疗法"等等，实践已经证明，现在已被老百姓广泛接受并且容易做到的是"芳香疗法"。芳香疗法说穿了就是利用提高人们嗅商的方法来达到"医治""亚健康"的目的——你在一次次"芳香疗法"的实践中其实是一次次地提高你的嗅商水平！嗅商提高了，自觉快乐了，身体也就健康了。

讲到这里，你可能要问：嗅商怎么测试呢？现在许多香料、香精、香水制造厂都有自己研制的用于社会调查、招聘新人和平时测试员工嗅商的几套"道具"：对从来没有接受过专门训练的人员，使用A道具，让你嗅闻然后打分，得分为0～100分；对香料、香精和加香产品的生产厂，厂里一般的管理人员和工人使用B道具，得分为100～150分；对调香师和评香师，使用C道具，得分为150～200分。"道具"其实很简单，一套"道具"就是一系列（10～20瓶）有香味的东西，A都是天然香料，B是合成香料和香精，C是名牌香水和各种加香产品。

不要以为古人"没有化学知识"嗅商应该不会高，其实古代嗅商极高者还真不少，看看屈原所写的《离骚》，你现在还可以在字里行间闻到2300年前花花草草的芳香，后来的刘向、李煜、李商隐、王维、白居易、苏轼、黄庭坚、李清照、朱熹、文征明、丁渭、曹雪芹等人也都有赞美香味的不朽诗篇，可以看出他们的嗅商水平。且看文征明的《焚香》：

银叶荧荧宿火明，

碧烟不动水沉清；

纸屏竹榻澄怀地，

细雨轻寒燕寝情。

妙境可能先鼻观，

俗缘都尽洗心兵；

日长自展南华读，

转觉逍遥道味生。

今日的调香师未必写得出这样的诗句。明朝屠隆（有人认为是《金瓶梅》的著作者）讲述焚香之妙："香之为用，其利最溥。物外高隐，坐语道德，焚之可以清心悦神。四更残月，兴味萧骚，焚之可以畅怀舒啸。晴窗搨帖，挥尘闲吟，篝灯夜读，焚以远辟睡魔，谓古伴月可也。红袖在侧，秘语谈私，执手拥炉，焚以熏心热意。谓古助情可也。坐雨闭窗，午睡初足，就案学书，啜茗味淡，一炉初热，香霭馥馥撩人。更宜醉筵醒客，皓月清宵，冰弦戛指，长啸空楼，苍山极目，未残炉热，香雾隐隐绕帘。又可祛邪辟秽，随其所适，无施不可……"对美好香味形容到如此境界，试看他们的嗅商几何？

在这些高嗅商的大师面前，笔者自觉形惭，不敢班门弄斧，只能篡改一首大家熟悉的舶来品小诗作为本节的结束语：

> 智商诚可贵，
> 情商价更高；
> 若与嗅商比，
> 才露尖尖角。

第九章

眼皮底下的科学

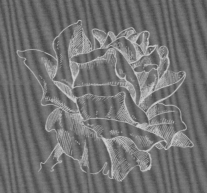

20世纪是人类科技快速发展的世纪，物理学家、化学家、生物学家、医学家、天文学家甚至政治家、哲学家们都在这个世纪里不约而同地提出比任何一个世纪狂妄得多的口号——"人定胜天"响彻云霄。

有人嘲笑这个世纪的科学家们：可以到亿万公里之遥的星球上去解开那里的谜团，自己眼皮底下的谜团却解不开。

眼皮底下的谜团多如汗毛，光学专家曾说过：光的科学有多少内容，眼睛就有多少内容。换句话说，眼睛里包含着全部光的科学。同理，所有声音的科学都在耳朵里，所有气味的科学也都在鼻子里。

目前有机化学家已知的有机化合物有200万种，其中1/5有气味，也就是40万种。由于没有发出完全相同气味的不同物质，因此，气味也有40万种；40万种气味可以组合成天文数字的混合气味来。前文介绍的虽然只是香味海洋中的沧海一粟，却已将您带入一个五彩缤纷的、充满传奇色彩的科学和艺术殿堂。在这个童话般的香味世界里，科学家们有时像三岁小孩一样无知而充满好奇，有时像蜜蜂发现大量蜜源一样兴奋不已，有时却又像斗败的公鸡一样垂头丧气。我们赞赏向宇宙天体进军的勇士们，也同样赞赏为揭开"眼皮底下的科学"埋头苦干的实干家。

一 嗅觉理论

嗅觉是动物生活发展的第一知觉，而且还是唯一的直接进入脑部的知觉。

人体五官所能感觉之万千景象，莫过于香味之神秘莫测。现代科学仪器可以测定各种感觉，于视觉有分光器，于听觉有音叉，于肤觉则有温度计、压力表，唯嗅觉味觉除了直接知觉外，尚无它法可以测定。嗅觉所受个人心理上的影响较之味觉更为显著，故香之性质往往带有不能律以常理之神秘作用，其复杂程度非味觉所可比者。

视觉、听觉和触（肤）觉属于物理感觉，嗅觉和味觉属于化学感觉。但嗅觉时常还会伴有其他感觉的混合，如嗅辣椒时的辣味常伴有痛觉，嗅薄荷叶时又带有冷觉，痛觉和冷觉属于触（肤）觉，所以也是物理感觉。

人的嗅觉器官——嗅黏膜位于鼻腔的上部1/3处，鼻腔可分为鼻前庭和固有鼻腔，后者又可分为呼吸部和嗅觉部。固有鼻腔中有三个鼻甲，其作用是过滤和温暖吸入人体的空气。上部分是嗅觉部，是感受嗅觉刺激的部位。该部位有呈黄色的嗅黏膜，在嗅黏膜中含有感觉细胞和嗅神经末梢。嗅神经末梢中有数百嗅纤毛，这些嗅纤毛是嗅觉的特殊感受器。

嗅觉感受器位于上鼻道及鼻中隔后上部的嗅上皮，两侧总面积约5厘米。由于它们的位置较高，平静呼吸时气流不易到达，因此，在嗅一些不太显著的气味时，要用力吸气，使气流上冲，才能到达嗅上皮。嗅上皮含有三种细胞，即主细胞、支持细胞和基底细胞。主细胞也称为嗅细胞，呈圆瓶状，细胞顶端有5～6条短的纤毛，细胞的底端有长突，它们组成嗅丝，穿过筛骨直接进入嗅球。

有香物质的微粒子首先通过鼻腔进入嗅黏膜，或者是波动传到嗅黏膜后产生特殊的刺激——嗅觉的粒子学说和波动学说的争论就在这里——这种刺激通过神经传至大脑嗅中枢，即可形成香的认识。人的嗅脑（大脑嗅中枢）是比较小的，通常只有小指尖那么小的一点点，人从嗅到香气到产生香感觉需要0.2～0.3秒时间。

嗅上皮和有关中枢究竟怎样感受并能区分出多种气味，目前已有初步了解。有人分析了600种有气味物质和它们的化学结构，提出至少存在7种基本气味；其他众多的气味则可能由这些基本气味的组合所引起。这7种基本气味是：樟脑味、麝香味、花卉味、薄荷味、乙醚味、辛辣味和腐腥味；他们发现，大多数具有同样气味的物质，具有共同的分子结构，有特殊结合能力的受体蛋白（理论上至少有7种），这种结合可通过G-蛋白而引起第二信使类物质的产生，最后导致膜上某种离子通道开放，引起Na^+、K^+等离子的跨膜移动，在嗅细胞的胞体膜上产生去极化型的感受器电位，后者在轴突膜上引起不同频率的动作电位发放，传入中枢。用细胞内记录法检查单一嗅细胞电反应的实验发现，每一个嗅细胞只对一种或两种特殊的气味起反应；嗅球中不同部位的细胞只对某种特殊的气味起反应。嗅觉系统也与其他感觉系统类似，不同性质的气味刺激有其相对专用的感受位点和传输线路；非基本气味则由于它们在不同线路上引起的不同数量冲动的组合特点，在中枢引起特有的主观嗅觉感受。

人类嗅觉远不如其他哺乳动物那么灵敏，除了嗅脑较小以外，鼻腔顶部的嗅区面积大小也是一个原因——人只有5平方厘米，猫为21平方厘米，而狗为169平方厘米。嗅区黏膜内含有大量的嗅腺。吸气时，空气中含气味的微粒到达嗅区黏膜，并溶解于嗅腺的分泌物中，此时就会刺激嗅毛的双极嗅细胞产生神经冲动，这些冲动经过嗅神经、嗅球传到大脑嗅觉中枢而产生嗅觉。据测定，人类嗅黏膜上约有1000万个嗅细胞，它们是嗅觉的感受器。每个细胞靠近鼻腔的一侧又有6～8根嗅毛向鼻腔伸长，因而可以捕捉到任何气息。

还有另一个原因是人类一级嗅神经比其他任何哺乳动物少得多。就是说，来自嗅感器的信号，经嗅球中转后，一级嗅神经远不能满足后继信号传递的需求。嗅觉冲动信号是一峰接着一峰进行的，由第一峰到达第二峰时，神经需要1毫秒或更长的恢复时间，如第二个刺激的间隔时间大于神经所需的恢复时间，表现为兴奋效应；如间隔时间过短，神经还处于疲劳状态，这样反而促使了绝对不应期的延长，任何强度的刺激都不引起反应，它就表现为抑制性效应。"入芝兰之室，久而不闻其香；入鲍鱼之肆，久而不闻其臭"的道理就在于此。

在小小的嗅脑内部，嗅球蘑菇状部的内壁排列着许多信号中转作用的小球，信号由小球经嗅束传至嗅三角，最后传到位于海马回钩及其附近的大脑皮质中的嗅神经纤维中枢（即"嗅中枢"）。人类右脑是辨别空间知觉（如嗅觉等）的传入系统。从嗅中枢出发，经脂肪髓鞘神经的传出纤维，通过脑干再经前联合交叉神经纤维返回嗅球。从而构成了嗅觉信息的反馈系统。

嗅感信号在嗅神经上以前进的方式传递，通过嗅球中转，传至大脑皮层内嗅中枢的嗅感叶上，经一个极为复杂的信号处理过程，对照已积累的嗅觉经验，反映出输入信号为何种气息。这一系列过程是受着高度精细灵敏的嗅中枢所控制着的。由此所构成的感觉功能称为嗅觉。

经验告诉我们：引起刺激的香气分子必须具备下列基本条件才能使神经冲动：要具有挥发性、水溶性和脂溶性；要有发香原子或发香基团；要有一定的分子轮廓；分子量为26～300[现在认为应是17（氨）～340（苯乙酸柏木酯）]；红外吸收光谱为7500～1400纳米；拉曼吸收光谱为1400～3500纳米；折光率为1.5左右。

其实人类的嗅觉敏感性还是很高的，可嗅出每升空气中4×10^{-5}毫克的人造麝香，通常可以分辨出1000～4000种不同的气息，经过特殊训练的鼻子——调香师和评香师——可以分辨高达10000种不同的气味。一般说来，女性的嗅觉比男性要灵敏，但调香师却是男的比女的多。

研究发现，当人的两个鼻子同时闻到两种不同气味的时候，大脑采用交互的方式分别处理来自两个鼻子感觉到的信息，人们感觉到气味在不断的交互变化，即从一种气味变为另外一种气味，感觉两个鼻孔在不断的竞争。

休士顿赖斯大学的研究人员第一次验证了嗅觉系统的"嗅觉竞争"现象，科研人员共选取了12个志愿者，让他们同时闻两种截然不同的瓶装气体，其中一瓶装有苯乙醇，闻起来有点像玫瑰香味，而另外一瓶装有正丁醇，闻起来有点像记号笔的味道。瓶子上都装备有鼻夹，可以使志愿者同时闻到两种不同气味的气体。

在20组循环实验中，所有的12个参加者感觉到味道在玫瑰香和签字笔味道之间不断变化。有些实验者强烈感受到这种变化。其实，在整个实验中，根本就没有变换过实验样品。

据科学家称，发生在两个鼻孔之间的"嗅觉竞争"现象和身体里其他成对的感觉器官是类似的。例如，当眼睛同时观察两个不同的景象时（一个眼睛看一种景象），这两个景象是交替出现的。当同时演奏两个不同的音调时，人们感觉到音调在两种音调间不断地变换。

在两个鼻孔同时接受不同的气味的实验中，参与者出现了"嗅觉错觉"现象。他们没有一直感觉到两种混合气体的味道，而是感觉到两种不同的味道，就好像两个鼻孔在相互竞争。尽管两种气体同时存在，大脑好像每次只能感到其中的一种。这个嗅觉竞争涉及大脑皮层外部感觉神经元的应激机制问题。此次研究结果为揭示这种现象的本质打下了坚实的基础。随着研究的深入开展，科研人员能够知道更多的关于嗅觉系统的工作机制。

实际上，嗅觉竞争只存在于同时闻到不同气味的实验者的意念中，这两种气味的物理性质没有发生改变。这项研究给人们难得的机会来了解嗅觉和外部物理刺激的关系。由此，我们有理由相信，嗅觉竞争可能提供了一个独一无二的窗口，可以用它来了解一个人是否健康。

人类的嗅觉研究还处在起步阶段。研究嗅觉系统并了解嗅觉的工作机制，对基础科学的发展非常重要。同时，从长远来看，有利于诊断和治疗患嗅觉疾病的人，尤其是老年人。

某些疾病如感冒会降低嗅觉的敏感性，肾上腺功能低下者则出现嗅觉过敏。当患慢性鼻炎引起的鼻甲肥大、鼻息肉、鼻肿瘤等疾病阻塞鼻道时，空气中带气味的微粒就到达不了嗅黏膜，嗅觉就会减退。腭裂、鼻中隔缺损、气管切开或全喉切除术后等，因吸入气流改道，嗅觉也大受影响。萎缩性鼻炎、中毒性嗅神经炎、有害气体损伤、颅底骨折、嗅沟脑膜瘤、脑脓肿、脑血管病等会影响嗅神经冲动的形成或传导，或影响大脑嗅觉中枢的功能而使嗅觉缺损。因此，有嗅觉障碍者应及时诊治。

美国西北大学的研究人员通过在志愿者闻到异常的气味时给他们电击，证明了嗅觉和情感之间的令人惊讶的联系。这项发现解释了为什么感觉可以让我们远离危险，还可以解释像创伤后应激综合征这样的障碍。

这项研究招募了12位志愿者，志愿者重复地去闻装着化学药品的瓶子中的气味，三个瓶子当中有两个是装有一样的物质，而第三个装的则是它的镜像，这就意味着它的气味通常是很难分辨出来的。志愿者只是偶然能分辨出三个中没有气味的是哪一个。

研究人员在志愿者闻那不一样的物质时给他们微弱的电击。在稍后的气味测试中，他们就能够有70%的概率正确地指出那不一样的气味。

核磁共振扫描显示这种改变并不是偶然的。在大脑的主要嗅觉区域储存气味的信息确实存在着变化，与气味相关的电击能让信息更好地留在大脑中，因此，当两次遇到相同的气味时就能更快地分辨出来。也就是说，大脑似乎有一个机械装置可以发觉身边的威胁。

研究人员说几乎可以肯定是生存特性帮助了我们进化，让我们可以从周围的众多气味中快速地和下意识地分辨出危险的气味。也就是当一个人在经历过厨房火灾之后，他就能立即分辨出气味是火灾引起的，还是仅仅是从壁炉里传出来的。

嗅觉不像其他感觉那么容易分类，在说明嗅觉时，还是用产生气味的东西来命名，例如玫瑰花香、肉香、腐臭……

在几种不同的气味混合同时作用于嗅觉感受器时，可以产生不同的情况，一种是产生新气味，一种是代替或掩蔽另一种气味，也可能产生气味"中和"。

在听觉、视觉损伤的情况下，嗅觉作为一种距离分析器具有重大意义。盲人、聋哑人运用嗅觉就像正常人运用视力和听力一样，他们常常根据气味来认识事物，了解周围环境，确定自己的行动方向。

除了对气味的感知之外，嗅觉器官对味道也会有所感觉。当鼻黏膜因感冒而暂时失去嗅觉时，人体对食物味道的感知就比平时弱；而人们在满桌菜肴中挑选自己喜欢的菜时，菜肴散发出的气味，常是左右人们选择的基本要素之一。

动物的嗅觉与觅食行为、性行为、攻击行为、定向活动以及各种通讯行为关系密切，故敏感性亦相当高。如狗可嗅出200万种不同浓度的气味。不同动物的嗅觉敏感程度差异很大，同一动物对不同有气味物质的敏感程度也不同。许多动物的嗅觉感受器同视、听觉感受器一样，属于远程感受器。如狼根据气味捕食，被捕食者亦通过辨识气味而躲避捕食者。在发情期，许多雌性动物通过分泌外激素来吸引雄性。哺乳动物母子间的辨认也依靠嗅觉，母畜凭借特殊的气味辨认、照料幼畜，幼畜也借助气味将其生母与其他雌畜相区别。实验表明，切除某些雌性动物的嗅觉器官会导致它们残害自己的后代，而当用雌狗的尿液涂在刚生下的仔虎身上时，雌狗便会给它们喂奶。由此可知，嗅觉器官在许多动物的生活中具有极其重要的作用。

雄性家蚕只能嗅到雌性的外激素，但相当灵敏，只要一分子的外激素就能引起它的神经冲动。

犬的嗅觉灵敏度位居各畜之首，对酸性物质的嗅觉灵敏度要高出人类几万倍。犬的嗅觉器官——嗅黏膜，也是位于鼻腔上部，表面有许多皱褶，其面积约为人类的四倍。嗅黏膜内的嗅细胞是真正的嗅觉感受器，嗅黏膜内有两亿多个嗅细胞，为人类的40倍，嗅细胞表面有许多粗而密的绒毛，这就扩大了细胞的表面积，增加了与气味物质的接触面积。

犬灵敏的嗅觉主要表现在两个方面：一是对气味的敏感程度；二是辨别气味的能力。犬对气味的感知能力可达到分子水平。如当1立方厘米含有9000个丁酸分子时，犬就能嗅到。经过专门训练识别戊酸气味的犬，可以在十分相近的丙酸、醋酸、羊脂酮酸等混合气味中分辨出有戊酸的存在。警犬能辨别10万种以上不同的气味。

犬的嗅觉在其生活当中占有十分重要的地位。犬主要根据嗅觉信息识别主人，鉴定同类的性别、发情状态，母仔识别，辨别路途、方位、猎物与食物等。犬在认识和辨别事物时，首先表现为嗅的行为，如我们扔给犬某种食物时，犬总是要反复地嗅几遍之后才决定是否吃掉。遇到陌生人，犬总要围着生人嗅其气味，有时未免使人感到毛骨悚然。犬根据留在街角的味道信息就可以知道在什么时候，谁从哪里来，又到哪里去。有人说犬的生活完全依赖鼻子，虽然有些绝对化，但以此来强调嗅觉对犬的重要性也不为过。

英国研究人员证实狗的灵敏嗅觉足以监视糖尿病患者血糖水平的变化——英国女王大学完成的一项研究并掌握一些科学证据证实"宠物狗可嗅出主人血糖水平低危病情"的说法具有可靠的科学依据。宠物狗可以嗅出其主人血糖过低的时候发出的某种气味，或可以通过"察言观色"，敏感地捕捉到其主人极细微的生理变化，这些变化可能发生在实际危机（比如血糖过低等）发生前5～45分钟，这样宠物狗的警示可以帮助主人寻找安全环境，采取预防措施。

犬敏锐的嗅觉被人类充分利用到众多领域。警犬能够根据犯罪分子在现场遗留的物品、血迹、足迹等，进行鉴别和追踪。即使这些气味在现场已经停留了一昼夜，如果犯罪现场保护得好，警犬也能鉴别出来。人穿过的雨靴，虽经3个月之久，警犬也能嗅出穿靴的人。缉毒犬能够从众多的邮包、行李中嗅出藏有大麻、可卡因等毒品的包裹。搜爆犬能够准确地搜出藏在建筑物、车船、飞机等物体中的爆炸物。救助犬能够帮助人们寻找深埋于雪地、沙漠及倒塌建筑物中的遇难者。

德国警察发现，除狗之外，其貌不扬的野猪也具有这一特殊功能，其嗅觉之灵敏甚至比警犬更胜一筹。经过训练的野猪，对毒品特别敏感。只要一声令下，它就会像箭似的蹿出去，边跑边嗅，当它发现毒品时，就摇头摆尾，喷着响鼻，不住地用蹄子在地上刨，缉毒人员只需顺藤摸瓜，百无一失，灵验得很。目前，德国警方正在专门训练这些准备充当"警猪"的野猪们，以便它们在以后的缉毒中一显身手。

动物和昆虫通过肉眼看不见的气味进行沟通——美国洛克菲勒大学的研究人员通过研发红外线技术，将这个看不见的世界变成了看得见的世界。利用这种可以看气味的技术，这些科学家发现，苍蝇幼虫同时用两个它们用来发现有气味的目标物的嗅觉器官发现气味的能力，比它们用其中一个发现这些气味的能力更强。神经遗传学和行为科学实验室的主任莱斯利·沃萨尔说："两只眼睛让我们具有深度知觉，两只耳朵让我们更准确地感知声音。立体地感知气味非常重要。"当用两个嗅觉器官闻气味时，更容易感知气味信息。

通过操纵果蝇的基因，让它们用一个或两个嗅觉器官传递气味感受器，结果显示，这些果蝇幼虫的大脑不仅能利用立体的线索查找气味，而且还能向它们靠近，这一行为被称作化学向性。为了研究这一行为，沃萨尔和她的同事必须确定这些幼虫朝哪个方向移动是气味源使然。但是因为气味是无形的，这些研究人员无法预知苍蝇怎样凭气味识途，也无法猜测这些气味是被浓缩在一个点上还是分散的。这些研究人员与托马斯·萨克玛的分子生物学和生物化学实验室的同事合作，利用一种奇特的分光镜技术来控制这些气味并对它们进行量化。这种技术利用红外光创造一个可以看到气味的环境。沃萨尔和她的同事在观察这些动物的行为时，他们发现尽管这些动物有1个或2个性能良好的鼻子都可以感知气味，但是只有当2个嗅觉器官同时工作时，它们才能准确地向气味来源方向靠近。

老鼠拥有"立体嗅觉"，它的两个鼻孔可以独立工作，然后配合发现食物的方位——印度的研究人员在一次实验中发现，老鼠们只需轻轻一嗅就足以发现散发出香味的源头。班格洛尔国家生物科学中心的研究小组在实验中分别给口渴的老鼠鼻子的右侧和左侧喷射香水，并记录下老鼠的反应。在实验最初，实验老鼠仅用0.05秒就判断出了香味来源的方向，并找到了香水。在多次实验中，老鼠们的命中率超过了80%。在实验中，香水的味道包括香蕉、桉树和玫瑰。

研究组在研究成果中称，虽然老鼠的两个鼻孔间的距离只有3毫米，但两个鼻孔各自工作互不干扰并构建了有效的"立体"嗅觉。老鼠的大脑会分别接收到两个鼻孔发出的嗅觉信号。当老鼠的一个鼻孔被塞住后，老鼠将失去这个能力，因此，老鼠的两个鼻孔虽然独立工作，但缺一不可。

通过将一些大学生的眼睛蒙起来并让其爬过草丛仅靠嗅觉追踪巧克力的香味，科学家们发现了人类的嗅觉能力超乎他们的想像。以前的看法是，人类并不具备这样的嗅觉能力。该研究显示，人类的大脑会将从每个鼻孔取得的信息进行比较，并以此得到其来源的线索。并认为狗、老鼠和其他哺乳动物也是如此，这和大多数科学家的想法大相径庭。人们比较了通过每个耳朵对声音来源进行定位的过程，但主流观点认为：哺乳动物在嗅觉方面不能如此，因为它们的鼻孔距离太近以至于不能取得不同的信息。

一项户外实验的目的是观察人们是否能用鼻子沿着30英尺长的巧克力香味追踪，整个过程需要在草地上蜷着腿。该追踪采用的是有香味的绳子，32名参与者都被蒙上了眼睛、戴上厚手套和护膝、护肘以确保他们不会看到或感觉到。他们还戴上了耳罩。在开始前，他们都看了如何正确追踪香味的录像——就是需要把鼻子放到地面上，2/3的人成功找到了香味，但当其鼻子被塞紧后，没人能做得到。

在一项有14人参与的实验中，参与者用两个鼻孔比只用一个时做得更好。在用两个鼻孔时有66%的人成功，而在只用一个鼻孔时只有36%的人成功。这可以解释为与只用一个鼻孔相比，用两个时人们能嗅到更多的气味，获得更强的信号。为了进一步研究，研究人员对其中全程参与的四人重新进行了实验。这次在他们的鼻孔上安装了可以控制其鼻孔内气流的装置。该装置可以理解为普通鼻子的扩展，有两个孔用来吸气，每个孔单独作用于一个鼻孔，而其他装置只有一个孔。它吸入了五种同量的不同气味，但模仿了只有一个大鼻孔的效果。当在一个鼻孔上装上该装置后，参与者们成功的更少并且更慢。研究人员称，这对人们从两个鼻孔中获益更多的观点提供了有力的支持。

伦敦大学的马歇尔·斯通哈姆及其同事宣称：我们的嗅觉可能是依赖于鼻子内的"受体"中存在的电子隧穿效应。他们的计算显示鼻子是通过将分子振动转化成电流来感觉气味的，而不是像先前认为的是通过识别气味分子的形状。大多数科学家认为，分子的形状决定了它们的气味，鼻子中的感应分子有选择性地和具有特殊形状的分子结合。然而，这个理论不能够解释为什么一些形状差异很大的分子具有相同的味道，而另外一些形状非常相似但是质量不同的分子具有非常不一样的味道。

有些科学家曾尝试着提出新的理论解释这种矛盾——每个分子具有完全不同的振动模式，这些同样可以被鼻子中的感应分子探测到。然而，由于缺少将振动转化成大脑可接受信号的机制，这个理论并不是完整的。

现在，伦敦学院的研究者们通过计算发现，电子隧穿可以提供将味道和分子振动联系起来的机制。他们的工作是基于1996年由卢卡·土林首先提出的理论，当时他在伦敦学院工作。土林认为鼻子内的分子感应器就像是一个电子开关一样，当与具有特定振动性质的分子结合的时候就会打开电流通路。他同时还认为，这个转换机制就是电子隧穿，这完全是一个量子力学效应，而且已经知道这个过程会通过所谓的声子协助隧穿过程受到振动的影响。

斯通哈姆和他的同事们将土林的想法向前推进了一步，计算了设想中的分子感应器中预期的电子迁移率。计算的结果显示，当具有相应振动频率的气味分子和感应分子结合的时候，电流的强度会显著地增强。斯通哈姆及其同事正在检查实验的数据，以确定感应分子是如何响应不同的分子的，他们希望他们的计算结果会促使其他的物理学家设计进一步的实验以检验他们的理论。

人类的嗅觉末梢神经细胞虽分布在鼻"内"的嗅觉上皮，却直接暴露在空气中。不像耳朵或眼睛的神经细胞。耳朵的听觉神经细胞，有淋巴液、卵圆窗及耳膜，与外界分开；眼睛的视神经细胞，有玻璃状液、水晶体及角膜，隔离外界。而且嗅觉神经细胞能持续替换它们自己，称为"复制现象"。但是视网膜或内耳神经细胞，几乎无法修补它们的损伤。这是嗅觉神经与其他两者最大的差别。

美国科学家经研究发现，进行简单的嗅觉测试可帮助医生判断病人是否患有阿尔茨海默病（早老性痴呆症）。研究人员说，早期早老性痴呆症患者可能闻不出包括草莓、香烟、肥皂和丁香等某些物质的味道。研究人员指出，这种诊断方法是有科学依据的。对早老性痴呆患者大脑进行的研究显示，与嗅觉相关的神经路径在发病初期就已受到影响。

领导该项研究的纽约哥伦比亚大学精神病和神经病学教授都瓦南德说，当前还没有发现治愈这种神经性疾病的方法。早期诊断早老性痴呆症对病人和家属来说很重要。早做诊断，病人就能得到及时有效的治疗，而病人及其家属也能更好地为今后的生活做出规划。

虽然一些简单测试，如让病人画钟表等也能测出潜在的早老性痴呆症，但在早期往往很难分辨病人得的到底是早老性痴呆症还是其他形式的失忆症。失忆症有可能会导致痴呆。科学家对150名有轻微认知障碍的人进行了研究，每半年进行一次测试，并将他们与63名健康的老年人做了比较。在美国神经精神药理学会举办的会议上，科学家提出，有无能力分辨出10种特定气味将会帮助医生清晰地判断病人是否患上早老性痴呆症。这些气味包括草莓、烟、肥皂、薄荷、丁香、凤梨、天然气、紫丁香、柠檬和皮革等的气味，缩小特定气味的范围可能会加快疾病的筛查速度，并有助于尽快做出诊断。

人的嗅觉产生是依赖于上鼻道黏膜上的细胞作用的结果。当脑内长肿瘤时，肿瘤首先压迫的是嗅觉中枢及嗅神经，使嗅觉信息不能正常地传入或传出，从而导致嗅觉障碍以至丧失。继而肿瘤增大才压迫神经交叉，使视觉减退，以及出现头痛、思维减退等现象。因此，嗅觉的减退比视觉障碍和出现头痛要发生得早得多，所以说嗅觉减退是脑肿瘤最早的先兆。

脑肿瘤是一种难以确诊和治疗的肿瘤，当人们发觉时，往往肿瘤已经长得很大，临床症状表现得也很明显，这种过时就医的治疗效果常常是很不理想的。如果患者发现嗅觉减退或丧失时，就应及早就诊。据美国纽约州立大学的一位学者在学术报告中指出："脑肿瘤患者多为中年人，他们的良性及慢性肿瘤增大时，第一个病症就是丧失嗅觉，在数年之后方可出现视力衰退，思维功能丧失。"不幸的是，这些肿瘤患者很少及时获得治疗，常因肿瘤增大不可救治而必须引起人们高度的重视。如果病人早期发现并获得适当的治疗时，施行手术割除肿瘤后，他们的思维和视力伤残现象都可以获得痊愈。

我们的鼻子所接受的信号在脑子里最先得到处理，所有其他感觉，如视觉、味觉、触觉和听觉都排在其后。美好的香味能使精神和身体兴奋起来。为什么呢？因为没有一种感觉能像我们的嗅觉那样强烈地唤起我们内心的情感，它是从鼻子不绕弯路地通过理解直接与我们的兴趣和情感中心所谓的边缘系统相连的。在这里，右鼻孔负责美好的气味，左鼻孔负责不太美好的气味。

此外，嗅觉是与味觉联系在一起的。首先是诱人的煎炸香味使我们垂涎欲滴，大脑发出食欲信号，胃液做好准备。因此，胃口不是因吃而引起的，而是由好的气味而引起的。通心粉、意大利馅饼、冰冻果子汁、加有调味品的奶酪、新鲜芦笋、水果蛋糕，所有这些都很美味，我们首先是通过气味将它储存在脑子里。没有香味，那就只有自然的饥饿才能将我们推到餐桌旁。

没有嗅觉，更准确的说法叫嗅觉缺失，甚至可能引起消瘦病和贪食病，而且性关系也会变得索然无味。美国性科学家约翰逊和马斯特斯的一项研究说明得很清楚：80%因性障碍而来就医的病人的嗅觉有问题，他们确实"无法闻到"他们的伴侣。兴趣和欲望，通过鼻子可以完全本能地产生一定的需求。而且香味和气味通过植物神经影响到血压、呼吸、循环和激素，使我们兴奋、激动、平静或陶醉。

每个人的气味喜恶偏好很大程度上由个人经历和文化决定，不过法国研究人员却发现，人和老鼠具有相似的嗅觉偏好，并以此推论出嗅觉也在部分程度上是由气味分子引起的生化反应先天决定的。研究人员还认为，嗅觉固然深受文化等因素的影响，但也可能与客观的物体气味分子有关联。

为了证明这一猜想，研究人员准备了同样气味的物品，让人和老鼠逐一嗅闻。参与实验的人被要求按照气味喜好程度排列顺序；对于实验鼠，科研人员则将它们在不同物品前停留的时间作为主要衡量标准。结果发现，人和老鼠对于气味的偏好基本一致，如都比较喜爱一种名为香叶醇的物质的味道，而对焦煳味则"敬而远之"。

对于气味的情绪反应究竟出于本能还是学习的结果？这一直是心理学家争论的问题。最近在国际比较心理学杂志发表的研究结果倾向于学习的说法。

实验包括电脑游戏和预先设计好的气味，研究者发现参与者对于新气味的反应取决于新气味出现时他们感受到的情绪。如果参与者玩游戏时很开心，他们更有可能喜欢他们闻到的气味；如果他们玩得不高兴，就倾向于不喜欢这种气味。该研究的负责人赫姿副教授提出，人类不是事先就知道对某种气味如何反应，知道它是有益的还是有害的。当我们喜欢或不喜欢某种气味，这就是学习的过程。研究者发现，当一种气味与一种情绪事件配对时，对这种气味的感知就会随之发生改变。举例来说，美国人喜欢冬青的气味，这种成分在许多糖果和口香糖中很常见；而在英国，冬青常被用来制药，因此，它的气味会让人感到有些不快。赫姿提到，这从个人的经历中也能反映出来。有的人闻到玫瑰的味道，会回想起父亲的葬礼；有的人可能喜欢臭鼬的味道，因为他从小时候起就很喜欢臭鼬这种动物。也有一些例外，比如氨水的味道，有人一闻到就不喜欢。个人遗传的差异也可能在对气味的情绪反应中起作用。

该研究不仅在科学上对嗅觉的理解做出了贡献，而且也会引起商人们的兴趣。有的零售商和饭店老板想给顾客留下好的印象，用有特征的气味来建立与顾客之间的良好关系。运用气味来改善情绪具有实际意义，气味甚至可以应用在学校和医院来提高学生的成绩或病人康复的速度。日本研究人员正在研究一种气味枪，可以用在商场等地。当顾客从面包房前走过时，摄像头会指挥气味枪喷出面包的香味，以此来吸引顾客。在英国，网络服务商也正在研究一种可以释放各种香味的网站。

中国科学院上海生命科学研究院神经科学所首次发现果蝇在视觉和嗅觉不同模态之间的学习与记忆中具有"协同共赢"和"相互传递"的功效。实验和科学发现是以果蝇为模式动物，在精巧的飞行模拟器上完成的。在原有的视觉飞行模拟器上他们"嫁接"了嗅觉气味调控系统。这是他们在国际上率先在视觉飞行模拟器上实现了对个体果蝇的嗅觉操作式条件化的实验突破。他们能够在同一台飞行模拟器上，对果蝇个体同时完成视、嗅双模态或分别独立完成单模态的操作式条件化。他们在检测双模态复合记忆获取时，发现二者之间的"弱弱"联合，竟然能导致跨模态的学习记忆达到1加1大于2的非线性增强，即"协同共赢"的效果，而且还实现了"互利互惠"原则。他们的实验揭示，视、嗅双模态之间的"协同共赢"、"互利互惠"和"相互传递"都对双模态信息输入的时间一致性有严格的要求。这项成果对灵长类和人的更为复杂的多模态信息整合，对人工智能中的"多智能体系统"的"自然计算"，对阐明智力和创造性的本质以及基因—脑—行为之间的关系，均具有重要的理论价值；果蝇不仅能够"趋利避害"，还能通过微型脑"举一反三"，这样的"通感"能力过去一直被认为只能存在于人类等高等生物中。

二　有没有"嗅盲"？

嗅觉是由化学气体刺激嗅觉感受器而引起的感觉。嗅觉感受器位于鼻腔后上部的嗅上皮内，感受细胞为嗅细胞。气味物质作用于嗅细胞，产生神经冲动经嗅神经传导，最后到达大脑皮层的嗅中枢，形成嗅觉。早期的科学家认为人类的基本嗅觉有四种，即香、酸、糖味和腐臭。若缺乏一般人所具有的嗅觉能力，称嗅盲。嗅觉时常会伴有其他感觉的混合，如嗅辣椒时的辣味常伴有痛觉，嗅薄荷叶时又带有冷觉。

1918年，布列克斯利在一份报告中讨论了特定的嗅觉缺陷问题，他描述了人们在嗅辨粉红色的马鞭草的花朵时有不同的灵敏程度。有些人，包括他本人能嗅出粉红色花朵的香气，但嗅不出红色花朵的任何香气；另一些人，包括布列克斯利的助手却只能嗅出红色花朵的香气，而嗅不出粉红色花朵有任何香气；还有一些人，则能同时嗅出这两种不同颜色花朵的香气。

1935年，布列克斯利又报道了他在一次国际花展中考察的结果：在8000个以上的观众嗅辨不同类型小苍兰花的结果中，19％的男性与17％的女性观众，对任何一种类型的小苍兰花都嗅不出香气，而这些人员中，大多数都认为自己具有好的嗅觉能力。

许多已知的特定的嗅觉缺陷是与人的气息和流行的香味或香气有联系的，直接与人的气息来源有关的有四种，它们是阴道的、皮肤的、精子代谢物和腋下的。

阿莫尔从1970年开始，一直从事所谓"嗅盲"方面的研究，他认为有一种人虽然对于其他气味具有和普通人同样的感觉，但是对于某种气味却没有感受能力，在这种情况下，那种感受不到的气味非常可能是"原臭"（基本臭），他希望对"嗅盲"的研究能像对色盲的研究那样得出"几原臭"（就像三原色一样），从而建立他的"基本臭学说"，作为打开"气味学"大门的一把钥匙。因为他从一般化学教科书上所记载的种种气味名称统计得到樟脑、刺激的、花、乙醚、薄荷、麝香、腐败等7种词汇的使用要比其他形容气味的词汇格外多些，他把这一点视为这些气味是"基本臭"的证据。如果从这个观点出发，能够发现存在7种特异嗅觉脱失的人（仅仅对特定种类的气味没有感觉的人），他的学说在"大体上"是有道理的。但是他自己却与原来的预料相反，竟然证实了存在30种以上的"嗅盲"。

后来高木等人在对阿莫尔的学说做了若干扩充以后，研究出按10种标准臭测定的检查方法。但是仍然遭到了不顺利的命运。因为即使一旦确定了某人对某种气味是嗅盲，但是经过适当间隔反复试验时，发现对上述气味持续缺乏感觉的人只是少数，或者是由于试验方法不完善，或者是由于嗅觉感受性不稳定，恐怕这两种原因都存在。

阿莫尔的"基本臭学说"要是真能在足够的实验基础上建立起来的话，对研究气味的人们将是巨大的鼓舞，可惜这仅是阿莫尔等人的一厢情愿。"上帝"不愿意让人类这么容易地（照搬光的三原色理论）找到它的踪迹。

笔者刚学调香时，对一组香料——铃兰醛、羟基香茅醛、兔耳草醛、新铃兰醛、二氢茉莉酮酸甲酯等的气味一点感觉都没有，并奇怪为什么所有有关香料的书上都对它们各自的香气有那么多的描写，而且都说"气味强烈、持久、有力"。一段时间以后，开始嗅出它们好像有点像"冷稀饭"的气味；几个月后就不但能准确地嗅出它们的气味，而且能区分它们之间微妙的差别，并可熟练地在调香"作业"中正确使用它们。由此可以看出，有人对某一类气味嗅闻不出并不能说明他（们）对这类气味没有感受，可能只是由于他（们）也许从来不曾嗅闻过这种气味，或这种气味不曾在他（们）的脑海中留下印记，因此，当这个气味的信号传到嗅中枢的嗅感叶上时，没有以往的经验对照，从而表现出"没有感觉"。一旦多次接触这类气味或者这类气味中的一种同他（们）的生活或工作有关的话，他（们）就不再表现为"嗅盲"了。这是人和其他动物适应自然的一种本能。

三　嗅觉与"量子纠缠"

19世纪的最后一天，欧洲著名的科学家欢聚一堂。会上，英国著名的物理学家开尔文发表了新年祝词。他在回顾物理学所取得的伟大成就时说，物理大厦已经落成，所剩的只是一些修饰工作。同时，他在展望20世纪物理学前景时，却若有所思地讲道："动力理论肯定了热和光是运动的两种方式，现在，它的美丽而晴朗的天空却被两朵乌云笼罩了"，"第一朵乌云出现在光的波动理论上"，"第二朵乌云出现在关于能量均分的麦克斯韦-玻尔兹曼理论上。"W.汤姆生在1900年4月曾发表过题为《19世纪热和光的动力学理论上空的乌云》的文章。他所说的第一朵乌云主要是指A.迈克尔逊的实验结果和以太漂移说相矛盾；第二朵乌云主要是指热学中的能量均分定则在气体比热以及势辐射能谱的理论解释中得出与实验不等的结果，其中尤以黑体辐射理论出现的"紫外灾难"最为突出。开尔文是19世纪英国杰出的理论物理和实验物理学家，是一位颇有影响的物理学权威，他的说法道出了物理学发展到19世纪末期的基本状况，反映了当时物理学界的主要思潮。

物理学发展到19世纪末期，可以说是达到相当完美、成熟的程度。一切物理现象似乎都能够从相应的理论中得到满意的回答。例如，一切力学现象原则上都能够从经典力学得到解释，牛顿力学以及分析力学已成为解决力学问题的有效工具。对于电磁现象的分析，已形成麦克斯韦电磁场理论，这是电磁场统一理论，这种理论还可用来阐述波动光学的基本问题。至于热现象，也已经有了唯象热力学和统计力学的理论，它们对于物质热运动的宏观规律和分子热运动的微观统计规律，几乎都能够做出合理的说明。总之，以经典力学、经典电磁场理论和经典统计力学为三大支柱的经典物理大厦已经建成，而且基础牢固，宏伟壮观。在这种形势下，难怪物理学家会感到陶醉，会感到物理学已大功告成，因而断言往后难有作为了。这种思想当时在物理界不但普遍存在，而且由来已久。

普朗克曾在1924年做过一次演讲，在演讲中，他回忆1875年在慕尼黑大学学物理时，物理老师P.约里曾劝他不要学纯理论，因为物理学"是一门高度发展的、几乎是尽善尽美的科学"，现在这门科学"看来很接近于采取最稳定的形式。也许，在某个角落里还有一粒尘屑或一个小气泡，对它们可以去进行研究和分类，但是，作为一个完整的体系，那是建立得足够牢固的。而理论物理学正在明显地接近于几何学在数百年中所具有的那样完美的程度。"普朗克的另一位名师，柏林大学的G.基尔霍夫也说过类似的话，他说"物理学已经无所作为，往后无非是在已知规律的小数点后面加上几个数字而已。"

尽管开尔文对物理学成就的评价言之过激，但他能够在"晴空万里"中发现"两朵乌云"并为之忧心忡忡，足见他富有远见。后来物理学发展的历史表明，正是这两朵小小的乌云，终于酿成了一场大风暴——"两朵乌云"开辟了20世纪科学研究向前发展的道路，广义相对论、量子力学、混沌数学从乌云里挣扎出来。

1. 非眼识字

将近一个世纪后，"乌云"又飘来了——1979年3月11日，《四川日报》报道了大足县一个叫唐雨的孩子用耳朵认字的消息以后，揭开了中国研究人体"特异功能"和人体科学的序幕。

有人认为特异功能是"法术"的一种体现，有人称之为超能力，也有人认为特异功能是人类潜伏的能力之一，特殊情况下会被激发出来。

对特异功能现象及规律进行研究的学科范畴，在国际上属超心理学研究，在中国有钱学森倡导的人体科学。人体特异功能现象及人体科学研究在中国曾引发全国范围的激烈争论，至今仍无定论。

虽然有一些科学家在不断地对此进行考察、研究，特异功能现象目前还是没有得到科技界的普遍承认。原因是多方面的，但最重要的是特异功能现象超出了现代自然科学的知识范围，无法解释。许多科学家曾经针对一些特异功能现象提出过一些假说，但这些假说往往只能牵强地解释这些现象，而不能解释其他现象，或者就把这些现象稍做调整便不能自圆其说了。

有"特异功能"的人可以把搓成团的纸片放在耳边、胳肢窝里或捏在手心里认出纸上写的字或画的图，而且还可以认出是用什么笔写的，什么颜色……如果你写的是他不认识的外文或古文，他可以依样画葫芦地把它描出来。

这些有"特异功能"的人，不用眼睛而用什么来认字和图呢？按照他们的叙述，是用

"脑"想，过程大同小异：接触待认的试样后，逐渐从脑子里反映到额前出现亮点，然后出现笔画，折叠或搓成团的纸片不断展开，逐渐展现出字或图的全貌。

人们用常规的思维方式解释不了非眼认字现象，因为纸片通过折叠或搓成团，即使用"透视"也不能看清楚其中的字或图画，至于纸片在脑中"展开"，更是不可思议的事。由于解释不通，有的人干脆把非眼认字斥为"迷信""骗人的把戏"，不屑一顾。

假如任何现象都可以用已有的理论解释清楚的话，那么"科学无止境"的话就过时了。恰恰是已有的理论解释不了的事实推动科学的前进，"特异功能"在20世纪后期提出并受到广泛的质疑，可能将成为本世纪的主要研究对象。

近年来在人体嗅觉功能的研究中，有一些"偶然的"发现使科学家们兴奋不已，似乎已找到打开非眼认字之谜的钥匙。研究发现：气味分子在鼻腔顶部与嗅神经细胞浸在黏液中的纤毛相遇，引起嗅神经感受器反应，把信号输到嗅小球，被破译后即可意识到已闻到一股气味，这个信息被送到大脑的嗅皮层上打上标志，然后分两路传递：一路传送到大脑皮层的海马区，去处理记忆和情绪，回想起与这种气味有关的过去经历，最后才能说出闻到什么气味，这与视觉、听觉、肤觉信息的传送是一样的；另一路则传送到丘脑和大脑皮层的前额叶区，把眼前的景象与气味进行比较，可能是进行综合判断或鉴赏。

前额叶区在哪里呢？它的位置正好在人的颜面额后面，也就是有"特异功能"的人认字时头脑里出现亮点并能"展开"纸片的位置，这个属于大脑的"前额叶"（见图133）至今在医学上是一个大谜团，外科手术中，曾为了治疗精神病或脑肿瘤，有时也切除前额叶，术后患者并没有产生明显的功能障碍。然而，在人类神经系统的进化历程中，还是以前额叶区域的膨大和复杂化为特征标志。现代人的智力超过北京猿人和已属于智人种属的尼安德特人，其明显特征就是现代人的脑有大部分集中在前额叶区。

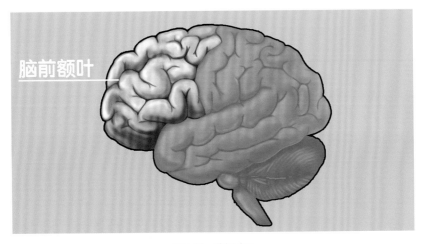

脑前额叶

图133　前额叶区

非眼认字实验时，可以发现接触纸片的手心、外耳道、胳肢窝等处汗湿，好像是认字者用较高的体温使纸片上的字迹散发出"气味"来，然后利用我们还不十分清楚的"嗅觉"功能，在头脑里形成与视觉功能产生的一样的形象思维，辨认出字或图来。

在遥感（或称遥视）功能实验中，有"特异功能"的人常常只能对目标人周围的景物做出轮廓性和特征性的描述，而对于正在运动的人群，敏感性似乎比静物更高。这个现象如用视觉功能来解释是解释不通的，在日光照耀下，景物的特征应远远地突出于劳动的人；如用嗅觉功能来解释则简单得很。因为运动的人汗味非常突出，而且气味是"动荡"的，周围的景物"气味"是淡的，并且是"静"的，不是人体嗅觉中枢感兴趣的。

由于人类每天得到的信息百分之九十几来自视觉，习惯于光线直线传播并由此产生的直线传播思维方式，因而解释不了折叠或揉成团的纸片被人感知的事实。假如有一种信息的传播是"弯弯绕"的，就像嗅觉一样，我们就可以解释这个现象了。一张纸片，不管被折叠几次或者揉成团，它还是一张纸，两个面，A面就是A面，B面就是B面，而且从边上的一点到纸中的任一点，"方位"（顺纸片走）是固定的（这是数学里"拓扑学"研究的课题），我们可以假设有千万个"嗅"器从纸片的各个边向中心"嗅闻"扫描，所有的信息在大脑里的某一个中枢进行分析、判断，就能确认字或图甚至颜色、笔迹等，这个信息处理中心很可能就在大脑的"前额叶区"，只是现代生理科学还没有达到认识它的水平而已。

以上用嗅觉机制对"特异功能"的解释还只能是一种推测，在目前的生理学研究中还是根据不足的。研究上的困难在于它不能用动物实验，也不能用解剖学实验。依靠电子计算机的帮助，目前已完成了人体视觉功能的生理学解释，嗅觉功能的生理学解释还要待以时日。科学家们寄希望于通过嗅觉功能的生理学解释结合整个大脑功能的深入研究来解开"非眼认字"之谜。

2. 心灵感应

心灵感应是一种大多数人认为"普遍存在"的能力，是两个人心灵相通——当一个人想起对方的时候，另一个人也可以感觉到，比如拿起电话，突然感觉到有人要打电话给自己，结果很快电话就响了——这就是心灵感应。此能力可以将某些讯息透过普通感官之外的途径传到另一人的"心"（大脑）中。由于这个现象的各种解释都无法与现今的科学衔接，自然科学家们只要一碰上它们就绕着道走，不敢深入研究。

一般来讲，感情很深的人之间会存在心灵感应，相似的人容易有心灵感应——大多数的双胞胎都会有心灵感应，虽然科学家不承认，但是双胞胎之间确实经常有令人费解的事发生，比如姐姐有病了，妹妹就会很难受，哪怕离得很远；亲人之间容易有心灵感应，相爱的人也容易有心灵感应；婴儿和母亲之间有心灵感应则几乎是一个常识；人和动物之间也有心灵感应（养过狗狗的人都承认）……这些现象在我们的日常生活中普遍存在，很少有人怀疑它们的真实性，现有的"科学知识"却解释不了。如果嗅觉的本质也像光波一样具有"波粒二象性"的话，"心灵感应"也许可以得到一些正确的解读。

薛定谔在1944年的《生命是什么》（What Is Life）一书中写道，生命中一些最为基础的砖石，必定会像肉眼看不到的放射性原子一样，是一种量子实体，具有反直觉的特征。实际上薛定谔认为，生命和非生命之所以不同，正是因为生命存在于量子世界和经典世界之间的中间地带——我们可以称之为"量子边界"。

薛定谔的观点是基于以下这些看起来矛盾的事实。尽管经典定律——从牛顿力学定律、热力学定律到电磁学定律——看起来都极其有序，但实际上，它们都基于无序。设想有一个气球，里面充满了数万亿进行无序运动的气体分子，不断撞击着彼此和气球内壁。但是，当你把它们的运动加和再平均后，你就得到了气体定律，而用这一定律可以准确地推导出气球受热后会膨胀。薛定谔将这种定律称作"无序中诞生的有序"，以此来说明宏观上的规律，其实依赖于粒子水平上的混乱和不可预测。

在微观世界里，不论两个粒子间距离多远，一个粒子的变化都会影响另一个粒子的现象叫量子纠缠，这一现象被爱因斯坦称为"诡异的互动性"。科学家认为，这是一种"神奇的力量"。

原子、电子以及宇宙空间其他所有的微观物质都可能会表现出异常奇怪的行为，其行为规律可能与我们日常生活中传统的科学规律完全背道而驰。比如，物体可以同时存在于两个或多个场所，可以同时以相反的方向旋转。这种现象也许只有通过量子物理学来解释。量子物理学认为，任何事物之间都可能存着某种特定的联系。发生于某一物体之上的事件，可能同时对其他物体也会产生影响。这种现象称为"量子纠缠"。不管物体之间的距离有多远，同样存在"量子纠缠"的关系。

爱因斯坦坚决反对"量子纠缠"理论，甚至将其戏称为"遥远的鬼魅行为"。根据量子力学理论的描述，两个处于纠缠态的粒子无论相距多远，都能"感知"和影响对方的状态。几十年来，物理学家试图验证这种神奇特性是否真实，以及决定它的幕后原因。其实，我们可以运用形象化的说明来解释这种现象。被纠缠的物体释放出某种不明粒子或其他形式的高速信号，从而对其伙伴产生影响。此前，已有实验证实传统物理学领域中某种隐藏信号的存在，从而打消了人们对于这种隐藏信号的种种疑问。但是，仍然有一个奇怪的可能性没有得到证实，即这种未知信号的传输速率可能会比光速还要高。

3.　量子效应

人和动物如何分辨那么多种气味？嗅觉原理其实还是个未解之谜。有一种"钥匙-锁"理论，认为嗅觉细胞上的受体分子像锁，而气味分子像一把把钥匙，当分子形状契合时钥匙就打开锁，产生特定的嗅觉。但这一理论不能解释一些形状几乎相同的分子为何闻起来气味却大相径庭，比如乙醇闻起来是酒的气味，而分子形状类似的乙烷硫醇的气味却像臭鸡蛋。

早在1996年，生物物理学家和香料商图林就提出了有争议的分子振动理论，认为气味分子与受体分子之间并不是钥匙与锁的关系，而更像信用卡与刷卡机的关系，其中起作用的是一种分子振动和量子隧道效应。

根据图林的理论，在某些情况下，气味分子和受体分子之间会通过量子效应发生电子转移，因此打开受体分子的开关，产生嗅觉。当电子在气味分子与受体分子之间转移时，气味分子的电磁场会像弓弦似的发生振动。新的计算表明，这是可能的。而目前对图林理论最强的实验支持证据，是一项用同位素原子取代气味分子中某些原子的研究，同位素替代后导致气味分子的振动频率改变，那么按照图林理论的预言，它的气味将改变。动物实验似乎证实了这一预言。

嗅觉的量子理论也许听起来很奇怪，但最近出现了支持的证据：果蝇可以分辨形状完全相同、只是用了同一元素不同同位素的气味分子，这用量子力学之外的理论很难解释清楚。

嗅觉是如何起作用的？目前有两个阵营的科学家正对此争论不休。而更有争议性的一方则刚刚获得了新证据的支持。两派争论的焦点是，我们的鼻子是否在用微妙的量子机制来感受气味分子（或有气味的东西）的振动。其原理与化学和法医实验室常用的分光镜类似——机器激发红外线照射未知物体，再分析由此激发出的特征性振动。只不过，鼻子发不了红外光，用的是微弱电流而已。

这个解释和目前的主流理论大相径庭，主流理论认为，世界上数以百万计的不同气味，就像拼图游戏的一块块图片，而鼻子里则有分别与之相契合的各种不同的受体。举个例子，有一种受体只能和柠檬烯分子相结合，这种分子常见于柑橘类水果中，一旦该受体和分子结合，就会给大脑发出信号——附近可能有柑橘。

不过，争议的点也就在这些分子上：许多气味分子中含有一个或多个氢原子，而氢有三种同位素，在化学性质上非常类似。但是，不同的同位素质量却不相同，因此，振动方式也不同。其中，氘的原子核包含一个质子和一个中子（质量是普通氢原子的两倍，普通氢原子只有一个质子），也许我们能利用这一点来验证振动理论和传统的化学结合理论，究竟哪个正确？

人类的鼻子能嗅出某些气味分子中含不含氘原子。研究人员发现，普通麝香分子闻起来与含氘麝香分子不同。这一发现代表了振动理论的胜利。

但有人并不这么认为。美国纽约州立大学奥尔巴尼分校的化学教授埃里克·布洛克（Eric Block）说，以前有实验表明，人类的鼻子区分不出苯乙酮和氘代苯乙酮（闻起来为甜味）。都灵认为，这可能是因为氘代苯乙酮中的氘相对较少，所以产生的振动信号太弱，不足以被人体探测到。布洛克则认为都灵无法自圆其说。所以，争论仍将继续。

　　一个富有争议的嗅觉理论宣称，气味源于分子振动的生化感应，这个过程涉及气味负责的分子和鼻子中的接受器之间的电子隧穿。

　　然而，这样的例子普遍到足以证实一个全新原则的正确性吗？与佛莱明一起进行了绿色硫细菌实验的美国华盛顿大学圣路易斯分校的生化学家罗伯特布·兰肯希普承认，他对此有点怀疑。他说："我觉得可能存在着几种情况，量子效应也的确非常重要，但即使不是大多数，也有很多生物系统不会利用这样的量子效应。"不过，斯科尔斯相信，如果将量子生物学定义得更宽泛一些，也有另外一些令人乐观的证据。他说："我确实认为，在生物学领域，还存在着其他很多利用量子效应的例子，理解这些例子涉及的量子力学将有助于我们更深刻地理解量子力学的工作机制。"

4. 嗅觉的振动理论

　　虽然Axel和Buck已在1991年发现了嗅觉感受器，但嗅觉的详细机理尤其是感受器的工作原理仍未被探明。20世纪20年代起就有生化学家猜测嗅觉可能与分子振动有关。90年代，Turing配合电子隧穿效应提出生物大分子利用非弹性电子隧穿谱探测气味分子的振动，从而识别并建立了理论可行的模型。

　　人们很早就从经验推知，气味是人的嗅觉对不同化学物质的反应。我们只能闻到小分子的有气味的化学物质，它们常是气态或者有较强的挥发性。但人的嗅觉机制至今是一个没有完全解开的谜。嗅觉这个人类并不十分发达而又并非至关重要的感观，竟占据了人全部基因的3%来形成，所有其他系统中，只有庞大而不可或缺的免疫系统才能占据与之相似的基因量。这不仅表明嗅觉在人的进化中曾扮演过十分重要的角色，也直观地表明了嗅觉系统本身的复杂性。

　　嗅觉研究的第一个里程碑式的工作是1991年美国神经科学家Richard Axel和生物学家Linda Buck发现了与每种嗅觉感受器对应的基因。人鼻腔上方共有347种嗅觉感受器，能与不同的气味分子结合，将冲动传到脑中综合后形成约10000种气味。他们也因此获得了2004年诺贝尔生理学或医学奖。

　　这与人的视觉是相似的，人的视网膜上有3种视锥细胞（感光细胞），分别感受红绿蓝三种不同频率的光，再在人脑中综合为上千种颜色。而目前所有的显示器、打印技术都用这种方式，即用几种单色像素来复制多种颜色。但人嗅觉感受器的种类是视锥细胞的数百倍，而且不同于可以用波长表示的色光，气味分子的结构过于复杂，我们难以探明其与感受器结合的机制，从而难以编码人能感受的10000种气味。

　　但早在嗅觉感受器被发现之前，鲍林就曾猜测嗅觉感受的是分子的形状。这是个在生物中广泛存在的机理，抗体和激素都是与形状相匹配的受体结合从而发挥作用的。当嗅觉感受器被发现后，多数人包括Axel和Buck都自然地想到嗅觉感受器可以识别不同形状的分子结构，而347种感受器要能完整对应上万种气味，每种要能与多种分子产生效应，并且一种气味分子也能刺激多种感受器。

这种直观的形状理论可以解释拥有相同基团的分子具有相似的气味，比如饮用酒精（C2H5OH）和含甲醇（CH_3OH）的工业酒精，它们的气味相似，因为都含有羟基。但问题是仍有许多形状相近气味却完全不同的分子。把乙醇的羟基换为巯基，乙硫醇的形状与乙醇很接近，但却完全没有酒精的香味，只有强烈的臭鸡蛋味。二茂铁和二茂镍更能说明问题，它们的形状相似，都是金属原子被夹在两个碳环之间，但气味也有显著差别。显然，它们的不同源于分子内部的金属原子，嗅觉感受器一定能探测分子内部的形状。

我们知道，原子由化学键连接形成分子，当分子被激发后其原子也会围绕它的中心位置振动，而且振动频率取决于原子质量和化学键强度。用与分子振动同频率的光可激发分子，而光被吸收形成光谱。化学分析中常用红外光谱仪测定分子的振动频率，以推测其结构。

早在20世纪20～30年代，Malcolm Dyson就猜想嗅觉也是通过探测分子振动来区分结构的。而Robert Wright则建立了嗅觉振动理论。但显然鼻腔这样大小的空间是不能发出射线探测光谱的，人们难以找到探测分子振动的结构和机理，便逐渐淡忘了振动理论，直到90年代，Luca Turing将量子物理运用到嗅觉机制的研究中。

前面提到硫醇的臭鸡蛋气味来源于其官能团巯基（—SH）。Turing想到要找一个不含巯基却有与巯基相似振动频率的基团，测定其气味。经过计算机的计算，他发现只有硼氢键（B—H）的振动与巯基几乎相同。自然界本不存在含硼氢键的硼烷，1912年，Stock首次合成硼烷后记录到它具有"强烈的令人反感的像H2S的气味"。而这种气味正是我们所说的臭鸡蛋气味。两种完全不同的分子具有相同的气味，而它们含有振动频率相同的化学键，这强烈地支持了振动理论。

另一个支持振动论而未被形成理论的例子是昆虫可以闻出（或者说探测出）不同的同位素。我们知道元素的化学性质只取决于原子核质子的数量和电子的排布，与中子数目无关，但物理性质会随中子数变化。氘原子的质量大约是氢原子的两倍，而只含氢的分子和只含氘的分子（其他结构相同）有几乎完全相同的形状、化学键、结构，但由于质量差别，氘的振动频率大约只有氢的70%。而实验发现，对同浓度下的普通乙酰苯和将8个普通氢原子替换成重氢的重氢化乙酰苯，果蝇的反应是很不同的：在T形迷宫的两侧分别放置空气和乙酰苯，让几百只果蝇选择其中一端。普通乙酰苯时选择乙酰苯一端的果蝇比空气端的多18%，因为它们喜欢乙酰苯的气味；而换为重氢化乙酰苯后，空气端的果蝇比乙酰苯端多14%，可见果蝇能闻出同位素间的差异。

但嗅觉感受分子振动的机理到底是什么呢？图林想到的是非弹性电子隧穿效应和非弹性电子隧穿谱。非弹性电子隧穿效应是一种量子效应，在纳米尺度下才显著。我们知道电子能在导线中运动形成电流，若导线断开，电子不能通过就形不成电流了。1958年，江崎

（Leo Esaki）在半导体中发现电子的量子隧穿效应并获得诺贝尔奖，可简单理解为即使导线断开，当断开的距离小至几个纳米之内时，电子就能跨过间隔使电流继续。这是因为电子的量子效应是有一定的概率存在于空间中，包括另一侧的导线中。如果导线的间隔中什么也没有，电子会在穿越后保持原来的能量，成为弹性电子隧穿效应；当间隔中有一个分子存在，电子可以在穿越中和它发生相互作用，释放出与分子振动相应的能量来激发它的振动，称为非弹性电子隧穿效应。如果测得导线电流和两端电压的关系来反映电子能量损失，就可以得到间隔中的分子的振动信息。

而在生物体内，生物电源、蛋白质导电都可以实现。在Turing工作的基础上，生物学家和物理学家进一步提出了一个模型，可以在生物体内实现非弹性电子隧穿效应而不违背已知的物理定律。

虽然嗅觉的振动理论能解释一些事实，我们仍无法确定嗅觉中是否有这样一种量子机制。另外，这种隧穿效应在生物体内的信号传导问题近年被提出，根据神经科学的理论，这种量子机制仍有待研究。

四　呼唤"气味学"

研究光的学问有"光学"，研究声的学问有"声学"，然而研究气味的学问"气味学"却还没有诞生。

任何一门自然科学的诞生和创立都不是偶然的，它是人类社会实践和深入研究大自然奥秘在一定时期的需要，有赖于与其紧密相关的学科发展到为之建立基础理论的程度和通过观察与实践积累了足够的自然现象并需要有全新的理论来解释，才孕育出一门新学科来。

"气味学"目前正处在这个微妙的时刻。一方面，声学、光学、心理学、医学特别是有关大脑与神经系统等方面的理论都已经发展到可以协助建立"气味学"基础理论的水平，另一方面，人类千万年来对"气味"这种自然现象的观察、研探特别是调香师们已经建立的"调香艺术"，加上近年来迅速发展并受到全世界广泛关注的"芳香治疗学"，已迫使人们不得不对它"另眼看待"。"气味学"呼之欲出。

当牛顿利用三棱镜观察到七色光的时候，加上后来"光谱学说"的成功建立，人们以为光、色彩的学问就是这些了。19世纪的歌德却不以为然，他认为牛顿只看到了光的物理性能，这是非常不够的。后来歌德把"色彩学"分为"物理色彩学"、"化学色彩学"、"数学色彩学"、"生理色彩学"和"心理色彩学"五门学科。实践证明，歌德的理论和做法都是正确的。

从人类目前已经掌握的有关气味的全部学问来看，"气味学"也应包括"化学气味学"、"物理气味学"、"数学气味学"、"生理气味学"和"心理气味学"这五门学科。

让我们来看看建立"气味学"各组成部分已具备的条件和存在的问题吧。

化学气味学：100多年来的对"香料化学"的研究为这门学科打下了坚实的基础。麝香、檀香和各种花香香气与化合物结构的关系已找到了不少规律性的东西，香料化学家继续努力，终将会把化合物结构与香气的关系建立起来。

分子结构和香气之间的关系（SOR）是香料工业和生物学中最复杂的课题之一。尽管经过百年多的努力，它仍未能解决，而且新香料的分子结构设计和合成依然主要是依靠试验和改错的方法。目前在该领域主流的理论来自加州USDA的阿莫尔。1970年，阿莫尔提出在鼻子中存在一些不同类型的气味感受器，每个感受器只认识特殊立体形状的气味分子，由此产生嗅觉信号传到大脑。1996年，图林博士提出一个基于非弹性电子隧道光谱概念（IETs）的生物学光谱理论，根据这一理论，鼻子中的气味感受器借由气味分子的振动光谱来区别不同的气味特征，而不是分子的立体形状。图林相信，在气味特征和它们的振动光谱之间应该有一定的关系。图林计算了属于不同香型且结构各异的香料分子的振动光谱，如苦杏仁、麝香、琥珀、木香、檀香和紫罗兰的香料，它们的振动光谱清楚地显示与各自香味特征的关联，但有少数例外。最近，纽约洛克菲勒大学的两位研究员用图林建议的方法，对他的振动理论进行测试，但没发现任何支持它的证据。要彻底了解嗅觉的机理及分子结构与香气的关系，仍然任重道远。

物理气味学：气味分子特有的化学信息怎样变换成嗅神经的电信号（脉冲），至今已有二十多种学说，归纳起来不外乎两类，即微粒子学说和波动学说。微粒子学说认为香是由物质的分子或粒子的物理、化学作用产生的，该作用是由化学分子的内部振动引起的，波动学说把香感觉的机理视同听觉和视觉，认为香是由香分子的电子振动产生的。上述各种学说按嗅香机理又可细分为振动学说、辐射学说、物理化学学说和化学学说等。这些学说都各有千秋，至今未有定论。物理学的进展可能支持其中某一学说进一步发展而建立在科学的基础上；也可能反过来，对气味的本质研究发现了前所未有的内容，为物理学又增添了一门新的学科，就像声学和光学一样。

美国学者蒙克里夫是对嗅觉理论研究最多的人，他的气味理论是：一种物质要能放出气味，就必须是：

①挥发性的；

②这种物质能被嗅觉上皮的表面所吸收，即兼有水溶性和脂溶性；

③通常"气味物质"在嗅觉区是不存在的。

气味物质具备了上述三个条件，通过下述过程形成嗅感：

①气味物质不断地向空气中挥发分子；

②上述分子有些通过鼻腔吸入，一般不必用力吸即可到达嗅觉腭裂处；

③能够被吸附在嗅觉感受器上适当大小的位置上；

④气体分子的沉积也同时带来能量交换，吸附是一个放热过程；

⑤上述能量交换造成电脉冲，通过嗅觉神经到达大脑；

⑥大脑作用形成嗅的感觉。

蒙克里夫提出，气味的感受包括鼻内的几个过程：有些是物理的，有些是化学的。物理的可能在嗅觉上皮存有物理振动发生，而化学的则来自气味物质。

普通的观点是，气味并不取决于物质的化学组成，而是取决于它的组分构成族类的排列顺序不同而形成的理化上的差异。对气味性物质进行了广泛研究之后，蒙克里夫做出结论说：气味与结构之间并不存在简单的一成不变的关系，必须认识到，气味特征由分子结构决定一说，只是事实的一半，另一半在于进行闻嗅的人的接收器官和大脑。

气味往往给人带来强烈的情绪作用，这将取决于个别人的亲身体验。一个人对某种气味喜爱的反应或没有反应都能影响他正确的判断。应该把分子结构和感受器的生理因素及神经通道一起考虑在内。

蒙克里夫编制了化学组成与气味关系的62条原则，又对气味物质的物理性质做了深入的研究，但是最终还是没有能把气味物质与非气味物质区分开来。

气味物质有其物理特性，总结起来有挥发度、溶解度、红外线吸收、紫外线照射的丁铎尔效应、拉曼效应和吸附。

挥发度的量度是蒸气压，不能挥发的物质不能进入嗅觉器官，但是蒸气压很低的灵猫香、二甲苯麝香的气味很浓，蒸气压仅为$10^{-13} \sim 10^{-4}$毫米汞柱。水的蒸气压为17.5毫米汞柱，而人闻不到味。这可以用水蒸气常存在于鼻腔内来解释，还可以用水不溶于脂来解释，但是水蒸气能被骆驼嗅到，而且嗅闻距离达80公里之遥。

溶解度是指气味物质能溶于水和脂肪，因为嗅觉鞭毛上有含水黏液，透过了它再穿过脂肪性的鞭毛才能接触嗅觉细胞，但是并不是所有具有水溶性、脂溶性的物质都有气味，如甘二醇，却是无气味的。

振动说是嗅觉理论之一。物质的振动与被它吸收的光线有相同的频率，因为，对光的吸收是基于该物质分子振动与光线振动之间的干扰。气味物质能强烈地吸收红外辐射，因此把吸收红外辐射当作气味物质的特征之一，但是气味物质如二硫化碳却不吸收红外线。

丁铎尔效应是用来解释紫外线照射某些溶液后产生热效应的一种方法。例如气味物质丁香酚、黄樟油素等的溶液经紫外线照射后会发出乳白色的光，这是由溶液的颗粒散射而产生的，也是某些气味物质的一个物理特性，但是丁铎尔效应与嗅觉机理缺乏必然的联系。

拉曼频移是测量纯物质分子振动的一种方法。单色光通过一种纯物质后其散射的光不再是匀质的，其波长长于或短于原波长，是物质分子能的共振效应。假若气味是分子间的共振引起的，就可以找到气味与拉曼频移的关系。但实际上有拉曼频移的物质不全有气味。

　　吸附作用也常用作嗅觉机理的解释，因为气味物质常被活性炭所大量吸附，如对苯、氨等，但也能吸收大量的水分。

　　数学气味学：本世纪拓扑数学、模糊数学、分形数学和混沌数学的建立和迅速发展为气味学的建立打下了数学基础。目前分形数学和混沌数学的一些理论用来解释某些气味方面的问题比较令人满意。笔者长期以来致力于这方面的研究，已经发表的《香气的分维》等论文算是初步建立了一个气味的数学模型：

$$D = (\ln K) / (\ln L)$$

式中　　D——香气的分维；

　　　　K——组成该香气各成分对主题香气的贡献总值；

　　　　L——香料的个数。

　　该模型可以用数学语言解释众多气味方面的现象和"成因"。用各种香味物质的"三值"（香比强值、留香值和香品值）和"气味ABC"数据计算出K值，从而得出一个混合物香气的分维（D值），就可以对这个混合物的气味进行一番评价了。这仅仅是"万里长征走完了第一步"，真正建立气味学的各种数学模型还是要花相当大的气力的。

　　生理气味学：目前医学上虽然有许多种嗅觉理论，但尚无定论，因为缺乏科学的嗅觉测试方法（视觉和听觉在医学上都有比较科学的测试方法），有关发香和受香等机理至今仍不十分明确。2004年，诺贝尔生理学或医学奖授予美国科学家理查德·阿克塞尔和琳达·巴克，以表彰他们对人类嗅觉器官工作原理的突破性发现。罗林斯卡医学院在新闻公报中说，通过一系列前瞻性研究，两位科学家"发现了气味感受器和嗅觉系统的组织方式"。

　　长期以来，人类的感觉器官中，嗅觉器官的机理最神秘。人们无法弄明白，为何鼻子能认知和记忆近万种不同的气味。1991年，这两位科学家联合发表了有关嗅觉机理的科学论文，随后又各自独立地展开研究，通过对分子结构和细胞组织的分析，清楚地阐述了嗅觉系统是如何工作的。他们的研究表明，在鼻腔上部的上皮细胞内有一个不大的区域，分布着一个以前不为人知的基因家族，由约1000种不同的基因组成（约占人体基因的3%）。它们相应地产生了约1000种不同类型的气味感受器。每个细胞只含有一种气味感受器，每个感受器只能探测到数量有限的气味。当气味分子被吸入时，对这些气味很敏感的嗅觉感受器细胞就会将信息传给充当鼻脑中转站的"嗅球"，再由"嗅球"向大脑其他部分传送信息。不同的气味感受器细胞所得到的信息在大脑里面进行整合，形成相应的模式并记录在案。不同的气味能刺激多个感受器群的重复活动，这1000个感受器的不同排列组合，使我们能觉察到的气味总数大得惊人。

　　哥伦比亚大学校长李·布林格说，他们的研究"解决了我们的大脑的是如何把感觉转化为知识的，能够提高人们的生活质量"。科学家们已经开始利用这一发现为社会服务：

纽约州立大学的研究者正利用嗅觉原理训练用于在地震等灾害中进行救援的老鼠；美国洛克菲勒大学的研究人员发现，蚊子的嗅觉依赖于Or83b号基因，如果采用化学方法使该基因功能失效，蚊虫就难以找到它的猎物——人了。

心理气味学：世界各国的科研人员从20世纪80年代就开始研究"芳香的生理心理学效果"，到目前为止，已对数千种花香和其他香味成分进行了成分分析，通过试验，科技人员发现和证实了这些香味成分对人的生理和心理有不同的作用，如镇静、激励、安抚、兴奋作用等等，并且确立了对"芳香的生理心理学效果"的各种评估方法。

由芳香治疗学延伸出的芳香心理学是专门研究人吸入香料后与人的心理状态的内在关系的科学，它用实验和各种测量仪器的测量结果来证实芳香疗法的效果，能定量地表示出来，使芳香疗法走上科学的道路。

这些工作是"卓有成效"的，也是很有"实际意义"的，如果从现代心理学的角度来看，这些"成就"只是为建立"心理气味学"做了一些"铺垫"工作而已。气味的好坏优劣、为什么人嗅闻了各种气味会产生那么大的作用、几种气味混合以后给人的感觉如何等等，这类问题是调香师、评香师和芳疗师的职责范围，也是其他学科研究人员一直在探讨的课题。千百年来，调香师、评香师和芳疗师们大量的工作积累了丰富的经验，调香术、评香"技艺"、芳香疗法与芳香养生等方面的书籍、文章也开始多了起来，但这些都还只是人对香味的一些感性认识而已，把它们提高到理性认识还有很长的路要走。

从以上的讨论可以看出，气味学各个组成部分都已有了一定的基础，但也都还有很多重大的问题没有解决，化学、物理、数学、医学、心理学的发展将带动气味学各组成部分的理论逐渐完善；反过来，气味学各组成部分的发展也将促使物理、化学、数学、医学、心理学更快地向前发展。

根据苏联著名学者凯德洛夫对于自然科学发展的"带头学科"理论，在1730年以前的200年中，力学在起带头学科的作用；整个19世纪，由化学、物理学和生物学一组学科成为带头学科；继之，微观物理学逐渐取代了上述一组学科，成为带头学科，为时50年；在1950～1975年间，控制论、原子能科学、宇航学为带头学科；在1975～1988年间，分子生物学为带头学科；而后将让位于以心理学为中心的一组学科作为带头学科。

"芳香心理学"和"心理气味学"都是心理学的一部分，可以看出，目前它们正与心理学的其他组成部分以及相关学科成为当今及今后一段时期整个自然科学发展的带头学科。凯德洛夫对带头学科的概念有如下的说明："如果把一定范围的未解决的问题提到了科学进步的首要位置上，同时全社会物质生活的发展也依靠这些问题的解决，那么正是提出和解决这些问题的科学，在一定历史时期内完成了自然科学的带头学科。在这个时期，这个学科决定了整个其他自然科学的发展，并为它提供自己的概念、规模及研究自然现象的方法。"可见，认识带头学科，对科学发展的意义是不容低估的。尤其是由于带头学科向其他学科的渗透，从而形成了许多新兴跨学科研究领域，研究范围扩大了，研究成果增多了。

随着"心理气味学"作为心理学的一个组成部分而成为当今自然科学的带头学科之一，必然在较短的时期内取得较大的进展，为整个"气味学"的建立打下坚实的基础。"气味学"也可能继心理学之后成为本世纪的带头学科！

不管"气味学"是不是可以成为自然科学发展的带头学科，21世纪是香味世纪，也必将是"气味学"大放异彩的世纪！

参考文献

［1］林翔云. 香味世界［M］. 北京：化学工业出版社，2011.

［2］丁德生. 美妙的香料［M］. 北京：轻工业出版社，1986.

［3］杜建. 芳香疗法源流与发展［J］. 中国医药学报，2003，（08）.

［4］柏智勇，吴楚材. 空气负离子与植物精气相互作用的初步研究［J］. 中国城市林业，2008，（01）.

［5］陈代文，李小兵. 饲用调味剂在畜禽饲粮中的应用. 饲料工业网络版，2004.

［6］何坚，孙宝国. 天然香料［M］. 北京：北京轻工业学院，1990.

［7］陈祥，刘锦雯. 神奇的“花香疗法”［J］. 医药与保健，1998，（10）.

［8］丁敖芳. 香料香精工艺［M］. 北京：轻工业出版社，1999.

［9］黄致喜，金其璋，罗寿根，陈丽华译. 香料化学与工艺学［M］. 北京：轻工业出版社，1991.

［10］陈辉，张显. 浅析芳香植物的历史及在园林中的应用［J］. 陕西农业科学，2005，（03）.

［11］丁耐克. 食品风味化学［M］. 北京：中国轻工业出版社，1996.

［12］董丽丽，刘桂华，朱双杰，王家明. 7种室内观赏植物挥发性物质对4种微生物抑制的作用［J］. 安徽农业大学学报，2008，（03）.

［13］丁德生，龚隽芳. 实用合成香料［M］. 上海：上海科学技术出版社，1991.

［14］樊慧，金幼菊，李继泉，陈华君. 引诱植食性昆虫的植物挥发性信息化合物的研究进展［J］. 北京林业大学学报，2004，（03）.

［15］范成有. 香料及其应用［M］. 北京：化学工业出版社，1990.

［16］冯兰宾，童俐俐. 化妆品工艺学［M］. 北京：轻工业出版社，1987.

［17］付劲松. 以自然之道，养自然之身——论《砭石疗法和砭术理疗与芳香疗法结合及应用》［A］//2008全国砭石与刮痧疗法学术交流大会论文汇编［C］，2008.

［18］傅若农. 色谱分析概论［M］. 北京：化学工业出版社，2000.

［19］高岩，金幼菊，邹祥旺，陈华君. 珍珠梅花挥发物对小鼠旷场行为及学习记忆能力的影响［J］. 北京林业大学学报，2005，（03）.

［20］格哈特·布赫鲍尔，李宏，叶咏平．芳香疗法研究中使用的各种方法［J］．香料香精化妆品，2000，（03）．

［21］巩中军，周文武，祝增荣，程家安．昆虫嗅觉受体的研究进展［J］．昆虫学报，2008，（07）．

［22］顾良英．日用化工产品及原料制造与应用大全［M］．北京：化学工业出版社，1997．

［23］林翔云．樟属植物资源与开发［M］．北京：化学工业出版社，2014．

［24］韩文领，韩斌．奇妙的色彩养生疗病法［M］．北京：华龄出版社，1997．

［25］何坚，季儒英．香料概论［M］．北京：中国石化出版社，1993．

［26］顾忠惠．合成香料生产工艺［M］．北京：轻工业出版社，1993．

［27］林翔云．加香术［M］．北京：化学工业出版社，2016．

［28］陈煜强，刘幼君．香料产品开发与应用［M］．上海：上海科学技术出版社，1994．

［29］黑格尔．美学（第三卷上册）［M］．朱光潜译．北京：商务印书馆，1979．

［30］洪蓉，金幼菊．日本芳香生理心理学研究进展［J］．世界林业研究，2001，（03）．

［31］黄恩炯，郭晓霞，赵彤言．昆虫嗅觉反应机理的研究进展［J］．寄生虫与医学昆虫学报，2008，（02）．

［32］李继刚，郑伟，吴岷．嗅觉的分子生物学基础［J］．生物学通报，2007，（10）．

［33］黄梅丽，姜汝焘，江小梅．食品色香味化学［M］．北京：轻工业出版社，1987．

［34］李时珍．本草纲目［M］．北京：人民卫生出版社，1985．

［35］黄士诚，张绍扬．芳香植物名录汇编（十九）［J］．香料香精化妆品，2009，（01）．

［36］何坚，孙宝国．香料化学与工艺学［M］．北京：化学工业出版社，1995．

［37］黄致喜，王慧辰．萜类香料化学［M］．北京：中国轻工业出版社，1999．

［38］济南轻工研究所．合成食用香料手册［M］．北京：轻工业出版社，1985．

［39］江燕，章银柯，黎念林．浙江省园林芳香植物的开发利用现状及其前景［J］．西北林学院学报，2008，（04）．

［40］林翔云．调香术［M］．第3版．北京：化学工业出版社，2013．

［41］蒋开云．恶臭的测试、影响评估和控制技术［A］//恶臭污染测试与控制技术——全国首届恶臭污染测试与控制技术研讨会论文集［C］，2003．

［42］金丰良，董小林，许小霞，任顺祥．斜纹夜蛾普通气味结合蛋白Ⅰ cDNA的克隆及在原核细胞中的表达［J］．中国农业科学，2009，（03）．

［43］梁雅轩，廖鸿生．酒的勾兑与调味［M］．北京：中国食品出版社，1989．

［44］晋锘，肖敬，长勇，旭君．香烟的启示［M］．北京：职工教育出版社，1989．

［45］居来提，朱宝，胡新梅．针刺加薰衣草香薰疗法治疗失眠32例［J］．光明中医，2009，（05）．

［46］俱西驰，等．嗅觉功能测查联合磁共振嗅球容积测定对阿尔茨海默病的早期诊断价值［J］．

第四军医大学学报，2009，（07）.

　　［47］瞿新华．植物精油的提取与分离技术［J］．安徽农业科学，2007，（32）.

　　［48］柯国秀，刘春风．帕金森病的嗅觉障碍［J］．临床神经病学杂志，2009，（02）.

　　［49］李浩春．分析化学手册第五分册——气相色谱分析［M］．北京：化学工业出版社，1999.

　　［50］林翔云．半个鼻子品天下［M］．台北：凌零出版社，2015.

　　［51］李红亮，王海燕，高其康，程家安．中华蜜蜂两种化学通讯相关蛋白基因时空表达分析［J］．农业生物技术学报，2009，（01）.

　　［52］林进能，等．天然食用香料生产与应用［M］．北京：轻工业出版社，1991.

　　［53］李少球．花卉情趣［M］．广州：广东科技出版社，1997.

　　［54］金紫霖，张启翔，潘会堂，李霞，安雪．芳香植物的特性及对人体健康的作用［J］．湖北农业科学，2009，（05）.

　　［55］林翔云．日用品加香［M］．北京：化学工业出版社，2003.

　　［56］李卫华，涂洪涛，苗雪霞，郭线茹．昆虫嗅觉相关蛋白的研究进展［J］．昆虫知识，2006，（06）.

　　［57］李燕莉，王令，程晖，丁忠浩．恶臭污染及危害分析［A］//恶臭污染测试与控制技术——全国首届恶臭污染测试与控制技术研讨会论文集［C］，2003.

　　［58］利昂·格拉斯，迈克尔·C·麦基．从钟摆到混沌——生命的节律［M］．潘涛等译．上海：上海远东出版社，1996.

　　［59］梁伟．关于恶臭监测分析方法的探讨［A］．第二届全国恶臭污染测试及控制技术研讨会论文集［C］，2005.

　　［60］刘月红，魏永祥，苗旭涛．嗅觉图谱的建立——从嗅黏膜到嗅球［J］．临床耳鼻咽喉头颈外科杂志，2009，（08）.

　　［61］林佳蓉．芳香疗法是森林浴——芬多精的延伸［A］//第十届东南亚地区医学美容学术大会论文汇编［C］，2006.

　　［62］孙明，李萍，吕晋慧，张启翔．芳香植物的功能及园林应用［J］．林业实用技术，2007，（05）.

　　［63］黄利斌，李晓储，蒋继宏，何小弟．城市绿化中环保型与保健型树种选择［J］．中国城市林业，2006，（01）.

　　［64］林翔云．古今芳香疗法与芳香养生［A］//2002年中国香料香精学术研讨会论文集［C］，2002.

　　［65］程鹏，潘勤，许善初．薰衣草精油的生物活性［J］．国外医药（植物药分册），2008，（01）.

　　［66］江燕，章银柯，应求是．我国芳香植物资源、开发应用现状及其利用对策［J］．中国林副特产，2007，（05）.

　　［67］魏永祥，韩德民．嗅觉研究现状［J］．中国医学文摘（耳鼻咽喉科学），2007，（04）.

［68］吴烈钧．气相色谱检测方法［M］．北京：化学工业出版社，2000．

［69］黄绍元等译．科学的未知世界［M］．上海：上海科学技术出版社，1985．

［70］林翔云．香樟开发利用［M］．北京：化学工业出版社，2010．

［71］林友智．居室色彩与心理效应［J］．住宅科技，1996，（01）．

［72］凌关庭，王亦芸，唐述潮．食品添加剂手册［M］．北京：化学工业出版社，1989．

［73］刘瑶．罐法和芳香疗法对抑郁症血浆5-羟色胺的影响研究［A］//中国针灸学会2009学术年会论文集（下集）［C］，2009．

［74］王建新，王嘉兴，周耀华．实用香精配方［M］．北京：中国轻工业出版社，1995．

［75］卢佩章，戴朝政，张释民．色谱理论基础［M］．北京：科学出版社，1998．

［76］罗吉，鲁冰山，黄妙玲，梅家齐，杨得坡．分子蒸馏用于植物油精制及在芳香疗法中应用的研究进展［A］//第七届中国香料香精学术研讨会论文集［C］，2008．

［77］马春，王爱民．脑的老化与痴呆［M］．北京：北京医科大学中国协和医科大学联合出版社，1997．

［78］林翔云．香料香精辞典［M］．北京：化学工业出版社，2007．

［79］梅家齐．十四经腧疾症与芳香疗法的应用研究［A］//第七届中国香料香精学术研讨会论文集［C］，2008．

［80］南开大学化学系《仪器分析》编写组．仪器分析（下册）［M］．北京：人民教育出版社，1978．

［81］倪道凤，刘剑峰，王剑，陈志宏，朱莹莹，徐春晓．国内嗅觉障碍研究［J］．中国医学文摘（耳鼻咽喉科学），2007，（04）．

［82］钮竹安．香料手册［M］．北京：轻工业出版社，1958．

［83］钱松，薛惠茹．白酒风味化学［M］．北京：中国轻工业出版社，1997．

［84］卿萍．芳香疗法——开创肌肤保养理念新纪元［A］//第五届东南亚地区医学美容学术大会论文汇编［C］，2000．

［85］全国香料香精工业信息中心．国内外香化信息，1990-2006．

［86］全国香料香精工业信息中心．科技与商情，1990-2006．

［87］芮和恺，王正坤．中国精油植物及其利用［M］．昆明：云南科技出版社，1987．

［88］桑田勉原．香料工业［M］．黄开绳原译．强声补译修订．北京：商务印书馆，1951．

［89］邵俊杰，林金云．实用香料手册［M］．上海：上海科学文献出版社，1991．

［90］石磊，王亘，李秀荣，徐金凤，陶亚静．目前国内外恶臭污染研究现状及展望［A］//恶臭污染测试与控制技术——全国首届恶臭污染测试与控制技术研讨会论文集［C］，2003．

［91］史筱青．浅谈芳香疗法的历史渊源［A］．第八届东南亚地区医学美容学术大会论文汇编［C］，2004．

［92］舒宏福．新合成食用香料手册［M］．北京：化学工业出版社，2005．

［93］四川日用化工研究所．四川日化，1990-1999．

［94］宋小平，韩长日．香料与食品添加剂制造技术［M］．北京：科学技术文献出版社，2000．

［95］林翔云．第六感之谜［M］．北京：化学工业出版社，2016．

［96］张燕华，石磊，徐金凤，李秀荣．恶臭污染物排放标准的制定方法［A］//恶臭污染测试与控制技术——全国首届恶臭污染测试与控制技术研讨会论文集［C］，2003．

［97］孙启祥，彭镇华，张齐生．自然状态下杉木木材挥发物成分及其对人体身心健康的影响［J］．安徽农业大学学报，2004，（02）．

［98］谭真．滋补酒配方与生产技术［M］．北京：中国食品出版社，1988．

［99］唐乾．芳香植物的特异功能［J］．民防苑，2008，（02）．

［100］唐薰，等．香料香精及其应用［M］．长沙：湖南大学出版社，1987．

［101］藤卷正生等．香料科学［M］．夏云译．北京：轻工业出版社，1988．

［102］汪正范．色谱定性与定量［M］．北京：化学工业出版社，2000．

［103］王德峰，王小平．日用香精调配手册［M］．北京．中国轻工业出版社，2002．

［104］林翔云．神奇的植物——芦荟［M］．福州：福建教育出版社，1991．

［105］王桂荣，吴孔明，郭予元．昆虫感受气味物质的分子机制研究进展［J］．农业生物技术学报，2004，（06）．

［106］吴先进．人的嗅觉是如何产生的［J］．解放军健康，2008，（04）．

［107］王修璧，宋孔智，李向高，温宗嫄．人体特异功能探秘［M］．北京：人民军医出版社，1994．

［108］王箴．化工辞典［M］．第3版．北京：化学工业出版社，1992．

［109］张承曾，汪清如．日用调香术［M］．北京：轻工业出版社，1989．

［110］魏永祥，韩德民，蔡贞，杨凌，刘小超，羡慕，张晓斌．损伤性嗅觉诱发电位的实验研究［J］．中华耳鼻咽喉科杂志，2004，（01）．

［111］文瑞明．香料香精手册［M］．长沙：湖南科学技术出版社，2000．

［112］吴楚材，郑群明．植物精气研究［J］．中国城市林业，2005，（04）．

［113］张妹妍．恶臭污染监测与防治的研究［A］//恶臭污染测试与控制技术——全国首届恶臭污染测试与控制技术研讨会论文集［C］，2003．

［114］吴鸣．香味对人的心理作用［J］．酿酒，1994，（01）．

［115］孙宝国，等．食用调香术［M］．北京：化学工业出版社，2003．

［116］吴仲南，杜永均，诸葛启钏．斜纹夜蛾普通气味结合蛋白GOBP1基因的表达定位分析［J］．昆虫学报，2009，（06）．

［117］夏南强．色彩趣典［M］．武汉：湖北人民出版社，1995．

［118］张玉奎，张维冰，邹汉法．分析化学手册第六分册——液相色谱分析［M］．北京：化学工业出版社，2000．

［119］项延军．浅谈园林中的嗅觉效应［J］．农业科技与信息（现代园林），2007，（05）．

［120］徐莹，杨勇，邹绍芳，王平．用于嗅觉机理研究的MEMS微探针阵列［J］．中国生物医学工程学报，2009，（01）．

［121］许戈文，李布清．合成香料产品技术手册［M］．北京：中国商业出版社，1996．

［122］许鹏翔，贾卫民，毕良武，刘先章，赵玉芬．芳香植物精油分析的气相色谱技术［A］//2002年中国香料香精学术研讨会论文集［C］，2002．

［123］林翔云．闻香说味——漫谈奇妙的香味世界［M］．上海：上海科学普及出版社，1999．

［124］伊恩·斯图尔特．上帝掷骰子吗——混沌之数学［M］．潘涛译．上海：上海远东出版社，1996．

［125］尹可嘉．开发芳香植物前景看好［J］．农家科技，2008，（01）．

［126］印藤元一．基本香料学［M］．欧静枝译．台南：复汉出版社，1978．

［127］有慧，等．外伤后嗅觉功能障碍的MR成像研究［J］．中国医学影像技术，2008，（06）．

［128］于观亭．茶叶加工技术手册［M］．北京：轻工业出版社，1991．

［129］于海鹏，刘一星，刘镇波．应用心理生理学方法研究木质环境对人体的影响［J］．东北林业大学学报，2003，（06）．

［130］于青青，唐隽．人嗅球体积改变与嗅觉功能的相关性［J］．中国医学文摘（耳鼻咽喉科学），2009，（01）．

［131］余星明．林野拾趣［M］．呼和浩特：内蒙古人民出版社，1993．

［132］恽季英．香精制造大全［M］．上海：上海商务印书馆，1925．

［133］张成才，陈奇伯，韩伟宏．香化艺术在园林中的应用［J］．北方园艺，2008，（12）．

［134］夏铮南，王文君．香料与香精［M］．北京：中国物资出版社，1998．

［135］张力，郑中朝．饲料添加剂手册［M］．北京：化学工业出版社，2000．

［136］郑华，李文彬，金幼菊，金荷仙．植物气味物质及其对人体作用的研究概况［J］．北方园艺，2007，（06）．

［137］张雪青，王世民．嗅觉诱发电位的应用研究［J］．医学综述，2009，（04）．

［138］周申范，宁敬埔，王乃岩．色谱理论及应用［M］．北京：北京理工大学出版社，1994．

［139］张燕军，郑建旭，张爱军，李吉利．植物化感作用研究方法综述［J］．安徽农学通报，2008，（21）．

［140］张瑶，张升祥，崔为正．家蚕嗅觉相关蛋白质的研究进展［J］．蚕业科学，2008，（02）．

［141］李和等编译．食品香料化学［M］．北京：轻工业出版社，1992．

［142］张志三．漫谈分形［M］．长沙：湖南教育出版社，1996．

［143］赵淑敏．宋代香药考［J］．中医研究，1999，（06）．

［144］赵廷强，娄昕，马林，吴南洲．3．0T磁共振在嗅觉传导通路成像中的应用［J］．神经损伤与功能重建，2009，（03）．

［145］珍妮，梁燕贞．阴阳五行与芳香精油养生［A］//2006年中国香料香精学术研讨会论文集［C］，2006．

［146］郑华，金幼菊，周金星，李文彬．活体珍珠梅挥发物释放的季节性及其对人体脑波影响的初探［J］．林业科学研究，2003，（03）．

［147］任喜军．量子纠缠中若干问题的研究［D］．合肥：中国科学技术大学，2008．

［148］郑茜茜．嗅觉识别模型研究新进展［J］．温州医学院学报，2009，（01）．

［149］钟庆辉．烟草化学基本知识［M］．北京：轻工业出版社，1985．

［150］仲秀娟，李桂祥，赵苏海，王玮玮．谈芳香植物应用及前景［J］．现代农业科技，2008，（24）．

［151］周良模，等．气相色谱新技术［M］．北京：科学出版社，1998．

［152］倪光炯，陈苏卿．高等量子力学［M］．上海：复旦大学出版社，2004．

［153］朱鑫，王俊杰，吴秀英．芳香植物及其栽培技术简介［J］．天津农业科学，2008，（02）．

［154］《合成香料工艺学》编写组．合成香料工艺学（上、下册）［M］．上海：上海轻工业高等专科学校，1983．

［155］《天然香料加工手册》编写组．天然香料加工手册［M］．北京：中国轻工业出版社，1997．

［156］《天然香料手册》编委会．天然香料手册［M］．北京：轻工业出版社，1989．

［157］《香料与香精》编辑部．香料与香精，1977—1984．

［158］《中国香料植物栽培与加工》编写组．中国香料植物栽培与加工［M］．北京：轻工业出版社，1985．

［159］A．R．品德尔．萜类化学［M］．刘铸晋等译．北京：科学出版社，1964．

［160］姚雷，吴亚妮，乐云辰，叶兰荣，张艳玲．薄荷品种间遗传关系分析与植物学性状和精油成分差异［A］//第七届中国香料香精学术研讨会论文集［C］，2008．

［161］丛浦珠，苏克曼．分析化学手册第九分册——质谱分析［M］．北京：化学工业出版社，2000．

［162］何坚，闫世翔．香料学［M］．北京：北京轻工业学院，1983．

［163］D．P．阿诺尼丝．调香笔记——花香油和花香精［M］．王建新译．北京：中国轻工业出版社，1999．

［164］G．浮宁．食品香料化学——杂环香味化合物［M］．李和等编译．北京：轻工业出版社，1992．

［165］H．马斯，R．贝耳兹．芳香物质研究手册［M］．徐汝巽，林祖铭译．北京：轻工业出版社，1989．

［166］毛多斌，马宇平，梅业安．卷烟配方和香精香料［M］．北京：化学工业出版社，2001．

［167］N．H．勃拉图斯．香料化学［M］．刘树文译．北京：轻工业出版社，1984．

香味世界（第二版）

［168］林翔云. 辨香术［M］. 北京：化学工业出版社，2017.

［169］ArctanderS. Perfume And Flavor Chemicals. Denmark（Copenhage），1969.

［170］BernardBK. Flavor and Fragrance Materials，1985.

［171］HoCT. ACS，Washington DC，1989：258-267.

［172］CallabrettaP. Perfumer and Flavorist，1978，3（3）：33-42.

［173］BjllotM，. Wells FV. Perfumery Technology，1981.

［174］OhloffG. Perfumer and Flavorist，1978，1（3）：11-22.